2025

핵심 이론과 CBT 대비를 위한 **SEIN EDU** 국가기술자격증 사이버교육연수원

실내건축기능사
필기 문제풀이

Craftsman Interior Architecture

이 상 화 지음

기본 원리부터 정답에 이르기까지 명확하고 풍부한 해설을 통해 자신감은 물론 모든 문제에 탄력적으로 대응할 수 있는 능력을 키워줍니다.

☆합격 핵심전략☆
문제풀이는 최신 기출부터 역순으로!

속성준비 수험생을 위한 **압축핵심정리**
8년간 높은 합격률로 강의해 온 **저자 직접 집필**
새로운 유형에 따른 저자의 **질의 응답**

도서출판 엔플북스

Preface

실내건축은 21세기에 들어서면서 경제성장 및 건축기술의 발달은 인간의 생활에 대하여 다양한 욕구를 반영하고 있습니다. 국내에서의 실내건축 학문적 역사는 다른 분야와 비교하여 그 기간은 짧지만 빠른 속도로 발전을 이루었습니다.

실내건축은 설계도면을 기준으로 하여 인간의 거주환경을 쾌적하게 만들 수 있는 결과를 제시할 수 있도록 해야 하며 이러한 흐름에 맞추어 사회적으로 더욱 그 필요성과 실용적 가치가 높아지고 있는 실내건축 기능사 자격증의 필기시험 대비서인 본 교재를 다양한 실무경험과 오랜 학원강의를 바탕으로 만들려고 노력했습니다.

본 교재는 우선 자격증을 준비하는 수험생들의 성향 상 짧은 시기에 핵심적인 내용을 습득할 수 있도록 요약하면서도 기본적이며 필수적인 내용들을 놓치지 않도록 정리하였습니다.

또한, 실제 기출문제 중 생소하거나 난해한 내용들도 이 책을 통해 혼자서 공부할 수 있도록 쉽게 정리하였습니다.

저자는 최선을 다해 본 교재를 집필하였으나 다소 부족하거나 미진한 면이 발견될 수 있는 점 미리 양해 말씀드리며 차후 부족한 부분은 많은 조언을 통해서 보완하도록 노력하겠습니다.

이 교재를 통해 학습서를 준비하는 많은 수험생들이 반드시 합격의 영광을 누리기를 진심으로 기원하며 끝으로 이 책이 출판될 수 있도록 애써주신 도서출판 엔플북스 관계자 여러분께 감사드립니다.

2011년 3월
저자 씀

Contents

1편 실내디자인론

제1장 실내디자인 총론 ·········· 2
1. 실내디자인 개념 ·········· 2
2. 실내디자인의 목표 및 조건 ·········· 3

제2장 디자인의 요소 ·········· 4
1. 점 ·········· 4
2. 선 ·········· 4
3. 면·형태 ·········· 5
4. 질감 ·········· 9
5. 문양(Patten) ·········· 10
6. 공간 ·········· 10

제3장 디자인의 원리 ·········· 13
1. 스케일과 비례 ·········· 13
2. 균형 및 리듬 ·········· 14
3. 통일·강조·조화 ·········· 15

제4장 실내디자인 요소 ·········· 17
1. 1차적 요소 ·········· 17
2. 조명 ·········· 24
3. 가구 ·········· 30
4. 장식 및 디스플레이 ·········· 37

제5장 실내계획 ·········· 40
1. 주거공간 ·········· 40
2. 상업공간 ·········· 54

목 차

제6장 실내환경 ·· 64
   1. 자연환경 ·· 64
   2. 열환경 ·· 65
   3. 공기환경 ·· 73
   4. 빛 환경 ·· 76
   5. 소리환경 ·· 85

2편 건축재료

제1장 건축재료 개론 ······························· 92
   1. 건축재료학 총론 ···························· 92
   2. 건축재료의 분류와 성능 ··············· 92
   3. 재료의 일반적 성질 ······················ 93

제2장 목재 ··· 95
   1. 개요 ·· 95
   2. 목재의 조직 ··································· 95
   3. 제재 및 건조 ································· 97
   4. 목재의 성질 ··································· 98
   5. 목재의 제품 ································· 101

제3장 석재 ··· 105
   1. 개요 ·· 105
   2. 석재의 가공 및 성질 ··················· 107

제4장 점토재료 ······································ 109
   1. 개요 ·· 109
   2. 점토제품 ······································ 110

Contents

제5장 시멘트 ··· 112
    1. 분류 ··· 112
    2. 시멘트의 제조와 성분 ·················· 114

제6장 콘크리트 ······································ 116
    1. 개요 ··· 116
    2. 골재와 용수 ································· 116
    3. 배합 ··· 119
    4. 강도와 성질 ································· 122
    5. 특수 콘크리트 ····························· 124

제7장 금속재료 ······································ 129
    1. 철강 ··· 129
    2. 비철금속 ····································· 133
    3. 금속의 부식과 방식 ···················· 135
    4. 금속 제품 ···································· 136

제8장 유리 ··· 141
    1. 유리의 성분과 원료 ···················· 141
    2. 유리의 제조법과 분류 ················ 141
    3. 유리제품 ····································· 142

제9장 미장재료 ······································ 145
    1. 일반사항 ····································· 145
    2. 미장재료의 종류 ························· 146

제10장 합성수지 ···································· 150
    1. 합성수지의 성질 및 종류 ············ 150

제11장 도장재료 ···································· 154
    1. 도장재료의 분류 및 종류 ············ 154

목 차

제12장 방수재료 ······················ 158
1. 아스팔트 방수재료 ················ 158
2. 시트 방수재료 ···················· 160
3. 기타 방수재료 ···················· 160

제13장 기타 재료 ······················ 162
1. 접착제 ···························· 162
2. 단열재료 ·························· 164
3. 실내건축재료 ····················· 165

3편 실내건축디자인 일반

제1장 건축구조 총론 ·················· 170
1. 일반사항 ·························· 170
2. 기초 및 지정 ····················· 171

제2장 목구조 ·························· 174
1. 일반사항 ·························· 174
2. 목재의 접합 ······················ 174
3. 목조 벽체 ························ 181
4. 마루 ······························ 183
5. 지붕 및 지붕틀 ··················· 184

제3장 조적식 구조 ···················· 187
1. 벽돌구조 ·························· 187
2. 블록구조 ·························· 195
3. 돌구조 ···························· 197

제4장 철근콘크리트 구조 ············· 199
1. 성질 ······························ 199

2. 거푸집 ································· 200
3. 철근의 간격과 피복두께 ········ 200
4. 구조계획 ································· 202
5. 각 부 구조 ····························· 203

제5장 철골 구조 ································· **208**
    1. 강재 ······································· 208
    2. 접합 ······································· 208
    3. 각 부 구조 ····························· 213

제6장 특수구조 및 구조시스템 ········· **217**
    1. 특수구조 ································217
    2. 구조시스템 ···························219

제7장 건축제도 ································· **220**
    1. 제도 통칙 ····························· 220
    2. 도면 작성 ····························· 225

4편 출제예상 모의고사
출제예상 모의고사 ···························229

5편 CBT 복원문제
2022년 제1회 ···································272
2022년 제2회 ···································280
2022년 제3회 ···································288
2022년 제4회 ···································295
2023년 제1회 ···································302
2023년 제2회 ···································310
2023년 제3회 ···································317

목 차

2023년 제4회 ·····324
2024년 제1회 ·····332
2024년 제2회 ·····339
2024년 제3회 ·····346
2024년 제4회 ·····353

6편 출제예상 모의고사 해설 및 정답
출제예상 모의고사 해설 및 정답 ·····361

7편 CBT 복원문제 해설 및 정답
CBT 복원문제 해설 및 정답 ·····393

memo

제1편 실내디자인론

제1장 실내디자인 총론

1 실내디자인 개념

실내디자인이란 인간이 거주하는 모든 공간을 보다 기능적이며 쾌적하게 창조해 내는 행위 일체를 말한다. 실내디자인은 주로 건축에서 기본적인 영역을 결정짓고 내부공간에서 이루어질 기능과 형태 및 크기 등을 파악하여 실내공간을 쾌적한 인간 거주의 공간으로 창조해 내는 활동이다.

(1) 실내디자인의 영역
주거공간, 상업공간, 공공・업무공간, 전시공간(영리・비영리), 특수공간(선박, 차, 비행기)

(2) 실내디자인의 분류
① 실내건축(interior architecture)
  ㉠ 인테리어 디자인의 영역을 더욱 뚜렷이 하기 위해 실내건축이란 말을 사용한다.
  ㉡ 벽, 천장, 바닥 등 구조체를 포함한 실내의 큰 덩어리를 다루는 장치적인 것이나 실내의 마감재료, 가구와 장식물 등을 배치하는 장식적 실내연출을 포괄적으로 다루는 건축적인 행위를 뜻한다.
② 실내장치
  건축적인 요소보다는 감각적인 치장적 공간, 다시 말해 기능적 요소보다는 감성 위주의 실내디자인에 사용된 단어로서 무대장치, 영화세트에 주로 사용되었다.
③ 실내장식(interior decoration)
  데코레이션은 인테리어 디자인과 관련시켜 사용하고 있으나 서로 업무영역을 달리하고 있는 독립분야이기도 하다. 인테리어 디자인은 실내의 전체 윤곽을 다루는 건축적인 영역으로서 남성적인 면을 가지고 있으나 인테리어 데코레이션은 감각이 와 닿는 섬세한 부분을 다루는 여성적인 업무영역의 분야라고 할 수 있다.
④ 실내의장
  실내의장이란 말은 보다 넓은 의미의 인테리어 디자인을 의미한다. 실내 디자인적 요

소, 실내 연출적 요소, 내장재의 디자인, 단위가구 디자인 등을 망라하여 지칭할 수 있는 말로 실내건축에 근접할 수 있는 표현이다.

❷ 실내디자인의 목표 및 조건

(1) 실내디자인의 목적

인테리어의 궁극적 목적은 인간생활의 쾌적성을 추구하는 것이다. 실내공간의 쾌적성은 기능의 해결과 감성적 요소의 부여, 이 두 가지 요소가 충족되었을 때 이루어진다.

(2) 실내디자인의 조건

① 기능적 조건 : 실내디자인은 사용 목적에 최대한으로 적합한 공간을 만드는 것으로 실내디자인의 기본 조건 중 가장 먼저 고려해야 하는 조건이다.

> **Point** 실내공간의 주요 기능
> 작업기능, 휴식기능, 취식기능, 취침기능

② 물리적, 환경적 조건 : 열, 소리, 공기, 빛, 설비 등 제반요소를 고려하여 쾌적한 환경을 추구한다.
③ 정서적 조건 : 사용자의 심미적, 심리적 예술욕구를 충족한다.

> **Point**
> 감성적인 요소는 시청각 법칙에 의해 창조되는 것이다. 정서적 환경의 조성은 인간성의 존중, 인간생활의 질 향상을 위해 필요한 요건이다.

제2장 디자인의 요소

실내건축기능사

❶ 점

점은 실내 공간에서 위치를 지정하며 길이, 너비, 깊이 등을 갖지 않는다. 그러므로 정적이며 방향이 없고 자기중심적이다.

(1) 점의 조형적 특징

① 기하학적으로 크기는 없고, 위치만 존재한다.
② 점은 선의 양끝(한계), 선의 교차, 선의 굴절, 면과 선의 교차에서 나타난다.
③ 점은 색채 또는 명암에 의해 바탕에서 부각되는 가장 작은 면이라고 할 수 있다.
④ 공간에 2개 이상의 점을 가까운 거리로 떼어 놓으면 상호의 장력으로 선이나 형의 효과가 생긴다(점과 점 사이에 장력 발생).
⑤ 공간에 한 점을 두면 집중효과가 있다.
⑥ 나란히 있는 점의 간격에 따라 집합, 분리의 효과를 얻는다.

❷ 선

(1) 선의 의미

① 점이 확장되어 선을 이룬다.
② 개념적으로 길이는 있지만, 넓이나 깊이가 없다.
③ 점이 정적인 반면 선은 점의 이동 행로를 나타내고 시각적으로 방향을 표시하며 이동, 성장할 수 있다.

(2) 선의 형성

면의 한계, 면의 교차, 면의 굴절부분에 형성된다.

(3) 선의 역할

① 결합, 연결, 지지, 에워쌈 또는 다른 시각요소와의 교차

② 평면의 테두리와 형상 부여
③ 평면의 표면을 분절

(4) 선의 종류와 느낌

① 직선
  ㉠ 수평선 : 수평선은 직선 중 가장 간단하고 단순하다(안정, 균형, 정적, 무한, 평등, 영원).
  ㉡ 수직선 : 엄격성, 위엄성, 절대, 위험, 단정, 신앙, 고상함
  ㉢ 사선 : 차가움과 따뜻함이 포함된 운동성(약동감)을 나타내며 불안정한 느낌을 준다 (운동, 변화, 반항, 공간감).
② 곡선 : 곡선은 공통적으로 우아하고 여성적 이미지를 가지며 유연성을 갖고 감정적이다.
  ㉠ 기하곡선 : 안정적이면서 합리적인 리듬감을 느끼게 한다.
  ㉡ 자유곡선 : 자유분방한 변화와 유연한 리듬감을 느끼게 한다.

(5) 선의 조형적 특징

① 선의 조밀성의 변화로 깊이를 느낀다.
② 지그재그선, 곡선의 반복으로 양감의 효과를 얻는다.
③ 선을 끊음으로써 점을 느낀다.
④ 많은 선의 근접으로 면을 느낀다.
⑤ 선을 포갬으로써 패턴을 얻을 수 있다.

❸ 면 · 형태

(1) 면의 의미

선이 확장되어(축방향이 아닌 방향으로 확장) 면이 된다. 이론적으로 평면은 길이와 너비는 있지만 깊이는 없다.

(2) 면의 형성

① 선의 이동에 의해 생긴 면
② 절단에 의해 생긴 면

(3) 면의 조형 효과

① 삼각형 : 안정된 느낌, 부동의 느낌, 차가움을 나타낸다. 정각이 예각일 때는 위로 상

승하거나 찌르는 느낌이며 둔각일 때는 삼각형을 아래로 밀어붙이는 느낌을 준다. 정삼각형은 가장 안정된 통합 느낌을 준다.

② 사각형 : 일반적으로 단정한 느낌이며 그 중 정사각형은 엄격한 느낌과 딱딱한 느낌을, 마름모형은 안정감과 경쾌함을 느낀다.

③ 다각형 : 풍요한 느낌이 있으나 변의 수가 많을수록 곡선에 가깝다.

④ 원형 : 단순하고 원만한 느낌을 준다.

(4) 형태

형태는 평면형에 대한 입체적, 공간적인 형으로서의 입체를 말한다. 대부분 색과 함께 대상의 감각적 경험을 형성하는 중요한 요소로서 형태는 크기와 공간에 의해 다양해지므로 디자인이나 구성을 형의 배치라 말할 수 있다.

① 형과 형태

일반적으로 사전에서 '형'은 영어의 'shape'와 같은 뜻으로 어느 특정한 면만을 말한다. 즉, '형태'는 영어의 'form'과 같이 넓은 뜻으로 일반적인 (면적)형을 가리킨다. 따라서 형을 인식하는 방법으로는 시각작용과 촉각작용이 있다. 시각작용에 의한 것으로는 형태시, 명암시, 색각시가 있다.

㉠ 형태시 : 형태시는 일반적으로 윤곽을 말하는 것으로 대상을 인식하는 데 가장 기본적인 것이다. 즉 모서리나 테두리를 의미한다.

㉡ 명암시 : 형태시와는 달리 순수한 빛에 의해 나타난 명암에 의한 것으로 밝고 어둠에 의해서 형성되는 것이다.

㉢ 색각시 : 색각시는 화면에 색채를 병치시킴으로써 대상을 나타내려 하는 것을 말하는 것으로 형과 색을 통합적으로 인지하는 것을 말한다.

② 형태의 분류

형태는 크게 이념적 형태와 현실적 형태로 나누어진다. 이념적 형태는 순수형태 또는 추상형태로 나누어지며 현실적 형태는 자연적 형태와 인위적 형태로 나뉜다.

㉠ 현실적 형태 : 우리의 주변에서 우리가 지각하여 얻는 형태를 말하며 자연적, 인위적 형태 모두를 포함한다.

ⓐ 자연적 형태 : 자연물과 같이 불변의 상태에 머물러 있지 않고 항상 변화하며 운동하고 있는 형태

ⓑ 인위적 형태 : 사용자의 요구로 형성된 타율적·인공적 형태로 그것이 속한 시대성을 가지며 재료와 함께 이것을 처리하는 기술이 요구된다.

ⓒ 이념적 형태 : 인간의 지각, 즉 시각과 촉각 등으로 직접 느낄 수 없고 개념적으로만 제시될 수 있는 형태로서 순수형태와 추상형태로 나뉜다.

　ⓐ 순수형태 : 순수형태는 현실형태와 대립하는 동시에 모든 형태의 기본이 되는 기초이다. 즉 순수형태의 기본형식은 기하학에 있어서와 같이 점, 선, 면, 입체를 말하며 현실형태를 구성하는 원소로 표현하는 기반이다.

　ⓑ 추상적 형태 : 구체적인 형태를 생략하거나 과장된 표현으로 재구성된 형태이다. 이렇게 재구성된 형태는 원형을 알아보거나 유추하기가 어렵게 된다.

③ 형태의 지각심리(Gestalt psychology) : 인간은 자신이 본 것을 조직화하려는 기본 성향을 가지고 있다.

㉠ 접근성 : 가까이 있는 시각요소들이 그룹이나 패턴으로 보이는 현상. 형태와 크기가 같은 점의 배열이지만 간격에 따라 왼쪽은 수평선, 오른쪽은 수직선처럼 지각된다.

㉡ 유사성 : 형태, 색, 질감 등의 유사한 시각적 요소들이 연관되어 보이는 경향. 접근성과 상관없이 흰색 원과 회색 삼각형이 자연스럽게 구분된다.

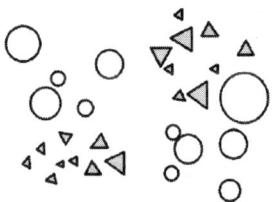

㉢ 폐쇄성 : 불완전한 시각요소들이 폐쇄된 형태로 묶여 지각되는 것이다. 사각형으로 완성되지 않은 직선들은 완성된 사각형처럼, 원형으로 배열된 점들은 완성된 원처럼 지각된다.

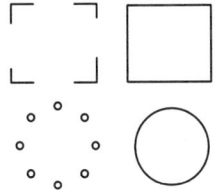

ⓛ 연속성 : 유사한 배열이 하나의 묶음으로 인식되는 현상(공동 운명의 법칙)

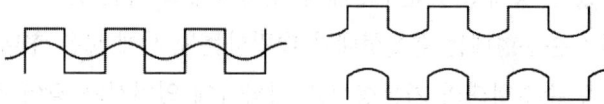

오른쪽 그림을 왼쪽 그림과 같이 결합하면 원래의 형을 지각하기가 어렵고 수평선과 수직선으로 된 연속적인 선과 관통해 지나가는 연속적인 곡선으로 지각한다.

ⓜ 단순성 : 눈에 익숙한 간단한 형태로만 도형을 보게 되는 현상. 맨 왼쪽 그림의 8개의 점은 복잡한 형태보다는 가장 오른쪽의 다각형과 같이 단순하게 인지된다.

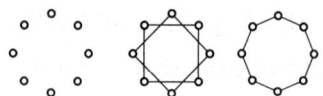

④ 반전도형 : 두 형이 교대로 지각될 수는 있어도 두 형이 동시에 도형이나 배경으로 보이는 경우는 없다.

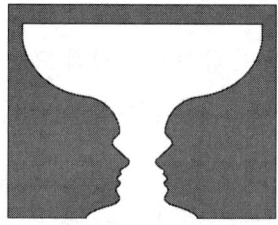

⑤ 착시

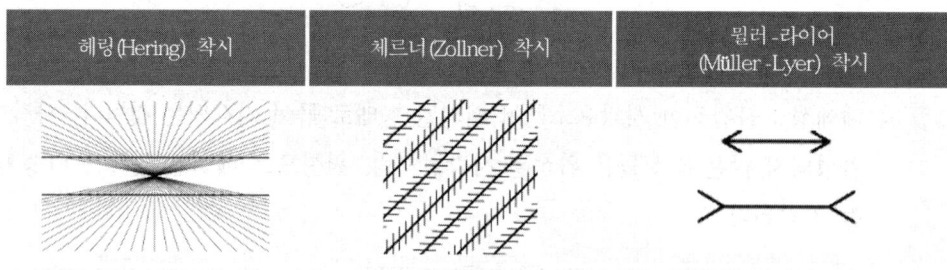

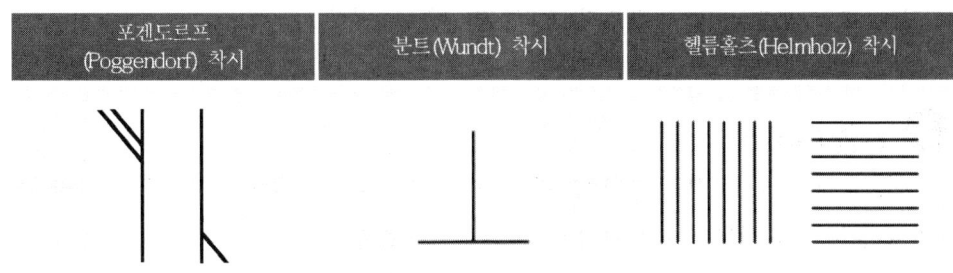

| 포겐도르프(Poggendorf) 착시 | 분트(Wundt) 착시 | 헬름홀츠(Helmholz) 착시 |
| 직선이 이어져 보이지 않는다. | 수직선이 수평선보다 길어 보인다. | 수평선 배열이 더 홀쭉해 보인다. |

④ 질감

손으로 만지면 어떤 느낌이 든다는 것을 경험을 통해 알고 있는데 이것이 물체의 질감이다. 질감은 재료로써 구체화되기 때문에 재질에 대한 감각적 체험이 중요하다. 이러한 재질의 질감이 갖는 지각적 유형에 의해서 촉각적 질감, 시각적 질감, 구조적 질감으로 분류될 수 있다.

(1) 촉각적 질감

촉각적 질감은 실제 손으로 만져서 알 수 있는 직접적인 질감이다.
 ① 가용적 질감 : 재료의 성질을 그대로 표현한 가용적 질감
 ② 조절적 질감 : 재료의 질감을 조절·변형시켜 다른 질감으로 나타내는 질감
 ③ 유기적 질감 : 여러 질감의 재료를 모아서 만드는 새로운 질감

(2) 시각적 질감

시각적 질감은 눈으로 보이는 느낌, 즉 시각을 통해 촉각을 불러일으킬 수 있는 질감을 의미한다. 이것은 2차원의 평면 위에 색과 명암, 패턴 등 실제로는 존재하지 않는 질감을 느끼게 하는 것이다.
 ① 자연적 질감 : 형태와 질감이 분리되지 않는 것
 ② 장식적 질감 : 형태에 영향을 주지 않고 표면에만 질감이 나타나는 것
 ③ 기계적 질감 : 사진에서 보이는 조직이나 스크린 패턴과 같은 질감

(3) 구조적 질감

어떤 물체가 만들어진 방법이나 재료로부터 생긴 것으로 물질의 표면질감은 대개의 경우 그것이 형성된 본질이나 구성상태가 나타나게 되는데, 실내 공간의 표면에서 인간감각에

와 닿는 모든 재료는 일단 구조적 질감이라 할 수 있다.

❺ 문양(Patten)

장식으로써 질서를 만드는 배열을 뜻하며, 2차원보다 3차원적인 장식의 질서를 부여하는 배열로서 공간의 성격이나 스케일에 맞도록 구성한다.

(1) 문양의 모티브

자연적 모티브, 양식화 모티브, 추상적 모티브가 사용된다.

(2) 문양의 특징

① 연속성에 의한 운동감이 있으므로 디자인의 전체 리듬과 적절히 어울려 혼란을 주지 않도록 한다.
② 규모가 크든, 작든, 추상적이든 간에 운동감을 지닌다.
③ 전체적으로 잘 어울리게 하여 디자인에 혼란을 주지 않도록 한다.

❻ 공간

(1) 공간의 형태

실내공간은 바닥, 벽, 천장 등과 같은 수평, 수직의 요소가 조합하여 여러 가지 공간으로 구성 전개된다. 인간은 공간의 심리적인 영향 및 공간 감각에 영향을 받기 때문에 인체와 공간의 크기, 공간의 형태에 대한 균형 등은 한정 정도와 함께 공간의식을 형성하게 된다. 한정된 실내 공간은 평면으로가 아닌 체적으로서의 넓이로 이해되어야 한다.

(2) 공간의 균형

실내공간에서의 균형은 사람과의 상대적인 관계를 기본으로, 실내공간의 제요소의 관계에 있어 그 비례로 파악된다.

① 스케일과 휴먼 스케일
스케일은 상대적인 크기, 즉 척도를 말하며 휴먼 스케일은 인간의 신체를 기준으로 파악, 측정하는 척도 기준으로 인간의 크기에 비해 너무 크거나 작지 않아야 한다. 휴먼 스케일이 잘 적용된 건물에서 인간은 편안함과 안락함을 느끼게 된다.

② 비례
스케일이 좀 더 광범위하고 포괄적인 용어인 데 비해 비례는 한정적이며 특정적이다.

한 공간의 비례는 평면, 입면, 단면의 3차원으로 동시에 고려하여야 한다. 천장고가 낮은 실내는 친밀감을 주나 때로는 답답한 느낌을 주고, 천장고가 높은 실내는 장대하고 여유가 있지만 공간으로부터 소외감을 느낄 수 있다. 균형이 잘 잡힌 실내는 실내의 사용 목적에 따라 휴먼 스케일을 바탕으로 하여 바닥, 벽, 천장면의 비례가 적절하여 정적이면서 친밀하고 안정된 느낌을 갖는다.

③ 모듈

일종의 치수 특정단위로서 건축 및 실내 공간의 디자인에 있어 종류와 규모에 따라 계획자가 정하는 상대적·구체적인 기준의 단위이다.

미터, 인치 등의 단위는 절대적이며 추상적인 단위이다(모듈과 대응되는 개념).

㉠ 기본 모듈은 1M(10cm)의 배수가 되도록 하고 건물의 높이는 2M(20cm)의 배수가 되도록 한다. 또한 건물의 평면상의 길이는 3M(30cm)의 배수가 되도록 한다.

M은 미터가 아니라 Module의 약자이다.

㉡ 모듈러 플래닝 : 모듈을 기본 척도로 하여 그리드 플래닝(grid planning)을 적용하면 사전에 변경을 예측할 수 있다. 모듈을 설정하여 계획을 전개시키면 설계 작업이 단순화되어 용이하고 건축구성재의 대량 생산이 가능해져 재료의 생산 비용이 저렴해진다. 가구류나 내부벽체도 가구의 변경, 이동 설치가 쉽고 융통성 있는 평면 계획이 가능해진다.

㉢ 모듈러 코디네이션(modular coordination : M.C) : 건축의 재료부품에서 설계 시공에 이르기까지 건축 생산 전반에 걸쳐 치수상의 유기적 연계성을 만들어내는 것을 말한다. 설계와 시공을 연결해주는 치수시스템으로 건축 외에 실내나 가구 분야에까지 확장, 적용될 수 있다.

ⓐ 장점 : 호환성, 비용 절감, 공기단축, 표준화

ⓑ 단점 : 획일적인 디자인, 개성 상실

④ 공간의 동선

동선이란 사람이나 물건이 움직이는 선을 연결한 것이다. 동선이 짧으면 짧을수록 효

율적이나 공간의 성격에 따라 길게 하여 더 많은 시간 동안 머물도록 유도되기도 한다. 동선계획 시 사람이나 물건의 통행량과 함께 동선의 방향, 교차, 그리고 이동하면서 이루어지는 사람의 행위나 물건의 흐름을 고려해야 한다.

Point 동선의 3요소 : 길이(속도), 빈도, 하중

㉠ 동선의 유형은 직선형, 방사형, 나선형, 격자형, 혼합형으로 구분된다.
㉡ 실내의 출입구 위치에 따라 동선 및 시선의 이동이 다르고 실내의 인상과 가구배치 등에 영향을 준다.
㉢ 전시공간의 관람동선과 상업공간의 고객동선은 예외적으로 길게 하는 것이 유리하다.

(3) 공간의 분할

차단적 구획	칸막이에 의해 내부공간을 수평, 수직으로 구획해서 몇 개의 실로 구분하는 것(칸막이는 고정벽, 이동벽, 커튼, 블라인드, 유리창, 열주, 수납장 등)
심리, 도덕적 구획	완전히 공간을 분할하는 것은 아니나, 가구, 기둥, 벽난로, 식물, 조각 등과 같은 구성 요소 또는 바닥, 천장면의 단차의 변화로 인해 구획하는 것
지각적 구획	조명을 사용하거나 마감재료의 변화, 통로나 복도, 공간형태의 변화, 앨코브(alcove)공간을 만들어 하나의 실에서 양분되는 이미지를 가지고 구획하는 것

Point 앨코브(alcove)

방의 한 군데가 움푹하게 들어간 곳. 벽면의 일부가 쑥 들어가서 이루어진 조그마한 스페이스

제3장 디자인의 원리

실내건축기능사

❶ 스케일과 비례

(1) 스케일
① 스케일은 물체의 크기와 인체의 관계 그리고 물체 상호간의 관계를 말한다.
② 실내와 그 내부에 배치되는 가구와 같은 요소들의 체적, 인간의 척도와 인간의 동작 범위를 고려한 공간 관계 형성, 그리고 무엇보다도 이런 요소들의 실제적인 크기 등을 고려해야 한다.
③ 실내디자인에서의 스케일은 그 공간의 사용 목적에 따라 적용방법이 다를 수 있다.

(2) 비례
① 건축물이나 조형물의 각 부분 또는 부분과 전체와의 관계
② 인체 측정을 통한 비례의 적용은 추상적, 상징적 비율이 아닌 기능적인 비율을 추구한다.
③ 공간의 비례는 평면, 단면, 입면의 3차원으로 동시에 고려해야 한다.
④ 비례의 원리는 부분과 부분 또는 부분과 전체와의 수량적 관계를 미적으로 분할하는 데 있다.
⑤ 비례의 종류
　㉠ 황금비례 : 주어진 길이를 가장 이상적으로 둘로 나눌 때는 큰 것(a)과 작은 것(b)의 비가 큰 것과 작은 것의 합에 대한 큰 것의 비와 같게 하는 비로, 근사값이 약 1.618인 무리수이다(a : b = a+b : a). 고대 그리스인들이 창안하여 가장 균형 잡힌 아름다운 미적 비례의 전형으로 건축, 미술 등의 분야에서 다양하게 활용하였다.
　㉡ 루트비 : 루트비는 사각형의 한 변을 1로 할 때 긴 변의 길이가 $\sqrt{2}$, $\sqrt{3}$ 등의 무리수로 되어 있는 것을 말한다. 대표적인 예로 우리가 사용하고 있는 종이의 크기는 $1 : \sqrt{2}$ 의 비례를 가진다.

> **Point 금강비례**
>
> 1 : $\sqrt{2}$ 의 비례, 즉 1 : 1.414의 비례로 이 비율이 편리하고 안락한 형태임을 관습적으로 알게 되어 계승해 왔다.

　ⓒ 모듈러 : 모듈러는 르 코르뷔지에(Le Corbusier)의 건축적 비례이며 우리의 인체의 특성과 관계하여 나타낼 수 있는 비례로, 목의 두 배는 허리의 둘레로 또는 양팔까지의 거리를 키로 나타낼 수 있는 법칙들을 비례로 하여 구상하였다. 이렇게 구성된 비례의 법칙으로 아파트나 공공건물의 디자인에 많이 이용되었다. 사람의 키를 183cm로 할 때 배꼽의 위치 113cm(183×0.618)를 기준으로 황금비율화한 것이다.

　ⓔ 피보나치 비율 : 1 : 2 : 3 : 5와 같이 앞의 두 항의 합이 다음 수와 같은 상가 급수이다. 이 비율은 숫자가 반복될수록 황금비례인 1 : 1.618에 수렴한다.

2 균형 및 리듬

(1) 균형

균형이란 2개의 디자인 요소의 상호작용이 중심점에서 역학적으로 평형상태가 될 때를 말한다. 즉, 공간에서의 균형은 실내에서 감지되는 시각적 무게의 균형을 말하며 서로 반대되는 힘의 평형상태를 말하기도 한다.

① 대칭적 균형

대칭은 균형에서 가장 정형의 구성 요소이다. 따라서 질서를 주는 방법이 용이하며 통일감을 얻기 쉬우나, 엄격하고 딱딱한 느낌을 주기도 한다. 대칭의 유형에는 좌우 대칭과 방사 대칭이 있다. 대표적인 예로 인간의 얼굴처럼 대칭을 가지는 조형을 쉽게 볼 수 있다.

② 비대칭적 균형

비대칭은 형태상으로는 불균형이지만 시각상의 정돈에 의해 균형 잡힌 것으로 보인다. 고단위 디자인의 요인으로 나타내기 어려운 요소이다. 아주 숙련된 디자이너들이 구상하는 것으로 변화 있는 형태로 개성적인 감정을 느끼게 도와준다.

③ 시각적 균형

　㉠ 크기가 큰 것은 작은 것보다 시각적 중량감이 크다.

　㉡ 어두운 색상이 밝은 색상보다 시각적 중량감이 크다.

ⓒ 거칠고 복잡한 질감은 부드럽고 단순한 것보다 시각적 중량감이 크다.
ⓔ 불규칙적인 형태는 기하학적인 형태보다 시각적 중량감이 크다.
ⓜ 사선이나 톱니모양의 선은 수직선이나 수평선보다 시각적 중량감이 크다.
ⓗ 기하학적인 형태는 불규칙한 형태보다 가볍게 느껴진다.

(2) 리듬

리듬이란 각 요소와 부분 사이에 강한 힘과 약한 힘이 규칙적으로 연속할 때 생기는 것을 말하며, 규칙적인 요소들의 반복으로 디자인에 시각적인 질서를 부여하는 통제된 운동감각이다.

① 반복 : 디자인 요소의 반복은 규칙을 어떻게 하느냐로 정해진다. 비교적 크기가 큰 단위형태를 적게 사용하면 단조롭고 대담해 보이며, 크기를 작게 하고 많이 사용하면 디자인 요소를 획일적인 질감의 일부로 보이게 한다.
② 점이 : 각 디자인 요소의 각 부분 사이에 일정한 단계적인 변화를 주면 점이 효과를 보이게 하는 것으로 힘의 장단이라고 할 수 있다. 점이는 점차적인 변화와 질서 방법을 주는 것으로 반복보다 한층 동적인 느낌을 주며 조형을 보는 사람에게 힘찬 이미지를 준다.
③ 대립(대조, 대비) : 점진적 변화가 아닌, 사각형에서 원형으로나 초록색에서 빨간색으로 곧바로 바뀌는 것과 같이 갑작스러운 변화를 줌으로써 상반된 분위기를 조성하도록 하는 리듬의 형태로 자극적인 디자인을 연출한다.
④ 변이 : 원형 아치, 늘어진 커튼이나 둥근 의자 등에서 볼 수 있는 리듬이다.
⑤ 방사 : 중심축에서 밖으로 선이 퍼져 나가는 리듬의 일종이다. 이런 유형은 조명 램프나 화환과 같은 액세서리에서 흔히 볼 수 있다.

3 통일 · 강조 · 조화

(1) 통일

통일성은 디자인에 미적 질서를 주는 기본 원리로 디자인 대상의 전체 중 각 부분, 각 요소의 여러 다른 점을 정리해 관계를 맺는다. 모든 디자인 원리의 구심점이 되며 다양한 요소, 소재 또는 조건을 선택하고 정리하여 하나의 완성체로 종합하는 것이다. 변화를 원심적 활동이라 한다면, 통일은 구심적 활동이라 할 수 있으며 통일과 변화는 상반되는 성질을 지니고 있으면서도 서로 긴밀한 유기적 관계를 유지한다.

① 정적 통일 : 반복되는 동일한 디자인 요소가 적용되며 단일 목적의 공간에 주로 이용된다(교육공간, 기념공간).
② 동적 통일 : 변화가 있고 성장이 있는 흐름의 전개가 가능한 방식이며 다목적 공간에 이용된다(상업시설, 레저시설).
③ 양식 통일 : 동시대적 양식의 배열 또는 관련된 기능의 유사성을 이용하는 통일감 형성 (휴양 목적 공간, 교통 관련 공간)

(2) 강조

강조는 시각적인 힘의 장단이 아니라 강약에 단계를 주어 디자인 일부에 주어지는 초점이나 의도적인 변화이다.
① 강조는 공간에서 색채나 형태를 강조함으로써 전체의 성격을 명백하게 규정한다.
② 시각적 초점은 강조의 원리가 적용되는 부분으로 주위가 대칭균형으로 놓였을 때 효과적이다.

(3) 조화

두 개 이상의 요소 또는 부분적인 상호관계에서 이들이 서로 배척 없이 서로 어울리면서 통일되어 전체적으로 미적, 감각적인 효과를 극대화시키며 발휘하는 상태를 말한다.
① 단순 조화
  ㉠ 제반요소를 단순화하여 실내를 조화롭게 하는 것이다.
  ㉡ 실내 마감 재료를 동질 소재로 하거나 동일 색채를 사용하는 경우로서 뚜렷하고 선명한 이미지를 준다.
  ㉢ 깊은 맛은 없으나 경쾌한 실내 공간 조성에 유용하다.
  ㉣ 한정된 작은 규모에 적절하다.
② 복잡 조화
  ㉠ 다양한 주제와 이미지가 요구되는 일반적 조화이다.
  ㉡ 서로 다른 요소가 각각의 개체이면서도 공존하는 구성으로 풍부한 감성과 다양한 경험을 준다.
  ㉢ 쇼핑, 레저 공간 등 다양한 계층의 사용자와 이용 목적이 요구되는 공간에 사용한다.

제4장 실내디자인 요소

실내건축기능사

① 1차적 요소

(1) 바닥

바닥면은 건물형태를 위한 물리적, 시각적 기초를 제공하며 걸어 다니는 공간표면을 에워싼다. 바닥면은 건물 안에서의 활동에 영향을 주므로 구조적으로 안전해야 하며 앉고 보고 수행하는 곳으로 신체의 척도와 공간 규모에 맞게 계단을 설치하거나 단을 만들 수 있다. 또, 신성하거나 중요한 장소는 높게 설정될 수 있다.

① 바닥의 기능
  ㉠ 천장과 함께 공간을 구성하는 수평적 요소로서 생활을 지탱하는 가장 기본적인 요소이다.
  ㉡ 외부로부터 추위와 습기를 차단하고 사람과 물건을 지지하여 생활 장소를 지탱한다.
  ㉢ 바닥은 신체와 접촉하므로 촉각적으로 만족할 수 있는 조건을 요구한다.
  ㉣ 고저차가 가능하여 필요에 따라 공간의 영역 조정을 한다.
  ㉤ 바닥차가 없을 때는 색이나 질감, 마감 재료의 변화를 통해 다른 면보다 강조하거나 영역을 구분해 줄 수도 있다.

② 바닥재의 종류

콘크리트	대부분의 건물에서 바닥의 기초적인 구조재로 쓰이고 있다. 관리가 용이하고 내마모성이 좋으며 별도의 미장작업이나 마감재 활용이 쉽다.
석재	견고하고 영구적이어서 널리 쓰인다. 구조적으로 지지능력이 있는 콘크리트나 다른 바닥 위에 깔아 사용한다. 소음과 차가운 느낌을 주는 단점이 있다. 대표적으로 점판암, 판석, 대리석, 화강암 등이 있다.
인조석 및 테라초	석재 바닥 표면의 특수형태로 시멘트 모르타르와 화강암이나 대리석 종석을 혼합한 것. 그라인더로 갈고 닦아서 표면을 매끄럽게 한 후 금속 줄눈대로 면적을 분할한다. 다양한 색상과 구조 효과도 가능하다.

17

목재	널리 사용되는 천연재료로서 기초적인 구조용으로 사용되며 다른 재료로 마감되거나 노출상태로 마감되기도 한다. 자연적인 아름다움을 가지고 있으며 따뜻하고 영구적이나 부패 및 마모, 변형의 우려가 있다.
타일	부엌, 욕실 또는 수영장 같은 물을 사용하는 공간이나 습기가 있는 공간에 쓰기 좋다. 방수 효과뿐만 아니라 타일의 단단한 표면 재질 때문에 위생시설에도 적합하다.
리놀륨 아스팔트, 비닐플라스틱, 코르크	일반적으로 얇은 판 형식이나 타일의 형태를 띠고 있으며 광범위한 색상과 무늬 선택이 가능하고 시트바닥 시설에서 타일의 배열로 디자인할 수 있다.

(2) 벽

① 벽의 높이에 따른 경계

상징적 경계	높이 600mm 이하의 벽이나 담장은 두 공간을 상징적으로 분리한다.
시각적 개방	높이 1200mm 정도의 경계는 두 공간 상호간의 통행이 어렵지만 시선높이인 1500mm보다는 낮아서 시각적으로 개방되어 에워싼 느낌을 갖는다.
시각적 차단	높이 1800mm 정도의 높이는 시각적으로 완전히 차단되므로 프라이버시를 유지할 수 있고 하나의 실을 만들 수 있다.

[상징적 경계의 벽]

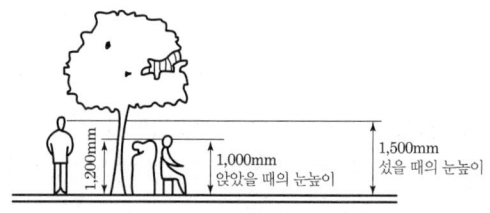

[시각적 개방의 벽]

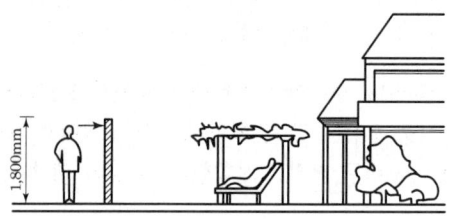

[시각적 차단의 벽]

② 벽의 기능
　　㉠ 공간을 에워싸는 수직적 요소로 수평방향을 차단하여 공간을 형성한다.
　　㉡ 외부로부터의 방어와 프라이버시를 확보한다.
　　㉢ 공간과 공간을 구분한다.
　　㉣ 인간의 시선이나 동선을 차단하고 공기의 움직임, 소리의 전파, 열의 이동을 제어한다.

(3) 천장

천장은 바닥과 함께 실내 공간을 형성하는 수평적 요소로서 다양한 형태나 패턴의 처리가 가능하면서 바닥과는 달리 하중을 싣지 않으므로 형태에 있어 자유롭다.

① 천장의 기능
　　㉠ 바닥과 함께 공간을 형성하는 수평적 요소로서 바닥과 천장 사이에 있는 내부공간을 규정한다.
　　㉡ 지붕이나 위층 바닥 부재를 노출시키지 않는 차단의 역할을 한다.
　　㉢ 열, 음향, 빛의 조절의 매체로서 방어, 방음, 방진 기능이 있어야 한다.
　　㉣ 천장의 형태를 강조하여 요철을 주거나 경사지게 처리하면 공간을 활기 있게 하고 공간의 실제 용적을 증가시키므로 확장감과 방향성을 줄 수 있다.
　　㉤ 시각적 흐름이 최종적으로 멈추는 곳으로 지각의 느낌에 영향을 준다. 낮은 천장은 아늑한 느낌, 높은 천장은 확장감을 준다.

(4) 기둥 및 보

① 기둥
　　㉠ 공간 속의 수직적 요소로 크기와 형상을 가지고 있다.
　　㉡ 실내에서의 기둥은 공간의 영역을 규정하며 공간의 흐름과 동선에 영향을 미친다.

② 보
　　㉠ 바닥에 작용하는 하중을 기둥이나 벽에 전달하는 역할을 한다.
　　㉡ 보는 공조의 설비 및 조명의 설치를 위해 수반되는 제반장치와 함께 천장에 감추어 지는 것이 일반적이다.
　　㉢ 보는 조형계획에 있어 제한적 요소로 작용한다.
　　㉣ 천장 구성에 있어 천장 자체에 리듬을 줌으로써 개성을 강조한다.

(5) 개구부

개구부란 벽을 구성하지 않는 부분을 총칭하는 말로 바닥, 벽, 천장과 함께 실내공간의

성격을 규정한다. 개구부의 위치·크기·개수·형태·목적은 실의 성격, 용도, 규모에 따라 다르며 가구 배치와 동선계획에 결정적인 영향을 미친다.

> **Point 개구부의 기능**
> ① 한 공간과 인접된 공간을 연결시킨다.
> ② 채광, 통풍이 가능하게 한다.
> ③ 전망과 프라이버시를 확보한다.

① 문(Door)

출입구는 공간과 공간 사이에서 시각적이며 신체적인 이동을 유도하며, 공간 안에서의 동선의 형태에 영향을 미친다. 또한 보안을 유지하기도 하며 공간 사이에서뿐만 아니라 외부로부터의 소음 차단 효과도 있다.

- 사람과 물건이 실내, 실외로 통행하기 위한 개구부이다.
- 문의 위치는 시점 이동에 영향을 주며 내부 공간에서의 동선을 결정하고 가구배치에 중요한 영향을 준다.
- 문의 치수는 사람이나 물건의 동선의 양, 빈도, 유형에 따라 결정된다.

㉠ 유형

ⓐ 여닫이문 : 작동이 용이하고 간단한 철물로 조작되며 외기를 차단시키고 방음에 매우 효과적이어서 가장 일반적인 형태이다. 개폐 시 회전을 위한 공간이 필요하다.

ⓑ 미닫이문 : 상부나 바닥의 트랙으로 지지되며 여닫이와는 달리 문의 호를 위한 바닥공간이 필요 없다. 문틀의 홈이나 벽 옆의 레일로 문이 미끄러져 열고 닫히는 문. 틈새가 생기므로 실내 공간에서만 쓰인다.

ⓒ 미서기문 : 윗틀과 밑틀에 두 줄로 홈을 파서 문 한 짝을 다른 한 짝 옆에 밀어 붙이게 한 것으로 두 짝 또는 네 짝 미서기가 많이 쓰인다.

ⓓ 접이문 : 실내에서 시각적 공간분할용의 스크린에 주로 사용되며 상하트랙으로 지지된다.

ⓔ 회전문 : 외기를 차단시키고 건물 안으로 들어오는 한기를 막아 열의 손실을 줄이며, 출입동선을 나눠지게 하여 많은 사람을 빨리 이동시킬 수 있다.

ⓕ 자재문 : 문틀 옆에 자유경첩을 달아 안팎으로 자유롭게 여닫는 문이다.

㉡ 구조

ⓐ 플러시문 : 목재 울거미 안에 중간 살대를 격자 혹은 수평, 수직으로 25~30cm

이내로 배치한 후 양면에 합판을 일체화시킨 문이다.
　ⓑ 패널문 : 평평한 패널구조(가끔 유리가 끼워지기도 함)이거나 가로대와 세로대가 결합된 구조로 되어 있다.
　ⓒ 유리문 : 채광이 잘 되며 시각적인 개방감을 준다.
　ⓓ 금속문 : 일반적으로 도난방지나 화재 시 불이 번지는 것을 막아주는 방화문으로 쓰인다.

② 창문(Windows)
　창문은 환기와 빛을 제공하기 위해 벽에 만들어지는 단순한 개구부에 불과했으나 현대 건축에서는 자연적인 제요소로부터의 보호, 사생활 제공, 시각적 즐거움이나 전망을 첨가시켜 주는 디자인 요소로서의 역할 같은 부가적 기능을 한다.

㉠ 개폐방식에 의한 분류
　ⓐ 고정창 : 고정창은 열리지 않으며 빛을 유입시키는 것을 목적으로 한다. 상점의 창문이나 밀폐된 냉방공간과 같이 여는 기능이 필요 없을 때 사용된다.
　ⓑ 미서기창 : 두 장의 창으로 구성되어 있으며 좌우로 밀어서 연다. 페어글라스를 사용하여 단열, 방음, 방습의 효과도 부여할 수 있다. 창문의 가장 일반적 형태이다.
　ⓒ 들창 : 창틀의 상단부를 축으로 들어올리는 형식으로 빌딩의 부분 환기창으로 사용된다.
　ⓓ 안젖힘창 : 들창과 비슷하나 아래쪽에 경첩이 달려 있고 환기하기에 좋다.
　ⓔ 양여닫이창 : 두 장의 창으로 이루어져 있으며 창의 좌우측을 축으로 하여 여닫는다.

㉡ 창의 위치
　ⓐ 측창 : 실내 측면의 수직 창에서 빛이 들어오는 형태이다. 이 형식은 공간의 조도 분포가 불균일하고 조도가 작지만 반사로 인한 눈부심이 적으며 입체감이 좋다.
　ⓑ 천창 : 건물의 지붕이나 천장면에 채광 목적으로 수평면이나 약간 경사진 면에 낸 창으로 조도가 균일하고 측창의 3배 정도의 밝기이다. 단, 환기 조절 및 청소는 곤란하며 개방감도 낮다.
　ⓒ 정측창 : 창턱 높이가 눈높이보다 높아야 하고 창의 상부가 천장선과 같거나 그 아래에 위치한 창으로 미술관, 박물관, 공장 등 시선을 분산시키지 않고 채광을 해야 할 공간에 적용된다.

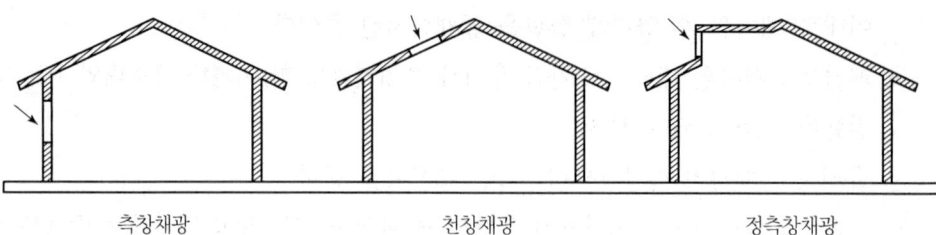

측창채광　　　　　　천창채광　　　　　　정측창채광

ⓒ 특수창

ⓐ 픽처 윈도(picture window) : 바닥부터 천장까지 이어지는 창

ⓑ 윈도 월(window wall) : 벽면 전체를 창으로 처리한 개방감이 좋은 창이다.

ⓒ 고창(clearstory) : 천장 가까운 벽 상부에 좁고 길게 뚫린 창으로 주로 환기를 목적으로 설치한다.

ⓓ 베이 윈도(bay window) : 평면이 밖으로 돌출된 창

ⓔ 일조 조절

ⓐ 커튼 처리 : 커튼은 인테리어적인 기능, 빛과 시선의 조절 기능, 열과 음의 차단 기능(보온성, 단열성, 흡음성)을 가진다.

새시 커튼	창문의 절반 정도만을 친 형태의 커튼으로 주로 투명성이 있는 재료로 만들어진다.
글라스 커튼	투명한 소재로 유리창의 한 부분에 항상 드리워져 있는 형태의 커튼
드로우 커튼	창문의 레일을 이용해 펼쳤다 접을 수 있도록 설치한 커튼
드레이퍼리 커튼	창문에 느슨하게 걸려 있는 중량감 있는 커튼

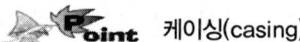 케이싱(casing)

문선, 트림이라고도 하며 벽과 문틀 사이의 틈새를 막아주는 일종의 몰딩을 말한다.

ⓑ 블라인드

수평 블라인드	얇은 수평 띠나 루버로 이루어져 있고 직물 테이프나 끈으로 엮어서 잡아당겨 작동시킨다. 반사광, 공기의 흐름, 프라이버시를 조절하기 위해 각도를 기울일 수 있는 장치가 되어 있다.
수직 블라인드	천장이나 벽에 수직으로 매달리며 도르래가 달리거나 트랙을 타고 움직인다. 외부경관을 더 많이 보고 내부로 많은 빛을 유입시키기 위해 돌릴 수 있다.
롤 블라인드	상하로 줄을 조절하여 돌돌 말려 올라가고 다시 펼 수 있는 형식의 블라인드

ⓒ 루버 : 평평한 부재를 전면에 설치하여 일조를 차단하는 것으로 수평형, 수직형, 격자형이 있다.

(6) 통로

내부공간에서의 통로공간은 사람의 출입과 물건의 통행을 위한 공간이다. 건물의 내·외부를 연결하는 통로로서의 출입구와 실과 실을 수평으로 연결하는 통로로서의 복도, 홀 그리고 수직으로 연결하는 계단, 에스컬레이터, 엘리베이터가 이에 속한다.

① 계단 및 경사로
  ㉠ 수직방향으로 공간을 연결하는 상하통행 공간이다.
  ㉡ 대규모의 공간일 경우 계단실을 독립시키지 않고 실내에 도입해서 동적인 활력요소로 처리한다.
  ㉢ 계단은 통행자의 밀도, 빈도, 연령 및 통행자의 상태에 따라 사용상의 고려가 필요하다.
  ㉣ 계단의 재료나 구조방법은 공간의 성격, 공간구성 수법, 강도, 내구성, 경제성 등을 고려하여 결정한다.
  ㉤ 계단 기본 치수

단너비	15cm 이상	계획가능 각도	20~45°
단높이	23cm 이하	일반적인 각도	30~35°

  ㉥ 경사로는 계단을 대체하거나 손수레, 휠체어, 자전거 이동을 위해 설치하며 높이 1m당 최소 길이 8m 이상으로 설계하며 바닥은 미끄러지지 않는 마감재로 해야 한다.
② 출입구 : 주출입을 위한 개구부를 의미할 수 있으나 실제 디자인의 개념을 적용시킬 때는 파사드(Facade)의 일부분으로 처리한다.

> **Point 파사드(Facade)**
> 건물의 정면을 의미함과 동시에 디자인에 있어서 건축물 및 홀의 출입구, 벽 마감재, 쇼윈도, 간판, 광고판, 광고탑, 네온사인 등을 포함한 건축물 또는 점포 전체의 얼굴로서 공간의 첫인상을 정하는 부분을 말한다. 기업 이미지 또는 상점의 상품에 대한 첫 인상을 주는 부분이므로 강인한 이미지를 줄 수 있도록 계획한다.

③ 복도(통로) : 기능이 같거나 다른 공간을 이어주는 연결공간임과 동시에 각 공간의 독립성을 부여하도록 분리하는 통로공간이다. 또한 창의 위치에 따라서 선룸의 역할도 한다.

④ 홀 : 동선이 집중되었다가 분산되는 곳으로 각 공간은 홀을 중심으로 구성되므로 주출입구 가까이에 위치한다.

❷ 조명

조명은 실내 환경에 명도, 위치, 색채, 형태 그리고 빛의 양과 질에 영향을 미치기 때문에 매우 중요한 요소이다. 조명은 개구부를 통한 실내 채광방식의 자연조명과 인공적인 발광체인 광원으로 공간에 빛을 제공하는 인공조명으로 구분된다.

(1) 조명의 선택 및 분류

① 조명기구 선택 시 고려사항
  ㉠ 구조상 광원의 교환, 청소 등 보수 유지가 용이해야 한다.
  ㉡ 실내디자인의 일부로 형태, 색채, 재료 등은 전체 분위기와 어울려야 한다.
  ㉢ 점등 시 배광, 명암이 쾌적한 분위기를 만들어야 한다.

> **Point 조명설계 순서**
> 소요조도 결정 – 광원의 선택 – 조명기구 선택 – 조명기구 배치 – 검토

② 조명의 분류
  ㉠ 조명방식에 따른 분류
    ⓐ 전체조명 : 실 전체를 평균적으로 밝고 온화한 분위기로 전체적으로 균일한 조도가 되도록 하고 조명기구를 일정하게 분산시킨다.
    ⓑ 국부조명 : 작고 정해진 공간에 높은 조도로 조명하기 위해 특별히 조명을 집중시킨다. 공간에 초점을 집중시킬 때나 하나의 실에서 영역을 구획할 때 국부조명이 사용된다. 예) 거실의 스탠드
    ⓒ 장식조명 : 조명기구 자체가 예술품과 같이 분위기를 살려주는 역할을 한다. 예) 펜던트, 샹들리에, 브래킷
  ㉡ 배광 방식에 따른 분류

조명	직접	반직접	전반확산	반간접	간접
배광방식	위 0~10% 아래 100~90%	10~40% 90~60%	40~50% 40~50%	60~90% 40~10%	90~100% 10~0%

ⓒ 설치 형태에 따른 분류
  ⓐ 매입형(down light, 다운라이트) : 조명기구는 천장에 매입되고 빛이 수직으로 하향, 직사된다.
  ⓑ 직부형(ceiling light, 실링라이트) : 천장등이라고도 한다. 배광이 효과적이며 빛이 직접 보이기 때문에 매입형보다 눈부심이 많지만, 조명효율은 좋다.
  ⓒ 벽부형(bracket, 브래킷) : 벽체에 부착하는 조명의 통칭으로 브래킷이라 한다. 장식성이 좋다.
  ⓓ 펜던트 : 와이어, 파이프 등으로 천장에 매단 조명
  ⓔ 이동형 조명 : 테이블 스탠드, 플로어 스탠드
ⓔ 건축화 조명 : 천장, 벽, 기둥 등 건축 부분을 이용하여 조명하는 방식이다. 건축화 조명은 눈부심이 적고 명랑한 느낌을 주며 현대적인 감각을 느끼게 하나 설치 비용도 직접 조명에 비해 많이 들고 유지비용 역시 높기 때문에 경제적 효율성은 떨어진다.
  ⓐ 코브 조명 : 광원의 노출을 가리고 상향 조명으로 천장 또는 벽면을 비춘 반사광에 의해 간접 조명한다. 부드럽고 균등하며 눈부심이 없는 빛을 제공하여 보조조명으로 중요하게 쓰인다.
  ⓑ 코니스 조명 : 천장 또는 천장 가까이에 장착되고 옆면을 가려 빛은 아래를 향해서만 떨어진다. 재질감 있는 벽면의 드라마틱한 특성을 강조해 주거나 재미있는 조명 효과를 준다.
  ⓒ 밸런스 조명 : 코브와 코니스를 혼합한 형태로 천장 방향과 바닥 방향 양쪽으로 빛을 비춘다.
  ⓓ 광천장 조명 : 건축구조체로 천장에 조명기구를 설치하고 그 밑에 창호지나 반투명 아크릴과 같은 확산성 재료를 이용해서 마감 처리하여 마치 넓은 천장 표면 자체가 조명인 것처럼 연출한다.
  ⓔ 광창 조명 : 광천장과 같은 방식으로 광원을 넓은 면적의 벽면에 매입, 시선에 안락한 배경으로 작용한다. 지하철 광고판 등에서 사용한다.
  ⓕ 코퍼 조명 : 천장에 사각형 또는 원형의 구멍을 뚫어 단차를 두어 천장 내부에 조명을 설치하는 방식
  ⓖ 캐노피 조명 : 국부적으로 강한 조도를 주기 위해 벽면이나 천장면의 일부를 돌출시켜 조명을 설치하고 그 아랫부분을 집중적으로 비춘다. 카운터 상부, 욕실의 세면대, 드레싱 룸에 쓰인다.

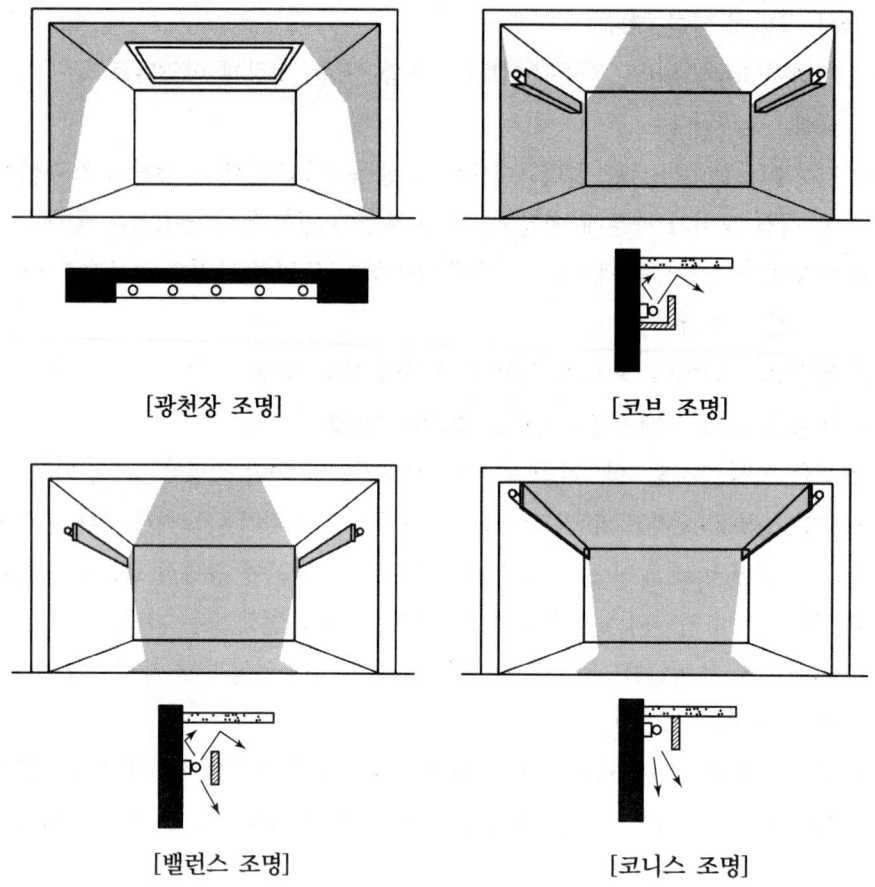

[광천장 조명]   [코브 조명]

[밸런스 조명]   [코니스 조명]

③ 광원
　㉠ 백열전구
　　ⓐ 고열의 필라멘트의 온도 방사에 의한 발광으로 조명하는 광원으로 형광등과 함께 가장 널리 사용되어 왔다.
　　ⓑ 가격이 저렴하고 크기가 작아 빛의 컨트롤이 쉬우며, 연색성이 자연채광에 가깝다.
　　ⓒ 효율이 낮고 발광온도가 높아 다소 위험하며 광원의 수명도 짧다.
　　ⓓ 점멸빈도가 높고 사용시간이 적은 곳, 강조 조명이 필요한 곳에 적합하다.
　㉡ 형광등
　　ⓐ 수은과 아르곤의 혼합가스를 봉입한 방전관으로 유리관 내에 자외선을 발생하고 이것이 유리관 내벽에 도포된 형광물질을 유도방출하여 발광하는 방전등이다.
　　ⓑ 백열등보다 10배 정도 수명이 길고 눈부심도 적으며 발광온도도 낮다. 또한 같은 전력으로 백열등보다 3~4배의 조도를 얻어 에너지가 절약된다.

   ⓒ 형광체의 색을 다양하게 할 수 있고 빛의 확산이 좋지만 자외선이 방출된다.
   ⓓ 점등에 시간이 걸리며 빛의 어른거림이 발생하고 자외선 전구 내부에 흑화가 발생한다.
  ⓒ 나트륨등
   ⓐ 수명이 매우 긴 광원으로 도로 가로등 및 체육관, 광장조명 등에 사용되고 있다.
   ⓑ 연색성이 매우 나쁘고 다소 불쾌감을 준다.
  ⓔ 메탈할라이드등
   ⓐ 효율이 높고 연색성도 좋은 광원으로 나트륨등과 혼용하여 연색성 개선에 활용된다.
   ⓑ 수명이 비교적 길지만 가격이 다소 높고 램프 점등방향에 제약을 받는다.
   ⓒ 천장이 높은 내부조명에 쓰이며 고연색등은 미술관, 상점, 경기장에 사용한다.
  ⓜ 수은등
   ⓐ 수명이 나트륨등과 비슷하며 하나의 등으로 큰 광속을 얻을 수 있다.
   ⓑ 효율이 높고 수명이 길며 가격도 저렴한 편이며 자외선이 발생하여 살균, 의료, 사진용으로도 쓰인다.
   ⓒ 빌딩, 공장 등의 외벽, 도로 조명으로 많이 쓰인다.
  ⓗ LED(발광다이오드, Light Emitting Diode)등
   ⓐ 반도체를 이용한 조명으로 발열이 적어 내구성이 길고 낮은 전력으로 효율 높은 조명을 쓸 수 있다.
   ⓑ 눈의 피로도가 낮으며 형광등처럼 자외선이 나오지 않아 피부에도 안전하다.

(2) 연출기법

 ① 조명의 연출 요소
  ㉠ 조명의 연색성 : 어떠한 물체이든지 자연광과 인공조명에서 비교해 보면 색감이 서로 다르게 보이는데 이를 연색성이라 한다.
   ⓐ 백열등의 조명하에서는 빨강색, 노랑색이 강조되어 대체로 붉은 계통의 색은 생생하게 보이는 반면, 회색, 푸른색 계통의 색은 침체되어 보인다.
   ⓑ 형광등의 조명하에서는 파랑색, 녹색이 강조되어 푸른 계통의 색은 선명하고 보다 서늘하게 보이고 빨강색은 흐릿하게 보인다.
   ⓒ 단일 광원으로 전체를 조명하는 것보다 2종류 이상의 광원을 혼합하여 사용하는 것이 연색성을 좋게 한다.

ⓓ 평균 연색평가 지수(Ra) : 규정된 8종류의 시험 색을 표준 광원에 대비하여 시료 광원 조명 시의 CIE UCS 색도도에 의한 색도 변화의 평균값에서 구한 것을 말한다.

지수(Ra)	25	60	65~75	75~90	80~90	85~95	90 이상
광원	나트륨등	수은등	일반 형광등	메탈 할라이드	LED 램프	3, 5파장 형광램프	백열등, 할로겐 램프

ⓛ 색온도 : 발광되는 빛이 온도에 따라 색상이 달라지는 것을 절대온도 단위인 K로 나타낸 것이다. 빛을 전혀 반사하지 않는 완전 흑체를 가열하면 온도가 높을수록 파장이 짧은 청색 계통의 빛이, 온도가 낮을수록 적색 계통의 빛이 나온다.

촛불	백열등	태양(정오)	맑은 하늘
1800~2000K	2500~3600K	5500~6000K	8000K~

ⓒ 조명과 마감재료
  ⓐ 발광면적이 작은 백열등은 지향성(指向性)의 빛이어서 광택이 뚜렷하고 요철이 명쾌하게 나타나 질감의 효과가 뚜렷이 표현된다.
  ⓑ 발광면적이 넓은 형광등은 확산되는 빛을 발하므로 부드러운 재질감을 느끼게 한다.
  ⓒ 조도가 크면 클수록 음영이 뚜렷해져 재질감, 입체감도 지나치게 강조되므로 부드러운 확산광이 필요하다.
ⓔ 조명과 공간감 : 조명은 주어진 공간을 축소, 확대시키거나 긴장, 이완시키므로 시각적, 심리적 효과의 연출 요소로서 해석가능하다. 조명에 의한 실내의 벽, 바닥, 천장면의 명암은 실내의 표정, 실의 크기, 천장의 높이변화 등에 영향을 미치는 중요한 요소이다.
  ⓐ 어두운 벽면은 공간을 축소시켜 보이고 밝은 벽면은 공간을 확장시켜 보인다.
  ⓑ 어두운 천장은 시각적으로 낮게 보이나 천장 테두리의 조명은 천장과 벽면을 시각적으로 높아 보이게 한다.

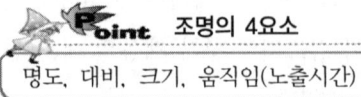

Point 조명의 4요소
명도, 대비, 크기, 움직임(노출시간)

② 조명의 연출 기법
  ㉠ 강조기법(High-light) : 물체를 강조하거나 시야 내의 어느 한 부분에 주의를 집중

시키는 효과가 있다.

ⓛ 빔 플레이(Beam play) : 강조하고자 하는 물체에 의도적인 광선을 조사함으로써 광선 그 자체에 시각적인 특성을 지니게 하는 기법이다.

ⓒ 월 워싱(wall washing) : 수직벽면을 빛으로 쓸어내리는 듯한 효과를 주기 위해 수직벽면에 균일한 조도로 빛을 비추는 기법이다. 코니스 조명과 같은 건축화 조명으로 공간 상승, 확대의 느낌을 주며 광원과 조명기구의 종류·건축화 조명 방식에 따라 다양한 효과를 가질 수 있다. 바닥이나 천장에도 조명을 비추어 같은 효과를 가질 수 있는데 이를 플로어 워싱(floor washing), 실링 워싱(ceiling washing)이라 한다.

ⓔ 그림자 연출 기법(shadow play) : 빛과 그림자의 효과를 이용하여 공간의 질감과 깊이를 느끼게 하는 기법이다.

ⓜ 실루엣 기법(silhouette) : 물체의 형상만을 강조하는 기법으로 눈부심이 없지만 물체의 세밀한 묘사는 할 수 없다. 광원 앞에 있는 사람의 행위가 실루엣으로 나타나므로 시각적으로 인간이 공간과 환경에 종속되는 효과를 준다. 이러한 공간은 친근하고 시적인 분위기를 자아낸다.

ⓗ 후광조명기법(Back lighting) : 빛을 아크릴, 스테인드글라스와 같이 반투명 재료를 통과하게 하여 배면의 빛을 확산시키는 방법으로 상품의 배경조명, 간판 후광조명 등으로 효과적이다.

ⓢ 글레이징 기법(galzing) : 빛의 각도를 이용하는 방법으로 수직면과 평행한 광선을 벽에 비춘다. 벽면 마감재료의 재질감을 강조시키며 벽면을 분할하여 천장이 낮아 보인다. 글레이징 효과를 내기 위해 매입등은 천장 끝에서 150~300mm 정도 거리를 두고 설치한다.

ⓞ 상향조명기법(up lighting) : 윗부분을 강조하고자 할 때 사용하는 기법이다. 공간의 벽면, 천장면을 간접적으로 비추며 낭만적이고 은은한 느낌의 공간 분위기를 자아낸다.

ⓩ 스파클 기법(sparkle) : 어두운 배경에서 광원 자체를 이용해 흥미로운 반짝임(스파클)을 이용해 연출하는 기법이다.

> **Point 캐스케이드(Cascade)**
> 계단식 폭포를 의미하며, 다른 의미로는 건축설계에서 각 층의 단면을 계단식으로 구성하는 것을 말한다. 조명 용어 중에서 위치 및 높이차를 두고 설치되어 단계적으로 점등, 점멸을 반복하는 조명장치를 캐스케이드식 조명이라 부르기도 한다.

❸ 가구

　실내공간에서의 가구는 인간과 건축물을 연결하는 요소의 하나로서 인체를 지지하여 휴식, 작업 등의 행위를 보다 안락하고 능률적으로 행하게 하는 인간생활행위의 수단으로 사용한다. 또한 생활에 필요한 물품 등을 보관, 정리, 진열하는 수납의 기능을 가지며 실내장식적 요소로도 작용하여 미적 효과를 증대시켜 준다.

(1) 기능 및 분류

① 가구의 기능
　㉠ 대공간적 기능 : 공간을 구성하는 디자인요소로서 수납공간을 형성하거나 각 공간을 분할하는 역할을 하기도 하며 동선을 결정하고 대화 공간 등을 결정한다.
　㉡ 대인적 기능 : 인간의 공간 사용행위 척도와 관련되는 것으로 작업, 휴식, 수납의 기능이 충족될 수 있는 인간행위 척도에 맞는 가구를 말한다. 인간공학적 입장에서 인체척도는 물론 심리적 휴먼 스케일까지 고찰하는 것이다.
　㉢ 대환경적 기능 : 생활환경의 질을 높이기 위한 기능을 말하는 것으로 통일성 있는 디자인과 크기로 미적 효과를 높이며 타 기물과 함께 공간의 순위질서체계를 형성하고 유기적으로 변동시켜 공간을 만들어 나갈 수 있어야 한다.
　㉣ 대사회적 기능 : 사회적 여건을 고려하여야 한다. 재료면에서 재료의 재순환, 대체 자원의 연구가 계속 이루어져야 하며 환경적으로 재생의 연구면에서도 대처할 수 있는 기능을 가져야 한다.

② 가구의 분류
　㉠ 인체공학적 분류

인체지지용 가구 (인체계 가구)	인체와 밀접하게 관계되는 가구로서 직접 인체를 지지한다. 작업의자, 휴식의자, 침대 등이 이에 속한다.
작업용 가구 (준인체계 가구)	간접적으로 인간에 관계하고 인간 동작에 보조가 되는 가구로서 테이블, 주방작업대, 책상 등이 이에 속한다.
정리수납용 가구 (건축계 가구)	수납의 크기, 수량, 중량 등과 관계하며 실내 기둥 간의 치수 벽의 길이, 천장의 높이 등의 조건에 지배되는 것이다. 벽장, 서랍, 선반, 칸막이 등이 이에 속한다.

ⓒ 가구의 이동에 따른 분류

이동가구	이동식 단일 가구로서 현대가구의 대부분이 이에 속한다.
붙박이가구	건물과 일체화시킨 가구로서 공간을 최대한 이용할 수 있는 장점이 있다.
모듈러가구	이동식이면서 시스템화되어 공간의 낭비 없이 가동성, 적응성의 편리함이 있다.

(2) 배치

① 배치 시 유의사항

  ㉠ 생활습관, 주행위, 생활기능, 동선계획에 맞도록 한다.

  ㉡ 크고 작은 가구를 적당히 조화롭게 배치한다.

  ㉢ 의자나 소파 옆에는 보조 조명기구를 배치한다.

  ㉣ 큰 가구는 벽체에 붙여 놓아 실의 통일감을 갖도록 한다.

② 가구의 배치유형

  ㉠ 대면형 : 테이블을 두고 마주앉는 형으로 가족 중심의 거실보다 응접실용으로 적당하다.

  ㉡ ㄱ자형 : 시선이 마주치지 않아 안정감이 있고 1인용 의자의 배치에 의해 변화를 꾀할 수 있다.

  ㉢ ㄷ자형 : 전통적인 단란형으로 TV, 정원, 벽난로를 보고 있는 편안한 분위기를 꾀할 수 있다.

  ㉣ ㅁ자형 : 테이블을 중심으로 주위에 의자를 배치하는 형식으로 대화를 많이 하는 장소에 적합하다.

  ㉤ 직선형 : 일렬로 의자를 배치하는 방법으로 상대가 보이지 않으므로 대화는 부자연스럽다. 좁은 공간에 좋다.

  ㉥ 복합형 : 여러 형을 복합적으로 편성한 것이다.

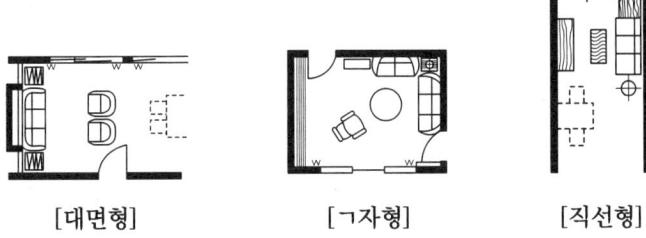

[대면형]   [ㄱ자형]   [직선형]

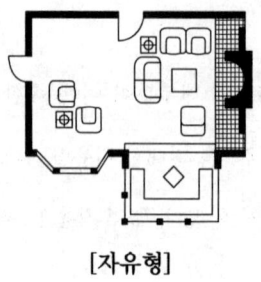 

[자유형]   [ㅁ자형]

(3) 가구의 유형

① 의자 및 소파

㉠ 의자

ⓐ 의자 디자인 고려사항
- 정확히 바닥에서 300~450mm 높이로 반드시 발이 바닥에 닿아야 한다.
- 허벅지 아래로 압박감이 없어야 하고 좌판은 편안하기 위해 너무 깊지 않아야 한다.
- 등받이는 척추의 곡선을 유지하기 위해 등 아랫부분을 받쳐주어야 한다.
- 팔걸이는 충분히 길어서 팔과 손을 받쳐주어야 한다.

ⓑ 의자의 종류
- 라운지 체어(lounge chairs) : 가장 편하게 휴식을 취할 수 있는 의자로 비교적 크다. 반쯤 기댄 자세에서 휴식을 취할 수 있으며 팔걸이, 발걸이, 머리받침이 조합되는 것이 보통이며 안락감을 위해 각도 조절, 회전 등이 가능한 기계장치가 부수적으로 추가된다.
- 이지 체어(easy chairs) : 라운지 체어와 유사하지만 상대적으로 작고 기계적 장치나 부수적인 기능이 제외된다. 그러나 등받이 각도는 편한 휴식을 위해 완만하게 설치한다. 담소, 독서용으로 적합하다.
- 사이드 체어(side charis) : 보통 이지 체어보다 가볍고 작으며 팔걸이가 없다. 위로 세워진 등받이는 식사에 적합하고 앉은 이에게 긴장감을 주므로 학습용으로도 좋다.
- 폴딩 체어(folding chairs) : 접어서 보관, 운반할 수 있는 의자로 집회 장소나 보조용 의자로 쓰인다.
- 풀업 체어(pull-up chairs) : 이동하기 쉽고 잡기 편하며 여러 개를 겹쳐 들고 운반하기 쉬운 간이 의자이다.

- 스툴 체어(stool chairs) : 등받이는 없고 좌판과 다리만 있는 형태의 의자로서 가벼운 작업이나 잠시 휴식을 취할 때 유용하다.

Point 오토만

스툴의 일종으로 소파에 부속된 의자를 말한다.

[라운지 체어]　　[회전식 라운지 체어]　　[재래식 이지 체어]

[현대식 이지 체어]　　[재래식 풀업 체어]　　[현대식 풀업 체어]

ⓒ 유명 건축가 및 디자이너의 작품
- 바르셀로나 의자(Barcelona Chair) : 1929년 바르셀로나 국제 전시회인 독일 전시장에 비치된 의자로 건축가 미스 반 데 로에가 디자인했다. 스틸 소재의 X자 다리가 인상적이다.
- 바실리 의자 : 마르셀 브로이어에 의해 디자인된 것으로 처음으로 스틸 파이프를 휘어서 골조를 만들고 좌판, 등받이, 팔걸이는 가죽으로 하였다. 바우하우스의 교수였던 바실리 칸딘스키를 위해 만들었다.
- 체스카 의자 : 마르셀 브로이어가 디자인한 의자로 자신의 딸 체스카(Chesca)의 이름을 인용했다. 프레임이 강철 파이프를 구부려서 캔틸레버 형태를 띠고 있다.
- 파이미오 의자 : 핀란드 건축가 알바 알토에 의해 디자인된 것으로 자작나무 합판을 성형하여 만들었으며 접합부위가 없고 목재가 지닌 재료의 단순성을 최대로 살린 의자이다.
- 토넷 의자 : 1800년대 중반 토넷 형제가 나무를 수증기로 가열한 뒤 금형 안에 넣어 구부리는 벤트우드 기법을 개발하여 디자인에 적용한 의자이다.

- 투겐하트 의자 : 투겐하트 주택을 위해 디자인된 이 의자는 프레임이 상당한 탄력성을 가지고 있어서 캔틸레버식 구조와 잘 조화되었다.
- 레드블루 의자 : 1918년 게릿 리트펠트가 디자인한 의자로 데 스틸 건축의 대표작인 슈뢰더 하우스에 비치되었다. 뼈대만 앙상하게 남은 형태와 빨강과 파랑의 조합이 특징이다.
- 판톤 의자 : 1953년 베르너 판톤이 디자인한 의자. 플라스틱의 가공성을 이용하여 사출성형 방식으로 생산되어 등받이부터 다리까지 한 덩어리인 세계 최초의 일체형 의자이다.

바르셀로나 의자 체스카 의자 바실리 의자 파이미오 의자

토넷 의자 투겐하트 의자 레드블루 의자 판톤 의자

ⓛ 소파

ⓐ 체스터필드(chesterfield) : 속을 아주 많이 넣고 천으로 씌운 커다란 전형적인 소파

ⓑ 카우치(couch) : 고대 로마시대 음식을 먹거나 취침을 위해 사용한 긴 의자에서 유래된 것으로, 한쪽만 팔걸이가 있고 등받이가 낮은 소파 또는 좌판 한쪽을 올려 몸을 기대거나 침대로 겸용할 수 있도록 한 의자를 뜻한다.

ⓒ 라운지(lounge) : 편히 누울 수 있도록 쿠션이 좋으며 머리와 어깨를 받칠 수 있도록 한쪽 부분이 경사져 있다.

ⓓ 세티(settee) : 동일한 두 개의 의자를 나란히 합해 2인이 앉을 수 있도록 한 의자이다.

ⓔ 다이밴(Divan) : 헤드보드와 풋보드가 없는 침대 혹은 팔걸이와 등받이가 없이 긴 소파의 형태

[체스터 필드]

[카우치]

ⓒ 모듈러 좌석(modular seating) : 의자 유닛을 분리, 결합할 수 있는 것으로 공항이나 로비, 라운지와 같은 대중을 위한 넓은 공간에 적합하다. 필요에 따라 장소와 형태를 바꿔 배치할 수 있으며 연속적인 받침대에 단위 좌석이나 부품을 더할 수 있어 시스템(system) 좌석이라고도 한다.

시스템 가구

통일된 치수로 모듈화된 유닛들이 가구를 형성하므로 질이 높고 생산비가 저렴하며, 공간배치가 자유롭다.

② 테이블

　테이블은 식사, 작업, 수납, 게임, 전시 및 회의 등 다양한 기능에 쓰인다. 한 사람이 차지하는 너비는 600mm 정도의 공간이 필요하며 사용 목적, 형태 또는 놓여질 장소 등에 따라 구별된다.

③ 침대

　㉠ 침대의 크기

　　ⓐ 싱글베드(single bed) : 900~1000mm×1900~2000mm

　　ⓑ 더블베드(double bed) : 1350~1400mm×2000mm

　　ⓒ 퀸 베드(queen bed) : 1500mm×2000mm

　　ⓓ 킹 베드(king bed) : 2000mm×2000mm

　㉡ 침대의 종류

　　ⓐ 하우스 베드(house bed) : 침대가 벽장에 수직으로 수납되는 형식

　　ⓑ 푸시백 소파(push-back sofa) : 소파의 등받이를 밀쳐내어 침대로 전환하는 형식

　　ⓒ 하이라이저 : 하나의 침대 밑에 저장된 또 하나의 침대

　　ⓓ 스튜디어 카우치 : 천으로 씌운 윗부분의 매트가 젖혀지며 트윈 베드로 전환되는 형식

　　ⓔ 데이 베드(day bed) : 간단히 낮잠을 자거나 소파 대용으로 쓰는 가구

> 1인 침대 두 개의 배치를 트윈이라 한다.

④ 수납장

　수납장에는 선반, 서랍, 캐비닛이 있다. 수납장은 붙박이 형태이기도 하고 천장에서 내려 달기도 하며 벽에 걸기도 하고 또는 독립된 가구의 형태를 지니기도 한다.

　㉠ 수납장은 쉽게 물건을 넣고 꺼낼 수 있어야 한다.

　㉡ 필요성, 편리함이나 사용횟수, 수납할 물건의 크기와 형태, 시각적인 효과, 즉 물건을 전시할 것인지 숨겨야 할 것인지를 먼저 정한다.

❹ 장식 및 디스플레이

(1) 장식(accessory)

액세서리란 실내를 구성하는 여러 가지 요소 중 시각적인 요소를 강조하는 오브제로 회화, 목공예품, 조각품, 벽화, 도자기, 금속공예품 등이 이에 속한다.

- 액세서리는 실내에 활력과 즐거움을 부여하고 리듬과 짜임새 있는 공간을 구성한다.
- 액세서리는 실내디자인의 의도, 주제, 크기, 재질감, 색채, 표현방법, 그리고 내부 공간의 성격, 크기, 마감재료 등을 고려하여 선정한다.

① 장식품

실내디자인 완성에 보조적인 역할을 하는 비교적 작고 이동이 손쉬운 물품을 말한다.

실용적 장식품	생활에 있어 실용적 기능을 갖추면서 장식적 효과가 있는 물품. 가전제품류, 조명기구, 스크린(병풍), 꽃꽂이 용구 등
감상용 장식품	감상 위주의 물품으로 실내조화를 고려하여 적당한 크기, 수량, 색채와 주제가 결정되어야 한다. 골동품, 수석, 분재, 관상수, 어조류, 화초류 등
기념용 장식품	취미활동이나 전문직종의 활동 실적에 따른 기념 요소가 강한 물품. 트로피, 상패, 메달, 배지, 펜던트, 탁본 등

② 예술품

동양화, 서양화의 회화를 비롯하여, 판화, 스케치, 벽화, 모자이크, 슈퍼그래픽 등의 평면적 작품과 고가구와 민속품, 조각, 공예 등 입체적 작품이 있다.

 슈퍼그래픽
> 건물 외부나 담장, 벽 등에 이용되는 대형 그림으로 화려한 색상이나 추상적인 디자인이 많다.

(2) 디스플레이

디스플레이란 상품의 판매를 목적으로 상품의 특징과 성격을 효과적으로 나타내어 판매공간에 진열함으로써 구매의욕을 돋구어 판매에 이르도록 하는 판매촉진 수단이다.

① 디스플레이의 유형

㉠ 상점 외부 디스플레이

ⓐ 상점의 이미지를 효과적으로 표출하여 상점에 호감을 갖도록 전체 외부 요소를 디자인하는 것이다.

ⓑ 출입문, 파사드, 쇼윈도, 사인, 차양, 조명장치 등 외부 요소들은 상점의 특성과

　　점내 활동 내용을 나타내야 한다.
ⓒ 주변환경과 조화를 이루어야 한다.
ⓓ 고려사항
　• 외부의 규모 및 지역적 특성
　• 영속성 및 차별성
　• 점포의 성격, 차별상품의 선별법과 고객목표

> **Point 디스플레이의 정보전달 요소**
> ① 사용 목적, 기능성, 신뢰감, 경제성에 관한 상품성
> ② 계절, 행사, 새 상품 입하에 대한 시기성
> ③ 정치, 경제, 문화 등의 생활성

ⓛ 쇼윈도 디스플레이 : 상품을 진열하여 지나가는 사람들의 시선을 끌어 관심을 갖게 하고 상점 밖에서도 상점을 파악할 수 있게 한다. 또한 점포에 대한 정보를 제공하고 구매의욕을 돋우어 상점 내로 유도해 판매로 연결시키는 기능을 한다.

ⓒ 상점 내부 디스플레이
　ⓐ 스테이지 디스플레이 : 마네킹을 올려놓거나 옷을 펼쳐놓는 디스플레이에 쓰이며 매장 중심부에 배치하여 쉽게 고객들의 시선을 끌 수 있다. 일반 진열보다 눈에 띄게 진열한다.
　ⓑ 아일랜드 디스플레이 : 바닥에서 100~400mm 정도 올라와 있는 단형태의 디스플레이 방법이다.
　ⓒ 벽면 디스플레이 : 벽면 상부를 진열 공간으로 쓰고 벽면 하단은 수납공간으로 활용하며 실내 전체 분위기의 바탕이 되도록 디스플레이한다.
　ⓓ 행거 디스플레이 : 의류 진열에 필수적이며 주위 진열 공간과 복합적인 진열방법으로 계획한다.
　ⓔ 쇼 케이스 디스플레이 : 상품의 저장기능과 진열기능을 겸하는 장점이 있다. 보통 카운터보다 높이가 높고 사방에서 상품을 볼 수 있다.
　ⓕ 기둥 디스플레이 : 기둥을 중심으로 선반, 쇼 케이스, 스테이지 등을 설치하여 디스플레이를 입체적으로 처리한다.
　ⓖ POP(point of purchase) 디스플레이 : 구매시점 촉진광고란 뜻으로 점포 내의 고객에게 정보 제공 및 구매 설득을 위해 설계된 모든 판매촉진 자극요소를 뜻한

다. 구입하려는 시점에서의 광고 효과를 극대화할 수 있는 윈도 디스플레이나 카운터 진열광고, 바닥진열 및 선반·벽면광고 등이 있다.

② 디스플레이의 기본
  ㉠ 유효 진열 범위
     인간공학적 측면에서 신체적 조건과 시선을 고려하여 이에 준한 상품의 진열과 특성, 종류에 따라 합리적인 진열이 되도록 한다.
     ⓐ 눈높이 1400~1500mm를 기준으로 상향 10°, 하향 20° 사이가 고객이 시선을 두기에 가장 편안한 범위이다.
     ⓑ 유효한 상품진열범위는 바닥에서 600mm부터 상한선 2100mm 정도이지만 실제 손이 닿는 높이는 1800~1900mm 정도가 되기 때문에 진열선반은 1700mm 이하로 한다.
  ㉡ 상품진열 위치
     ⓐ 통로측은 1200mm 이하에 상품을 소량으로 중점상품을 진열한다.
     ⓑ 중간의 진열은 1200~1350mm 높이로 상품을 다량으로 풍부하게 진열한다.
     ⓒ 벽면 진열은 2200~2700mm 높이로 상품을 다양하게 진열하거나 수납공간으로 활용한다.

> **Point 골든 스페이스**
> 고객의 시선이 가장 편하게 머물고 손으로 잡기에도 가장 편안한 850~1250mm 높이로 이 범위에 주력 상품을 진열한다.

③ VMD(Visual MerchanDising)
  상품과 고객 사이에서 치밀하게 계획된 정보 전달 수단으로 장식된 시각과 통신을 꾀하고자 하는 디스플레이의 기법이 VMD이다. 즉, 상품계획, 상점계획, 판촉 등을 시각화시켜 상점 이미지를 고객에게 인식시키는 판매 전략을 뜻한다.

구 분	주역할	위 치
IP(item presentation)	기본 상품의 분류정리	제반집기(선반, 행거)
PP(point of sale presentation)	한 유닛의 대표 상품 진열	벽면 상단 및 집기 상단, 디스플레이 테이블
VP(visual presentation)	상점의 이미지, 패션테마의 종합적인 표현	파사드, 쇼윈도

제5장 실내계획

실내건축기능사

❶ 주거공간

(1) 주거공간의 실내계획 기본 개념

① 주거계획의 기본 방향
   ㉠ 생활의 쾌적함을 추구한다.
      ⓐ 생리적 쾌적함 : 적당한 온도, 습도, 조명, 환기
      ⓑ 심리적 쾌적함 : 공간의 깊이, 색, 마감재, 빛의 상태
   ㉡ 가족 본위의 주거공간이 되도록 한다.
   ㉢ 개인의 프라이버시나 개인생활이 존중되도록 한다.
   ㉣ 생활의 편리함을 추구한다. : 합리적 동선계획, 능률적이고 쾌적한 작업공간

② 실내계획 고려사항
   ㉠ 기후 : 기온, 강수량, 일사량, 풍향 등 기후에 대한 물리적 요소는 지붕의 형태, 평면 구성, 개구부의 위치 결정 등에 큰 영향을 미친다.
   ㉡ 위치 : 도시, 교외, 해변, 산 등 주택이 위치한 지역적 조건에 따라 도시주택, 전원주택, 별장주택으로 구분되며 이에 따라 생활내용도 달라지므로 계획에 반영해야 한다.
   ㉢ 방위 : 방위는 실의 배치와 개구부 특히 창의 위치와 관련된 요인이며 전망, 바람, 채광 등에 대한 주택의 노출방향을 나타낸다. 개구부 설치를 고려하여 커튼, 차양 등으로 햇빛, 프라이버시를 조정한다.
   ㉣ 디자인 스타일 : 어떤 지역이나 특정사회에서 유행되었던 가구나 실내에서 나타나는 표현양식은 거주자의 기호, 주생활 양식 등에 따라 결정되고 계획에 반영된다. 스타일이 결정된 후 가구나 실내에서부터 외관에 이르기까지 조화로운 디자인 스타일을 추구한다.
   ㉤ 거주자 : 가족유형, 직업, 기호, 취미, 수입정도 등을 조사한다. 각 개인이나 가족의 기호를 조사하여 개성적인 실내가 되도록 한다.

ⓑ 주생활 양식 : 주택을 중심으로 행해지는 생활양식은 가족의 구성 조건, 사회적인 계층, 지역적인 기후, 풍토 조건 등에 따라 달라진다. 각종 행위의 장소나 시간 사용, 가구 및 물품사용 정도, 배치 유형, 각 실의 꾸밈상태, 거주자의 의식 등을 조사하고 이를 기본으로 각 실 배치에 따른 동선계획, 가구배치와 유형, 실의 규모와 성격, 장식 등 전반에 대한 실내계획에 반영한다.

> **Point 각 실의 방위**
> ① 동쪽 - 침실, 식당
> ② 서쪽 - 욕실, 건조실, 탈의실
> ③ 남쪽 - 노인실, 아동실, 거실
> ④ 북쪽 - 화장실, 보일러실

③ 공간의 구성
  ㉠ 기능·용도에 의한 분류

개인공간	개인의 사생활을 위한 사적 공간으로 개인의 기호, 취미나 개성 등 프라이버시가 요구된다(침실, 공부방, 작업실, 욕실, 서재).
작업공간	가사노동이 이루어지는 주방, 세탁실, 작업실, 다용도실, 서비스 야드 등)
사회적 공간	가족 공동으로 사용하는 공간(거실, 응접실, 식당, 현관 등)

  ㉡ 사용시간에 의한 분류

주간 사용 공간	낮에 주로 사용되는 초등학생 이하의 어린이방, 노인실, 거실 등. 조망 방위 등 개구부와의 관계 등을 고려하여 채광을 충분히 고려한다.
야간 사용 공간	중, 고등학생의 침실, 부모 침실 등. 하루에 한두 번 햇빛을 받을 수 있도록 한다.

  ㉢ 행동반사에 의한 분류

정적 공간	조용하고 정숙한 분위기를 요구하는 부부침실, 서재, 노인실 등으로 완전히 독립성이 요구되고 소음공해가 없어야 하며 시청각적 프라이버시가 확보되어야 하므로 동적 공간과 분리한다.
동적 공간	실에서의 활동과 능률을 중요시하며 독립성보다 개방성을 필요로 하는 거실, 식당, 부엌, 현관 등이 이에 속한다.

④ 동선 및 평면계획
  ㉠ 상호관계가 밀접한 것은 근접시키고, 상반되는 것은 격리시킨다.
  ㉡ 빈도를 기준으로 주동선과 부동선으로 분류하되 주동선은 외부와 직접 연결하고 동

선은 가능한 한 짧게 직선화한다.
ⓒ 주부는 실내에 머무르는 시간이 길고 작업량이 많으므로 작업공간의 동선이 우선되어야 한다.
ⓔ 각 실의 동선계획은 가구배치계획에 따라 변하게 된다. 특히 거실, 식당, 부엌, 마루 등은 통로에 근접하되 통로로 이용되는 면적을 최소한으로 줄이며 이들 실을 가로지르거나 하여 가구배치에 영향을 주지 않도록 한다.

> **Point 조닝(Zoning)**
> 공간 내에서 이루어지는 다양한 행동의 목적, 공간, 사용시간, 입체 동작 상태 등에 따라 구분되는 공간을 구역(zone)이라 하며, 이 구역을 구분하는 것을 조닝(zoning)이라 한다. 주거공간의 조닝계획은 생활공간, 사용시간, 주 행동, 행동반사, 사용자의 프라이버시 및 사용빈도에 의한 분류 등으로 구분할 수 있다. 상호간의 관련된 기능, 방위, 위치를 결정하며 빛, 난방, 조망, 어프로치 기능의 결합 등을 충분히 고려한다.

⑤ 조명 및 배색계획
  ㉠ 조명계획
    ⓐ 전체 조명은 형광등으로 하고 매입등, 스포트라이트, 펜던트 등의 국부조명과 장식조명을 광원 크기가 작은 백열등, 할로겐등으로 조합한다.
    ⓑ 적정조도를 유지해야 하는 실 : 부엌, 서재, 어린이방, 계단 등
    ⓒ 분위기를 중시하는 실 : 거실, 식당, 침실 등
  ㉡ 배색 계획
    ⓐ 거주자의 취향을 반영하여 개성적인 분위기를 연출하도록 한다.
    ⓑ 공간에서 가장 눈에 잘 띄는 벽면의 색을 우선 결정한다.
    ⓒ 개구부가 많거나 벽에 위치한 가구가 많을 때는 차분한 색을 선택하는 것이 바람직하다.
    ⓓ 보색이나 원색은 실내에서 악센트 컬러로 사용하여 포인트를 준다.

(2) 거실(living room)

① 거실의 기능 : 거실은 각 실을 연결하는 동선의 분기점으로 가족의 단란, 휴식, 안락, 여가, 접객, 사교, 가사, 육아, 대화, 독서, 음악감상, TV 시청, 취미, 식사 등의 장소로 사용되는 다목적 다기능공간이다.
② 거실의 위치
  ㉠ 일조와 전망이 가장 좋은 여름에는 시원하고 겨울에는 따뜻한 남향 또는 남동향,

남서향에 위치하며 현관, 복도, 계단 등과 근접하고 독립성, 안전성을 유지하여야 한다.
  ⓒ 창을 통해 옥외의 전망이 보이는 곳이 적당하며 창을 최대한 넓혀 시각적 개방감을 갖도록 한다.
  ⓒ 거실과 연결되는 테라스는 거실 공간의 연장으로 거실과 테라스의 유지관리상 10~12cm 정도의 바닥차를 준다.
③ 거실의 규모와 형태
  ㉠ 가족 수, 가족구성, 전체 주택의 규모, 접객빈도, 주생활 양식에 따라 규모가 결정된다.
    ⓐ 5인 가족이 식당과 겸할 경우 최소 $16.5m^2$의 면적이 필요하며 권장기준인 $18~24m^2$가 적당하다.
    ⓑ 최소한 5인이 앉아 최소한의 거리로 TV를 시청할 수 있는 소파 한 세트를 놓을 경우 $10.0~16.5m^2$ 정도가 필요하다.
  ㉡ 거실의 평면 형태는 정방형보다 짧은 변이 너무 좁지 않을 정도의 장방형이 가구배치와 TV 시청에 유리하다.
④ 거실의 세부계획
  ㉠ 배치 및 가구
    ⓐ 거실의 규모, 형태, 개구부의 위치와 크기, 가구 조건, 거주자의 취향 등에 따라 달라진다.
    ⓑ 전망이 좋은 경우 벽에 기대는 것보다 시선이 자연스럽게 밖을 향하도록 배치한다.
    ⓒ 거실에 벽난로가 설치되어 있을 경우 공간의 초점이 되므로 가구를 벽난로를 중심으로 배치한다.
    ⓓ 소파에서 스크린(화면)을 중심으로 텔레비전을 시청하기에 적합한 최대 범위는 60° 이내가 적당하다.
  ㉡ 거실의 조명 계획
    ⓐ 직접조명과 간접조명을 병행하며 휴식을 취하기 좋은 편안하고 밝은 분위기의 부드러운 조명계획을 한다.
    ⓑ 식당과 부엌이 같은 공간에 있거나 근접할 경우 조명을 이용하여 영역을 시각적으로 구분시킨다.

ⓒ 거실의 색채 계획
　　ⓐ 밝고 안정감이 있는 무난한 색을 선택한다.
　　ⓑ 엷은 무채색, 중간색, 밝은 계통의 색은 실내를 차분하게 가라앉혀 준다.
　　ⓒ 거실의 규모가 클 경우 한색보다는 아늑한 난색계통을 사용한다.

(3) 식당(dining room)

　식당은 가족실로서의 기능을 갖는다는 의미에서 거실과 함께 가족행위의 중심장소가 되므로 거실과 식당이 연결되는 것이 바람직하다.

① 식당의 기능
　ⓐ 가족실로서 자연채광이 풍부하고 청결하여야 한다.
　ⓑ 연속된 가사작업의 흐름을 위해 식당, 주방, 가사실과 연결되는 것이 좋다.

② 식당의 규모와 유형
　ⓐ 규모
　　ⓐ 손님의 접대 빈도가 높거나 주택의 규모가 클 경우에는 독립적인 공간으로 마련한다.
　　ⓑ 식당의 규모는 식사하는 사람의 수에 따른 식탁의 크기와 형태, 의자 배치상태, 주변통로와 음식을 대접하기 위한 서비스동선에 대한 여유 공간 등에 의해 결정된다.
　　ⓒ 4~5인을 기준으로 $9m^2$ 정도이며, 1인당 $1.7~2.3m^2$의 면적이 필요하다.

　ⓑ 유형
　　ⓐ 다이닝 룸(D) : 식당이 부엌을 비롯한 다른 실과 완전히 독립된 형태. 식사 분위기는 가장 좋지만 동선은 가장 불편한 구성이 된다. 대규모 주택이나 별장 등에 적합하다.
　　ⓑ 다이닝 키친(DK) : 가장 전형적인 형태로 주방의 한 부분에 식탁을 설치하는 형식. 가사동선상 가장 편리한 형태이며 주방의 조리공간과 근접해 있으므로 식사 분위기는 좋지 못하다.
　　ⓒ 리빙 다이닝(LD) : 거실의 일부를 식사실로 구성한 형식. 거실이 접하고 있는 외부 조망이나 일조, 환기 등을 공유하는 형태로서 식사 분위기는 좋은 편이다. 단, 주방과의 동선이 길어질 수 있으며 거실의 기능을 방해할 수 있으므로 설계 시 이에 대한 고려가 선결되어야 한다.
　　ⓓ 리빙 키친(LDK) : 거실, 식당, 부엌이 한 공간에 설치되는 형태로 원룸이나 독신자 아파트 등 소규모 주택에 적합하다.

ⓔ 다이닝 포치(DP) : 옥외 테라스나 마당 등에 마련되는 옥외의 식사공간을 뜻한다.

> **Point 다이닝 앨코브**
> 리빙 다이닝의 일종으로 거실의 일부 공간을 돌출되거나 오목한 앨코브 형태로 만들어 식사실을 배치한 형태를 뜻한다.

③ 식당의 가구
  ㉠ 식탁 : 1인당 식사에 필요한 크기는 가로 600mm, 세로 350mm 정도이다.
  ㉡ 의자 : 좌판과 식탁의 높이 차이는 280~300mm 정도가 적당하다.
  ㉢ 찬장 : 찬장은 식기, 수저세트, 테이블보, 양초, 식탁소품 등 수납의 용도 외에 식당의 분위기를 형성하는 장식적 요소로도 형성된다.

④ 세부계획
  ㉠ 식당의 조명 : 천장에 부착한 직부등과 천장에 매달아 놓은 펜던트형이 일반적이다.
  ㉡ 식당의 색채 : 즐거운 식사분위기를 만들기 위해 자극적인 색은 피하고 난색계통의 오렌지, 핑크, 크림색, 베이지색이 무난하다.
  ㉢ 식당의 마감재료
    ⓐ 타일과 대리석은 차가운 느낌을 주나 고급스럽고 호화스러운 분위기를 만든다.
    ⓑ 벽과 천장은 타일, 벽지, 목재 등으로 마감할 수 있으나 냄새가 배고 오염되기 쉬운 점을 고려한다.

(4) 부엌(kitchen)

과거에는 식생활만을 해결하기 위한 공간으로 취급되었다가 작업대의 입식화와 더불어 주방공간도 쾌적하게 변화되었다.

① 기본 사항 및 위치
  ㉠ 거실에서 식당, 부엌으로까지 자연스럽게 연결되도록 한다.
  ㉡ 각 가정의 식생활 패턴에 적합하게 계획하며 환기와 통풍이 용이해야 한다.

② 주방의 유형
  ㉠ 독립형 : 부엌이 일실로 독립된 형태이다. 주방의 기능성과 청결감이 크지만 공간 점유율도 커진다.
  ㉡ 반독립형 : 부엌이 인접한 거실이나 식사공간과 겸하는 LDK, DK, LD 형식이 해당된다. 작업동선이 짧으며 좁은 공간을 넓게 활용할 수 있다. 칸막이나 해치 도어, 커튼 등으로 공간을 구분하며 환기에 유의한다.

ⓒ 오픈키친 : 반독립형 부엌과 같으나 칸막이 구획이 없이 완전히 개방된 형식이다. 부엌과 인접한 공간과는 오픈 플래닝으로 처리하되 낮은 수납장, 식탁과 별도로 마련된 카운터로 영역을 구분한다. 여러 기능이 한곳에 모아지므로 환기, 통풍, 난방, 부엌의 설비에 유의한다. 주로 원룸시스템에서 많이 적용한다.

ⓔ 아일랜드키친 : 취사용 작업대가 하나의 섬처럼 실내에 설치되어 있다.

ⓜ 키친네트 : 작업대의 길이가 2000mm 내 정도인 간이 부엌이다. 사무실이나 독신용 아파트에 많이 설치된다.

ⓗ 클로젯 키친 : 단일가구 형태로 통합된 주방 시스템을 말한다.

 **Point 해치**

식당과 주방 사이에 접시 등을 출입시키기 위한 작은 개구부

② 주방의 동선과 규모

㉠ 주방은 움직임이 많고 장시간 일하는 곳이므로 작업동선은 짧고 간단 명료해야 한다.

㉡ 식사공간과 가까이 하며 서비스 야드 성격의 마당이나 다용도실, 가사실과 직접 연결한다.

㉢ 가족의 수와 구성, 손님의 수와 접객빈도 등에 따른 식생활 패턴을 고려하여 주방 규모를 결정한다.

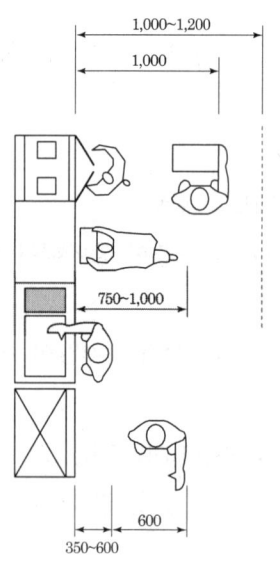 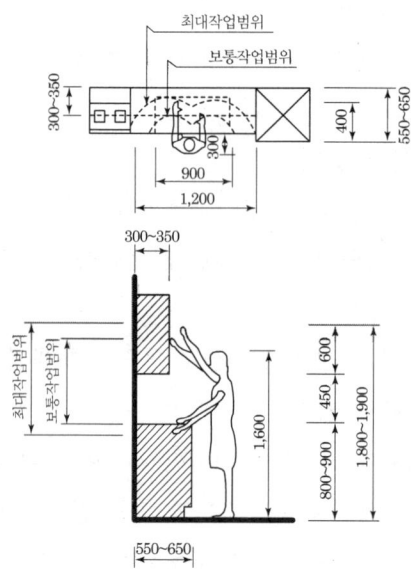

ⓔ 주방 면적은 주택 면적의 8~10%가 적당하다.
③ 작업대의 배치유형

작업대는 부엌에서 취사가 행해지는 곳으로 준비대 → 개수대 → 조리대 → 가열대 → 배선대로 연결된다.

㉠ 일자형 : 작업대를 일렬로 한 벽면에 배치한 형태이다. 작업대의 총길이가 3000mm를 넘지 않도록 하며 일반적으로 2700mm 이내가 적합하다.

㉡ 병렬형 : 양쪽 벽면에 작업대를 마주 보도록 배치하는 형태이다. 동선이 짧아 효과적이나 돌아보는 동작이 많아 쉽게 피로를 느낄 수 있다. 작업통로는 700mm~1100mm 정도가 적합하다.

㉢ ㄱ자형 : 인접된 양면의 벽에 ㄱ자형으로 배치하여 동선의 흐름이 자연스러운 형식이다. 여유 공간에 식탁을 배치하면 다이닝 키친이 되므로 공간 사용에 효과적이다.

㉣ ㄷ자형 : 인접된 3면의 벽에 ㄷ자형으로 배치한 형태이다. 가장 편리하고 능률적인 작업대의 배치이나 식탁과의 연결이 다소 불편하다. 작업대의 통로 폭은 1200~1500mm 정도가 적당하다. 대규모의 부엌에 많이 사용된다.

> **Point 주방의 작업삼각형(Work Triangle)**
>
> 개수대, 가열대, 냉장고의 중심을 정점으로 하는 작업 길이를 최소화할 수 있는 선을 연결하여 삼각형 형태를 만든 것을 말한다. 이 삼각형의 각 변 길이의 합계는 5m 내외가 적합하다.

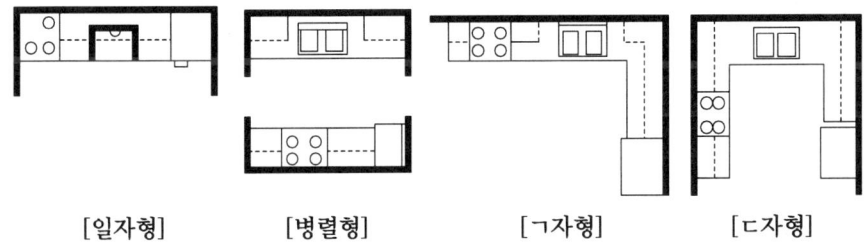

[일자형]   [병렬형]   [ㄱ자형]   [ㄷ자형]

④ 세부계획

㉠ 조명 : 전체조명과 작업대를 비추는 국부조명을 병용하는 것이 일반적이며 방습형 조명을 사용한다.

㉡ 색채 : 음식을 만드는 조리공간이므로 밝고 청결한 분위기를 형성하는 색채가 적절하다. 색채는 너무 다양하게 사용하는 것보다 전체를 통일해서 조화시킨다. 또한 벽, 바닥, 천장은 동색계로 처리하되 밝은 색으로 하여 확장감을 주도록 하고 바닥이나 걸레받이는 안정감이 들도록 어두운 색으로 처리한다.

ⓒ 마감재료 : 물과 불, 기름 등을 취급하므로 실내마감에서 많은 성능을 요구한다. 내구성, 내화성, 내열성, 내수성, 내유성 등 재료의 물리적인 특성을 고려하고 청소 및 유지관리도 용이한 것을 고른다.

(5) 침실(bed room)

침실의 주목적은 잠을 자기 위한 취침공간이며 주거공간 중 가장 사적인 공간이다. 독립성이 강한 공간으로 프라이버시가 확보되도록 한다.

① 기능

침실은 취침기능 이외에 수납, 갱의, 작업, 휴식 등의 부가기능을 가지며 사용자의 생활유형에 따라서 각 기능을 부합하여 계획한다.

② 분류

ⓐ 부부침실(주침실) : 취침 이후에도 부부생활의 중심이 되므로 기밀성이 요구되며, 특히 다른 실과 인접한 벽면에 수납공간을 두거나 침실과 다른 각 실 사이에 서재, 욕실 등을 배치하여 프라이버시를 강화한다.

ⓑ 아동침실 : 아동침실은 취침, 학습, 놀이공간으로 아동의 성장에 따라 계획한다.

ⓒ 노인침실 : 주택 중심부에서 어느 정도 분리되고 조용하며 일조조건이 좋은 남향에 위치하도록 하고 2층 주택일 경우 보행하기 쉬운 아래층에 위치하도록 한다.

ⓓ 손님침실 : 독립된 실로 마련하지 못할 때는 푸시백 소파, 소파베드로 대용한다.

③ 위치

ⓐ 사적인 공간이며 정적인 공간이므로 현관, 출입구에서 떨어진 조용한 곳으로 배치한다.

ⓑ 일반적으로 거실을 중심으로 한 공동생활구역과 침실을 중심으로 한 개인생활구역 사이에 화장실, 욕실, 복도 등 완충공간을 두어 양 공간을 분리한다.

ⓒ 2층 주택의 경우 1층에는 거실, 식당, 부엌 등의 공동생활구역을 두고 2층에는 침실 등 개인생활 공간을 배치한다.

ⓓ 침실은 남향 또는 남동향이 가장 좋은 일조, 통풍조건으로 최소한 1일 1회 일사의 조건을 갖도록 한다.

ⓔ 침실은 다른 실을 거치지 않고 바로 개인침실로 가는 동선이 바람직하며 통행이 번잡하지 않아야 한다.

④ 규모

가구의 면적을 고려하지 않으면 1인용 침실은 최소 $6m^2$, 2인용 침실은 최소 $10m^2$ 정도로 계획한다.
⑤ 가구배치
　㉠ 침대
　　ⓐ 나이트테이블과 침대를 벽면에 기대어 설치하기 위해 1인용 침대의 경우 1500~1800mm, 2인용 침대나 트윈베드의 경우 2100~2600mm의 벽면이 확보되어야 한다.
　　ⓑ 침대 배치는 실의 크기와 침대와의 균형, 통로부분의 확보, 침대의 배치유형이 적절해야 한다.
　　ⓒ 침대 끝은 벽으로부터 최소 500~600mm 이상, 일반적으로 900mm 정도는 여유가 있어야 통행이 불편하지 않다.
　　ⓓ 침대 양쪽에는 650mm 이상 공간이 있어야 나이트테이블이 놓일 수 있다.
　㉡ 화장대 : 화장-착의-외출이라는 행위의 흐름을 고려해서 화장코너는 옷의 수납장 가까이에 배치하는 것이 이상적이다.

(6) 아동실

아동실은 취침, 학습, 놀이, 휴식 등의 다목적 공간으로 계획하며 성별, 연령, 사회생활, 생활양식 등에 따라 실의 위치, 크기, 가구계획, 색채계획이 조절되어야 한다.

① 위치와 규모
　㉠ 채광이 좋고 테라스, 데크 등 옥외공간과 연결되는 곳에 위치하는 것이 가장 이상적이다. 화장실이 가까이에 있어야 하고 부모의 시선이 자연스럽게 미치는 곳이 적당하다.
　㉡ 아동실의 경우 최소한 $7m^2$ 정도가 되어야 하며 다목적 기능에 따라 구획하고자 하는 경우는 $16m^2$ 정도가 이상적이다.
② 가구배치
　㉠ 성장에 맞춰 조절되는 유닛가구나 시스템가구가 적당하며 튼튼하고 위험성이 없어야 하며 유지관리가 용이해야 한다.
　㉡ 아동실은 다목적 기능이므로 가구 점유면적을 최소화하고 충분한 놀이공간을 확보한다.
　　ⓐ 침대 : 침대의 길이는 아동의 키보다 최소 200mm 이상 커야 한다. 공간 활용상 수납장 겸용 침대방식이나 소파 겸용 침대방식을 채택하기도 한다.
　　ⓑ 책상, 의자, 책장 : 성장속도에 맞춰 높이가 조절 가능한 것이거나 필요에 따라

　　　　재조립해서 사용할 수 있는 것이 바람직하다.
　　　ⓒ 수납장 : 정리정돈의 습관화를 위해 꺼내기 쉬운 방법과 위치를 고려한다.
　③ 세부계획
　　　㉠ 조명 : 고연색성의 형광등으로 전체조명을 하고 학습이나 취침을 위해서는 형광등이나 백열등으로 국부조명을 한다. 책상면의 국부조명은 조도가 높고 질이 좋은 조명으로 처리하여 시력을 보호한다.
　　　㉡ 색채 : 아이들이 좋아하는 순색을 기본으로 배색하되 색 면적이 너무 크면 안정감이 떨어지므로 밝고 안정감 있는 중간색조나 무채색을 바닥, 벽, 천장 등 큰 면적을 차지하는 부분에 사용하고 순색은 악센트 컬러로 사용한다.
　　　㉢ 아동실의 마감재료 : 바닥은 청소가 용이한 비닐계 시트를 깔고 부분적으로 카펫이나 러그를 깔아 준다. 벽의 경우 낙서를 했을 때 쉽게 지울 수 있는 비닐벽지 등을 사용한다.

(7) 욕실

　생리위생공간인 욕실, 세면실, 화장실의 각 실은 주택의 전체 규모, 실의 목적에 따라 서로 근접시켜 배치하거나 한 공간에 모두 통합하여 1실 다목적화를 꾀한다.
　① 규모
　　욕조, 세면기, 변기를 한 공간에 둘 경우 $4m^2$ 이상, 세탁 공간을 포함하여 $5m^2$ 이상으로 한다.
　② 유형
　　입욕, 배설, 세면의 기능 배치에 따라 1실형, 2실형, 3실형으로 구분된다.
　③ 세부계획
　　　㉠ 조명 : 습기가 많으므로 방습형 조명기구를 사용하며 100lux 전후의 조도가 필요하다. 백열등이나 유백색 형광등을 사용하며 화장을 위한 국부조명의 경우에는 거울 양쪽에 백열등의 벽부등을 달아 얼굴을 밝게 비추도록 한다.
　　　㉡ 색채 : 안락하고 편안한 분위기를 위해 한색계통보다 난색계통을 사용하는 것이 바람직하다.
　　　㉢ 마감재료 : 방수성, 방오성이 큰 재료를 사용하며 타일이나 석재 계열이 주로 쓰인다.

(8) 현관

현관은 출입을 위한 개구부로서 출입문을 중심으로 실외의 포치와 실내의 현관홀로 구분된다. 현관은 접대, 갱의의 기능이 있으며 주택 전체의 첫인상이 결정되는 부분이기도 하다.

① 위치 및 규모
  ㉠ 현관의 위치는 주택의 위치조건, 도로와의 관계, 대지의 형태에 의해 결정된다. 주택 외부에서 쉽게 보이며 계단, 복도 등 동선을 유도하는 통로공간과 원활히 연결되도록 한다.
  ㉡ 현관의 규모는 가족 구성원, 방문객 수, 주택의 규모 등에 따라 달라지나 최소한 1200mm×900mm는 되어야 한다.
  ㉢ 현관과 거실의 바닥차이를 계단 한 단 정도인 150~210mm로 해서 신발 착용 및 청소의 용이성을 부여한다.

② 가구 및 소품
  신발장, 옷걸이, 우산걸이, 거울, 신발매트 등이나 장식물을 이용해서 매력 있는 공간으로 계획한다.

③ 현관문
  방범에는 안여닫이가 좋으나 비상탈출이나 신발 정리에 용이한 밖여닫이가 많이 쓰인다.

④ 세부계획
  ㉠ 조명
    ⓐ 부드러운 확산광으로 하며 현관에 있는 사람의 얼굴에 잘 조명되고 신발을 벗을 때 그림자에 방해가 되지 않는 곳에 위치하도록 한다.
    ⓑ 브래킷을 신발장 반대편에 설치하면 신발장 안까지 조명할 수 있어 유리하다.
  ㉡ 색채계획 : 현관 전체를 밝은 동색이나 유사색으로 처리하여 넓어 보이도록 하고 바닥은 더러워지기 쉬운 곳이므로 저명도, 저채도의 색으로 계획한다.
  ㉢ 마감재료 : 물청소가 가능한 마감 재료인 타일, 테라초, 대리석, 화강석을 일반적으로 많이 이용한다.

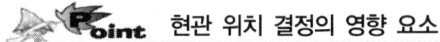
현관 위치 결정의 영향 요소

주택의 입지조건, 도로, 대지의 형태, 계단, 복도와의 연결

(9) 다용도실

다용도실은 유틸리티 룸 또는 가사실이라고 하며 세탁, 다림질, 재봉 등 전반적인 가사 작업공간의 하나로 여러 작업 목적으로 사용되는 주부의 생활공간이다.

① 소규모 주택의 경우 부엌의 한 부분에 작업대와 통일 배치시키면 공간 활용의 극대화를 꾀할 수 있다.

② 다용도실은 부엌과 직결되며 옥외작업장인 서비스 야드나 장독대 또는 지하실의 출입이 편한 곳에 위치해야 한다.

③ 크기는 간단한 작업 시 $2 \sim 4m^2$ 정도가 보통이며 다림질, 재봉질을 겸할 경우 $8 \sim 10m^2$ 정도가 필요하다.

④ 세탁을 위한 급배수설비는 욕실, 세면실, 변소, 부엌 등 물을 사용하는 공간과 집약시켜 코어 시스템으로 계획하는 것이 바람직하다.

(10) 공동주거(아파트)의 형식

① 주동 외관에 따른 분류

　㉠ 판상형

　　ⓐ 가장 보편적 형태로, 단위주거에 균등한 조건을 주며 건물시공이 용이하다.

　　ⓑ 건물의 그림자가 커지며 건물 중앙부 저층의 주거공간은 시야가 답답해지는 단점이 있다.

　㉡ 탑상형

　　ⓐ 몇 세대를 조합하여 탑의 형태로 쌓아올린 형식이다.

　　ⓑ 용적률 면에서 판상형보다 유리하고, 조망이나 녹지공원 확보도 용이하다

　　ⓒ 남향을 선호하는 우리나라 특성상 단위주거 조건이 불균등해지는 단점이 있다.

　㉢ 복합형 : 여러 가지 형을 복합한 것으로 대지의 형태에 제약을 받을 때 사용한다.

② 평면형식별 분류

　㉠ 홀(계단실)형

　　ⓐ 계단실, 엘리베이터 홀에서 마주보는 두 세대가 바로 연결되는 형식이다.

　　ⓑ 단위주거의 두 벽면이 외벽에 면하기 때문에 채광, 통풍에 유리하다.

　　ⓒ 출입이 편리하고 독립성이 크며 통로면적이 절약되지만, 전용면적이 줄어들고 엘리베이터 이용률이 낮다.

　㉡ 갓복도(편복도)형

ⓐ 건물 한쪽에 접한 긴 복도에 단위주거가 면하는 형식이다.

ⓑ 엘리베이터 1대당 이용 단위주거 수가 많아서 고층화에 유리하다.

ⓒ 단위주거의 독립성이 좋지 않으며 채광, 통풍 등이 다소 불리해진다.

ⓒ 중복도형

ⓐ 건물의 중앙에 있는 복도 양쪽에 단위주거가 배치되어 고밀도화에 좋은 형식이다.

ⓑ 단위주거의 평면상 배치계획이 어렵고 채광, 통풍 등의 실내 환경이 불균등하다.

ⓒ 각 세대의 독립성도 나쁘며 화재 시 방연 및 대피도 까다롭다.

ⓓ 주로 도시형 1인 주택 및 독신자 아파트에 적용된다.

ⓔ 집중형

ⓐ 중앙에 엘리베이터와 계단홀을 배치하고 주위에 많은 단위주거를 집중 배치한 형식이다.

ⓑ 단위주거의 조건에 따라 일조 조건이 나빠지므로 평면계획에 특별한 고려가 필요하다.

③ 단면 형식별 분류

㉠ 플랫(단층)형

ⓐ 단위주거가 1층씩 구성되어 있는 형태로 일반적인 단면 형식이다.

ⓑ 같은 평면이 수직으로 중첩되어 구조가 단순하다.

㉡ 메조넷(복층)형

ⓐ 1개의 단위주거가 2개 층 이상에 걸쳐 있는 형태로서 편복도형에서 많이 쓰인다.

ⓑ 공공통로의 면적을 줄이고 엘리베이터의 정지 층을 감소시킨다.

ⓒ 단위주거의 평면계획에 변화를 줄 수 있으며 거주성, 프라이버시, 일조, 통풍 등의 실내 환경이 좋아진다.

ⓓ 각 층 평면이 다르므로 구조 및 설비계획과 피난계획이 다소 어려워진다.

ⓔ 하나의 주거가 2개 층으로 구성되면 듀플렉스, 3개 층으로 구성되면 트리플렉스라 한다.

㉢ 스킵 플로어형

ⓐ 건물 각 층 바닥 높이를 일반적인 건물처럼 1층씩 높이지 않고, 계단의 각 층계참마다 반 층 높이로 올라간다.

ⓑ 한 층씩 걸러서 복도를 설치하고 그 밖의 층은 복도가 없이 계단실에서 단위주거로 들어가는 형식이다.

　　ⓒ 엘리베이터는 복도가 있는 층만 정지한다.
　　ⓓ 프라이버시가 좋고 두 벽의 외면이 가능한 홀형의 장점과 엘리베이터 이용률이 높은 편복도형의 장점을 복합한 것이다. 다만, 단위주거와 엘리베이터 홀과의 동선이 길어지는 단점이 있다.

❷ 상업공간

(1) 상업공간의 계획 개념

① 계획 기본 개념
　㉠ 상업공간의 실내계획은 실내, 외부공간을 창조적이고 효과적으로 계획하여 판매 신장의 결과와 수익의 증가를 기대하는 의도적인 창조행위로 기능적인 편리성뿐만 아니라 아이덴티티에 의해 표현되는 시각전달의 장으로 공간을 조형화하여 심미적, 심리적 만족을 줄 수 있도록 한다.
　㉡ 상업공간은 규모별, 업종별로 요구조건이 다양하므로 디자인에 관련된 사항뿐만 아니라 경영자가 의도하는 구상과 경영방침, 환경의 특이성, 시대의 경향, 유행 등이 포함되고 사회현상, 소비자행동, 상품, 마케팅 등의 이해가 병행되어 종합적인 개념으로 디자인해야 한다.
　㉢ 물리적 기능조건보다 상점 내 전체의 통일성과 개성을 추구하는 공간을 지향하고 시각적 조형을 통해 판매 공간의 이미지를 구축한다. 즉, 상업 공간 자체가 하나의 디스플레이 대상이 되어 메시지를 전달한다.
　㉣ 소재의 구성은 공간의 성격과 질을 좌우하므로 표면적 효과와 내면적 이미지를 조화 연출한다.

② 구매를 충동시키는 판매촉진 5단계(AIDCA 혹은 AIDMA)
　㉠ 주의를 끌 것 : Attention
　㉡ 고객의 흥미를 끌 것 : Interest
　㉢ 구매 욕구를 일으킬 것 : Desire
　㉣ 구매를 확신 또는 구매의사를 기억하게 할 것 : Confidence, Memory
　㉤ 구매결정을 유발할 것 : Action

(2) 상업공간의 실내계획 프로세스

① 기획 및 계획조건의 파악

㉠ 입지적 특성 : 도시환경규모, 경합지역의 유무, 상권의 성격 및 규모, 교통조건, 대지, 도로 등
  ㉡ 시장조사 : 타 상점과의 경합관계, 소비경향 등
  ㉢ 상품의 특성과 구성 : 취급상품의 수량, 질 등과 품목별 매상고를 파악하여 적절한 상품의 구성을 꾀한다.
  ㉣ 관리경영적 측면 : 유통경로, 매입, 판매, 제조, 관리, 조직, 운영 등에 대한 사항을 파악한다.
  ㉤ 대상고객 분석 : 연령, 직업, 패션과 유행에 대한 흥미 정도, 구매동기, 라이프스타일 등을 파악한다.
② 기본계획
  ㉠ 전제 설정 : 다양한 표현의 유도와 선택의 폭을 넓히도록 계획의 전제를 세운다. 이 계획의 전제는 기본계획 및 실시설계에서 적용될 설계지침으로 실내디자인과 관련된 분야의 기본원칙 설정, 기본설계에 필요한 프로그래밍의 작성, 다양한 실내디자인의 표현과 기본개념을 제안, 발휘하도록 한다.
  ㉡ 계획의 목적 및 범위 : 대상공간에 대한 미래지향적 사업방향의 설정, 인간환경과 조화될 수 있는 공간여부에 목적을 세우고 수익성 증대 및 개성 있는 특징 표현으로 이미지 부각을 고려하고 공간적 범위와 내용적 범위를 정확히 한다.
  ㉢ 계획의 전개 : 본격적인 디자인의 구상단계로 쾌적하고 개성 있는 분위기의 이미지를 추구한다. 그리고 사용재료의 품질, 새로운 시공법, 새로운 장치, 바닥, 벽, 천장, 기둥, 개구부 등 실내디자인 제요소들을 전체적으로 정리한다. 또한 판매대의 유형과 크기, 테이블, 카운터 등의 크기와 좌석배치의 유형을 결정하고 배치한다. 이들 상품 및 가구배치와 함께 공간별 면적 배분, 디스플레이 효과, 동선계획을 진행한다.
③ 실시설계
  ㉠ 재료마감과 시공법의 확정 : 사용재료의 질, 크기, 색채 등을 지정하고 시공법 제작법까지 자세히 지시한다.
  ㉡ 집기의 선정 : 판매대의 유형, 형태, 크기, 구조법 등을 결정하여 지시한다. 가구의 색, 형태, 재질, 크기 등도 결정되고 광원, 배광방식, 조명기구, 조명방식이 결정된다.
  ㉢ 제설비의 산정 : 공조, 냉난방, 전기, 급배수, 오수처리 등 설비부분을 고려하여 디자인과 조정한다. 주방기기, 위생기기, 냉난방기기도 결정한다.

　　ⓔ 디스플레이의 방법과 위치결정 : 집기, 기구, 마네킹, 소품 등으로 상품진열효과를 극대화시킨다.
　　ⓜ 관련 디자인의 토털 코디네이트 : 로고타임, 심벌, 마크, 파사드를 비롯한 상점 외의 간판류, 사인 POP 광고 등을 조정하여 토털 코디네이트한다.
　　ⓗ 법적 규제와의 대조 : 건축법, 소방법 등 관계법규를 확인하고 디자인을 조정한다.

(3) 상점의 실내계획

① 상점계획 기본요소

대상물	전달하고자 하는 내용물(정보요소)
공간	전달하고자 하는 대상물과 고객이 만나 커뮤니케이션이 이루어지는 장
시간	대상물에 대한 시대, 계절, 발매시기 등
고객	전달하고자 하는 대상물의 내용을 받아들이는 수신자

② 공간구성
　㉠ 판매부분 : 매장을 뜻하며 도입 공간, 통로 공간, 상품전시공간, 서비스 공간으로 구성된다.
　㉡ 부대부분 : 상품관리 공간, 판매원의 후생 공간, 시설 및 영업 관리부분, 주차장으로 이루어진다.
　㉢ 파사드 : 쇼윈도, 출입구 및 홀 등 평면적 구성요소와 아케이드, 광고판, 사인, 외부 장치 등 입체적인 구성요소의 총체이다.

③ 동선계획
　동선계획은 매장계획의 기본이며 동선으로 고객의 흐름을 의도하는 대로 조정할 수 있는 레이아웃이다. 동선은 통로확보만이 아니라 매장 전체가 잘 보이도록 입체적으로 계획한다.
　㉠ 고객동선
　　ⓐ 고객 시선에 들어오는 상품과의 거리에서 이루어지는 시각적 관계로, 고객의 행동 및 습관·보행방향·보고 만지는 범위 등을 감안하여 결정한다.
　　ⓑ 고객동선은 가능한 한 길게 하여 고객의 배회율을 높임으로써 충동구매를 유발하게 한다.
　㉡ 종업원동선
　　ⓐ 종업원의 판매행위나 출납, 사무의 동선으로 고객동선과 교차되지 않도록 하며

동선을 짧게 하여 피로를 줄인다.

ⓒ 상품관리동선

　ⓐ 상품의 반입, 보관, 포장, 발송과 같은 작업에 상품이 이동하는 동선이다.

　ⓑ 매장, 창고, 작업장 등을 최단거리로 연결하는 것이 바람직하다.

(4) 매장계획

① 상품구성과 배치

중점상품	주력상품은 주통로에 접하는 부분에 상호연관성을 고려하여 연속 배치한다.
보완상품	주력 상품의 판매력을 높이는 보조 상품군은 부통로부분에 품목, 크기 등의 분류로 나누어 배치한다.
전략상품	충동구매 성격의 상품은 눈에 잘 띄는 내부의 전면부분, 주통로에 면한 부분, 중앙코너에 위치시킨다.

② 진열대의 배치

상품을 진열하기 위한 쇼케이스, 행거, 진열장 등을 포함한다.

굴절배열형	쇼케이스와 고객동선이 굴절 또는 곡선으로 구성되는 상점으로 대면판매와 측면판매방식이 조합된 형식이다. 안경점, 문방구점, 양품점 등 상품이 소형이고 고가일 때 적용된다.
직렬배열형	진열대가 입구에서 안으로 향하며 직선적으로 구성된 형식이다. 고객의 흐름이 빠르며 부문별 상품진열이 용이하다. 침구, 가전제품, 식기, 서적 등 상품이 큰 측면판매의 업종에서 많이 볼 수 있다.
환상배열형	매장 중앙에 쇼케이스, 진열스테이지 등이 직선이나 곡선에 의한 고리모양 부분으로 설치되고 고가 상품을 배치하며 벽면에 저가상품을 진열한다. 수예품, 민예품과 같은 업종에 많이 적용된다.
복합형	평면의 크기, 형태, 상품에 따라 위의 방법들을 적절히 혼합하는 형식이다.

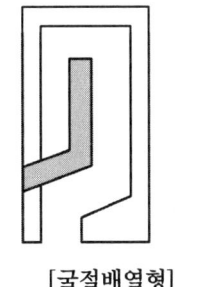　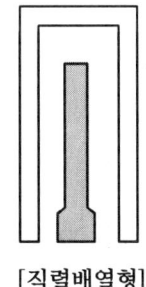　　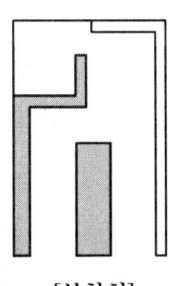

[굴절배열형]　　[직렬배열형]　　[환상배열형]　　[복합형]

③ 매장판매형식

㉠ 대면판매 : 쇼케이스를 가운데 두고 점원이 고객을 마주보며 판매하는 형식. 상품

설명이 용이하고 점원의 위치가 고정된다. 진열면적이 작은 고가, 소형 상품 매장에 적합하며 쇼케이스가 넓어지면 상점 분위기가 부드럽지 못하게 된다.
ⓒ 측면판매 : 점원과 고객이 진열상품을 같은 방향으로 보며 판매하는 형식. 상품을 쉽게 만질 수 있어서 충동적 구매 및 선택이 용이하다. 진열 면적이 넓은 상점에 적합하며 점원의 위치 고정이 어렵고 상품의 설명 및 포장은 다소 불편하다.

(5) 쇼윈도

쇼윈도는 도로변에 설치되는 상점의 얼굴부분에 해당하는 부분이다.

① 쇼윈도의 평면형식

  ㉠ 평면형 : 가장 일반적으로 사용되는 기본형으로 눈부심이 생기기 쉬우나 점내 면적 활용이 크다.

  ㉡ 곡면형 : 곡면유리를 사용하여 쇼윈도 구성에 변화를 주어 고객의 시선을 유도하고 흥미를 끈다.

  ㉢ 경사형 : 유리면을 경사지게 처리하여 시선과 동선을 자연스럽게 유도한다. 눈부심이 적다.

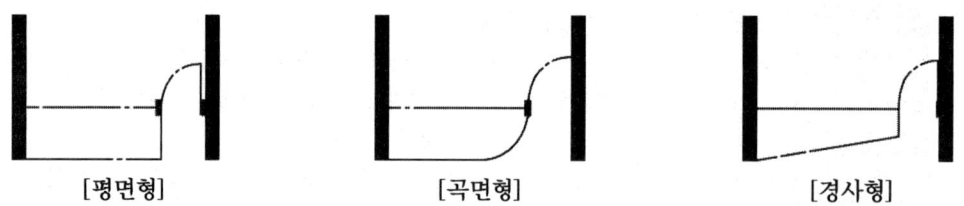

[평면형]　　　　　　[곡면형]　　　　　　[경사형]

  ㉣ 만입형 : 점두의 일부를 만입시켜서 쇼윈도를 구성하는 방식으로, 도로의 통행을 신경 쓰지 않고 진열된 상품을 볼 수 있으며 상점에 들어가지 않고도 품목을 알 수 있다. 단, 점내 면적이나 자연채광 유입이 감소될 수 있으므로 만입되는 면적을 효과적으로 계획해야 한다.

  ㉤ 홀형 : 만입되는 부분을 더욱 넓게 하여 홀이 되도록 하는 형식이다.

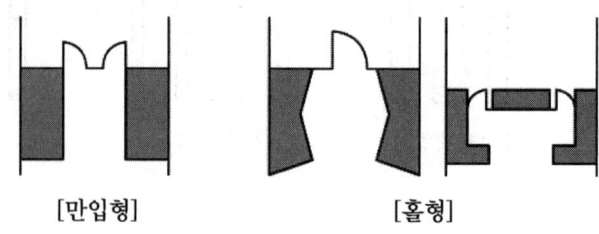

[만입형]　　　　　　[홀형]

② 쇼윈도 단면형식 : 단층형, 다층형, 오픈스페이스형

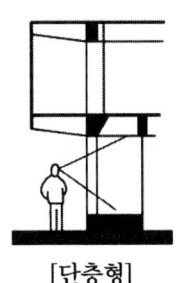 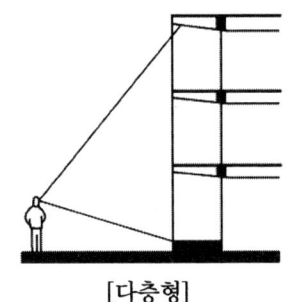 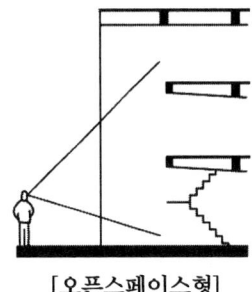

[단층형]   [다층형]   [오픈스페이스형]

③ 쇼윈도 배면처리
   ㉠ 개방형 : 쇼윈도 밖에서 내부를 볼 수 있는 방식으로 상점 내부의 인상을 즉시 전달할 수 있다.
   ㉡ 차단형 : 쇼윈도 밖에서 상점 내부가 보이지 않도록 차단한 방식으로 디스플레이에 대한 주목성이 크다.

④ 쇼윈도 전면의 눈부심 방지
   ㉠ 차양을 쇼윈도에 설치하여 햇빛을 차단한다. 도로면을 어둡게 하고 쇼윈도 내부를 밝게 한다.
   ㉡ 가로수를 쇼윈도 앞에 심어 도로 건너편의 건물이 비치지 않도록 한다.
   ㉢ 곡면유리를 사용하거나 경사지게 처리한다.

(6) 상점의 조명계획

① 기본 사항
   ㉠ 고객이 진열된 상품에 대한 흥미를 갖도록 하며 어느 각도에서든 명료하게 상품을 볼 수 있어야 한다.
   ㉡ 쇼윈도 조명은 상품을 강조하고 통행자의 주목을 끌어 내부로 유도하여 구매행위에 이르도록 한다.
   ㉢ 조명의 자외선이나 발광열로 인한 상품 손상에 유의해야 한다.
   ㉣ 계절, 날씨, 시간 등에 대응할 수 있는 조명계획이 필요하다.

② 조명의 기능
   ㉠ 확산기능 : 전체의 분위기를 밝고 균일하게 하는 고조도의 전체조명
   ㉡ 집중기능 : 스포트라이트를 이용한 국부조명으로 부분적인 강조
   ㉢ 연출기능 : 동적이며 환상적인 분위기를 만들거나 심리적인 변화를 줄 때 이용

③ 조명 방식
  ㉠ 매입형 : 광원을 노출시킬 경우 조명효율이 좋고 천장의 마무리에도 좋다. 전체 조명으로 사용할 경우 균일한 조도를 위해 배치에 주의한다.
  ㉡ 직부형 : 효율이 좋고 매장 전체를 조명할 수 있으며 광원을 확산형 커버로 감싸면 눈부심이 없고 부드러운 분위기의 조명이 된다.
  ㉢ 펜던트형 : 천장에 매달아 늘어뜨린 형태로 특정한 부분을 집중적으로 비출 때 유용하며 조명기구 자체가 액세서리 역할도 하므로 조형적인 면도 고려해야 한다.
  ㉣ 건축화 조명 : 조명효율은 떨어지나 눈부심이 적어 쾌적하며 매장의 분위기를 고급스럽게 연출할 수 있다.
④ 쇼윈도의 조명
  ㉠ 상점 내 전체조명보다 2~4배 높은 조도로 조명한다.
  ㉡ 귀금속, 시계, 보석 등은 1000lux 정도 높은 조도가 필요하므로 스포트라이트를 겸용한다.
  ㉢ 광원이 사람의 눈에 직접 비추지 않도록 주의한다.

(7) 음식점의 실내계획
① 기본 사항
  ㉠ 실내계획은 식욕을 자연스럽게 자극하고 편히 쉴 수 있는 편안한 분위기로 전개한다.
  ㉡ 레스토랑의 규모, 독특한 메뉴와 음식의 맛과 가격, 서비스 정도, 좌석의 배치유형 등을 규정한다.
  ㉢ 실내의 청결, 음식의 신선감 등 위생적인 면에 관한 고려와 함께 사인, 메뉴, 식기 등을 토털 코디네이트한다.
  ㉣ 종업원의 피로가 절감되고 효과적인 서비스가 될 수 있도록 서비스시설을 계획한다.
② 음식점의 분류
  ㉠ 요리에 의한 분류 : 한식당, 양식당, 중식당, 일식당
  ㉡ 서비스에 의한 분류
    ⓐ 셀프서비스 : 가격이 저렴하고 음식 선정이 자유롭다.
    ⓑ 카운터서비스 : 좌석이 카운터와 의자로 되어 있는 형식. 회전율이 빨라서 소규모 음식점에 적합하다.
    ⓒ 테이블서비스 : 주방에서 요리가 서비스되는 보편적인 유형으로 비교적 고가의

식당에 적합하다.

　　ⓓ 객실서비스 : 호텔, 항공 등에서 쓰이며 서비스 질이 높은 편이다.
　ⓒ 식음형태별 분류 : 카페, 레스토랑, 스낵바, 주점 등
③ 공간 구성
　㉠ 영업부분 : 식당, 라운지, 로비, 현관입구, 화장실, 클록룸, 담화실로 고객이 머무는 공간이며 수익을 가져오는 부분이다.
　㉡ 조리부분 : 주방을 포함한 매입실, 배선실, 팬트리, 세척실, 주류창고, 식품 저장고
　㉢ 관리부분 : 식당을 경영하기 위한 부분으로 접수, 사무실, 지배인실, 준비실, 기계실, 라커룸, 종업원실 등이다.

 **팬트리**
주방과 식당 사이에 식품, 식기 등을 저장하기 위해 설치한 공간

④ 동선계획
　㉠ 고객동선 : 고객동선과 주요 서비스동선은 교차되지 않도록 한다.
　㉡ 음식서비스 동선 : 주문받은 음식이 조리되어 테이블에서 서비스되기까지의 동선으로 가능한 한 짧고 단순화시킨다.
　㉢ 식품동선 : 음식재료의 반입과 쓰레기의 반출을 위한 동선이다.
　㉣ 음식점의 규모에 따라 다르지만 주요 통로는 2인이 지날 수 있어야 하며 보통 900~1200mm, 주통로에서 갈라진 부통로는 600~900mm, 박스석에 이르는 최종 통로의 부통로는 400~600mm가 필요하다.
⑤ 테이블
　㉠ 4인용 테이블 : 정사각형인 경우 850~960mm 정도가 쓰이고 직사각형의 경우 1000~1200×700~800mm 정도가 표준 크기이다.
　㉡ 2인용 테이블 : 600~750mm 정도의 치수가 적합하다.
　㉢ 6인용 테이블 : 1350~1800×650~800mm 정도의 크기가 적당하다.
⑥ 조명계획
　㉠ 식사에 치중할 경우 음식을 돋보여 미각을 자극하는 조명으로, 음료나 주류 위주일 경우 침착하고 편안한 분위기의 조명으로 계획한다.
　㉡ 펜던트 조명의 높이는 테이블 상판 위 600mm 정도가 되어야 일어설 때 머리가 부딪치지 않고 시선의 방해가 없다.

　　　ⓒ 백바(back bar)의 선반에도 조명하여 술병이나 잔을 비추도록 하되 전면에서 보이
　　　　지 않도록 한다.
　⑦ 색채계획
　　　㉠ 난색계는 모두 식욕을 돋우는 경향이 있으므로 빨강, 주황의 중채도 색을 쓰는 것이
　　　　좋다.
　　　㉡ 한색계에서 청록의 중간채도색은 음식물에 직접 배경이 될 때 보색관계인 빨강, 주
　　　　황의 음식을 더욱 맛있어 보이게 한다. 단, 너무 강하지 않은 배경색이 되어야 한다.
　　　㉢ 어두운 빨강, 자주색과 남색-보라를 많이 포함한 한색은 고기의 부패를 연상시키므
　　　　로 단색의 경우 피한다.
　　　㉣ 파란색의 연색성이 높은 형광등은 난색에는 적절치 못하므로 백열등을 중심으로 조
　　　　명한다.
　　　㉤ 음식점의 배색은 난색을 주조색으로 하여 즐겁고 편안한 분위기가 되도록 한다.

(8) 백화점 및 호텔 실내계획
　① 백화점의 공간구성 : 고객공간, 점원공간, 상품공간, 판매공간
　② 상품 배치 및 층별 구성
　　　㉠ 상품계획과 VMD 전략에 기초를 두고 품목별로 상품을 선정, 배치한다.
　　　㉡ 전략상품과 수익성이 큰 상품을 주동선인 에스컬레이터, 엘리베이터 등에 접하도록
　　　　배치한다.
　　　㉢ 층별 구성
　　　　ⓐ 1층 : 충동구매 제품과 선택 시간이 짧은 소형 상품을 주로 배치(액세서리, 화장
　　　　　품, 양품, 핸드백, 구두 등)
　　　　ⓑ 2~3층 : 비교적 고가이고 선택 시간이 긴 상품을 안정적으로 배치(신사복, 숙녀
　　　　　복, 시계, 귀금속, 만년필 등)
　　　　ⓒ 4~5층 : 잡화류의 매장으로 많은 면적을 배치(식기, 의류, 침구, 카메라, 서적,
　　　　　문구, 완구, 운동기구 등)
　　　　ⓓ 6층 이상 : 비교적 넓은 면적이 필요한 상품을 배치(가구, 가전제품, 가정용품,
　　　　　전기, 가스제품, 미술품, 도기 등)
　　　　ⓔ 지하층 : 생필품, 식료품, 주방용품 등을 배치한다.
　③ 매장 배치 유형
　　　㉠ 직각 배치 : 가장 일반적 배치방법으로 판매장의 유효면적을 최대로 할 수 있고 설치

및 유지비용이 저렴하다. 그러나 전체적으로 단조롭고 국부적 혼란이 발생하기 쉽다.

ⓒ 사선 배치 : 매장을 약 45도 사선으로 배치하여 동선상의 변화감을 주는 방식으로, 구석구석까지 구매고객이 도달할 수 있지만 많은 이형 진열장이 요구된다.

ⓒ 자유곡선 배치 : 유기적인 자유 곡선형으로 매장을 배치하는 방식으로 공간에 유연성을 줄 수 있지만, 동선 이용상 혼잡할 수 있으며 진열대 제작비가 증가한다.

ⓔ 방사 배치 : 에스컬레이터나 엘리베이터 홀을 중심으로 방사 형태를 이루는 것으로, 일반적인 적용은 어려우며 건축설계 단계에서부터 계획되어야 가능하다.

④ 호텔 계획

㉠ 현관은 로비와 라운지로 분기되는 접객 장소이다.

㉡ 로비는 고객 동선의 중심으로 휴식, 독서, 면회, 담화 등이 이루어지는 다목적 공간으로 객실당 0.8~1.0m² 정도로 한다.

㉢ 프런트 데스크는 안내와 계산이 이루어지는 운영의 중심으로 호텔 사무를 관장한다. 안내, 객실, 회계로 편성된다.

㉣ 객실 유형 : 싱글, 더블, 트윈, 스위트, 프레지덴셜 룸

제6장 실내환경

실내건축기능사

1 자연환경

(1) 기후 및 지리적 요소

① 기후적 요소 : 기온, 습도, 비, 바람, 기압, 일조 등 일정 지역의 자연
② 지리적 환경 : 평야나 고지, 경사지, 해안지대 등 지리적 특징, 기후인자
③ 기온 : 대기의 온도, 계절에 의한 태양에너지의 변화와 직결된다.
　　연교차(위도 영향)와 일교차(지리조건 영향), 건축 양식에 영향을 줌
④ 습도 : 공기 중의 수증기 양을 수치로 나타내는 것
⑤ 비와 눈 : 상승하는 온난공기가 기압이 낮아지는 높은 고도에서 가지고 있는 다량의 수증기를 노점에 달하면 응결로 인해 지상으로 떨어뜨리는 현상

(2) 일조와 일영

① 일조 : 태양이 직접 비추는 직사광을 말한다.
　㉠ 일조시수 : 일조가 발생하는 시간의 총 합계. 즉, 태양의 직사광이 구름 등에 가려지지 않고 지표를 비추는 시간의 합계를 말한다.
　㉡ 주간시수 : 하루 동안 낮의 길이로 가조시수라고도 한다. 즉, 해가 뜬 시간부터 진 시간까지를 말한다.
　㉢ 일조율 : 해가 뜨고 질 때까지 직사광이 직접 비춘 시간의 비율을 나타낸다. 즉, 일조율=(일조시수/주간시수)×100으로 나타나며 우리나라의 일조율은 약 47~61% 정도이다.
② 일영
　㉠ 햇빛에 의해 발생하는 그림자로서 일반적으로 건물에 의한 그림자를 말한다.
　㉡ 태양의 이동에 따라 발생하는 그림자의 끝을 연결한 것을 일영곡선이라고 한다.
　㉢ 하루 중 일조가 전혀 비추지 않는 장소를 종일 음영이라고 한다.
　㉣ 태양의 남중 고도가 가장 높은 하지에도 종일 음영인 부분을 영구 음영이라고 한다.

③ 일조계획
   ㉠ 여름에는 남중고도가 높고 겨울에는 남중고도가 낮으므로, 건물 배치를 남향으로 할 경우 여름의 직사광 유입량은 적고 겨울의 직사광 유입량은 많아진다.
   ㉡ 일조량을 감안하여 창의 방향, 형태, 크기, 수량 등을 정한다.
   ㉢ 여름의 일조를 차단하기 위해서 커튼, 블라인드, 루버 등의 차양을 이용한다.
④ 인동간격 : 많은 수의 건축물을 건축할 때에는 상호 일영에 의해 일조를 방해받지 않도록 남북으로 적당한 간격을 두고 배치해야 한다. 동지 기준 하루 4시간 이상의 일조가 되도록 남북방향의 인동간격을 유지하는 것이 좋다.

❷ 열환경

(1) 열환경 및 쾌적요소

① 인체의 열 손실 비율 : 복사 45%, 대류 30%, 증발 25%
② 열 손실 요소 : 피부 확산, 땀 분비, 호흡, 대류 등에 의한 열 손실
③ 인체의 열 평형 : 몸 전체온도가 31~34℃일 때 쾌적함을 느끼며 생산열량과 피부의 방열량이 평형을 이루도록 유지된다.
④ 열 쾌적 변수(물리적 4요소)
   ㉠ 기온(DBT)
      ⓐ 인체의 쾌적에 가장 큰 영향을 미친다.
      ⓑ 건구온도의 쾌적 범위는 16~28℃이며 우리나라의 권장 실내온도는 겨울철 18℃, 여름철 26℃ 정도이다.
   ㉡ 습도(상대습도 RH)
      ⓐ 저온에서는 낮은 습도에서 더 춥게, 고온에서는 높은 습도에서 더 덥게 느낀다.
      ⓑ 쾌적온도 범위 내에서 쾌적습도의 범위는 40~70%이다.
   ㉢ 기류
      ⓐ 공기의 흐름을 뜻하며 건축계획의 열환경에서는 주로 실내 기류를 다룬다.
      ⓑ 기온이 높은 상태(여름)에서는 1m/s 정도가 쾌적하며 1.5m/s까지가 허용범위이다.
      ⓒ 기온이 낮은 상태(겨울)에서는 0.2m/s 이하가 적당하다.
      ⓓ 공기조화를 하는 실내의 기류는 0.5m/s 이하를 권장하고 있다.

ⓐ 복사열
　　　ⓐ 기온 다음으로 온열감각에 큰 영향을 준다.
　　　ⓑ 차가운 유리창 부근에 있으면 체온을 빼앗겨서 찬바람이 들어오는 것으로 착각을 일으킨다.
　　　ⓒ 복사열이 기온보다 2℃ 정도 높을 때 가장 쾌적하다.
　⑤ 주관적 쾌적 변수 : 착의상태, 인체활동, 연령, 성별, 건강상태 등

(2) 쾌적환경지표
① 유효온도(ET, Effective Temperture)
　㉠ 기온, 습도, 풍속(기류)의 3요소가 체감에 미치는 종합효과를 나타낸 쾌적 지표이다.
　㉡ 실험대상자가 아래와 같은 두 방을 왕복하게 하여 A실의 상태와 같은 온열감을 주는 B실의 기온을 유효온도로 표시하는 것이다.
　㉢ A실의 조건은 습도 100%, 풍속 0m/sec, 기온은 임의 조정할 수 있도록 하고 B실은 기온, 습도, 기류를 모두 조정할 수 있게 만든다.
　㉣ 복사열이 고려되지 않았으며 습도의 영향이 저온에서는 크고 고온에서는 작아서 한계가 있다.
② 수정유효온도(CET, corrected effective temperature)
　㉠ 글로브 온도를 건구 온도 대신에 사용한 쾌적지표이다.
　㉡ 유효온도의 지표인 기온, 습도, 기류 3가지에 복사열의 영향까지 함께 고려하였다.
　㉢ 글로브 온도계
　　ⓐ 기온과 복사의 종합효과를 측정하는 것을 목적으로 만든 온도계로 1930년 버논(H.M. Vernon)에 의해 고안되었다.
　　ⓑ 외부 표면을 흑색 무광택으로 처리한 직경 15cm의 속이 빈 밀폐 구리공 중심에 온도계의 구부(球部)가 위치한다.
　　ⓒ 풍속이 작을 때는 기온과 복사의 종합효과를 잘 나타내므로 이용해도 되나, 풍속이 큰 곳에서는 활용도가 낮아서 풍속 1m/sec 이하에서 적용한다.

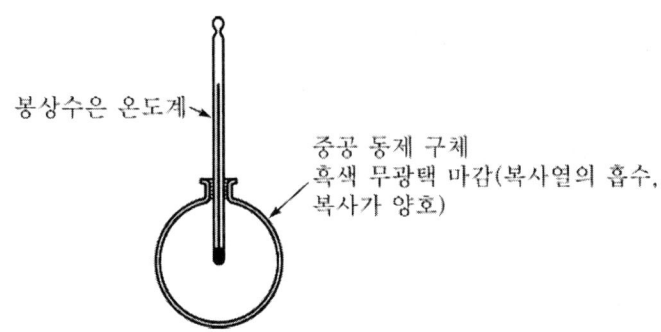

③ 신유효온도(ET′) : 유효온도의 습도에 대한 과대평가를 보완하여 상대습도 100% 대신 50%선과 건구온도의 교차로 표시한 쾌적지표이다.

④ 표준유효온도(SET) : 상대습도 50%, 풍속 0.125m/s, 활동량 1Met, 착의량 0.6clo의 동일한 표준 환경에서 환경변수들을 조합한 쾌적지표로서 활동량, 착의량 및 환경 조건에 따라 달라지는 온열감, 불쾌감 및 생리적 영향을 비교할 때 유용하다.

⑤ 불쾌지수

㉠ 기상상태로 인해 인간이 느끼는 불쾌감을 기온과 습도를 이용하여 나타낸 쾌적지표이다.

㉡ 온습도지수(THI)라고도 하며 유효온도를 간략화한 것이다.

㉢ 불쾌지수 계산식

ⓐ 무풍인 경우 $dI = 0.72(t+t') + 40.6$

ⓑ 풍속이 v인 경우 $dI = 0.72(t+t') - 7.2\sqrt{v} + 21.6G + 40.6$

$\begin{cases} t : 건구온도(℃) \\ v : 풍속(m/s) \end{cases}$ $t' : 습구온도(℃)$
   $G : 일사량(kcal/cm^2 \cdot min)$

㉣ $dI=70$에서 10%, 75에서 50%, 80에서 대부분의 사람이 불쾌감을 느낀다.

> **Point**
> 풍속이 포함된 계산식도 있지만 기본적으로 불쾌지수는 기온과 습도 두 가지만을 고려한 것으로 본다.

⑥ 기타

㉠ 작용온도 : 기온, 주벽의 복사열, 기류의 영향을 조합시킨 쾌적지표. 습도의 영향은 고려되지 않는다.

    ⓒ 등가온도 : 기온, 평균복사온도, 풍속을 조합한 지표로 표면온도 적용범위가 좁다.

    ⓒ 등온감각온도 : 건구온도=평균복사온도, 기류 0m/s, 상대습도 100%일 때를 기준으로 정의한다.

(3) 전열(Heat Transmission)

열의 전달 또는 열의 이동현상을 말한다.

① 열전도

    ㉠ 건축에서는 열이 벽체의 고온 측에서 저온 측으로 이동하는 현상을 말한다.

    ㉡ 열전도율의 단위 : $\lambda(W/m \cdot K)$

    ㉢ 공극이 많은 재료일수록 열전도율은 작고, 열전도율은 비중량에 비례한다.

    ㉣ 전도열량(Q_c) 계산

계 산	비 고
$Q_c = \dfrac{\lambda}{d} \cdot A \cdot \Delta t \,(\mathrm{W})$	λ : 열전도율 [W/m·K] d : 재료의 두께[m] A : 재료의 표면적[m²] Δt : 온도차

> 두께 20cm의 철근 콘크리트 벽체의 내측 표면온도가 15℃, 외측 표면온도가 5℃일 때, 이 벽체를 통과하는 단위면적당 열량은?(단, 벽체의 열전도율은 1.3W/m·K이다.)
>
> ① 6.5W   ② 13W   ③ 65W   ④ 130W
>
> [풀이] $Q = \dfrac{\lambda}{d} \cdot A \cdot \Delta t$ 에서 λ : 열전도율(W/m·k), d : 두께(m), A : 표면적(m²), Δt : 두 지점 간의 온도차
>
> 따라서 단위면적당 열량 $Q = \dfrac{\lambda}{d} \cdot A \cdot \Delta t = \dfrac{1.3}{0.2} \times 1 \times (15-5) = 65W$ 이다.
>
> ※ 열전도 열량 계산은 벽두께만 반비례(분모)하며 나머지 변수는 비례(분자)임을 기억하면 쉽다.

② 열전달

    ㉠ 고체인 건축물 벽체와 이에 접하는 공기층과의 전열현상을 말한다.

    ㉡ 벽체와 공기층 사이의 전열과정은 대류뿐만 아니라 복사와 전도를 동반한 복잡한 전열현상이며, 이들 전열과정을 일괄하여 열전달이라 한다.

    ㉢ 벽 표면적 1m², 벽과 공기의 온도차 1℃일 때 단위시간 동안에 흐르는 열량이다.

ㄹ 전달열량(Q_v) 계산

계 산	비 고
$Q_v = a \cdot A \cdot \Delta t \,(\text{W})$	a : 열전달률 [W/m² · K] A : 벽체와 공기접촉면적[m²] Δt : 온도차

Point
실내 공기와 벽체 내측 표면의 열전달 열량은 열관류 열량과 같은 것으로 본다.

③ 열관류

㉠ 벽체로 격리된 공간의 한쪽에서 다른 한쪽으로의 전열현상

㉡ 건축에서는 난방에 의해 높아진 실내의 열이 벽체를 통해 외부로 빠져나가는 것을 뜻한다(여름에는 반대).

㉢ 벽의 양측 유체온도가 다를 때, 열은 고온측에서 저온측으로 흘러 전달 → 전도 → 전달의 과정을 거쳐 두 유체 간의 전열이 진행되고, 이 전 과정에 의한 전열을 종합하여 열관류라 한다.

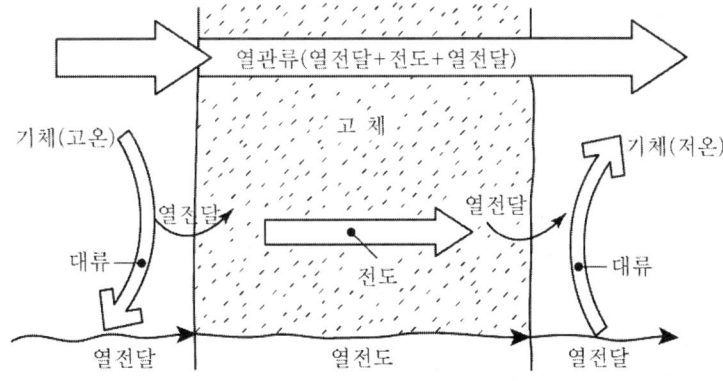

㉣ 열관류율

계 산	비 고
$k = \dfrac{1}{\dfrac{1}{a_0} + \sum \dfrac{d}{\lambda} + \dfrac{1}{a_1}}$ (W/m² · K)	a_0, a_1 : 실내외 열전달률[W/m² · K] d : 재료의 두께[m] λ : 벽체 열전도율 [W/m · K]

ⓜ 열관류량

계 산	비 고
$Q = k \cdot A \cdot \Delta t \,(\text{W})$	k : 열관류율 [W/m² · K] A : 벽면적[m²] Δt : 온도차

Point
- 열관류저항 : 1/k
- 열전도저항 : d/λ
- 열전달저항 : 1/a

Point

다음과 같이 구성된 구조체에서의 1m²당 관류열량은? (단, 실내온도 25℃, 외기온도 10℃, 내표면 전달률 8W/m² · K, 외표면 열전달률 20W/m² · K)

재료	열전도율(W/m² · K)	두께(mm)
석고	0.1	10
모르타르	1.1	15
콘크리트	1.3	150

① 15.66W   ② 21.36W   ③ 25.36W   ④ 37.13W

[풀이] 열관류율(k)을 먼저 구하고 관류열량을 계산한다.

① 열관류율(k) = $\dfrac{1}{\dfrac{1}{a_1} + \dfrac{d}{\lambda} + \dfrac{1}{a_2}}$ W/m² · K

$= \dfrac{1}{\dfrac{1}{8} + \left(\dfrac{0.01}{0.1} + \dfrac{0.15}{1.3} + \dfrac{0.015}{1.1}\right) + \dfrac{1}{20}} = 2.475 \,\text{W/m}^2 \cdot \text{K}$

a : 열전달률(W/m² · K), λ : 열전도율(W/m² · K), d : 두께(m)

② 관류열량 Q = k · A · $(t_1 - t_2)$ = 2.475 × 1 × (25-10) = 37.125W

    k : 열관류율(W/m² · K),   A : 표면적(m²),
    Δt : 두 지점 간의 온도차($t_1 - t_2$)

④ 온도구배 : 외벽의 내·외부에 온도차가 있을 때 각 점의 온도를 선으로 이으면 기울기가 있는 직선으로 나타나는데 이것을 온도구배라고 한다. 온도구배는 동일한 두께일 경우 온도차가 클수록 커진다. 온도구배가 크다는 것은 고온측의 열이 저온측으로 잘 전달되지 않는다는 뜻이므로 단열이 잘 되어 있다는 의미가 된다.

(4) 단열

건축물 외피와 주위환경과의 열류를 차단하는 것을 말한다.

① 단열형태의 분류
  ㉠ 저항형 단열(기포형) : 기포 단열재는 단열재 내부에서 공기를 정지시켜 대류가 생기지 않으므로 단열효과가 좋다.
  ㉡ 반사형 단열 : 복사의 형태로 열 이동이 이루어지는 공기층에 유효한 방식으로, 중공벽 내의 저온측면에 흡수율이 낮은 광택성 금속박판을 설치하여 열류를 차단한다.
  ㉢ 용량형 단열 : 건축물 외피의 축열용량을 이용한 단열방식으로, 건축물 외표면에 작용하는 복사열에 의한 온도변화와 건축물 내표면에 작용하는 온도변화의 시간지연(Time Lag)을 이용한 단열이다. 벽의 열용량은 단위 면적당 질량(kg/m^2)과 재료의 비열($kcal/kg℃$)의 곱으로 표시한다.

② 단열계획
  ㉠ 최적단열두께 산정
  ㉡ 경제성 검토
  ㉢ 난방방식에 따른 단열 계획
  ㉣ 시간지연(Time Lag) 이용

③ 외단열과 내단열
  ㉠ 내단열
    ⓐ 단시간 간헐난방(강당, 집회장) - 실온변동이 크고 시간지연(Time Lag)이 짧다.
    ⓑ 시공이 간단하여 소규모 건축물의 단열에 사용된다.
    ⓒ 내부결로 발생의 우려가 크고 열교현상에 의한 국부적 열손실이 발생한다.
    ⓓ 고온측에 방습층을 설치한다.
  ㉡ 외단열
    ⓐ 장시간 연속난방 - 실온변동이 작고 시간지연(Time Lag)이 길다.
    ⓑ 내부결로 위험이 적은 편이다.
    ⓒ 일체화된 시공으로 열교현상은 잘 발생하지 않는다.
    ⓓ 시공은 까다롭지만 열에너지 효율상 유리하다.

(5) 습기 및 결로

① 습기 : 공기 또는 재료가 기체(수증기) 및 액체(물)의 형으로 함유하는 수분을 습기라고 한다.

건조공기	수증기를 전혀 함유하고 있지 않으며, 질소나 산소 등과 같이 상온 가까이에서는 액화, 증발을 하지 않는 분자만으로 구성된 공기
습공기	수증기를 갖는 보통의 공기
포화공기	공기 속의 수분이 수증기의 형태로만 존재할 수 없는 상태의 공기. 상대습도 100%

② 습공기의 특성
  ㉠ 절대습도(AH, Absolute Humidity) : 단위중량(1kg)의 건조 공기 중에 포함되어 있는 수증기의 양(kg)을 말한다. 절대습도는 급격한 기상변화가 없는 한, 하루 중 거의 일정하다.
  ㉡ 상대습도(RH, Relative Humidity) : 습공기의 수증기압과 같은 온도의 포화 수증기압과의 비를 뜻한다. 공기를 가열하면 상대습도는 낮아지고 냉각하면 상대습도는 높아진다. 즉, 상대습도는 기온의 변화에 반비례한다.
  ㉢ 노점온도 : 습공기가 포화상태일 때의 온도를 말한다. 즉, 냉각된 공기 속의 수분이 수증기의 형태로만 존재할 수 없어 이슬로 맺히는 온도를 의미한다. 노점온도 이하로 냉각되면 공기 속의 일부 수증기는 응축하여 이슬로 맺히거나 안개, 구름이 된다.
  ㉣ 습구온도 : 증발에 의한 냉각을 고려한 온도를 말한다. 습구온도는 항상 건구온도보다 낮으며, 상대습도 100%일 때만 건구온도와 같아진다.

③ 습도변화
  ㉠ 쾌적감에는 절대습도가 아니라 상대습도가 큰 영향을 미친다.
  ㉡ 하루 동안의 상대습도는 기온의 변화와 반대의 형태로 나타난다.
  ㉢ 공기 중 수증기량, 즉 절대습도는 급격한 기상변화가 없으면 하루 동안 거의 일정하다.

④ 결로 : 습공기의 냉각으로 벽체나 유리창 등에 이슬이 맺히는 현상을 말한다.
  ㉠ 원인 : 실내·실외의 온도차, 실내 습기 과다발생, 환기 부족, 시공 불량, 시공 직후 건조 상태 미흡
  ㉡ 방지 : 환기, 난방에 의한 건물 내부의 표면온도 증가, 단열조치 등
  ㉢ 결로의 종류
    ⓐ 표면 결로 : 건물의 표면온도가 접촉하고 있는 공기의 노점온도가 낮을 때 표면에 발생하며 단열효과를 높여 벽 표면온도를 높이거나 실내 수증기 발생을 억제하여 방지한다.

ⓑ 내부 결로 : 실내 습도가 높은 상태에서 벽체가 투수성을 가질 경우 벽체 내부에서 발생하는 결로를 말한다. 이를 방지하기 위해서는 벽체 내부 온도를 높게 하거나 가급적 단열재를 벽체 외부에 설치한다. 또한 방습층을 벽의 내부에 설치하는 것도 결로 방지에 유용하다.

❸ 공기환경

(1) 실내공기환경

① 공기오염 : O_2의 감소, CO_2의 증가
② 실내오염 물질의 배출원
  ㉠ 연소 : 취사 및 급탕에 의한 가스와 석유 등의 불완전연소로 인한 유해가스 발생
  ㉡ 흡연 : 담배연기는 부유분진, 타르, 니코틴 등을 배출한다.
  ㉢ 건축재료 : 석면, 라돈, 포름알데히드 등

(2) 환기

① 자연환기
  ㉠ 풍력환기 : 자연풍이 건물에 부딪치는 기류에 의한 환기를 말한다. 바람의 압력차가 커지면 환기량은 증가하며 창문이 닫혀 있는 경우에도 극간풍에 의한 환기가 일어나기도 한다.
  ㉡ 중력환기 : 실내와 실외의 온도 차이에 의해 공기밀도가 달라서 발생하는 환기이다. 실내에서는 천장부분의 차가운 공기의 밀도가 작고 바닥부분의 따뜻한 공기의 밀도가 커서 대류가 일어난다.

> **Point**
> • 굴뚝효과(stack effect) : 실 외벽에 개구부가 있으면 실내 공기는 위쪽으로 나가고 실외 공기는 아래로 유입되는 현상으로 연돌효과라고도 한다.
> • 중성대 : 실내외 압력차가 0이 되는 부분(공기의 유출입이 없는 면)

  ㉢ 개구부를 통한 환기
    ⓐ 환기량은 개구부의 면적과 풍속에 비례하고 압력, 온도, 밀도, 풍압계수의 차이에 비례한다.
    ⓑ 개구부 환기는 병렬 합성보다 직렬 합성의 경우 더 효과가 좋다.

ⓒ 공기 유입구가 유출구보다 낮을 경우 가장 효율적이다.
② 인공환기

방식	급기	배기	환기량	비고
제1종 환기	기계	기계	임의, 일정	병원, 공연장
제2종 환기	기계	자연	임의, 일정	반도체 공장, 무균실, 수술실
제3종 환기	자연	기계	임의, 일정	주방, 화장실 등 열·냄새가 있는 곳
제4종 환기	자연환기		한정, 부정	필요 환기량이 적은 경우

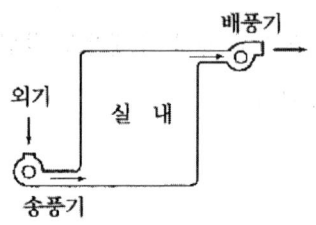
[1종 환기 : 실내압력 조정]

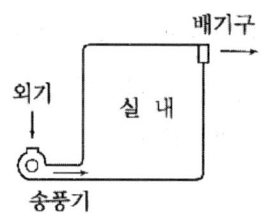
[2종 환기 : 실내압력 정압(+)]

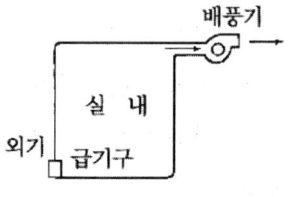
[3종 환기 : 실내압력 부압(-)]

③ 위치에 따른 분류

상향 환기	하향 환기
• 배기구가 천장이나 벽의 상부에 위치한다. • 흡기구를 벽 하부에 설치하여 기류가 상승하게 된다. • 난방에는 유리하지만 냉방에는 다소 불리한 편이다. • 기류 상승 시, 바닥의 먼지, 세균들이 실내에 확산된다. • 주로 음식점 등에 적합한 방식이다.	• 흡기구는 벽 상부나 천장에 설치한다. • 배기구는 벽 하부에 두어 기류가 하강하게 된다. • 냉방용으로 많이 사용한다. • 공기의 방향에 따라 분산식과 수평식이 있다. • 학교, 병원, 공장 등 혼잡한 곳에 적합하다.

④ 환기량

㉠ 별도의 환기장치가 없는 거실 바닥 면적의 1/20 이상의 환기에 유효한 개구부 면적을 확보하도록 건축법으로 규정하고 있다.

㉡ 창이 없는 거실 및 집회실의 경우 1인당 20m³/h 이상의 환기량을 요구한다.

ⓒ 환기횟수

$$N = \frac{Q}{V} \text{ (회/h)} \quad \begin{cases} Q : \text{환기량, 필요신선공기량}(m^3/sec) \\ V : \text{실의 용적}(m^3) \end{cases}$$

실용적이 3000m³인 집회장에 500명이 있을 경우, 1시간당 최소 환기횟수는? (단, 1인당 필요한 신선공기량은 30m³/h로 한다)
① 2회   ② 3회   ③ 4회   ④ 5회

[풀이] 500명이 1시간 동안 필요로 하는 신선공기량은 $500 \times 30 = 15000 m^3$이다.

따라서 환기횟수는 $\frac{15000}{3000} = 5$회 이다.

ⓓ 환기량 계산

ⓐ CO_2 농도에 따른 필요 환기량

$$Q = \frac{K}{C - C_0}$$

K : CO_2 발생량(m^3/h)
C : 실내허용농도(m^3/m^3)
C_0 : 신선외기의 CO_2 농도(m^3/m^3)

다음과 같은 조건에서 60명을 수용하는 강의실에 필요한 환기량은?
〈조건〉 • 대기 중의 탄산가스 농도 : 300ppm
• 실내의 탄산가스 허용농도 : 1000ppm
• 1인당 탄산가스 토출량 : 0.017m³/h

① 약 665m³/h   ② 약 845m³/h
③ 약 1085m³/h   ④ 약 1460m³/h

[풀이] ※ 1ppm=1/1000000m³

$$Q = \frac{K}{C - C_0} = \frac{0.017 \times 60}{0.001 - 0.0003} = \frac{1.02}{0.0007} = 1457 m^3/h = \text{약 } 1460 m^3/h$$

ⓑ 습도유지를 위한 필요 환기량

$$Q = \frac{W}{1.2(G_1 - G_0)}$$

W : 실내의 수증기 발생량(kg/h)
G_1 : 실내공기의 절대습도(kg/kg′)
G_0 : 신선공기의 절대습도(kg/kg′)
1.2 : 1m³의 건조공기의 질량

> **Point**
>
> 수증기의 제거를 목적으로 환기를 하려고 한다. 수증기 발생량이 12kg/h이고 환기의 절대습도가 0.008kg/kg′일 때 실내 절대습도를 0.01kg/kg′으로 유지하기 위한 환기량은? (단, 공기의 밀도는 1.2kg/m³이다.)
>
> ① 4800m³/h ② 5000m³/h
> ③ 5200m³/h ④ 5400m³/h
>
> [풀이] $Q = \dfrac{W}{1.2(G_1 - G_0)} = \dfrac{12}{1.2(0.01 - 0.008)} = 5000 \text{m}^3/\text{h}$

4 빛 환경

(1) 일조와 빛 환경

① 태양광선의 분류

㉠ 가시광선 : 380~780nm 범위의 파장으로 눈에 보이는 광선

㉡ 적외선 : 가시광선보다 파장이 긴 전자기파(780~2500nm 이상). 열적 효과를 가지며 기후에 영향을 준다.

㉢ 자외선 : 가시광선보다 파장이 짧은 전자기파(200~380nm). 생육작용과 살균작용

② 태양 남중고도의 계산(북반구 기준)

태양고도 $R = 90° - \phi + \Theta$

ϕ : 위도, Θ : 태양적위(춘추분=0°, 하지=23.5°, 동지=-23.5°)

(2) 빛의 성질과 단위

① 빛의 성질

㉠ 투과 : 빛은 같은 매질 속에서 3×10^8 m/s의 속도로 직진하며 반투명체는 빛의 직진을 교란·확산시킨다.

㉡ 반사

ⓐ 경면반사 : 빛의 방향을 한 방향으로만 변화시키는 반사를 말한다(입사각=반사각).

ⓑ 확산반사 : 빛의 반사광선이 여러 방향으로 확산되는 반사를 말한다(무광택면 반사).

ⓒ 굴절
- ⓐ 빛이 하나의 투명매체에서 다른 매체로 들어갈 때 빛의 방향이 바뀌는 것이다.
- ⓑ 입사각과 굴절각은 매질의 종류에 따라 빛의 속도에 차이가 생겨 굴절된다(스넬의 법칙).

② 빛의 단위

㉠ 광속 : 광원에서 발산되는 빛의 양. 기호는 F, 단위는 lm(lumen)을 쓴다.

㉡ 광도
- ⓐ 단위면적당 표면에서 반사 혹은 방출되는 빛의 양. 기호는 I, 단위는 cd(candela)
- ⓑ 1cd는 점광원을 중심으로 $1m^2$의 면적을 관통해 나오는 광속이 1lumen일 때 그 방향의 광도이다.

㉢ 조도
- ⓐ 어떤 물체나 표면에 도달하는 빛의 단위면적당 밀도를 말한다. 기호는 E, 단위는 lx(lux)
- ⓑ 빛이 수직으로 입사할 경우, 조도=광도÷거리^2(m)로 계산된다.
- ⓒ 입사하는 빛의 각도가 $\Theta °$로 기울어진 경우, 조도=광도÷거리^2(m)×cosΘ로 계산된다.

㉣ 휘도
- ⓐ 빛을 발산하는 면의 밝기에 대한 척도. 기호는 L, 단위는 cd/m^2(nit, asb, fL 등도 쓰인다.)
- ⓑ 자체가 발광하고 있는 광원뿐만 아니라 조명되어 빛나는 2차적인 광원에 대해서도 밝기를 나타낸다.

㉤ 광속발산도
- ⓐ 면의 단위면적에서 발산하는 광속. 기호는 M, 단위는 lm/m^2
- ⓑ 광속발산도와 휘도 모두 빛을 발산하는 면에 관한 측광량이지만 광속발산도는 면적당 면에서 나오는 모든 광속을 차지하고 있으며 휘도는 어느 특정 방향에 대하여 정의하는 것이다.

(3) 빛의 분포

① 휘도 분포

㉠ 실내의 인공 광원이나 창문의 휘도가 너무 크면 눈부심(현휘현상, glare)을 느끼거나 또는 사물을 보기 어렵다. 또한 휘도의 높은 부분에 신경이 쓰여 작업성이 저하하

거나 피로의 원인이 된다.
- ⓒ 작업면과 배경의 휘도비는 학교 및 일반 사무공간의 경우 3 : 1 정도, 주택의 경우 10 : 1 정도가 적당하다.
- ⓒ 주광조명하에서는 창의 휘도가 다른 부분에 비해 현저히 높아지므로 블라인드, 커튼, 루버 등으로 창의 휘도를 낮게 하는 것이 적합하다.

② 조도 분포
- ㉠ 실내에서 천장이나 벽, 바닥 등의 실내 마감면이나, 가구, 집기 등의 표면은 대부분 반사하므로, 조도의 분포는 물론 휘도의 분포에 주의하여야 한다.
- ㉡ 실내의 최대, 최저 조도비는 주광조명일 경우 10 : 1 이하, 인공조명일 경우 3 : 1 이하가 바람직하다. 병용조명의 경우는 6 : 1 정도가 적당하다.

③ 균제도
- ㉠ 휘도나 조도, 주광률 등의 분포를 나타내는 지표
- ㉡ 균제도 U는 휘도나 조도, 주광률 등의 최대치에 대한 최소치의 비이다.

$$U = \frac{(휘도, 조도, 주광률의) \ 최소치}{(휘도, 조도, 주광률의) \ 최대치}$$

(4) 글레어와 눈의 피로

① 글레어(glare)
- ㉠ 시야 내에 휘도가 높은 광원, 반사물체 등이 있어 이들로부터 빛이 눈에 들어와 대상을 보기 어렵게 하거나 눈부심으로 불쾌감을 느끼거나 하는 상태를 말한다.
- ㉡ 글레어에 대한 시각 반응은 망막 위의 광속의 분배에 의해 일어나며, 시야 내의 비균등 휘도는 망막의 흥분을 일으키고 행동을 저지하게 된다.
- ㉢ 글레어는 시선에서 30° 이내의 시야에서 생기기 쉬우며, 이 범위를 글레어 존(glare zone)이라고 부른다.

② 글레어(현휘, 눈부심)의 발생 원인
- ㉠ 주위가 어둡고 눈이 순응되어 있는 휘도가 낮은 경우
- ㉡ 광원의 휘도가 높은 경우
- ㉢ 광원이 시선에 가까운 경우
- ㉣ 광원의 겉보기 면적이 큰 경우와 광원의 수가 많은 경우

③ 글레어(현휘, 눈부심)를 방지하기 위한 방법
- ㉠ 광원에 대한 방지

ⓐ 광원의 휘도를 감소시키고 광원 수를 늘린다.
ⓑ 시선에서 광원을 멀게 하고 휘광원 주위를 밝게 하여 휘도비를 감소시킨다.
ⓒ 광원에 가리개, 갓, 차양 등을 설치한다.
ⓛ 자연채광에 대한 방지
ⓐ 창문을 높게 설치하고 창문의 상부에 차양을 설치한다.
ⓑ 블라인드나 커튼 등을 설치한다.
ⓒ 반사휘광에 대한 방지
ⓐ 발광체의 휘도를 감소시키고 간접조명 수준을 높인다.
ⓑ 반사광이 눈에 직접 비추지 않게 하고 무광택 도료 등의 마감을 한다.
④ 글레어의 종류
㉠ 불능 글레어(disability glare) : 잘 보이지 않게 되는 눈부심
㉡ 불쾌 글레어(discomfort glare) : 신경이 쓰이거나 불쾌감을 느끼게 하는 눈부심
㉢ 반사 글레어(reflection glare) : 인쇄물 등의 표면에서 반사한 빛이 눈에 들어와 인쇄물이 잘 보이지 않거나 광막 반사(대비의 저하에 따라 보는 것을 방해)로 인해 쇼윈도 내부가 잘 보이지 않는 현상 등을 말한다.
⑤ 눈의 피로 발생원
㉠ 조도가 부적합하거나, 작업면과 배경 사이의 휘도대비가 너무 클 때
㉡ 불쾌감을 주는 글레어가 발생할 때(예 : 형광등의 깜박거림)
㉢ 작업 중 머리 위에 잘못 설치된 광원으로 인한 반사가 생길 때
㉣ 조명의 연색성이 적당하지 않아서 색을 보는 것에 불편함을 줄 때
㉤ 개인의 심리적인 인자 : 환경의 특징, 조명 또는 마감 및 가구의 색채, 창의 유무 등

(5) 자연채광

① 주광 : 직사일광과 천공광을 합친 것, 즉 낮 동안의 빛을 뜻한다.
㉠ 직사일광 : 태양이 직접 노출되어 비추는 빛. 변동이 심해 광원으로서 이용하기가 까다롭다.
㉡ 천공광 : 대기와 구름에 산란, 반사되어 비추는 빛
② 주광률
㉠ 실내 조도를 자연채광에 의해 얻을 경우 야외조도는 매순간 변화하므로 실내의 조도도 변화한다. 채광 설계에서 이와 같은 변화의 기준을 정하기는 어려우므로 주광률을 적용한다.

ⓛ 주광률 $DF = \dfrac{\text{실내 작업면 조도}(E)}{\text{실외 수평면 조도}(E_s)} \times 100\%$

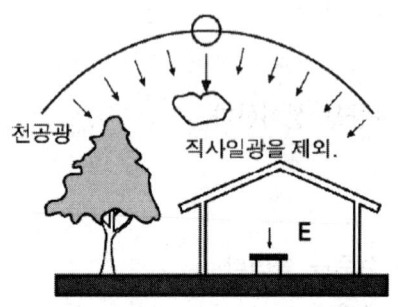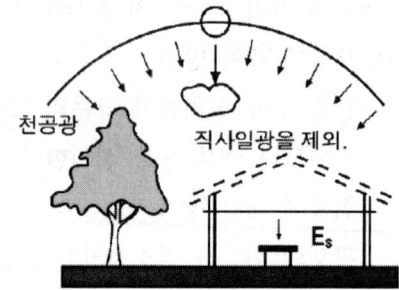

ⓒ 주광 계획 시 주의사항
   ⓐ 실내 작업면은 가급적 직사광선을 직접 받지 않게 한다.
   ⓑ 주광은 확산 및 분산시키고 다른 조명 요소와 조합하여 계획한다.
   ⓒ 천창, 고창 등 가급적 높은 곳에서 주광을 도입하고 측창의 경우는 양측 채광을 한다.
   ⓓ 작업 위치는 창과 평행하게 하고 가능한 한 창을 근접시킨다.

ⓔ 창의 위치
   ⓐ 측창 : 실내 측면의 수직 창에서 빛이 들어오는 형태이다. 이 형식은 공간의 조도 분포가 불균일하고 조도가 작지만 반사로 인한 눈부심이 적으며 입체감이 좋다.
   ⓑ 천창 : 건물의 지붕이나 천장면에 채광 목적으로 수평면이나 약간 경사진 면에 낸 창으로, 조도가 균일하고 같은 면적의 측창보다 3배 정도 밝다. 개폐, 환기, 청소가 곤란하며 개방감도 낮다.
   ⓒ 정측창 : 창턱 높이가 눈높이보다 높아야 하고 창의 상부가 천장선과 같거나 그 아래에 위치한 창으로 미술관, 박물관, 공장 등 시선을 분산시키지 않고 채광을 해야 할 공간에 적용된다.

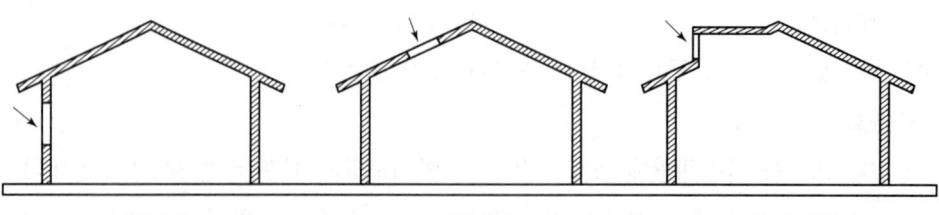

(6) 인공조명

① 배광 방식별 분류

조명	직접	반직접	전반확산	반간접	간접
배광방식 (위)	0~10%	10~40%	40~50%	60~90%	90~100%
배광방식 (아래)	100~90%	90~60%	40~50%	40~10%	10~0%

㉠ 직접 조명
  ⓐ 하향광속이 90~100%인 조명으로 광원이 노출되어 있다.
  ⓑ 조명률이 좋고 먼지에 의한 감광이 적다.
  ⓒ 벽, 천장 등의 반사율의 영향이 적다.
  ⓓ 글로브를 사용하지 않으면 조명이 초라한 느낌을 줄 수 있다.
  ⓔ 눈부심이 크고 조도의 불균일함이 크다.

㉡ 간접 조명
  ⓐ 상향광속이 90~100%인 조명으로, 광원을 숨기는 형태의 조명이다.
  ⓑ 음영이 적고 조도가 균일하여 부드러운 느낌을 준다.
  ⓒ 조명 효율이 낮고 경제성이 떨어진다.
  ⓓ 먼지에 의한 감광이 크고 다소 음산한 느낌이 든다.

㉢ 전반확산조명
  ⓐ 직접 조명과 간접 조명의 혼합형태
  ⓑ 옥외의 장식조명이나 브래킷 조명 등으로 사용된다.

② 설치 형태에 따른 분류

㉠ 매입형(down light, 다운라이트) : 조명기구는 천장에 매입되고 빛이 수직으로 하향, 직사된다.

㉡ 직부형(ceiling light, 실링라이트) : 천장등이라고도 한다. 배광이 효과적이며 광원이 직접 노출되므로 매입형보다 눈부심이 많지만 조명효율은 좋다.

㉢ 벽부형(bracket, 브래킷) : 벽체에 부착하는 조명의 통칭으로 장식성이 좋다.

㉣ 펜던트 : 와이어, 파이프 등으로 천장에 매단 조명을 의미한다.

㉤ 이동형 조명 : 테이블 스탠드, 플로어 스탠드

③ 광원의 종류
  ㉠ 백열전구
    ⓐ 고열의 필라멘트의 온도 방사에 의한 발광으로 조명하는 광원으로 형광등과 함께 가장 널리 사용되어 왔다.
    ⓑ 광원의 가격이 저렴하고 크기가 작아 빛의 컨트롤이 용이하며 연색성이 자연채광에 가깝다.
    ⓒ 효율이 낮고 발광온도가 높아 다소 위험하며 광원의 수명도 짧다.
    ⓓ 점멸빈도가 높고 사용시간이 적은 곳, 강조 조명이 필요한 곳에 적합하다.
  ㉡ 형광등
    ⓐ 수은과 아르곤의 혼합가스를 봉입한 방전관으로 유리관 내에 자외선을 발생하고 이것이 유리관 내벽에 도포된 형광물질을 유도방출하여 발광하는 방전등이다.
    ⓑ 백열전구보다 10배 정도 수명이 길고 눈부심도 적으며 발광온도도 낮은 편이다. 또한 같은 전력으로 백열등보다 3~4배의 조도를 얻어 에너지 절약효과가 있다.
    ⓒ 형광체의 색을 다양하게 할 수 있고 빛의 확산이 좋지만 자외선이 방출된다.
    ⓓ 점등에 시간이 걸리며, 빛의 어른거림이 발생하고 자외선 전구 내부에 흑화가 발생한다.
  ㉢ 나트륨등
    ⓐ 수명이 매우 긴 광원으로 도로 가로등 및 체육관, 광장조명 등에 사용되고 있다.
    ⓑ 연색성이 매우 나쁘고 다소 불쾌감을 준다.
  ㉣ 메탈할라이드등
    ⓐ 효율이 높고 연색성도 좋은 광원으로 나트륨등과 혼용하여 연색성 개선에 활용된다.
    ⓑ 수명이 비교적 길지만 가격이 다소 높고 램프 점등방향에 제약을 받는다.
    ⓓ 천장이 높은 내부조명에 쓰이며 고연색등은 미술관, 상점, 경기장에 사용한다.
  ㉤ 수은등
    ⓐ 수명이 나트륨등과 비슷하며 하나의 등으로 큰 광속을 얻을 수 있다.
    ⓑ 효율이 높고 수명이 길며 가격도 저렴한 편이며 자외선이 발생하여 살균, 의료, 사진용으로도 쓰인다.
    ⓒ 빌딩, 공장 등의 외벽, 도로 조명으로 많이 쓰인다.

ⓑ LED(발광다이오드, Light Emitting Diode)등
  ⓐ 반도체를 이용한 조명으로 발열이 적어 내구성이 길고 낮은 전력으로 효율 높은 조명을 쓸 수 있다.
  ⓑ 눈의 피로도가 낮으며 형광등처럼 자외선이 나오지 않아 피부에도 안전하다.
④ 건축화 조명 : 천장, 벽, 기둥 등 건축 부분을 이용하여 조명하는 방식이다. 건축화 조명은 눈부심이 적고 명랑한 느낌을 주며 현대적인 감각을 느끼게 하나 설치비용도 직접 조명에 비해 많이 들고 유지비용 역시 높기 때문에 경제적 효율성은 떨어진다.
  ㉠ 코브 조명 : 일반적으로 천장 주위를 둘러 설치된 홈 안에 광원이 가려져 있다. 높이에 대한 느낌을 표현할 수 있는 장점이 있다. 부드럽고 균등하며 눈부심이 없는 빛을 제공하여 보조조명으로 중요하게 쓰인다.
  ㉡ 코니스 조명 : 천장 또는 천장 가까이에 장착되고 옆면을 가려 빛은 아래를 향해서만 떨어진다. 재질감 있는 벽면의 드라마틱한 특성을 강조해 주거나 재미있는 조명효과를 준다.
  ㉢ 밸런스 조명 : 코브와 코니스를 혼합한 형태로 천장 방향과 바닥 방향 양쪽으로 빛을 비춘다.

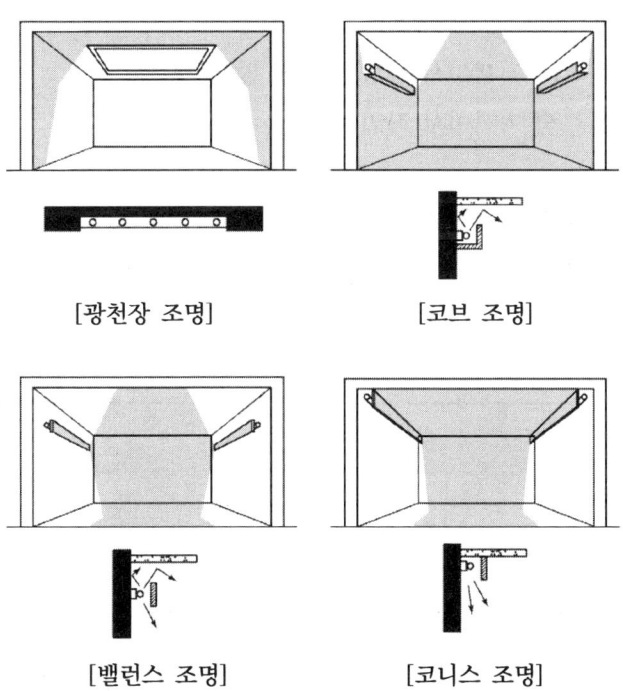

[광천장 조명]   [코브 조명]

[밸런스 조명]   [코니스 조명]

  ㉣ 광천장 조명 : 천장에 조명기구를 설치하고 그 밑에 창호지나 반투명 아크릴과 같은

확산성 재료를 이용해서 마감 처리하여 마치 넓은 천장 표면 자체가 조명인 것처럼 연출한다.

ⓜ 광창 조명 : 광천장과 같은 방식으로 광원을 넓은 면적의 벽면에 매입, 시선에 안락한 배경으로 작용한다. 지하철 광고판 등에서 사용한다.

ⓗ 코퍼 조명 : 천장에 사각형 또는 원형의 구멍을 뚫어 단차를 두어 천장 내부에 조명을 설치하는 방식

ⓢ 캐노피 조명 : 사용자의 얼굴에 적당한 조도를 주기 위해 벽면이나 천장면의 일부를 돌출시켜 조명을 설치하고 강한 조명을 아래로 비춘다. 카운터 상부, 욕실의 세면대, 드레싱 룸에 설치된다.

(7) 조명설계

① 조명계획의 순서

소요조도 결정 → 광원 선택 → 조명방식 선정 → 조명기구 선정 → 광속 계산(조명기구 수 산정) → 광원 배치

② 조명기구배치

㉠ 광원간의 간격(S) : S ≤ 1.5H(작업면과 광원까지의 거리)

㉡ 벽면과 광원 간격

ⓐ S ≤ H/2 : 벽 가까이서 작업을 하지 않는 경우

ⓑ S ≤ H/3 : 벽 가까이서 작업을 하는 경우

③ 조명의 높이

㉠ 직접 조명 : 광원과 작업면의 거리는 천장과의 거리의 2/3 정도가 적당하다.

㉡ 간접 조명 : 광원과 천장의 거리는 천장과 작업면 바닥까지의 거리의 1/5 정도가 적당하다.

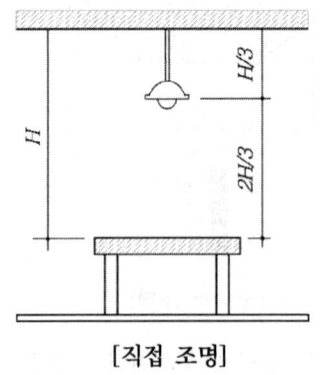

[직접 조명]

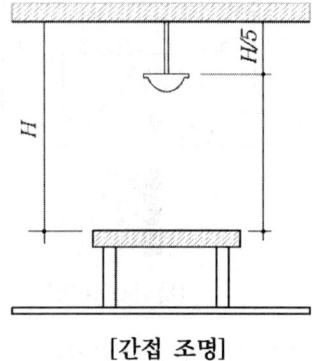

[간접 조명]

④ 거실용도별 적정 조도 기준
　㉠ 설계, 제도, 수술, 계산, 정밀검사 : 700lx
　㉡ 일반사무, 제조, 판매, 회의 : 300lx
　㉢ 독서, 식사, 조리, 세척, 집회 : 150lx

❺ 소리환경

(1) 음의 성질

① 음파(sound wave)
　㉠ 음파는 관성과 탄성을 가진 매질을 전파하는 압력의 변동으로서 매질입자가 전파방향과 같은 방향으로 운동하는 종파이다.
　㉡ 주파수(진동수) : 음은 전파될 때 파동현상을 나타내는데 이때 1초간의 왕복운동수를 말한다.
　　ⓐ 단위 : Hz(c/s)
　　ⓑ 가청주파수 : 20~20000Hz, 청력손실은 4000Hz 전후에서 나타난다.
　　ⓒ 초음파 : 초저주파수음(20Hz 미만), 초고주파수음(20000Hz 이상)
　　ⓓ 표준음 : 63, 125, 250, 500, 1000, 2000, 4000, 8000Hz의 순음

② 음속
　㉠ 음파가 전달되는 속도는 기온 15℃의 공기에서 약 340m/s이며 기온 1℃의 증가에 따라 0.6m/s씩 증가한다.
　　음속 $c = 331.5 + 0.6t$ $(t = 기온)$
　㉡ 음속은 주파수의 영향은 받지 않고 통과하는 물질의 성질에 영향을 받는다.

③ 음의 3요소
　㉠ 강도(크기)
　　ⓐ 음의 크기는 감각량이며 음파의 진행방향에 수직인 단위면적을 통하여 단위시간에 운반되는 진동에너지의 양이다.
　　ⓑ 사람이 듣는 음의 주파수가 같다면 면적이 크고 진폭이 클수록 큰 음이 된다.
　㉡ 높이
　　ⓐ 주파수가 큰 음은 높고, 작은 음은 낮게 느낀다. 그러나 음의 크기나 파형의 영향도 받으므로 매우 복잡하다. 또 음의 지속 시간이 짧으면 높이의 감각이 없어진다.

　　ⓑ 피아노의 낮은 '도'에서 높은 '도'를 1옥타브라고 한다. 즉, 1옥타브 위의 음은 기본 주파수에 대해 2배, 2옥타브 위의 음은 4배만큼 높은 주파수의 음을 의미한다.

　ⓒ 음색

　　ⓐ 음파를 구성하는 배음구조에 따라 다르게 느껴지는 것을 말한다.

　　ⓑ 외형상으로 비슷한 악기라 해도 음의 배열과 크기가 다르면 음색이 달라진다.

④ 음의 특성

　㉠ 회절 : 음의 진행 중에 장애물이 있으면 파동은 직진하지 않고 그 뒤쪽으로 돌아가는 현상으로 칸막이벽 뒤의 소리가 들리는 것은 회절현상 때문이다.

　㉡ 간섭 : 양쪽에서 나온 음이 어떤 점에 도달하면 서로 강하게 하거나 약화시키거나 하는 현상이다.

　㉢ 울림(에코) : 진동수가 조금 다른 두 음의 간섭에 의해 생기는 현상

　㉣ 공명 : 음을 발생하는 하나의 물체로부터 나오는 음에너지를 다른 물체가 흡수하여 같이 소리를 내기 시작하는 현상. 실내에서 공명이 발생하면 균등한 음의 분포를 얻기가 힘들다.

　㉤ 확산 : 음파가 구부러진 표면에 부딪쳐 여러 개의 작은 파형으로 나뉘는 것

　㉥ 반사 : 음은 흡수, 투과, 또는 반사의 성질을 갖고 있으며, 각각의 비율은 재료에 따라 다르다.

　㉦ 굴절 : 매질이 다른 곳을 통과하는 음의 속도가 달라져서 전파방향이 바뀌거나 소리가 흡수될 때 일어나며 진동수는 변하지 않는다.

(2) 음압과 음의 세기 레벨

① 데시벨(dB)

　㉠ 소리의 상대적인 크기를 나타내는 단위

　㉡ 소리의 전파에 있어 매체 속을 진행하는 에너지는 음압의 제곱에 비례한다. 귀가 최대의 가청범위로부터 최소 가청범위까지의 비례 범위를 취급하는 데에 벨(bel)을 쓴다. 두 음의 강도 차는 이 비의 상용대수를 따서 벨이라고 하고, 보통 이 벨을 10으로 나눈 데시벨(dB)을 쓰고 있다.

　㉢ 데시벨은 소리 강도(E)의 비례대수의 10배, 또는 음압(P)의 비례대수의 20배가 된다. 에코나 정재파 등과 같은 반사나 바람, 굴절에 의한 방해가 없는 한 소리의 크기는 거리의 제곱에 반비례한다.

② 음압(P)
  ㉠ 음파에 의해 공기 진동으로 생기는 대기 중의 변동으로 단위 면적에 작용하는 힘
  ㉡ 단위 : $dyne/cm^2$(mbar), N/m^2(PA)
  ㉢ dB 수준 = $20\log\left(\dfrac{P_1}{P_0}\right)$ [P_0 : 기준음의 음압, P_1 : 측정음 또는 비교음의 음압]

③ 음의 세기 레벨
  ㉠ 어떤 음의 세기가 기준치의 몇 배인가를 나타내는 것
  ㉡ 기준치 : $10^{-12} W/m^2 = 10^{-16} W/cm^2$
     (건강한 귀로 들을 수 있는 1000Hz의 순음의 세기)
  ㉢ dB 수준 = $10\log\left(\dfrac{I_1}{I_0}\right)$ [I_0 : 기준음의 세기, I_1 : 측정음 또는 비교음의 세기]

④ 감각량
  ㉠ 음의 대소를 나타내는 감각량의 단위로는 sone을 쓴다.
  ㉡ 1000Hz, 40dB의 음압레벨을 가진 순음의 크기를 1sone으로 한다.

⑤ 주관적 레벨
  ㉠ 귀의 감각적 변화를 고려한 주관적 척도를 폰(phon)이라 한다.
  ㉡ 1sone은 40phon에 해당되며 sone값을 2배로 하면 10phon씩 증가한다.
     (1sone=40phon, 2sone=50phon, 4sone=60phon)

(3) 흡음 및 차음

벽체 등에 입사한 음파의 반사율을 가능한 한 낮추어 실내의 음에너지를 최대한 소멸시키는 작용을 흡음이라 한다.

① 다공질형 흡음재 : 글라스울, 암면 등의 광물, 식물섬유류처럼 모세관이나 연속기포로 되어 있는 재료에 음이 입사하면 음파는 그 세공 속으로 전파하여 주벽과의 마찰이나 점성저항 및 재료 소섬유의 진동 등으로 음에너지의 일부가 열에너지로 소비된다.
  ㉠ 고주파음의 흡음률이 높고 재료의 두께나 공기층 두께를 증가시킴으로써 저주파수의 흡음률을 증가시킬 수 있다.
  ㉡ 다공질 재료의 표면이 다른 재료에 의하여 피복되어 통기성이 저해되면 중·고주파수에서의 흡음률이 저하된다.
  ㉢ 재료 표면의 공극을 막는 마감을 하지 말고 부착법과 배후공기층 관리를 철저히 해야 한다.

② 판(막)진동형 흡음재 : 얇은 합판, 석고보드 등의 기밀한 재료에 음파가 오면 표면의 진동에 의해 음에너지의 일부가 마찰로 소비된다.
- ㉠ 저음역의 공진주파수에서 볼 수 있고 흡음률은 크지 않다.
- ㉡ 흡음률은 저음역에서는 0.2~0.5이고, 고음역에서는 0.1 내외이므로 반사판 구실을 한다.
- ㉢ 판류는 진동하기 쉬운 것이거나 얇은 것일수록 크다. 또 같은 판이라도 풀로 붙인 것보다는 못으로 고정한 것이 진동하기 쉽고 흡음률이 크다.
- ㉣ 흡음률의 피크는 대체로 200~300Hz 이하에 있으며 재료의 중량이 클수록, 판의 배후 공기층이 클수록 저음역으로 옮겨간다.

③ 구멍판 흡음재 : 합판, 석고보드 등의 경질판에 다수의 구멍을 관통시킨 것으로 구멍과 배후공기층으로 구성된다.
- ㉠ 중저음역 흡음률이 크며 판의 두께나 구멍크기와 간격에 따라 특성이 달라진다.
- ㉡ 배후공기층을 크게 하면 흡음주파수역이 넓어지며 흡음재를 추가로 넣어 흡음률을 높일 수도 있다.

④ 차음 : 외부와의 음의 교류를 차단하는 것을 차음이라 하며, 음원이 재료나 구조물에 부딪치고 흡수되어 얼마나 감소하였는지의 정도를 투과손실이라 한다. 음의 투과율이 작을수록 차음력은 커지며 벽체의 두께와 질량에 차음력은 비례한다.

(4) 잔향

① 잔향시간
- ㉠ 실내음의 발생을 중지시킨 후 소음레벨이 60dB(음압으로는 1/1000, 음의 세기로는 $1/10^6$) 감소될 때까지 걸리는 시간을 뜻한다.
- ㉡ 흡음력과 잔향시간은 반비례 관계이며 청중의 다소와 관계가 있다.
- ㉢ 잔향시간은 실용적에 비례하며 실의 표면적에 반비례한다.
- ㉣ 적정 잔향시간보다 길어지면 명료성이 저하된다.

② 실내 음향계획
- ㉠ 명료도가 요구되는 강연은 짧은 편이 좋고, 풍부한 반향이 요구되는 음악에는 저음역이 다소 긴 편이 좋다.
- ㉡ 저음역은 판재료, 저·중음역은 공동 흡수에 의해, 고음역은 다공질 재료의 사용에 의해 흡음 처리를 한다.
- ㉢ 무대 쪽은 반사성 재료를, 반대쪽 벽은 흡음성 재료를 사용한다.

③ 실내 음전파

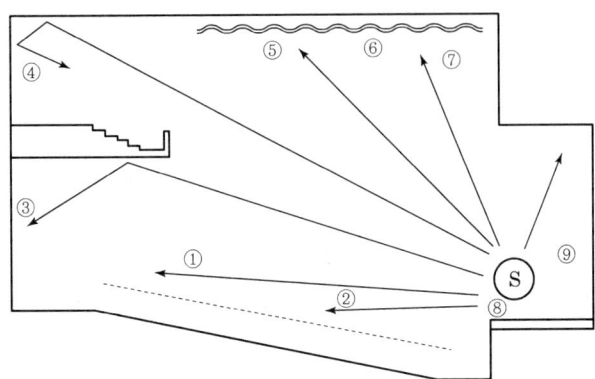

① 거리에 의한 음의 감쇠
② 좌석에 의한 흡음
③ 표면마감재 흡음
④ 실내공간 모서리의 반사
⑤ 천장 굴곡면에 의한 음의 확산
⑥ 음 회절
⑦ 음의 음영부분
⑧ 무대바닥판 공명
⑨ 반향 및 정재파

제 2 편

건축재료

제1장 건축재료 개론

실내건축기능사

1 건축재료학 총론

(1) 개요

건축재료의 물리적, 화학적, 생물학적 성질 등을 정확하게 분석하여 건축시공의 사용목적과 조건에 맞춰 안전하면서 합리적인 사용이 가능하도록 연구하는 것이 건축재료학의 목적이다.

(2) 건축재료의 의미

① 기둥, 보, 벽 등의 구조체, 지붕 및 내·외벽 등의 건축물 각 부분에 쓰이는 것으로 철재, 목재, 시멘트, 골재, 유리, 합성수지 등을 말한다.
② 공사 과정에서 사용되는 가설 공사용의 자재, 위생기구, 배관 등의 건축설비와 각종 장치에 이용되는 기자재를 포함하는 넓은 의미를 갖고 있다.

2 건축재료의 분류와 성능

(1) 사용목적별 분류

사용목적	요구되는 성질
구조재료	균일 재질, 높은 강도, 가공성, 내화성 및 내구성, 재료획득의 용이
내장재료	미려한 외관, 작은 열전도율, 방수 및 방음성, 내화성 및 내구성
차단재료	단열, 방음, 방습 등의 특수목적에 맞는 성질

(2) 제조방법별 분류

① 천연재료 – 석재, 목재, 흙 등
② 인공재료 – 금속, 시멘트, 합성수지 등

(3) 화학 조성에 의한 분류

① 무기재료 – 석재, 흙, 콘크리트, 금속 등
② 유기재료 – 목재, 합성수지, 아스팔트 등

3 재료의 일반적 성질

(1) 역학적 성질

① 탄성과 소성
  ㉠ 탄성 : 어떤 물체에 외력이 가해지면 변형이 생긴다. 이때 외력을 제거하면 원형으로 돌아가는 성질
    [예] 용수철, 고무줄 등
  ㉡ 소성 : 탄성의 반대개념. 형태에 가해진 외력을 제거하여도 변형된 상태를 유지하려는 성질
    [예] 점토, 석고, 가열된 금속재료 등

② 연성과 전성
  ㉠ 연성 : 재료가 인장력을 받아 파괴되기 전까지 늘어나는 성질
  ㉡ 전성 : 재료가 응력에 의해 넓게 펴지는 성질

③ 외력 및 강도
  ㉠ 인장력 : 물체를 늘어나게 하거나 잡아당기는 힘
  ㉡ 압축력 : 물체에 압력을 가하여 그 부피를 줄어들게 하는 힘
  ㉢ 전단력 : 물체의 특정 면에 작용하여 그 양쪽을 역방향으로 어긋나도록 작용하는 힘
  ㉣ 휨력 : 물체가 휘어지게 하는 힘
  ㉤ 강도 : 물체에 외력이 작용할 경우, 그 물체가 파괴되기까지의 변형저항
  ㉥ 응력 : 물체에 외력을 가했을 때, 그 크기에 대응하여 재료 내에 생기는 저항력

> 물체가 파괴될 때의 응력 = 물체의 강도

④ 인성과 취성
  ㉠ 취성 : 작은 변형에도 쉽게 파괴되는 성질(유리, 주철)

　　ⓒ 인성 : 변형이 일어나도 파괴되지 않는 성질(질긴 성질)

　　ⓒ 강성 : 물체에 압력이 가해져도 형태나 부피가 변형되지 않는 성질(단단한 성질)

(2) 물리적 성질

① 밀도와 비중

　㉠ 물질의 단위부피당 질량을 밀도라 한다. (단위 : kg/m^3, g/cm^3)

　㉡ 어떤 물질의 질량과 표준물질(1기압에서 4℃ 물)의 질량의 비율을 비중이라 한다.

② 비열 : 질량 1g의 물체의 온도를 1℃ 증가시키는 데 필요한 열량

③ 열전도율 : 물체 양쪽 표면의 온도가 다를 때 일정시간 동안 전해지는 열량. 단위는 $W/m \cdot K$

제2장 목재

1 개요

(1) 목재의 분류
① 침엽수 : 소나무, 삼나무, 전나무, 나왕, 미송, 낙엽송(주로 구조재료로 사용됨)
② 활엽수 : 참나무, 느티나무, 밤나무, 오동나무 등(가구 및 수장재료로 널리 사용됨)

(2) 목재의 특징
① 장점
  ㉠ 비중이 비교적 작으면서도 강도가 크다(비강도).
  ㉡ 가공성이 좋고 공급이 풍부하며 수종이 다양하다.
  ㉢ 목재면에 아름다운 무늬가 있어 의장효과가 우수하다.
  ㉣ 열전도율이 낮아 단열효과가 좋으며 재질이 부드럽고 탄성이 있다.
② 단점
  ㉠ 낮은 온도에서 타기 쉬워 화재에 위험하다.
  ㉡ 부패균에 의한 부식과 충해 및 풍화로 인해 재료의 성질이 나빠진다.
  ㉢ 건조수축으로 인한 변형이 크다.
  ㉣ 재질 및 섬유방향에 따라서 강도 차이가 생긴다.

2 목재의 조직

(1) 목재의 조직
① 섬유세포
  ㉠ 침엽수의 섬유세포
    ⓐ 가도관이라 하며 수목 용적의 90% 이상을 차지한다.
    ⓑ 침엽수는 도관이 따로 없으며 섬유세포가 수분과 양분의 통로가 된다.

ⓛ 활엽수의 섬유세포 : 목섬유라 하며 수목의 강하고 견고한 성질을 주는 조직이다.
② 도관
활엽수에만 존재하는 양분과 수분의 통로로서 섬유세포와 평행한다.
③ 수선
㉠ 연륜을 횡단하여 수심에서 방사형으로 배열된 세포의 줄을 뜻한다.
㉡ 침엽수와 활엽수가 다르게 나타나며, 참나무와 떡갈나무의 수선이 가장 큰 편이다.
㉢ 펄프 등의 제조에 있어서는 품질저하의 원인이 된다.
④ 수지공
침엽수에 많이 나타나며 수지의 이동이나 저장을 하는 곳이다.

(2) 나이테

① 춘재와 추재가 한 쌍으로 겹쳐져 나타내는 무늬를 나이테 혹은 연륜이라 한다.
② 춘재 : 봄, 여름에 생성된 넓은 목질부분. 부드럽고 가벼우며 연한 색을 띤다.
③ 추재 : 늦가을, 겨울에 생성된 좁은 띠. 치밀하고 단단하며 짙은 색을 띤다.
④ 춘재의 비율이 작을수록, 즉 추재의 간격이 좁을수록 목재의 강도가 크다.

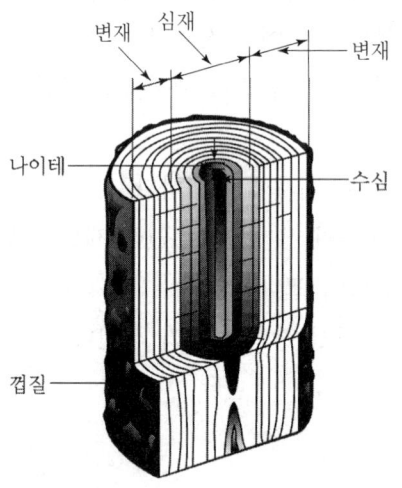

(3) 심재와 변재

① 심재(Heart wood)
㉠ 목질부 중 수심 주위를 둘러싼 부분으로 세포가 거의 죽고 기계적 지지기능만 남은 부분이다.
㉡ 세포벽에 리그닌이나 폴리페놀 등이 침착하여 짙은 색을 띠는 것이 일반적이다.

ⓒ 재질이 단단하고 강도가 크며 함수율 및 신축변형이 적어서 목재로서 이용가치가 높은 부분이다.
② 변재(Sap wood)
  ㉠ 목질부 중에서 심재 외측과 수피 내측 사이의 색이 옅은 부분을 말한다.
  ㉡ 심재에 비해 비중이 낮고 강도가 약하며 흡수성이 커서 건조 시 수축변형이 큰 편이다.
  ㉢ 가공성이 풍부하여 곡선형과 같은 이형 제품을 제조하는 것에 주로 쓰인다.

Point 심재와 변재의 특성 비교

	비중	수축률	강도 및 내구성	품질
심재	크다	작다	크다	양호
변재	작다	크다	작다	나쁨

❸ 제재 및 건조

(1) 벌목

벌목시기는 늦가을부터 겨울이 적당하다. 이 시기에는 함수율이 낮아 건조가 빠르며 또한 인건비도 적을 뿐 아니라 운반도 편하다.

(2) 제재계획

① 취재율을 최대한 높일 수 있도록 계획해야 한다.
② 침엽수는 70% 이상, 활엽수는 50% 이상이 되도록 한다.
③ 완성된 제품의 결을 고려하여 계획한다.

(3) 건조

① 건조의 목적
  ㉠ 목재는 섬유포화점 이하에서 강도가 높아지므로 건조해서 사용하는 것이 좋다.
  ㉡ 내구성이 증진되고 수축에 의한 균열과 변형을 방지하기 위함도 주요 목적이다.
  ㉢ 구조재는 15~20%, 수장재 및 가구재는 10~15%의 함수율까지 건조시킨다.
② 건조방법
  ㉠ 자연건조법 : 특정 장치를 이용하지 않고 자연적으로 건조하는 방법

대기건조법	• 직사광선과 비를 피하고 통풍이 잘 되는 곳에서 건조시키는 방법이다. • 2~3개월에 한 번씩 뒤집어 쌓아줌으로써 균일하게 건조가 되도록 한다. • 나무 마구리에는 페인트를 칠해서 부분적인 급속 건조를 막는다. • 목재 간의 간격을 유지하고 땅에서 30cm 이상 떨어지도록 굄목을 받친다.
수침법	• 건조하기 전에 목재를 물 속에 담그어 목재 내 수액을 빼낸 후 건조한다(삼투압의 원리를 이용). • 부패 및 뒤틀림이 방지되며 건조시간을 단축시킬 수 있다.

ⓛ 인공건조법 : 기계장치에 의해 단시간에 건조시키는 방법이다.

ⓐ 장점 : 건조시간이 짧고 함수율 등을 조절할 수 있다.

ⓑ 단점 : 비용이 많이 든다.

증기법	건조실을 증기로 가열하여 건조하는 방법. 가장 많이 쓰인다.
열기법	건조실 내 공기를 가열하거나 가열공기를 넣어 건조하는 방법
훈연법	목재 등을 태운 연기를 건조실에 도입하여 건조하는 방법
진공법	원통형 탱크에 넣고 밀폐 후 고온, 저압 상태를 유지하여 수분을 제거하는 방법

4 목재의 성질

(1) 함수율

목재에 포함되어 있는 수분을 완전히 건조시킨 목재의 중량에 대한 비율(일반적으로 살아 있는 생나무의 함수율은 심재 40~100%, 변재 80~200% 정도)

$$함수율(\%) = \frac{W_1 - W_2}{W_2} \times 100\%$$

(W_1 : 건조하기 전 목재중량, W_2 : 절대건조 시 목재중량)

① 섬유포화점 : 목재 내 유리수가 증발하고 세포의 수분이 포화상태일 때를 말한다. 이때 목재의 함수율은 약 30%이다.

② 기건재 : 대기 중 습도와 균형상태인 목재의 함수율로 보통 15% 정도이다.

③ 전건재 : 완전히 건조되어 함수율이 0%가 된 상태를 말한다.

(2) 목재의 강도

① 함수율은 벌목 직후 100% 정도에서 점차 섬유포화점 상태로 감소한다. 섬유포화점까

지는 강도의 변화가 거의 없으나 그 이하에서는 점점 증가하여 전건재가 되면 섬유포화점 강도의 3배로 증가한다.

② 목재의 각종 강도와의 비율 관계(섬유의 평행방향의 압축강도를 1로 한 비교)

	섬유의 평행방향	섬유의 직각방향
압축강도	1	0.1~0.2
인장강도	2	0.07~0.2
휨 강도	1.5	0.1~0.2
전단강도	침엽수 0.16 / 활엽수 0.2	

(3) 목재의 비중

① 목재의 강도는 비중에 정비례한다.

② 공극을 포함하지 않는 목재의 실제 부분 비중을 진비중이라 하며, 수종 및 수령에 관계없이 약 1.54 정도이다.

③ 목재는 절대건조 상태의 비중이 수종, 수령 등의 조건에 의해 다르게 나타난다. 따라서 다음의 공식에 의하여 목재 내부의 공극률을 산출할 수 있다.

공극률(%) = $\left(1 - \dfrac{r}{1.54}\right) \times 100\%$ (r : 전건재의 비중, 1.54 : 목재의 진비중)

(4) 목재의 내구성

① 목재의 흠

㉠ 껍질박이(입피) : 목재가 성장 도중 외상에 의하여 나무껍질이 목재 내부로 말려들어간 것이다.

㉡ 옹이

ⓐ 본줄기가 줄기 조직에 말려들어 나이테가 밀집되고 수지가 뭉쳐지는 부분

ⓑ 성장 중의 가지가 말려들어간 것을 생옹이라 하며, 강도에 미치는 영향은 적다.

ⓒ 말라 죽은 가지가 말려들어가서 생긴 것을 죽은 옹이라 하며 강도 저하와 외관 손상을 유발한다.

㉢ 갈라짐 : 불균등한 건조나 수축에 의해 생기며 주로 노목에서 나타난다.

㉣ 썩음(부패) : 주로 균에 의해 부패되며 강도의 저하 및 착화점 저하의 원인이 된다.

ⓐ 온도 : 25~35℃에서 가장 왕성하며 4℃ 이하나 70℃ 내외에서는 사멸한다.

ⓑ 습도 : 80%에서 왕성하며 20% 이하에서는 사멸한다.

　　　ⓒ 공기 : 산소를 차단하면 부패균은 사멸된다.
　② 풍화 및 충해
　　㉠ 풍화 : 오랜 기간 햇볕과 비바람 등 기상변화에 노출된 목재의 수지성분이 증발하여 광택이 떨어지고 변색 및 변질되는 현상. 이를 방지하기 위해서 페인트와 바니시 등을 발라준다.
　　㉡ 충해 : 흰개미와 굼벵이 등에 의한 피해가 가장 많으며 춘재를 갉아먹는다.

(5) 목재의 방부처리

　① 방부제의 종류
　　㉠ 유성 및 유용성 방부제
　　　ⓐ 크레오소트유 : 흑갈색의 용액으로 저렴하다. 침투성이 좋지만 냄새가 강하여 외부용으로만 쓰인다.
　　　ⓑ 콜타르 : 방부성은 좋지만 침투성이 나쁘다. 흑색을 띤다.
　　　ⓒ 페인트 : 피막을 형성하여 표면을 보호하며 착색효과도 있다.
　　　ⓓ PCP(pentachlorophenol) : 방부력이 강한 무색의 유용성 방부제로서 착색이 가능하나 독성이 강해 사용에 주의를 요한다.
　　㉡ 수용성 방부제
　　　ⓐ 황산구리 1% 용액 : 철근부식의 우려가 있으며 인체에 유해. 방부력은 좋다.
　　　ⓑ 염화아연 4% 용액 : 흡수성이 있으며 목질부를 약화시켜 페인트칠은 못한다.
　　　ⓒ 염화제2수은 1% 용액 : 방부효과가 우수하며 철재 부식현상, 인체에 유해
　　　ⓓ 플루오르화나트륨 2% 용액 : 황색 분말. 철재, 인체에 무해하며 페인트 도장이 가능하나 고가이며 내구성이 비교적 좋지 않다.
　② 방부제의 처리법
　　㉠ 도포법 : 목재를 건조 후 균열부나 이음부에 바름. 침투깊이 5~6mm
　　㉡ 침지법 : 목재를 방부액에 담금. 침투깊이 15mm
　　㉢ 상압 주입법 : 80~120℃의 크레오소트 오일액에 3~6시간 담금
　　㉣ 가압 주입법 : 원통에 7~31kg/cm² 가압
　　㉤ 생리적 주입법 : 벌목 전에 뿌리에 약액을 주입하는 방식

5 목재의 제품

(1) 합판

① 개요
　㉠ 3장 이상의 얇은 단판(veneer)을 섬유방향이 직교하도록 겹쳐서 접착제로 붙여 만든 제품이다.
　㉡ 접합하는 판의 숫자는 홀수(3, 5, 7)로 겹쳐 양면의 결방향을 같게 한다.
　㉢ 두께는 보통합판 기준 3mm에서 24mm까지 3mm 단위로 제조된다.

② 특징
　㉠ 건조에 의한 수축, 변형이 적고 방향성이 없다.
　㉡ 일반 판재에 비해 균질하며 강도가 높은 제품을 만들 수 있다.
　㉢ 균열 발생이 적고, 곡면 가공도 가능하다.
　㉣ 표면의 가공을 통해 흡음효과도 낼 수 있다.

③ 단판 제법
　㉠ 로터리 베니어(rotary veneer)
　　ⓐ 원목을 길게 절단 후 회전시키며 넓은 대패로 나이테에 따라 두루마리 펴듯이 연속적으로 벗겨낸다.
　　ⓑ 넓은 베니어판을 제조할 수 있고 원목의 낭비가 적어서 가장 많이 쓰인다.
　　ⓒ 단판이 널결이어서 표면의 질은 떨어진다.
　㉡ 소드 베니어(sawed veneer)
　　ⓐ 판재나 각재의 원목을 톱으로 얇게 켜낸 단판이다.
　　ⓑ 아름다운 나뭇결을 얻을 수 있어 고급 수장재 등으로 쓰인다.
　㉢ 슬라이스드 베니어(sliced veneer)
　　ⓐ 원목을 미리 적당한 각재로 만든 후, 칼날, 대패 등으로 얇게 켜내는 단판이다.
　　ⓑ 곧은결 또는 널결을 나타낼 수 있다.
　㉣ 반로터리 베니어(half rotary veneer)
　　ⓐ 미리 껍질을 벗긴 원목을 반원으로 켜서, 긴 날에 원호를 그리며 상하로 움직여 단판을 벗겨낸다.
　　ⓑ 고급 무늬목을 얻을 때 사용한다.

④ 합판 제품의 종류

　㉠ 보통합판(ordinary plywood)

　　ⓐ 원목 재질 그대로 단판을 붙이고 표면처리를 따로 하지 않는 합판을 말한다.

　　ⓑ 제조법에 따라 일반·무취·방충·난연 합판으로 구분된다.

　㉡ 내수합판(water proof plywood)

　　ⓐ 내수성이 있는 합성수지 접착제로 접착시킨 합판이다.

　　ⓑ 내수 정도에 따라 1급, 2급으로 분류되며 거푸집 및 외장재 등으로 쓰인다.

　㉢ 무늬목치장합판(sliced veneer fancy plywood) : 보통합판 표면에 티크, 괴목 등 결이 좋은 무늬목을 얇게 붙인 제품이다.

　㉣ 화장합판(decorated plywood)

　　ⓐ 보통합판 표면에 프린트된 종이 등을 붙이고 그 위에 합성수지를 입힌 제품이다.

　　ⓑ 멜라민, 폴리에스테르, 염화비닐 등이 쓰인다.

　㉤ 프린트 합판(printing plywood) : 보통 합판 표면을 천연목 나뭇결이나 여러 모양으로 인쇄 가공 또는 인쇄한 종이를 붙인 합판이다.

(2) 집성목재

얇은 판재(두께 1.5~3cm) 또는 소형 각재를 모아서 접착제로 붙여 가공한 것이다.

① 합판과의 구분

　㉠ 합판과 달리 각 재료의 섬유방향은 직교가 아닌 평행으로 접착한다.

　㉡ 판재가 아니라 기둥, 보, 계단과 같이 단면과 길이가 큰 재료로 사용한다.

② 특징

　㉠ 목재의 강도를 인공적으로 조절할 수 있으며 응력에 따라 필요한 단면을 만들 수 있다.

　㉡ 크고 긴 재료를 만들 수 있으며 아치와 같은 굽은 형태로도 제작이 가능하다.

　㉢ 외관이 좋고 비틀림, 변형이 없어서 구조재와 장식재 등 다양한 용도로 쓸 수 있다.

(3) 파티클 보드 및 O.S.B

① 파티클 보드(particle board, chip board)

　㉠ 목재의 작은 조각을 모아 건조시킨 후 합성수지 접착제 등을 첨가하여 열압 제판한 것이다.

　㉡ 표면에 무늬목·시트·도료 등을 사용하여 치장판으로 쓰기도 한다.

ⓒ 특징
  ⓐ 온·습도에 의한 변형이 거의 없으나 부패방지를 위해 방습처리를 한다.
  ⓑ 음 및 열의 차단성이 우수하여 방음 및 단열재로 쓰인다.
  ⓒ 방향성이 없으며 못이나 나사 등의 지보력도 일반 목재와 같다.
  ⓓ 합판에 비해 휨강도는 떨어지나 면내 강성은 우수하다.
② O.S.B(oriented stand board)
  ㉠ 파티클 보드의 유형 중 하나로 가전제품 포장 등에 쓰인 것이 명칭의 유래가 되었다.
  ㉡ 약 35×75mm의 장방형으로 자른 얇은 나뭇조각을 서로 직교하게 겹쳐 배열하고 방수성 수지로 압착가공한 제품이다.
  ㉢ 파티클 보드의 조각은 타 제품 공정의 부산물인 반면, O.S.B의 조각은 원목에서 자른 것이므로 강도와 경도가 더 높다.
  ㉣ 칸막이벽, 가구, 내장재 등으로 쓰이며 목조주택 외장재로 쓰기도 한다.

(4) 바닥판재(flooring)

① 플로어링 보드

표면을 상대패로 마감하고 제혀쪽매로 접합. 두께는 3푼, 너비는 2치, 길이 2자 정도

② 파키트리 보드

경목재판으로 제조. 두께 9~15mm, 너비 60mm, 길이는 너비의 3배 정도

③ 파키트리 패널

두께 9~15mm, 너비 60mm에 길이는 너비의 정수배로 양측면을 제혀쪽매로 가공한 우수한 마루판재

④ 파키트리 블록

파키트리 보드를 3~5장씩 조합하여 18×18cm, 30×30cm각으로 만들어 방습 처리 후 철물과 모르타르를 사용하여 콘크리트 마루 등에 사용

(5) 벽, 천장재 및 섬유판

① 코펜하겐 리브
  ㉠ 두께 50mm, 너비 100mm 정도의 긴 판에 표면을 곡선 리브로 가공한 것
  ㉡ 강당, 극장 등의 음향 조절용으로 쓰이며 일반 수장재로도 사용한다.

② 코르크판

코르크 나무표피를 원료로 하여 분말로 된 것을 판형으로 열압한 것으로 탄성 및 보

온, 흡음성이 있어 보온재 및 흡음재로 사용한다.
③ 연질 섬유판
건물의 내장 및 흡음재, 단열재 등으로 사용(비중 0.4 미만)
④ 중밀도 섬유판, MDF(Medium Density Fiberboard)
　㉠ 톱밥을 압축가공해서 목재가 가진 리그닌 단백질을 이용하여 목재섬유를 고착시켜 만든 것이다(비중 0.4~0.8).
　㉡ 천연목재보다 강도가 크고 변형이 작다.
　㉢ 습기에 약하고 무게가 많이 나가는 것이 단점이나 마감이 깔끔하여 많이 쓰인다.
　㉣ 밀도가 균일하기 때문에 측면의 가공성이 매우 좋고 표면에 무늬인쇄가 가능하여 인테리어용으로 많이 사용된다.
⑤ 경질 섬유판
목재 펄프만을 압축해서 제조. 비중은 0.8 이상이며 강도나 경도가 다른 섬유판에 비해 높고 구부림이나 구멍 뚫기 등의 2차 가공도 용이하다. 수장판으로 사용

제3장 석재

실내건축기능사

1 개요

석재는 고대부터 구조재 및 장식재로서 큰 역할을 하였다. 그러나 최근 철골, 철근콘크리트 구조와 같은 발달된 기술로 인해 구조재료로서의 용도는 현저히 떨어졌지만 여전히 장식재 등으로 널리 쓰이고 있다.

(1) 석재의 장·단점

장점	• 압축강도가 크다. • 불연성, 내구성, 내마모성, 내수성 등이 우수하다. • 장중하고 미려한 외관을 가지고 있다.
단점	• 중량이 크고 가공이 어렵다. • 내화도가 낮고 인장강도가 작다. • 장대재를 얻기 어렵다.

(2) 석재의 분류

① 화성암

지구 내부에서 유래하는 고온의 규산염 용융체(마그마)가 고결하여 형성된 암석

㉠ 화강암

ⓐ 석영, 장석, 운모, 각섬석 등의 광물질이 포함되어 백색, 흑색, 홍색, 청색 등 다양한 무늬와 색을 띠는 수려한 외관의 석재

ⓑ 압축강도가 높아서 구조재로도 쓰이며 내장재나 콘크리트의 골재로도 쓰인다.

ⓒ 내화도가 낮고 세밀한 가공이 어려운 것이 단점이다.

㉡ 안산암

ⓐ 가공성이 좋고 내화성도 높은 무광택의 석재로 판석이나 비석 등으로 쓰인다.

ⓑ 휘석안산암, 각섬안산암, 석영안산암으로 나누어진다.

ⓒ 감람석
  ⓐ 크롬, 철광석으로 형성된 흑록색의 화성암. 석질이 치밀하다.
  ⓑ 변질로 인해 사문암, 활석, 각섬석 등의 2차 광물이 된다.
ⓔ 화산암
  ⓐ 화산지 표면에 유출된 마그마가 급냉각되어 응고된 다공질의 석재
  ⓑ 비중이 0.7~0.8 정도로 가볍고 경량골재나 내화재 등으로 쓰인다.
② 수성암
  암석의 조각, 물 속의 광물질, 동식물의 유해 등이 침전되어 형성된 석재
  ㉠ 사암
    ⓐ 모래입자가 교착제와 같이 압력을 받다가 경화된 것
    ⓑ 경질사암은 외벽재, 경구조재로, 연질사암은 내장재로 쓰인다.
  ㉡ 점판암
    ⓐ 점토분이 지열, 지압으로 변질, 응고되어 형성된 석재
    ⓑ 석질이 치밀하고 판재로 만들 수 있어 지붕, 외벽, 숫돌, 비석으로 사용된다.
  ㉢ 응회암 : 마그마가 쌓여 응고된 것. 다공질이고 내화도가 높은 석재. 경량골재, 내화재
  ㉣ 석회석 : 시멘트, 석회의 주원료
③ 변성암 : 화성암이나 수성암이 강한 압력과 높은 열에 의하여 변질된 암석
  ㉠ 대리석
    ⓐ 석회암이 변화되어 결정화된 암석. 견고하나 열과 산에는 약하다.
    ⓑ 색채와 반점이 수려하며 갈면 고운 광택이 난다. 실내장식재, 조각재로 사용
  ㉡ 트래버틴 : 대리석의 일종. 다공질이고 황갈색. 석질이 불균일하며 특수 장식재로 사용
  ㉢ 사문암
    ⓐ 감람석 또는 섬록암이 변질된 것으로, 색조는 암녹색 바탕에 흑백색의 아름다운 무늬가 있다.
    ⓑ 경질이나 풍화성이 있어 외벽보다는 실내장식용으로 사용된다.

2 석재의 가공 및 성질

(1) 가공(손다듬기)

공정	개요	공구·재료
혹두기	돌 표면의 거친 돌출부를 대강 다듬는 작업	쇠메, 망치
정다듬	표면을 정으로 쪼아 평평하게 다듬는 작업	정
도드락다듬	정다듬한 표면을 더 매끈하게 다듬는 작업 바닥면의 미끄럼 방지 및 내외벽 마감용으로 쓰인다.	도드락망치
잔다듬	표면을 평행방향으로 세밀하게 깎아 다듬는 작업	양날망치
물갈기	물을 뿌리고 수공구 또는 기계를 이용하여 표면광택을 내는 작업	숫돌, 모래, 금강사

 손다듬기 순서

혹두기 → 정다듬 → 도드락다듬 → 잔다듬 → 물갈기

(2) 성질

① 물리적 성질
  ㉠ 석재의 비중은 기건 상태를 표준으로 한다.
  ㉡ 압축강도는 비중이 클수록 좋다.
  ㉢ 인장강도는 압축강도의 5~10%에 불과하다.

석재	평균압축강도(kg/cm^2)	비중	흡수율(%)
화강암	1450~2000	2.62~2.7	0.3~0.5
안산암	1050~1150	2.53~2.58	1.8~3.2
응회암	90~370	2~2.4	13.5~18.2
사 암	360	2.5	13.2
대리석	1000~1800	2.7~2.72	0.1~0.12
슬레이트	1890	2.74	0.24

② 내화성
  ㉠ 석재의 고온파괴 및 강도저하 현상의 원인

ⓐ 석재구성 조암광물의 열팽창계수의 차이
ⓑ 조암광물 중 용융점이 낮은 부분이 녹아서 전체가 붕괴
ⓒ 열전도율이 작아서 열에 대한 응력 발생
ⓒ 안산암, 응회암 및 사암은 1000℃ 이하에서는 압축강도의 저하가 작으며 오히려 어느 정도까지 상승하기도 한다.
ⓒ 화강암은 석영분이 570℃ 정도가 되면 팽창으로 인해 붕괴되므로 600℃ 정도에서 강도가 급격히 저하된다.
ⓔ 석회암, 대리석 등은 600℃ 이상이 되면 완전히 생석회로 변화된다.

(3) 석재 제품

① 암면
  ㉠ 안산암, 사문암을 고열로 녹여 작은 구멍으로 분출 – 솜모양
  ㉡ 흡음, 단열, 보온성이 우수하여 단열재, 음향 흡음재로 쓰인다.

② 질석
  ㉠ 운모계 광석을 800~1000℃로 가열 팽창시켜 다공질 경석으로 만든 것.
  ㉡ 비중이 0.2~0.4로 경량이며, 단열, 흡음, 보온, 내화성이 우수하다.
  ㉢ 단열재·내화재·흡음재 및 경량골재로 사용된다.

③ 펄라이트
  ㉠ 진주암, 흑요석을 분쇄 후 가열 팽창시켜 제조함
  ㉡ 비중은 0.2 정도이며 공극률이 90%. 단열재 및 흡음재의 원재료

④ 인조석 및 테라초
  ㉠ 화강암·대리석 등의 쇄석을 종석으로 하여 백색포틀랜드 시멘트에 광물질 안료를 넣고 물로 혼합·반죽하여 경화 후 물갈기·잔다듬·씻어내기 등으로 마무리 한 일종의 모조석이다.
  ㉡ 화강암을 종석으로 한 것은 인조석으로 총칭하며, 바닥 및 내외벽의 마감재·치장재로 사용된다.
  ㉢ 대리석을 종석으로 한 것을 테라초(인조대리석)이라 하며, 첨가재료에 따라 시멘트계·수지계·유리계로 나뉜다.
  ㉣ 테라초는 천연대리석보다 내오염성이 우수하고 산·유기용제에 강하며 유지 및 보수가 용이하여 실내장식재·바닥마감재·싱크대·세면대 등으로 널리 사용되고 있다.

제4장 점토재료

실내건축기능사

1 개요

천연암석이 오랜 시간 동안 풍화 및 분쇄로 인하여 발생한 세립자로서 물에 녹으면 가소성이 생기고 건조하면 굳어지며 가열소성하면 강도가 증가하는 재료이다.

(1) 점토의 일반적 성질

① 주성분 : 규산, 산화알루미늄
② 비중 : 2.5~2.6(불순물이 많으면 비중이 작아진다)
③ 강도 : 인장강도 3~10kg/cm^2, 압축강도는 인장강도의 5배 정도
④ 색상 : 산화철의 함유량에 따라 적색, 석회의 함유량에 따라 황색을 띤다.

(2) 점토의 생성

① 잔류점토(1차 점토) : 원석의 자리에 쌓여 있는 점토
② 침적점토(2차 점토) : 바람, 물 등에 의해 옮겨져 침적된 점토

(3) 포수율과 가소성

① 포수율 : 점토입자가 물을 함유하는 능력. 작은 것은 7~10%, 큰 것은 40~50%
② 가소성 : 함수율 40~45%에서 가소성은 최대이며, 30% 이하 시 제품의 강도, 경도 증가

❷ 점토제품

(1) 분류

	토기	도기	석기	자기
소성온도	790~1000℃	1100~1230℃	1160~1350℃	1230~1460℃
흡수율	20%	10%	3~10%	0~1%
제품	기와, 벽돌, 토관	타일, 위생도기	경질기와, 도관 바닥용 타일	자기질 타일

(2) 제품

① 벽돌

㉠ 보통벽돌

ⓐ 표준 벽돌의 치수 : 190×90×57mm(재래식 기본형 : 210×100×60)

ⓑ 1종 점토벽돌 : 압축강도 24.50N/mm² 이상, 흡수율 10% 이하

ⓒ 2종 점토벽돌 : 압축강도 14.79N/mm² 이상, 흡수율 15% 이하

㉡ 특수벽돌

명칭	개요
이형벽돌	아치, 쌤돌 등의 특정형태로 제작한 벽돌. 보통벽돌을 마름질한 것도 포함한다.
중공벽돌	벽돌에 구멍을 뚫은 것으로 단열·방음벽 또는 경량칸막이벽 등에 쓰인다.
다공질 벽돌	톱밥이나 겨를 혼합하여 소성한 것으로 연소 후 공극이 생겨 가벼워진다. 비중이 낮고 무게가 가벼워 가공이 용이해지며 보온과 흡음성이 있어 방음 및 단열용으로 사용된다.
포도벽돌	도로나 바닥용으로 제조한 두꺼운 벽돌. 연화토나 도토를 사용하며 경질이고 흡수성이 작으며 내마모성과 내구성이 크다. 제조 시 색소를 넣기도 한다.
내화벽돌	내화점토로 만든 황백색 제품으로 SK26 이상의 내화도를 가진 것이다. 벽난로, 사우나, 굴뚝 등에 쓰인다(규격 : 230×114×65mm).
과소품벽돌	아주 높은 온도로 소성하여 견고하고 두드리면 청음이 나는 벽돌. 흡수율은 낮으나 형상이 다소 불규칙하여 구조용으로는 부적당하다. 주로 장식용이나 기초 조적재 등으로 쓰인다.
오지벽돌	오짓물(salt glaze)을 칠해 구운 치장벽돌로 표면이 매끄럽고 깨끗하다.

② 기와
  ㉠ 지붕재료로 쓰이며 유약의 종류에 따라 기와의 색이 달라진다.
  ㉡ 한식 기와, 일식 기와, 양식 기와 등으로 나누어진다. 한식형(한식 기와), 오금형(일식 기와), S형(양식 기와)
③ 타일
  ㉠ 성형법
    ⓐ 건식 공법(press) : 제조 능률이 좋고 치수도 정확한 제품, 단순형태에 좋다.
    ⓑ 습식 공법(압출) : 복잡한 형태의 제품에 좋은 방법
  ㉡ 종류

정방형 타일	일반 벽, 바닥용 백색 및 유색 타일. 도기질 타일은 사용 시 잔금이 생기므로 바닥용 타일의 경우 강도를 고려해야 한다.
스크레치 타일	규격 60×210의 크기. 벽돌의 길이방향과 같다. 표면이 긁힌 모양으로 외장용으로 사용하며 습식제법으로 제조된다. 토기질 혹은 조도기질로서 먼지가 끼는 것이 결점
모자이크 타일	소형 타일로 바닥용으로 많이 쓰인다. 다양한 색을 사용해서 아름다운 무늬를 만들어낸다.
클링커 타일	고온에서 충분히 소성한 석기질 타일 표면에 요철무늬를 만들 수 있으며 바닥, 옥상 등에 사용한다.

④ 테라코타
  ㉠ 속을 비게 하여 소성한 제품으로서 버팀벽, 기둥주두, 돌림띠 등에 사용한다.
  ㉡ 점토 제품 중 미적인 제품이고 색도 석재보다 다채롭다.
  ㉢ 화강암보다 내화도가 높고 대리석보다 풍화에 강해서 외장으로 많이 쓰인다.
  ㉣ 석재에 비해 가볍고 압축강도는 화강암의 절반 정도이다.
⑤ 위생도기
  ㉠ 세면기, 욕조, 좌변기 등의 위생 설비에 쓰이는 도기
  ㉡ 소성 시 변형이 없어야 하며 내화학성, 내수성이 좋은 제품이다.

제5장 시멘트

실내건축기능사

1 분류

(1) 포틀랜드 시멘트

보통 포틀랜드 시멘트 (KS 1종)	• 일반적으로 가장 많이 쓰이는 표준 시멘트 • 재령 4주 압축강도를 기준강도로 한다.
중용열 포틀랜드 시멘트 (KS 2종)	• C_3S와 C_3A를 적게 하여 수화열을 낮추고 안정성을 높인 시멘트 • 화학저항성 및 내구성이 좋으며 방사선 차단 효과가 있다. • 댐 축조, 콘크리트 포장, 매스콘크리트, 원자로 차폐용으로 쓰인다.
조강 포틀랜드 시멘트 (KS 3종)	• 분말도가 커서 수화열이 많이 발생하여 경화가 빠르다. • 조기강도가 높다(1주 경화=보통시멘트 4주 압축강도). • 공기를 단축시킬 수 있어 긴급공사, 수중공사, 동기공사 등에 쓰인다.
저열 포틀랜드 시멘트 (KS 4종)	• C_2S의 함량이 2종보다 높고, C_3A와 C_3S를 줄여 수화열을 더 낮춘 시멘트 • 용도는 대규모 매스콘크리트 등 2종 시멘트와 유사하게 쓰인다.
내황산염 포틀랜드 시멘트 (KS 5종)	• 내황산염 저항성이 큰 C_4AF를 증가시킨 시멘트 • 온천공사, 해양구조물, 폐수처리장, 하수공사 구조물에 쓰인다.
백색 포틀랜드 시멘트	• 산화철을 가능한 한 포함하지 않게 하여 흰색을 띠도록 만든 시멘트 • 내마모성이 우수하고 박리·침식에 강하여 수중에서도 경화한다. • 안료에 의한 착색이 가능해 도장, 치장, 인조대리석 등에 쓰인다.

(2) 혼합 시멘트

고로 시멘트	• 고로슬래그와 소량의 석고를 혼합한 시멘트로 초기강도는 낮고 장기강도가 크다. • 팽창과 균열이 없고 화학저항성이 높아 해수 및 폐수에 접하는 곳에 쓰인다. • 수화열은 작으나 건조수축이 다소 큰 편이므로 시공에 유의해야 한다. ※ 고로슬래그 : 선철 제조 시 고로 부산물을 급랭 후 잘게 부순 것

2. 건축재료

플라이애시 시멘트	• 미분탄을 연소하는 보일러 연도 가스에서 채취한 석탄재를 넣은 시멘트 • 워커빌리티가 향상되고 수밀성이 좋으며 수화열 및 건조수축도 낮다. • 화학저항성이 크며, 초기강도는 낮고 장기강도가 높다. • 일반 건축 및 토목공사에 널리 쓰이고 매스콘크리트에 유용하다.
포졸란 시멘트 **(실리카 시멘트)**	• 포졸란(화산재, 규산백토 등의 실리카질 혼화재)을 첨가한 시멘트 • 혼화재료 자체의 수경성은 없지만 물과 수산화칼슘의 화학반응으로 경화한다. • 보통포틀랜드 시멘트보다 초기강도는 조금 낮고 장기강도는 약간 크다. • 시멘트 성질이 개선되어 수밀성과 내구성이 좋고 화학저항성도 크다. • 구조용 재료 또는 미장모르타르로 널리 쓰이며 화학공장, 해수 공사에도 쓰인다.

> **Point 혼화재료의 구분**
> • 혼화재(混和材) : 사용량이 시멘트 중량의 5% 정도 혼합되며 재료 용적을 배합비 계산에 포함시킨다. 플라이애시, 고로슬래그, 포졸란 등이 해당된다.
> • 혼화제(混和劑) : 사용량이 시멘트 중량 1% 미만인 약품 성질의 혼합재료. AE제, 감수제, 유동화제, 방청제 등이 해당된다.

(3) 특수시멘트

알루미나 시멘트	• 보크사이트와 석회석 등 알루미나 성분이 많은 재료를 원료로 한 시멘트 • 재령 1일 만에 보통 포틀랜드 시멘트 4주 강도를 얻을 수 있다. • 화학 저항성이 크고 내화성이 높아서 해안공사나 내화물용으로 쓰인다. • 발열량이 커서 한랭지 공사에도 쓰이며 비교적 고가인 제품이다.
팽창 시멘트	• 칼슘 클링커에 광재 및 포틀랜드 클링커의 혼합물을 넣어 만든 시멘트 • 굳을 때 조금 팽창하여 시멘트의 균열을 방지하는 효과가 있다. • 저수탱크, 지하벽 방수용, 이음 없는 포장판 등에 쓰인다.
폴리머(레진) 시멘트	• 폴리머를 결합재로 사용한 콘크리트로 압축강도가 높고, 방수성과 수밀성이 좋다. • 산과 알칼리, 염류에 강하고 내충격성, 전기절연성, 내마모성이 우수하다. • 경화속도 제어가 가능하고 조기강도 발현이 커서 동절기 공사에도 적합하다. • 바닥 포장에 적합하고 외관이 좋으며 보도블록, 상하수도관으로 많이 사용된다. • 경화제나 경화촉진제를 첨가해야 하며 PC강봉·유리섬유 등을 보강재로 쓴다.

❷ 시멘트의 제조와 성분

(1) 제조
① 공정 : 원료배합→소성→분해
② 원료배합 : 건식법, 습식법, 반습식법
③ 소성 : 1400~1500℃에서 소성하여 작은 클링커로 만든다.
④ 분쇄 : 클링커에 3% 이하의 석고를 첨가해서 미세하게 분쇄한다.

(2) 성분
실리카(21~22.5%), 석회(63~66%), 알루미나(4.5~6%)의 3가지 주요 성분 외에 산화철, 마그네시아, 아황산 등을 포함하고 있다.

화합물	수화 속도	수화열	화학 저항	건조 수축	특징
규산3석회 (C_3S)	빠름	높다	보통	중간	28일 이전의 조기강도에 기여하는 성분으로 조강 포틀랜드 시멘트에 많이 포함된다. 수화열이 크며 경화속도가 빠르다.
규산2석회 (C_2S)	느림	낮다	크다	작다	28일 이후의 장기강도에 기여하는 성분으로 중용열 포틀랜드 시멘트에 많이 포함된다.
알루민산 3석회 (C_3A)	매우 빠름	매우 높다	작다	크다	1일에서 1주 이내 수화에 영향을 주고 높은 수화열이 발생하며 응결이 빠르므로 석고로 조절한다. 시멘트 내에서 황산염과 반하여 체적변화를 일으키므로 사용에 주의해야 한다.
알루민산철 4석회 (C_4AF)	조금 빠름	중간	보통	작다	산화철을 포함하여 콘크리트의 색에 영향을 주며 황산염에 대한 저항력이 뛰어나다.

> **Point** 화학식의 약호
> C=CaO, S=SiO_2, A=Al_2O_3, F=Fe_2O_3 예) $C_3S=3CaO \cdot SiO_2$

(3) 주요 성질
① 수화작용 : 시멘트 구성 화합물이 물과 반응하여 새로운 화합물로 변화하는 작용
　㉠ 응결 : 점성이 증대되면서 유동성이 상실되는 과정. 가수 후 1~10시간 동안 응결이

진행된다(온도 20℃, 습도 80%가 최적).
   ⓒ 경화 : 응결이 끝난 후 강도가 증대되는 과정
   ⓒ 수화열 : 수화작용 시 발생하는 열로서 응결, 경화를 촉진시키나 균열의 원인이 되기도 하며 분말도가 클수록 높다.
② 비중 및 단위용적중량
   ㉠ 비중 : 포틀랜드 시멘트 비중은 KS 기준 3.05 이상이며 콘크리트의 배합 및 중량계산에 적용된다.
   ㉡ 단위용적중량 : 비중이나 분말도에 따라 다르지만 대체로 1300~2000kg/m^3이며 1500kg/m^3을 표준으로 한다.
③ 분말도
   ㉠ 분말도가 높다는 것은 분말의 굵기가 가늘다는 것이다.
   ㉡ 분말도가 높으면 응결이 빠르고 조기강도가 높아진다. 또한 시공연도가 좋고 시공 후의 투수성도 낮아진다. 그러나 콘크리트 응결 시 초기 균열이 발생하며 저장 시 풍화작용도 일어나기 쉽다.
④ 응결 및 경화 요인
   ㉠ 석고량이 많아지면 응결이 늦어지고 풍화된 시멘트 역시 응결속도는 느려진다.
   ㉡ 물시멘트비가 크면 응결이 지연되며 온도가 높을수록, 알칼리가 많을수록 빨라진다.
⑤ 저장 : 시멘트는 풍화되기 쉬우므로 저장에 주의를 요한다.
   ㉠ 보관소는 방습이 되어야 하며 종류별로 구분하여 저장한다.
   ㉡ 시멘트 포대는 지면에서 30cm 이상 띄어 보관하며 개구부를 줄여 통풍을 억제한다.
   ㉢ 13포대 이하로 쌓고 장기 보관 시에는 7포대 이하로 쌓는다.
   ㉣ 3개월 이상 저장된 시멘트는 시험을 거쳐 사용하며 조금이라도 굳으면 사용을 금한다.
   ㉤ 사용할 때는 반드시 먼저 반입된 시멘트부터 사용한다.

제6장 콘크리트

실내건축기능사

❶ 개요

(1) 구성 요소

① 콘크리트 : 시멘트 + 물 + 모래(잔골재) + 자갈(굵은 골재)
② 시멘트 페이스트 : 시멘트 + 물
③ 시멘트 모르타르 : 시멘트 페이스트 + 모래

(2) 장·단점

장 점	단 점
• 압축강도가 크다. • 강재와의 접착력이 좋고 방청성이 크다. • 내화, 내수, 내구적이다. • 자유로운 형태로 제작할 수 있다.	• 자중이 크고 인장강도가 작다. • 경화 시 수축에 의한 균열발생이 우려된다. • 보수 및 제거가 곤란하다.

❷ 골재와 용수

(1) 골재

① 분류
  ㉠ 잔골재 : 5mm체(No.4)를 85% 이상 통과하는 것(모래)
  ㉡ 굵은 골재 : 5mm체(No.4)에 85% 이상 잔류하는 것(자갈)
  ㉢ 천연골재 : 강, 바다, 산에서 채취한 모래 및 자갈
  ㉣ 인공골재 : 깬자갈 및 슬래그 깬자갈 등
② 강도 및 품질
  ㉠ 골재의 강도는 시멘트풀이 경화된 때의 최대강도보다 높아야 한다.
  ㉡ 콘크리트 압축강도 이상의 강도를 가진 화강암과 안산암을 쓰는 것이 좋다.

ⓒ 골재의 형태는 표면이 거칠고 구형에 가까운 것이 좋고 진흙이나 불순물이 포함되지 않도록 한다.

ⓓ 적당한 비율로 모래와 자갈이 혼합되어야 한다.

ⓔ 쇄석을 사용하면 접착력은 좋으나 공극률이 많고 연도가 저하된다.

ⓕ 운모(돌비늘)가 함유되면 강도 저하 및 풍화가 생기기 쉽다.

③ 함수상태

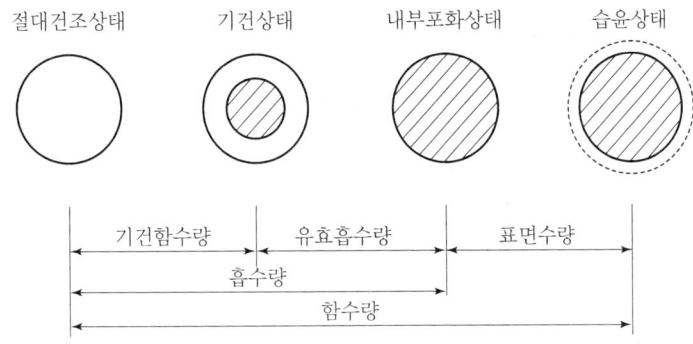

㉠ 절건상태는 105±5℃의 온도에서 중량변화가 없을 때까지 골재를 건조시킨 것이다.

㉡ 기건상태는 실내에 방치한 골재의 표면과 내부공극 일부가 건조한 상태를 뜻한다.

㉢ 골재 표면에는 물이 없으나 내부공극은 물로 완전히 채워진 상태를 내부포수상태 또는 표면건조상태라 한다.

㉣ 내부공극도 모두 물로 채워지고 표면도 흥건히 젖어 있는 상태를 습윤상태라 한다.

㉤ 각종 비율의 계산

흡수율	유효 흡수율	표면수율
$\dfrac{흡수량}{절건상태\ 중량} \times 100(\%)$	$\dfrac{유효흡수량}{절건상태\ 중량} \times 100(\%)$	$\dfrac{표면수량}{표건상태\ 중량} \times 100(\%)$

> **Point**
>
> ※ 자갈 시료의 표면수를 포함한 중량이 2100g이고 표면건조 내부포화상태의 중량이 2,090g 이며 절대건조상태의 중량이 2,070g이라면 흡수율과 표면수율은 약 몇 %인가?
> ① 흡수율 0.48%, 표면수율 0.48%   ② 흡수율 0.48%, 표면수율 1.45%
> ③ 흡수율 0.97%, 표면수율 0.48%   ④ 흡수율 0.97%, 표면수율 1.45%
> [풀이] 답 : ③
>
> $$흡수율 = \frac{표건상태중량 - 절건상태중량}{절건상태중량} \times 100\%$$
> $$= \frac{2090g - 2070g}{2070g} \times 100\% = 약\ 0.97\%$$
>
> $$표면수율 = \frac{습윤상태중량 - 표건상태중량}{표건상태중량} \times 100\%$$
> $$= \frac{2100g - 2090g}{2090g} \times 100\% = 약\ 0.48\%$$

④ 비중
  ㉠ 공극을 포함하지 않는 골재 원석만의 비중을 진비중이라 한다.
  ㉡ 절대건조 비중＝절건상태 골재중량÷표건상태 골재용적
  ㉢ 표면건조 비중＝표건상태 골재중량÷표건상태 골재용적
  ㉣ 표건상태의 잔골재 비중은 2.50~2.65, 굵은 골재는 2.55~2.70 정도 범위에 있다.

⑤ 실적률과 공극률
  ㉠ 실적률 : 전체 부피 중 골재 입자가 차지하는 실제 용적의 백분율
  ㉡ 공극률 : 전체 부피 중 공극 부분이 차지하는 백분율
  ㉢ 실적률 + 공극률＝100%
  ㉣ 잔골재와 굵은 골재의 공극률은 각각 30~40% 정도이며 적당히 혼합하면 20% 정도로 공극률이 감소하고 단위 용적당 무게가 커진다.

⑥ 입도 및 조립률
  ㉠ 입도 : 모래와 자갈의 혼합비율로서 콘크리트의 유동성, 강도, 경제성과 관계가 있다.
  ㉡ 조립률(FM : Fineness modulus)
    ⓐ 골재의 입도를 정수로 표시한 것이다.
    ⓑ 표준망 체에 걸리는 양의 누계 중량 백분율을 합하여 1/100로 한 것이다. (가는 모래 2 이하, 보통 모래 2~3, 굵은 모래 3~5, 자갈 6~8)

2. 건축재료

> **Point**
>
> 모래의 체가름 시험 결과표에서 조립률(FM)과 모래의 판정이 맞는 것은?
>
> | 체크기(mm) | 5 | 2.5 | 1.2 | 0.6 | 0.3 | 0.15 |
> |---|---|---|---|---|---|---|
> | 누가잔류율(%) | 5 | 15 | 30 | 55 | 80 | 95 |
> | 통과율(%) | 95 | 85 | 70 | 45 | 20 | 5 |
>
> ① 2.80, 굵은 모래 ② 2.80, 보통 모래 ③ 3.20, 굵은 모래 ④ 3.20, 보통 모래
>
> [풀이] 누가잔류율을 모두 더한 후 100으로 나눈다.
>   (5+15+30+55+80+95)÷100＝2.8
> ∴ 답 : ② 2.80, 보통모래

(2) 용수

콘크리트는 시멘트와 물의 화학반응에 의해 경화되므로 수질이 콘크리트 강도, 내구력에 미치는 영향이 크다.

① 약알칼리성은 해가 없으나 산은 약산이어도 지장을 준다.
② 염분은 철근 방청상 모래 절건재 중량의 0.01% 이하의 함유량이 요구된다.
③ 당분이 시멘트 중량의 0.1~0.2% 함유 시 응결이 늦고 그 이상 시 강도가 저하된다.

3 배합

(1) 배합설계와 배합비

① 일반사항
  ㉠ 배합설계는 소요강도, 내구성, 수밀성, 워커빌리티 등을 경제적으로 얻을 수 있도록 시멘트, 잔골재, 굵은 골재 및 혼화재료의 비율을 정하고 배합강도, 슬럼프, 단위수량, 물시멘트비, 굵은 골재의 최대 치수를 결정하는 것이다.
  ㉡ 배합설계 요구사항
    ⓐ 소요강도 및 내구성이 확보되어야 한다.
    ⓑ 재료분리를 일으키지 않으면서 시공에 적정한 유동성과 워커빌리티를 얻어야 한다.
    ⓒ 경제성이 있는 동시에 수밀성, 방수성, 내마모성을 확보해야 한다.
  ㉢ 배합의 종류
    ⓐ 계획배합 : 시방서 또는 책임자 지시에 의해 실시되는 배합. 시방배합이라고도

한다.
  ⓑ 현장배합 : 실제 현장의 골재 표면수, 흡수량 및 입도를 고려하여 계획배합을 현장상태에 맞게 보정하는 배합을 뜻한다.
  ⓒ 중량배합 : 콘크리트 $1m^3$ 배합에 소요되는 각 재료량을 중량(kg)으로 표시한 배합이다.
  ⓓ 용적배합 : 콘크리트 $1m^3$ 배합에 소요되는 각 재료량을 용적(m^3)으로 표시한 배합이며 다음과 같이 구분된다.
    • 절대용적배합 : 콘크리트 $1m^3$ 배합에 소요되는 각 재료량을 절대용적(l)으로 표시한 배합
    • 표준계량용적배합 : 콘크리트 $1m^3$ 배합에 소요되는 각 재료량을 표준계량용적으로 표시한 배합이며, 이 경우 시멘트 1500kg을 $1m^3$로 계산한다.
    • 현장계량용적배합 : 콘크리트 $1m^3$ 배합에 소요되는 각 재료 중 시멘트는 포대, 골재는 현장계량용적(m^3)으로 표시한 배합이다.
    시멘트 : 모래 : 자갈은 1 : 2 : 4 또는 1 : 3 : 6으로 한다.
② 물시멘트비
  ㉠ 에이브람스(D.A. Abrams) 이론(1919)
    ⓐ 청정 골재를 사용한 플라스틱(plastic)한 콘크리트를 사용할 경우, 콘크리트의 강도는 물시멘트비에 의하여 지배된다고 하는 이론이다.
    ⓑ 물시멘트비(W/C)가 커지면 콘크리트 압축강도는 낮아진다.
  ㉡ 리세(I. Lyse) 이론(1932)
    ⓐ 콘크리트의 강도는 시멘트물비와 직선적 관계에 있다는 이론이다.
    ⓑ 시멘트물비(C/W)가 커지면 콘크리트 압축강도는 높아진다.

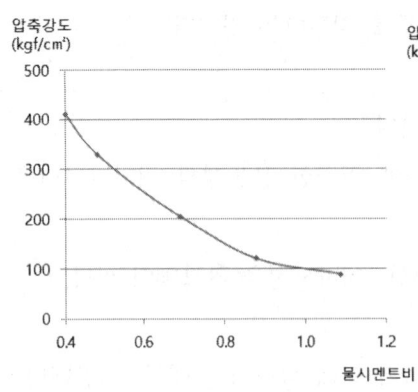
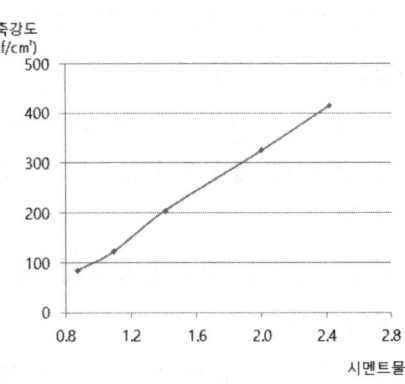

(2) 워커빌리티와 재료분리

① 워커빌리티(Workability)

㉠ 개요

ⓐ 반죽의 질기에 따른 작업의 난이 정도 및 재료 분리저항 정도를 나타내는 굳지 않은 콘크리트의 성질을 말한다. 시공연도라고도 한다.

ⓑ 너무 크거나 너무 작아도 문제가 되는 복잡한 지표이므로 용도나 타설하는 건축물 부위에 따라 적합한 워커빌리티를 얻어내는 것이 바람직하다.

ⓒ 가장 많이 쓰이는 측정방법은 슬럼프 시험이며 플로우 시험, 리몰딩 시험, 낙하 시험, 구관입 시험 등도 워커빌리티 측정에 쓰인다.

㉡ 슬럼프 시험 : 슬럼프 콘에 콘크리트를 3회로 나누어 다진 다음, 슬럼프 콘을 들어올려서 가라앉은 콘크리트 더미의 최상단 높이와 슬럼프 콘의 높이 차를 측정한다.

사용 장소	진동다짐일 경우	진동다짐이 아닐 경우
기초, 슬래브, 보(수평)	5~10cm	15~18cm
기둥, 벽(수직)	10~15cm	18~22cm

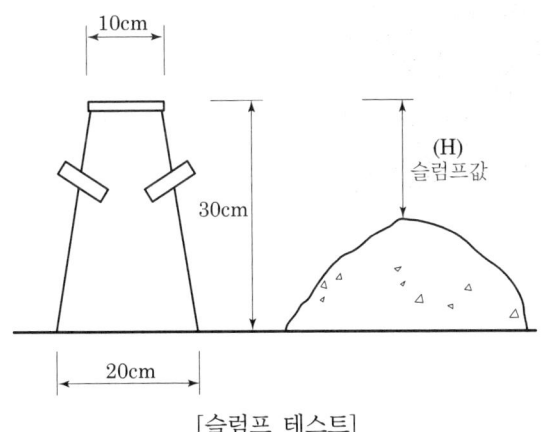

[슬럼프 테스트]

② 재료 분리 : 콘크리트 비비기, 운반, 다지기 도중 각각의 재료가 골고루 섞이지 않고 재료별로 집중되는 현상을 뜻한다.

㉠ 재료분리의 원인

ⓐ 자갈 최대치수가 지나치게 큰 경우

ⓑ 입자가 거친 잔골재를 사용한 경우
　　　ⓒ 단위수량 또는 단위골재량이 너무 많은 경우
　　　ⓓ 단위배합이 적절치 못한 경우
　　ⓛ 블리딩
　　　ⓐ 콘크리트 타설 후 무거운 골재가 침하하고 가벼운 물과 미세 물질이 상승되어 콘크리트 표면에 떠오르는 현상을 뜻한다.
　　　ⓑ 약간의 블리딩은 마감을 용이하게 하고 소성수축 저감과 다짐효과에 의한 강도 증진 등의 이점도 있지만, 지나칠 경우 콘크리트 상부를 다공질로 만들어 품질을 저하시키고 내부에 수로를 형성하여 수밀성과 내구성을 저하시킨다.
　　ⓒ 레이턴스
　　　ⓐ 블리딩 현상으로 인해 콘크리트 표면에 침적된 미립물에 의한 얇은 피막층을 뜻한다.
　　　ⓑ 철근과의 부착력 저하, 콘크리트 이음 타설 부분의 밀착성과 수밀성을 저하시키는 원인이 된다.

[블리딩에 의한 레이턴스]

4 강도와 성질

(1) 강도 및 영향 요소
① 콘크리트의 기본 강도 : 압축강도를 기준으로 인장강도 1/10~1/13, 휨강도 1/5~1/8, 전단강도 1/4~1/6 정도이다.
② 강도의 영향 요소
　㉠ 수량 : 물시멘트비가 커질수록 강도는 작아진다.

ⓛ 기본 재료의 품질 : 시멘트, 골재, 물과 같은 각 재료가 양질일수록 강도가 커진다.
ⓒ 공기량 : 물시멘트비가 일정한 콘크리트에서 공기량이 1% 증가하면 강도는 4~6% 감소한다.
② 시공법
   ⓐ 기계비빔이 손비빔보다 10~20% 정도 강도가 크다.
   ⓑ 비빔시간은 약 10분까지 비빌수록 증가하며 1분 이하로 비빌 경우 강도는 낮아진다.
   ⓒ 진동다짐기 사용은 된 반죽의 콘크리트에서 강도 증진을 기대할 수 있으며 묽은 반죽의 콘크리트에서는 효과가 작거나 오히려 나빠질 수 있다.

③ 보양 및 재령
   ㉠ 보양 : 콘크리트 타설 후 보호하는 것
      ⓐ 온도가 높을수록 수화반응이 빠르고 강도가 빨리 나타난다.
      ⓑ 수화작용에 필요한 수분을 충분히 주면 강도는 증진된다.
      ⓒ 일정기간 동안 저온(5℃ 이하)으로 되지 않도록 덮어주고 물을 자주 뿌려준다.
   ㉡ 재령 : 온도 20℃, 습도 80% 이상으로 보양된 콘크리트는 4주 이상 경과하면 충분한 압축강도를 가지게 되며 재령에 따라 오랜 기간 동안 강도는 증가된다.

(2) 콘크리트의 성질

① 탄성(elasticity)
   ㉠ 응력이 작을 때는 변형률과 비례한다.
   ㉡ 응력이 커지면 변형이 더욱 커져서 결국은 응력의 증가보다 급격히 증가하고 파괴에 이르게 된다.

② 체적 변화(cubical change)
   ㉠ 건조수축
      ⓐ 단위수량이 많을수록, 동일 물시멘트비에서는 단위시멘트량이 많을수록 증가한다.
      ⓑ 온도는 높을수록, 습도는 낮을수록 증가한다.
      ⓒ 골재가 경질이고 탄성계수가 클수록 건조수축은 감소한다.
      ⓓ 콘크리트 부재치수가 클수록 건조가 진행되지 않으므로 건조수축은 감소한다.
      ⓔ 골재 중 포함된 미립분, 점토, 실트가 많을수록 건조수축은 증가한다.
      ⓕ 공기량이 많으면 공극으로 인해 건조수축은 증가한다.
      ⓖ 습윤양생기간은 건조수축과 직접적 연관이 적다.
   ㉡ 온도 변화

ⓐ 온도 변화에 의한 콘크리트의 체적 변화는 골재의 종류에 영향을 받는다.
ⓑ 골재가 석영일 때 체적 변화가 가장 크고 사암, 화강암, 현무암, 석회석 순으로 작아진다.

③ 내화성(refractoriness)
㉠ 콘크리트는 구조재료 중 내화성이 우수한 편이지만 고온에서는 내구성이 나빠진다.
㉡ 260℃ 이상이면 강도가 저하되고, 300~350℃ 이상이면 저하 현상이 현저해지며, 500℃ 이상이면 구조체로 사용할 수 없게 된다.

④ 수밀성(water tightness)
㉠ 기본적으로 물에 접한 콘크리트는 물을 흡수하며 압력수는 투수시킨다.
㉡ 콘크리트의 수밀성은 골재 최대 치수가 작을수록, 물시멘트비가 작을수록(55% 이하), 다짐이 충분할수록 커진다.

⑤ 중성화(neutralization)
㉠ 공기 중의 탄산가스에 의해 콘크리트의 수산화칼슘은 탄산칼슘으로 변화하여 알칼리성을 잃어가며 다음과 같은 화학반응을 일으킨다. 이러한 현상을 중성화라 한다.
$Ca(OH)_2 + CO_2 \rightarrow CaCO_3 + H_2O \uparrow$
㉡ 중성화가 진행되어도 콘크리트의 강도나 기타 성질은 큰 변화가 없으나 물 또는 공기가 침투하여 철근은 녹이 슬고 팽창하여 콘크리트가 파괴된다.
㉢ 중성화 속도는 물시멘트비가 작을수록 느리고 혼합시멘트를 사용할수록 빨라진다.
㉣ 온도변화와 건습차가 심한 곳에서는 흡수된 수분의 동결융해가 반복되어 콘크리트를 풍화시켜 중성화를 진행시키기도 한다.
㉤ 해수에 노출된 콘크리트는 해수에 포함된 황산염의 화학작용에 의해 콘크리트가 침식되고 철근을 부식시킨다. 이에 대비하려면 가능한 한 피복 두께를 증가시키고 내식성이 큰 재료로 콘크리트 표면에 보호피막을 만들어야 한다.

❺ 특수 콘크리트

(1) 경량 콘크리트 및 중량 콘크리트

① 경량 콘크리트
㉠ 개요 및 용도
ⓐ 설계기준강도 240kgf/cm² 이하, 기건 비중 1.4~2.0t/m³의 범위인 것으로 중량

경감을 목적으로 만든 콘크리트를 뜻한다.
        ⓑ 열 차단, 방음 및 흡음을 목적으로 한 곳에서 주로 사용된다.
      ㉡ 제조
        ⓐ 다공질의 경량골재를 사용하거나 발포제를 넣어 기포를 형성시켜 만든다.
        ⓑ 골재 사이 공극 형성을 위해 잔골재 사용을 제한해서 만들기도 한다.
      ㉢ A.L.C(autoclaved light weight concrete)
        ⓐ 실리카분이 풍부한 모래와 생석회를 주원료로 하여 발포·팽창시켜 제조한 성형품이다.
        ⓑ 주로 단열 및 방음재로 쓰이며 소규모 주택의 재료로도 많이 활용된다.
        ⓒ 다공질이므로 습기에 취약하고 강도가 낮은 편이다.
  ② 중량 콘크리트
    ㉠ 무거운 골재를 사용하여 비중을 크게 하고 치밀하게 만든 콘크리트를 말한다.
    ㉡ 기건 비중 $2.6t/m^3$ 이상인 것으로 중정석·자철광·적철광·인철 등이 골재로 사용된다.
    ㉢ 방사선 차폐를 주목적으로 만들어져서 차폐 콘크리트라고도 한다.

(2) 한중·서중 콘크리트

① 한중 콘크리트
  ㉠ 콘크리트 타설 후 4주까지의 일평균기온이 4℃ 이하인 곳에서 사용되는 콘크리트이다.
  ㉡ 물시멘트비는 60% 이하로 하고 단위수량은 가능한 한 적게 한다.
  ㉢ AE제 등을 사용하여 감수에 의한 워커빌리티의 저하를 방지한다.
② 서중 콘크리트
  ㉠ 일평균기온이 25℃ 이상인 곳에서 사용하는 콘크리트이다.
  ㉡ 높은 기온으로 인해 수분의 증발 및 슬럼프 저하에 대한 조치가 필요하다.
  ㉢ 골재와 물은 가능한 한 낮은 온도의 상태로 사용하고 가급적 단위수량 및 시멘트량을 적게 한다.

(3) AE 콘크리트

① 개요
  ㉠ AE(air entrained)제를 사용하여 공기를 연행한 다공질 콘크리트이다.
  ㉡ AE제에 의한 공기는 연행공기(entrained air)라 하며 AE제를 쓰지 않아도 콘크리

트 내부에 생기는 공기를 갇힌 공기(entrapped air)라 한다.
ⓒ 보통 콘크리트 속에는 갇힌 공기가 1~2% 정도 내포되므로 AE 콘크리트의 공기량은 연행공기와 갇힌 공기량의 합계를 뜻한다.
ⓔ AE제 사용량은 AE 공기량이 콘크리트 용적의 3~6% 내외가 되도록 한다.

② 특징
㉠ 연행공기가 볼베어링 역할을 하여 시공연도가 좋아지고 블리딩이 감소한다.
㉡ 단위수량을 감소시킬 수 있고 시공한 표면이 평활하게 된다.
㉢ 동결, 융해, 건습 등에 의한 용적변화가 작아 내구성이 증진된다.
㉣ 압축강도와 부착강도가 저하되고 마감 모르타르나 타일 부착력이 저하된다.

(4) 프리스트레스트 콘크리트

① 개요 및 특징
㉠ 철근 대신 고강도 PC강재를 사용하여 인장강도를 증가시키고 특수 시공에 의해 프리스트레스를 콘크리트에 가하는 것이다.
㉡ 콘크리트의 인장응력 발생부위에 미리 압축력을 주어 콘크리트의 휨 저항을 증대시킨다.
㉢ 내구성이 커지며 균열이 방지되고 보 춤이 같은 경우 휨이 1/3 정도로 긴 스팬에 유리하여 넓은 공간의 건축물이나 고층건축물에 사용된다.
㉣ 제작이 까다롭고 콘크리트를 양질 제품으로 사용해야 하며 비용이 많이 든다.
㉤ 부재의 두께가 얇아지므로 진동에는 다소 취약해진다.

② 공법별 분류
㉠ 프리텐션 공법
ⓐ 먼저 PC강재를 인장시켜 설치한 후 콘크리트를 타설하여 경화가 된 후에 인장력을 제거하여 콘크리트에 압축 프리스트레스를 받게 한다.
ⓑ 소규모 건축부품(벽판, 디딤판), T slab 등을 만들 때 사용한다.
㉡ 포스트텐션 공법
ⓐ 콘크리트 타설 전에 관을 집어넣고 경화 후에 관 속으로 PC 강재를 집어넣어 한쪽 끝을 정착하고 다른 쪽을 유압, 잭 등을 써서 긴장시켜 압축력이 주어지면 나사 등으로 정착시키거나 모르타르를 주입하는 방법으로 시공한다.
ⓑ 큰보, 교량, 터널 등 주로 대규모 구조물에 사용한다.

(5) 레디믹스트 콘크리트

① 개요
  ㉠ 콘크리트 제조 공장에서 주문자의 요구 품질 및 수량에 맞게 배합하여 특수 운반자동차로 현장까지 배달 공급하는 것으로, 현장에서는 레미콘이라 줄여 부른다.
  ㉡ 현장이 협소한 경우에 유용하며, 품질이 균일하고 우수한 콘크리트를 사용할 수 있다.
  ㉢ 운반 중의 재료분리, 시간경과에 따른 강도저하를 방지해야 한다.
  ㉣ 현장에 도착하여 바로 타설할 수 있도록 현장 준비 및 이동 간 긴밀한 연락이 필요하다.

② 운반방식
  ㉠ 센트럴 믹스 : 10분 내 단거리 운송방식. 현장이 가까우므로 교반이 거의 완료된 콘크리트를 트럭믹서에 넣고 운반한다.
  ㉡ 슈링크 믹스 : 20~30분 거리의 운송방식. 어느 정도 교반이 된 콘크리트를 트럭믹서에 넣고 출발한 후, 운반 중 교반을 마무리한다.
  ㉢ 트랜싯 믹스 : 1시간 내외의 장거리 운송방식. 시멘트는 가수 후 1시간이 지나면 응결이 시작되므로 미리 물을 섞지 않고 트럭 믹서에는 건비빔 재료만 넣고 별도의 물탱크를 장착하여 출발한 후, 적정한 시간에 급수하여 교반을 하는 방식이다.

> ※ 레미콘 규격은 굵은 골재 최대 치수, 콘크리트 강도, 슬럼프값을 지정 주문한다.
>   예) 규격 25-21-15는 자갈 최대 치수 25mm, 콘크리트 강도 21MPa, 슬럼프 15cm를 의미한다.
> ※ 레미콘 트럭 1대의 콘크리트 용량은 $6m^3$이다.

(6) 매스 콘크리트

① 개요 및 조건
  ㉠ 댐이나 교각과 같이 단면 치수가 매우 두꺼워서 수화열에 따른 온도 변화에 의해 콘크리트의 과도한 팽창과 수축이 발생하지 않도록 시공상 고려가 필요한 콘크리트를 말한다.
  ㉡ 평판 구조의 경우 부재 단면의 최소 치수가 80cm 이상, 하단 구속 벽체는 50cm 이상, 콘크리트 내부온도와 외기온도와의 차이가 25℃ 이상인 콘크리트로 정의하고 있다.
  ㉢ 프리스트레스트 콘크리트 구조물과 같이 부배합의 콘크리트가 쓰이는 경우에는 더

얇은 부재라도 구속조건을 검토하여 매스콘크리트로 적용하기도 한다.
② 균열 방지대책
  ㉠ 저열시멘트를 사용한다.
  ㉡ 굵은 골재의 최대 치수를 가능 범위 안에서 되도록 크게 한다.
  ㉢ 잔골재율은 가능 범위 안에서 되도록 작게 하고 단위 수량도 최소로 한다.
  ㉣ 물시멘트비, 슬럼프값은 가능 범위 안에서 되도록 작게 한다.
  ㉤ 쿨링 공법
    ⓐ 파이프 쿨링 : 파이프를 미리 묻어두고 냉각수를 통하게 하여 콘크리트를 냉각한다.
    ⓑ 프리 쿨링 : 콘크리트나 자갈 등의 재료 일부 또는 전부를 미리 냉각한다.

(7) 기타 특수 콘크리트

① 프리플레이스트 콘크리트(구 프리팩트 콘크리트)
  ㉠ 적당한 입도의 자갈을 미리 거푸집에 넣고 공극에 모르타르를 압입 시공하는 콘크리트
  ㉡ 콘크리트의 밀실성이 좋아서 내수성, 내구성이 좋고 동해나 융해에 강하다.
  ㉢ 압입 모르타르는 유동성이 크고 재료 분리가 적으며 시멘트와 모래 외에 플라이애시, 감수제, 팽창제 등의 혼화재료를 섞은 것을 사용한다.
  ㉣ 모르타르를 강한 압력으로 주입하므로 거푸집을 견고하게 만들어야 한다.
② 프리캐스트 콘크리트
  ㉠ 공장에서 제작한 철근콘크리트 부재를 현장 이송하여 벽, 바닥, 지붕 등으로 조립하는 방식이다.
  ㉡ 기성 제품화하여 비용이 절감되고 공기 단축이 가능해진다.
  ㉢ 주로 교량의 상판이나 아파트의 외벽 등에 사용된다.
③ 폴리머 콘크리트
  ㉠ 합성수지 계통인 폴리머를 결합한 콘크리트로 시멘트와 함께 쓰는 것은 폴리머 시멘트 콘크리트라 하고, 시멘트를 쓰지 않고 폴리머에 중탄산칼슘이나 플라이애시 등을 혼합한 것은 폴리머 콘크리트 또는 레진 콘크리트라고도 한다.
  ㉡ 수밀성, 내화학성, 내염성이 우수하여 기존의 시멘트 콘크리트에 비하여 내구성이 좋다.
  ㉢ 해양구조물, 각종 수로, 공장배수시설 등에 적합하다.

제7장 금속재료

실내건축기능사

장 점	단 점
• 열과 전기의 양도체이다. • 경도와 내마멸성이 크다. • 열처리에 의한 소성변형이 가능하다. • 금속 광택이 아름답다. • 재료의 균일성이 좋다.	• 부식의 우려가 있다. • 내화도가 약하다. • 색채가 단조롭다. • 비용이 비교적 높은 편이다.

금속재료는 19세기부터 제강법이 개량되어 다량으로 양질의 철강을 생산하였으며 현재에 이르러 구조 및 장식재로서 중요하게 사용되고 있다.

1 철강

제련된 철강은 철(Fe)을 주체로 하며 탄소(C)와 규소(Si), 망간(Mn), 황(S), 인(P) 등을 함유하고 있다. 특히 탄소의 함유량에 따라 철강의 성질이 달라진다.

구분	탄소량	특징
연철(순철)	0.04% 이하	연질이며 가단성이 크다.
(탄소)강	0.04~1.7% 이하	가단성, 주조성, 담금질 효과가 좋다.
주철	1.7% 이상	주조성이 좋고 경질이며 취성이 크다.

(1) 제철 및 제강

① 제철 : 철광석(Fe_2O_3), 자철광(Fe_3O_4), 갈철광($2Fe_2O_3$) 등을 코르크, 석회석 등과 용광로에 넣어 1500℃ 이상의 고온기체를 불어넣으면 코크스가 연소되면서 생긴 일산화탄소가 용광로 위로 배출되면서 철광석의 산소와 결합하여 철을 환원한다. 이때 용융상태의 선철을 얻어낸다.

　　㉠ 선철(주철) : 용융상태의 철
　　㉡ 용선 : 용융상태의 쇳물
　　㉢ 슬래그 : 노 속의 석회석이 규산알루미나 등과 결합하여 위로 뜨는 물질. 콘크리트 골재, 고로슬래그 시멘트의 원료로 사용한다.
② 제강 : 선철의 탄소량을 조절하는 제련과정이다.
　　㉠ 전로법
　　　　ⓐ 노 속에 내린 관을 통해 산소를 넣어 용선 속에 포함된 철 이외 불순물을 산화 연소시켜 제거시키는 방법. 인과 황의 함유량이 많다. 건설비, 제강비가 적고 제강시간이 짧으며 수시 제강이 쉽다.
　　　　ⓑ 강의 품질이 평로법의 것보다 떨어진다.
　　㉡ 평로법 : 원료나 제품의 조정이 자유로운 편이며 품질이 우수한 제강법
　　㉢ 기타 : 전기로법, 도가니법

(2) 가공 및 성형

① 가공 온도에 따른 구분
　　㉠ 열간가공 : 900~1200℃에서 가공. 구조용재 가공에 사용한다.
　　㉡ 냉간가공 : 700℃ 이하에서 가공. 조직이 치밀해지지만 변형이 생기고 소성변형은 어렵다.
② 성형방법
　　㉠ 단조 : 강괴를 1200℃로 가열 후, 해머나 프레스 등으로 두드려 조직을 치밀하게 하는 방법
　　㉡ 압연 : 가열된 강을 롤러 사이로 통과시켜 강판, 형강 등을 제조하는 방법
　　㉢ 인발(견인) : 다이스라고 하는 틀의 작은 구멍을 통하여 강을 인출하는 것으로 철선 등을 제조하는 방법
③ 열처리

구분	열처리방법	특 징
풀림(燒鈍) [Annealing]	800~1000℃에서 가열 성형 후 노 속에서 서냉	강의 연화 내부 응력 제거
불림(燒準) [Normarlizing]	800~1000℃에서 가열 성형 후 대기 중에서 냉각	결정립의 미세화 조직 균일화

구분	열처리방법	특 징
담금질(燒入) [Hardening]	가열한 강을 물 또는 기름 등에 담가 급속 냉각	경도 증대 내마모성 증가
뜨임(燒戾) [Tempering]	담금질한 강을 다시 가열(200~600℃) 후 서냉(대기, 노 속)	강성, 인성, 연성 증가

(3) 강(탄소강)의 성질

① 물리적 성질
  ㉠ 상온에서 탄소의 양이 증가하면 비중, 열전도율, 열팽창계수는 감소하고 비열과 전기저항은 증가한다.
  ㉡ 강의 열팽창계수는 콘크리트와 거의 같아서 철근콘크리트 구조로 만들 수 있다.

② 역학적 성질
  ㉠ 응력변형도 곡선

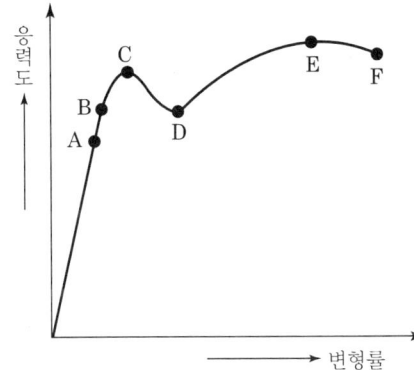

A. 비례한도 : 응력이 작을 때는 응력에 비례해서 변형이 커진다. 이 비례관계가 성립되는 한도를 말한다.
B. 탄성한도 : 외력이 제거되면 변형이 0으로 돌아가는 관계가 성립되는 한도
C. D 상위, 하위 항복점 : 외력이 더욱 작용되어 상위 항복점에 도달하면 응력이 조금 증가해도 변형이 급격히 증가하며 하위 항복점에 도달한다.
E. 최대 인장강도 : 응력과 변형이 비례하지 않는 상태이다.
F. 파괴강도 : 응력이 증가하지 않아도 스스로 변형이 커져서 파괴되는 상태이다.

  ㉡ 탄소량과 강도의 관계
    ⓐ 인장강도는 탄소량 0.85% 정도에서 최대이며 그 이상이 되면 감소한다.
    ⓑ 압축 및 전단강도는 0.85% 이상에서 오히려 증가한다.
  ㉢ 온도와 강도의 관계
    ⓐ 상온에서 100℃까지는 거의 변화가 없으며 100℃부터 증가하여 250℃에서 최대가 되며 그 이상부터는 감소한다.
    ⓑ 500℃에서는 0℃일 때의 강도의 1/2로, 900℃일 때는 1/10로 감소한다.

(4) 주철과 주강

① 탄소함유량이 1.7~6.67% 범위의 철을 뜻하며, 실용화되는 것은 2.5~4.5% 범위이다.
② 압연이나 단조 등의 가공은 어려워서 주조성형으로 제품을 만든다.
③ 신장률은 강보다 작고 내식성은 일반 강보다 큰 편이다.
④ 종류
  ㉠ 보통주철 : 창의 격자, 장식철물, 계단, 교량 손잡이, 방열기, 하수관뚜껑 제작
  ㉡ 가단주철 : 백선을 700~1000℃로 오랜 시간 풀림하여 연성과 전성을 증가시킨 것으로 탄소함유량은 2.4~2.6%. 듀벨, 창호철물 등에 쓰인다.
⑤ 주강
  ㉠ 탄소함유량이 1% 이하인 용융강을 주조용으로 쓰는 것이다.
  ㉡ 기본적 성질은 탄소강에 가깝지만 인성이 조금 낮다.
  ㉢ 주철로서는 강도가 불충분한 주조용재에 쓰이며 주로 철골조의 주각, 기둥과 보의 접합부 등에 쓰인다.

(5) 특수강

탄소강에 특수한 성질을 주기 위해 다른 금속을 첨가한 합금강을 뜻한다.
① 구조용 합금강
  ㉠ 탄소강보다 강인성을 증가시키기 위해 니켈, 크롬, 망간 등을 각각 5% 이하로 한 가지 이상 첨가하여 뜨임처리한 것이다.
  ㉡ 인장강도, 항복점이 높고 인성이 크며 충격에도 잘 견딘다.
  ㉢ 지금까지는 건축보다 기계용으로 많이 쓰였으나 향후 건축물의 안전성에 대한 요구가 증대되고 부재 단면의 축소 및 초고층 건축물의 증가로 인해 건축 구조재로서의 수요도 증가할 전망이다.
  ㉣ 프리스트레스트 콘크리트에 사용되는 강선은 구조용 특수강에 해당된다.
② 스테인리스강
  ㉠ 크롬과 니켈을 첨가하여 내식성과 내열성을 높이고 기계적 성질을 개선한 것이다.
  ㉡ 건축 내·외장재, 창호재, 설비재, 위생기구, 주방용품으로 널리 쓰인다.
  ㉢ 부식성이 높은 환경에 유용하게 쓰이며 광택이 좋고 납땜도 가능하다.
  ㉣ 크롬과 니켈의 함유량에 따라 다양한 종류로 구분되어 쓰인다.
③ 내후성강
  ㉠ 내식성을 일반 강보다 몇 배 증가시키면서 재질이나 가공성은 일반 강과 동등하거나

더 나은 수준으로 개선시킨 합금이다.
ⓒ 망간, 구리, 규소, 크롬, 니켈 등이 첨가되어 표면에 발생한 녹이 안정된 산화막으로 고착되면 수분이나 가스에 의한 부식을 막아준다(부식 정도는 일반 강의 3~10% 수준).
ⓒ 구조용 재료, 강재 널말뚝, 박강판 등으로 널리 쓰인다.

> **Point** TMCP강(Thermo-Mechanical Control Process steel)
> - 가열-압연-냉각의 공정 전체를 특수 기술로 제어하여 제조되는 고강도, 고인성의 강재
> - 용접성을 개선하여 용접성이 매우 우수하다.
> - 강재 단면이 증가해도 항복강도가 저하되지 않는다.

❷ 비철금속

(1) 구리

원광석을 용광로, 전로에서 녹인 후 전기분해에 의하여 정련

① 특성
  ㉠ 열, 전기 전도율이 크고 연성과 전성이 매우 좋다.
  ㉡ 건조공기에서 산화하지 않으나 습기가 있으면 녹청색으로 부식된다.
② 용도 : 전기재료, 철사, 못, 홈통 등
③ 구리합금
  ㉠ 황동(놋쇠)
    ⓐ 구리+아연(10~45%)
    ⓑ 외관이 아름답고 주조 및 가공이 쉽다. 내구성이 좋아서 창호철물로 사용
  ㉡ 청동
    ⓐ 구리+주석(4~12%). 청록색의 광택이 난다.
    ⓑ 황동보다 내식성이 크고 주조하기 쉽다. 장식, 공예재료로 쓰인다.
  ㉢ 포금
    ⓐ 구리+주석(10%), 아연, 납
    ⓑ 강도와 경도가 크다. 기계 톱니바퀴, 건축용 철물 등으로 쓰인다.
  ㉣ 인청동
    ⓐ 청동+인

　　　　ⓑ 탄성과 내마멸성이 크다. 금속재 창호의 가동부분
　　ⓜ 알루미늄 청동
　　　　ⓐ 구리+알루미늄(5~12%)
　　　　ⓑ 변색되지 않으며 장식철물로 사용

(2) 알루미늄

보크사이트의 알루미나(Al_2O_3)를 전기 분해하여 제조하는 대표적 경금속으로 철강 다음으로 많이 쓰인다.

① 특징
　㉠ 비중이 2.7 정도로 철과 구리에 비해 매우 가벼우면서도 강도가 높은 편이다.
　㉡ 가공성이 높고 전기와 열의 전도가 잘 되며 저온에 강하다.
　㉢ 공기 중에서 안정된 산화피막을 형성하여 내식성이 좋다.
　㉣ 위생적이고 빛과 열을 잘 반사하며 광택이 아름답다.
　㉤ 산과 알칼리 및 해수에 침식이 되므로, 콘크리트 및 해수 접촉부 및 흙에 매립되는 부분은 사용을 금하거나 특별히 주의를 기울여야 한다.

② 용도 및 합금
　㉠ 용도 : 마감재, 창호철물 및 창호재료, 각종 설비 및 가구, 전열 및 반사재료로 쓰인다.
　㉡ 알루미늄 합금
　　　ⓐ 알루미늄에 구리, 마그네슘, 망간 등을 첨가한 합금(20세기 초부터 사용)
　　　ⓑ 장식재, 멀리언, 커튼 월 등으로 널리 쓰인다.
　㉢ 두랄루민
　　　ⓐ 알루미늄에 구리, 마그네슘, 망간 등을 첨가한 합금으로 20세기 초부터 사용되었다.
　　　ⓑ 가벼우면서 강도가 크고 내식성이 높아서 고층 건물 내·외장재, 항공기 재료 등으로 사용된다.

(3) 기타 금속

① 아연
　㉠ 건조 공기에서는 거의 산화되지 않으며 습기나 탄산가스가 존재하면 표면에 염기성 탄산염의 막이 생성되어 내부 산화를 막는다.
　㉡ 철과 구리에 대해 전기적 양성이 강하며 이들 금속의 부식 방지 용도로 쓰인다.
　㉢ 강도가 크고 연성 및 내식성이 좋아서 부식을 방지하는 도금재료 및 합금재료로 사

용된다.
ⓔ 인장강도나 연신율이 낮기 때문에 열간 가공하여 결정을 미세화하여 가공성을 높일 수 있다.
ⓜ 함석판(아연 도금 강판), 지붕재료, 못, 피복재 등으로 사용된다.

> **Point 양은**
> 구리에 니켈(16~20%), 아연(15~35%)을 첨가한 합금으로 화이트 브론즈라고도 한다. 기계적 성질이 우수하고 내식성, 내마모성, 내열성이 높은 합금으로 스프링 재료, 온도 및 전기 저항체, 식기, 장식품으로 널리 쓰이고 있다.

② 납(鉛)
  ㉠ 비중이 매우 큰 금속(11.5)이며 전연성이 커서 주조, 단조 등의 가공성이 풍부하다.
  ㉡ 열전도율이 작으나 온도에 의한 신축은 큰 편이다.
  ㉢ 산성에는 강하지만 알칼리에는 침식되므로 콘크리트와 접촉은 주의해야 한다.
  ㉣ 지붕재, 홈통, 급배수, 가스관 등으로 쓰이며 주석과 섞어 땜납 재료로도 쓰인다.
  ㉤ 방사선을 잘 흡수하여 X선 사용 장소의 천장, 바닥, 방호용으로도 사용한다.
③ 주석
  ㉠ 비중이 7.3 정도로 큰 금속으로 내식성이 크고 인체에 무해하다.
  ㉡ 식품용 금속재, 청동, 철재 방식 도금재로 사용한다.
④ 니켈
  ㉠ 주로 합금용으로 사용되며 청백색을 띤다.
  ㉡ 전성과 연성이 크고 내식성이 좋다.

3 금속의 부식과 방식

(1) 부식작용
대기 중의 매연, 유독성 기체, 빗물 등에 포함된 산, 염류에 부식되며 가정용수, 하수, 오물, 각종 가스, 토질, 전류의 영향을 받는다.

(2) 방식법
① 다른 종류의 금속을 잇대어 쓰지 않고 균질한 재료를 쓴다.
② 표면은 물기나 습기가 없게 한다.

③ 도료나 내식성이 큰 금속으로 피막을 만들어 보호한다.
④ 방청도료 도장, 아스팔트나 콜타르 도포, 내식, 내구성이 큰 금속으로 도금하고 자기질의 법랑을 올리고 모르타르나 콘크리트로 피복한다.

> **Point 파커라이징**
> 인산철과 산화망간의 혼합액 속에 강을 담가 표면에 알칼리성 인산철의 피막을 만들고 유성도료로 마감을 하는 법

4 금속 제품

(1) 강판 및 강관

① 두께에 따른 강판의 구분
  ㉠ 박강판 : 두께 3mm 이하
  ㉡ 중강판 : 두께 3mm 초과, 6mm 이하
  ㉢ 후강판 : 두께 6mm 이상
② 제조공정별 강판의 분류
  ㉠ 열간압연강판 : 강을 재결정온도(1200℃ 내외) 이상으로 압연하여 내부조직을 치밀하게 하고 결함을 개량한 강판
  ㉡ 냉간압연강판 : 가열하지 않고 상온에서 압연한 제품으로 열간압연강판보다 훨씬 얇고 표면이 곱다.
  ㉢ 아연도강판 : 산화방지를 위해 아연도금한 강판으로 함석판이라고도 한다.
  ㉣ 내후성강판 : 일반강판에 구리·크롬 등을 첨가한 저합금 강판. 외장재, 섀시 등으로 사용된다.
  ㉤ 기타 : 착색아연도강판, 프린트강판, 무늬강판, 스테인리스강판 등
③ 강관
  ㉠ 탄소강관 : 이음매 없이 강대(steel strip)나 강관을 용접하여 제조한 강관. 비계·말뚝·지주 및 기타 구조물에 사용된다.
  ㉡ 각형강관 : 각형으로 제조되어 건축·토목·가구 등에 사용된다.
  ㉢ 배관용 강관 : 급수·급탕·배수 및 기름·가스·공기 등의 배관에 사용된다.

(2) 선재

① 철선

  ㉠ 연강을 상온으로 인발하여 가늘게 한 것. 철사라고도 한다.

  ㉡ 2가닥의 철선을 꼬아서 그 사이에 가시를 넣어 만든 것을 가시철선이라 하며 철조망 제조에 쓰인다.

② 와이어 라스 : 철선을 그물 모양으로 만든 것으로 모르타르 등의 바탕에 사용한다.

③ 와이어 메시

  ㉠ 연강철선을 격자형으로 짜서 용접한 것으로 용접철망이라고도 한다.

  ㉡ 벽체·바닥 등의 보강재로 사용하며 철근 대용으로도 쓰인다.

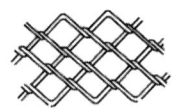 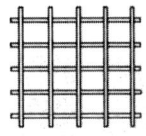

[와이어 라스]   [와이어 메시]

④ 와이어 로프

  ㉠ 몇 개의 철사를 꼬아서 1줄의 스트랜드(새끼줄)를 만들고, 다시 6가닥의 스트랜드를 1줄의 마(麻)로프를 중심으로 꼬아서 만든 로프이다.

  ㉡ 로프의 꼬임에는 보통 꼬임과 랭 꼬임이 있으며, 또 스트랜드의 꼬임 방향에 따라서 S꼬임 로프와 Z꼬임 로프로 나뉜다.

  ㉢ 케이블카, 크레인, 오르내리창, 삭도(로프웨이) 등에 많이 쓰인다.

⑤ PC 강선

  ㉠ PS 콘크리트에 프리스트레스를 주기 위해 사용하는 고강도의 강선

  ㉡ 피아노선재를 패턴팅(patenting)한 후 상온에서 인발·제조한다.

(3) 성형·가공제품

① 메탈라스

  ㉠ 0.4~0.8mm의 연강판에 그물눈을 내고 늘여 철망 모양으로 만든 것

  ㉡ 천장, 벽 등의 모르타르 바름 바탕용 철물로 사용된다.

  ㉢ 두께 6~13mm의 연강판을 늘여 만든 것은 익스팬디드 메탈이라 하며, 콘크리트 보강용으로 쓰인다.

② 플레이트(plate)
  ㉠ 데크 플레이트 : 얇은 강판을 골 모양으로 성향한 것으로 콘크리트 슬래브의 거푸집 패널 또는 바닥 및 지붕판으로 사용된다.
  ㉡ 키스톤 플레이트 : 작은 간격의 골이 주름잡은 형태로 된 강판. 데크 플레이트보다 춤이 작고 지붕, 외벽 등에 쓰인다.
③ 기타
  ㉠ 펀칭 메탈 : 금속판에 여러 가지 무늬의 구멍을 펀칭한 것. 배수구 및 환기구 커버로 쓰인다.
  ㉡ 코너 비드 : 기둥, 벽의 모서리면 미장작업 용이 및 모서리 보호를 위해 설치하는 철물

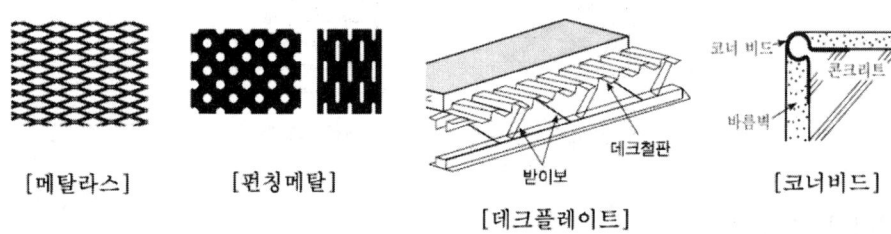

[메탈라스]   [펀칭메탈]   [데크플레이트]   [코너비드]

(4) 긴결철물

① 인서트
  ㉠ 반자틀 등의 구조물을 달아 매기 위해, 콘크리트 타설 전 미리 묻어 넣는 고정철물이다.
  ㉡ 차후 달대 등을 걸칠 수 있는 갈고리, 나사, 볼트 등의 형식으로 되어 있다.
② 익스팬션 볼트 : 콘크리트 표면의 띠장, 문틀 등에 다른 부재를 고정하기 위해 묻어두는 특수 볼트로, 벽체 등에 박으면 끝이 벌어져서 구멍 내부에 고정이 된다.
③ 기타
  ㉠ 스크루 앵커 : 삽입된 연질금속 플러그에 나사못을 끼운 것
  ㉡ 드라이브 핀 : 타카 등을 사용하여 콘크리트나 강재 등에 박는 특수 못
  ㉢ 줄눈대 : 인조석 등의 바름에 신축균열 방지 및 의장을 위해 구획하는 줄눈
  ㉣ 조이너 : 천장, 벽 등에 보드류를 붙이고 그 이음새를 감추고 누르는 데 쓰인다.
  ㉤ 논슬립 : 계단 디딤판의 미끄럼 방지 및 밟는 위치를 표시하기 위한 제품

(5) 창호철물

① 정첩·돌쩌귀·지도리

　㉠ 정첩 : 문짝을 문틀에 달아 여닫는 축이 되는 철물

　㉡ 자유정첩 : 정첩에 스프링을 장치하여 양쪽으로 열리도록 한 철물

　㉢ 돌쩌귀 : 정첩 대신 축으로 돌게 한 철물로, 암톨쩌귀는 문설주에 박고 수톨쩌귀는 문짝에 박는다.

　㉣ 지도리 : 장부를 구멍에 끼워 돌게 한 철물로 회전문에 사용한다.

② 힌지

　㉠ 플로어 힌지 : 힌지와 스프링 유압밸브 장치가 된 상자를 바닥에 넣고 돌쩌귀처럼 상부에 무거운 여닫이문을 달아 사용하는 철물

　㉡ 피벗 힌지 : 창이나 문의 상하에 지도리를 달아 개폐하게 만든 돌쩌귀 정첩의 일종

　㉢ 래버토리 힌지 : 접히며 열리는 일종의 스프링 힌지로 공중전화, 공중화장실 등의 문에 사용한다.

③ 도어 클로저·도어 스톱

　㉠ 도어 클로저 : 도어체크라고도 한다. 문짝 상부와 벽에 장치를 설치하여 자동으로 문을 닫히게 한다.

　㉡ 도어 스톱 : 보통 도어 체크와 한 세트가 되어 사용하거나 단독으로 사용되어 문을 개방한 상태로 유지하기 위해 바닥에 고정시키는 고무 등의 소재가 끝에 달린 지지 철물을 말한다.

④ 기타

　㉠ 나이트 래치 : 밖에서는 열쇠로 열고 안에서는 손잡이를 틀어 여는 철물

　㉡ 크레센트 : 오르내리창을 걸어 잠그는 철물

　㉢ 레일 : 미서기·미닫이문에 달린 바퀴가 굴러가도록 길을 만드는 철물

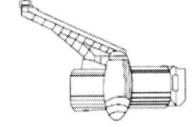 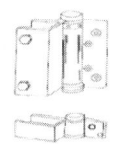  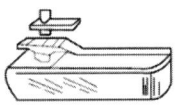 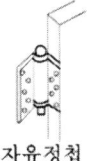 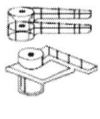

　도어체크　　레버토리 힌지　　크레센트　　플로어 힌지　　자유정첩　　피벗힌지

(6) 구조용 긴결 철물

① 리벳

철골구조 리벳접합에 쓰이는 긴결재 (둥근머리 리벳이 가장 많이 쓰임)

② 볼트

㉠ 재질에 의한 분류

ⓐ 흑 볼트 : 가조임, 인장력 받는 곳, 경미구조물에 이용

ⓑ 중 볼트 : 내력용, 리벳 대용

ⓒ 상 볼트 : 핀 등의 중요부분, 장식효과

㉡ 형상에 의한 분류 : 양나사 볼트, 외나사 볼트, 주걱 볼트

③ 듀벨

목재 이음 시 부재 사이에 끼워서 전단력에 대한 저항으로 사용

④ 기타

못, 꺾쇠, 띠쇠, ㄱ자쇠, T자쇠, 감잡이쇠, 안장쇠

제8장 유리

유리는 불연재료이며 반영구적이다. 또한 빛의 투과율이 좋아서 건축채광 재료로 유용하지만, 충격에 약하고 파편이 날카로워서 위험하며 단열 및 차음 효과는 낮다.

❶ 유리의 성분과 원료

(1) 주성분
① 산성 성분 : 이산화규소(SiO_2), 붕산(H_3BO_3), 인산(P_2O_5)
② 염기성 성분 : 탄산나트륨, 산화칼륨, 석회, 중토, 산화납, 산화제이철 등
③ 기타 성분 : 착색제, 탈색제

(2) 원료
① 주원료
  ㉠ 산성원료 : 이산화규소, 붕산, 붕사, 인산나트륨
  ㉡ 염기성 원료 : 황산나트륨, 탄산나트륨, 탄산칼륨, 석회석, 백운석 등
② 부원료
  ㉠ 용제(유리조각) : 융해점을 낮추기 위함
  ㉡ 산화제 : 질산나트륨, 질산칼륨
  ㉢ 환원제 : 산화칼슘, 산화마그네슘
  ㉣ 소색제 : 이산화망간, 니켈, 코발트, 질산나트륨
  ㉤ 착색제 : 망간, 코발트, 니켈, 구리, 금

❷ 유리의 제조법과 분류

(1) 제조법
주원료, 부원료, 폐품유리를 용융로에서 1400~1500℃로 녹인다.

(2) 성형

① 판인법 : 좁은 틈으로 흘러내리게 하여 얇은 막이 되게 하고 냉각탑에서 식히는 방법으로 6mm 이하 얇은 유리 제조 시 사용

② 롤러법 : 6mm 이상의 두꺼운 판유리, 요철이 있는 무늬유리 제조

(3) 성분에 의한 분류

종류	특성	용도
소다석회 유리	• 용융점이 낮고 풍화의 우려가 있다. • 비교적 팽창률이 크고 강도가 크다. • 산에는 강하나 알칼리에는 약하다.	일반 건축 창유리, 음료수병 제품
칼리석회 유리	• 용융점이 높고 내약품성이 크다. • 투명도가 크다.	고급장식품, 식기, 공예품, 이화학용 기기
칼리납 유리	• 용융점이 가장 낮고 가공이 쉽다. • 산, 열에 약하다. • 광선의 굴절률과 분산율이 크다.	고급기기, 광학용 렌즈, 인조보석, 진공관
붕규산 유리	• 용융점이 가장 높고 전기절연성이 크다. • 내산성이 크고 팽창성이 작다.	내열기구 및 식기, 글라스울 원료
석영 유리	• 내열성, 내식성이 크고 자외선 투과성이 크다.	전등, 살균 제품
물 유리	• 소다석회유리에서 석회를 제거하여 물에 녹게 한 것	방화 및 내산도료

(4) 유리의 성질

① 비중 : 비중의 범위는 2.2~6.3이고 보통 판유리는 2.5 정도이며 납, 아연, 산화알루미늄 등 금속산화물이 포함되어 있으면 비중은 증가한다.

② 경도 : 모스 경도기준으로 5.5~6.5

③ 강도 : 유리의 강도는 휨강도를 말하며 500~750kg/cm^2

④ 연화점 : 보통 유리는 740℃ 내외, 칼리유리는 1000℃ 내외

❸ 유리제품

(1) 판유리

판인법으로 제조된다. 박판유리, 후판유리, 가공판 유리

① 서리유리 : 유리면에 플루오르화수소, 플루오르화암모늄 혼합액을 칠하여 부식시켜서

빛을 확산시키고 투과성을 나쁘게 하여 프라이버시용으로 쓰인다.

② 무늬유리 : 무늬가 새겨진 롤러 사이를 통과시켜 판유리를 제조한다.

③ 표면 연마유리 : 판유리를 규사 등으로 연마 후 산화제이철로 닦아낸다. 고급 창유리, 거울용 유리

(2) 특수 판유리

① 강화유리
  ㉠ 유리를 500~600℃에서 가열 후 특수 장치를 이용, 균등하게 급랭시킨 유리
  ㉡ 강도는 보통 유리보다 3~5배 크고 충격강도는 7배나 된다.
  ㉢ 파손 시 가루처럼 산란하여 파편에 의한 위험이 적다.
  ㉣ 자동차 유리 등에 사용되며 열 처리 후에는 가공 및 절단이 불가능하다.

② 망입유리
  ㉠ 용융유리 사이에 금속그물을 넣어 롤러로 압연하여 만든 판유리
  ㉡ 도난 및 화재방지로 사용. 놋쇠, 아연, 구리선 등의 금속선을 사용한다.

③ 복층유리
  ㉠ 2~3장의 판유리를 간격을 두고 겹친 후 사이를 진공으로 하거나 특수한 공기를 넣어서 제조한 것으로 페어글라스라고도 한다.
  ㉡ 방음 및 단열, 결로방지용 유리로 쓰임

④ 스테인드글라스(착색유리)
  ㉠ 색유리를 쓰거나 착색을 하여 무늬나 그림을 나타내는 판유리
  ㉡ 교회 창유리 등

⑤ 마판유리
  ㉠ 후판유리의 한 면 또는 양면을 가공하여 평활하게 만든 판유리
  ㉡ 투과성이 좋다.

⑥ 자외선 투과유리
  ㉠ 자외선 차단 성분인 산화제이철을 줄인 유리
  ㉡ 병원 일광실

⑦ 자외선 흡수유리
  ㉠ 산화제이철을 10% 정도 함유시키고 크롬, 망간 등의 금속 산화물을 포함시킨 유리
  ㉡ 상점의 진열창 및 용접공의 보안경

⑧ 열선흡수유리 : 철, 니켈, 크롬 등을 가하여 제조하는 일종의 단열유리

⑨ X선 차단유리 : 산화납을 6% 이하로 포함한 유리

(3) 유리의 2차 제품

① 유리 블록
  ㉠ 속빈 상자모양의 유리 2장을 맞대어 붙인다. 저압 공기가 들어 있다.
  ㉡ 실내가 보이지 않게 하고 채광을 하며 환기는 불가능하다. 칸막이벽, 방음 및 단열, 장식용

② 프리즘 타일 : 입사광선의 방향을 바꾸거나 확산 혹은 집중시키는 기능(지하실, 옥상 채광용 유리)

③ 폼 글라스 : 다포질의 흑갈색 유리판. 광선 투과가 안 되며 방음, 보온성이 좋은 경량 유리

④ 유리 섬유 : 용융된 유리를 작은 구멍을 통과시켜 섬유로 제조. 환기장치 먼지 흡수용, 화학공장 산 여과용

제9장 미장재료

1 일반사항

(1) 특징 및 분류

① 미장재료의 정의와 특징
  ㉠ 건축물의 내외벽, 바닥, 천장 등에 장식, 보온, 보호 등을 목적으로 일정 두께로 흙손, 스프레이 등을 이용하여 바르는 점성재료를 말한다.
  ㉡ 넓은 표면을 이음매 없이 마무리할 수 있으며 숙련공의 기능이 요구되고 습식 공사로 공기가 길어진다.

② 미장재료의 구성
  ㉠ 결합재 : 물질 자체가 물리적 또는 화학적으로 고화하여 미장바름의 주체가 되는 재료. 시멘트, 석회, 석고, 돌로마이트석회, 점토 등이 있다.
  ㉡ 골재 : 결합재가 가진 수축·균열과 같은 결점이나 점성 및 보수성 부족을 보완하고 경화시간 조절 및 치장을 목적으로 쓰이는 재료이다. 모래, 종석, 돌가루 등이 있다.
  ㉢ 보강재 : 바름재료의 성질을 개선하기 위해 사용하는 재료. 여물, 풀, 수염 등이 있다.
  ㉣ 혼화재료 : 작업성 증대, 착색, 방수, 내화, 단열, 차음, 방재, 음향 등의 효과를 얻기 위해서 사용하거나 응결시간을 단축 혹은 연장시키기 위해 사용하는 재료를 뜻한다.

③ 응결 방식에 따른 미장재료의 분류

경화방식		분 류	
수경성	시멘트계	시멘트모르타르	인조석 바름, 테라죠 현장바름
	석고계 플라스터	혼합석고 플라스터	크림용 석고 플라스터
		보드용 석고 플라스터	킨즈시멘트
기경성	석회계열	회반죽	회사벽
		돌로마이트 플라스터	
	진흙, 새벽흙, 섬유벽		
기타	합성수지 플라스터, 아스팔트 모르타르, 마그네시아 시멘트		

2 미장재료의 종류

(1) 회반죽 및 회사벽

① 회반죽

㉠ 원료
  ⓐ 소석회, 해초풀, 여물, 모래 등을 혼합하여 바르는 미장재료이다.
  ⓑ 균열 방지를 위해 사용되는 여물에는 짚여물, 삼여물, 종이여물, 털여물 등이 쓰인다.
  ⓒ 풀은 점성을 높이기 위해 사용한다.

㉡ 특성 및 용도
  ⓐ 경도가 낮고 내수성이 약해서 실내 위주로 사용되며 경화시간이 오래 걸린다.
  ⓑ 외관이 부드럽고 시공정도에 따라 균열 및 박락의 우려가 적으며 저렴한 편이다.
  ⓒ 주로 목조 바탕, 벽돌 바탕 등에 쓰인다.

② 회사벽

㉠ 석회죽에 모래를 넣어 반죽한 것으로 시멘트 또는 여물을 섞기도 한다.
㉡ 석회죽과 모래, 황토, 회백토를 섞어 쓴 것을 회삼물이라고도 한다.
㉢ 재래식 흙벽의 정벌바름에 쓰이며 회삼물은 내부 벽돌벽면, 회반죽바름의 고름질 등에 쓰인다.

(2) 돌로마이트 플라스터

① 원료

㉠ 돌로마이트 석회에 모래 및 여물을 혼합하여 만들며, 시멘트를 섞기도 한다.
㉡ 건조, 경화 시 수축률이 매우 커서 균열 방지를 위해 여물이나 무수축성 석고 플라스터를 섞는다.
㉢ 점성이 높아서 풀을 사용하지 않는다.

② 특성

㉠ 강도 및 마감의 표면경도가 회반죽에 비해 크다.
㉡ 풀을 쓰지 않아 변색, 냄새, 곰팡이 등이 없다.
㉢ 수증기나 물에 약해서 주로 실내 바름벽에서 사용한다.

(3) 석고 플라스터

① 제법 : 생석고를 100℃ 이상 가열하여 소석고를 만들거나 230℃ 이상 가열하여 무수석

고를 만들어 주원료로 하고 골재, 보강재, 혼화재를 혼합하여 반죽한 수경성 미장재료이다.

② 성질
  ㉠ 다른 미장재료에 비해 응고가 빠르고 점성 및 내수성이 크다.
  ㉡ 경도가 높고 수축 및 균열이 적다.

③ 종류
  ㉠ 혼합석고 플라스터
    ⓐ 소석고, 소석회, 완경제를 혼합한 혼합석고에 대리석 등을 공장에서 미리 혼합하여 제조된 것이다.
    ⓑ 현장에서 물만 섞어 바로 사용할 수 있어서 기배합 석고 플라스터라고도 한다.
    ⓒ 석고의 팽창성과 석회의 수축성을 상호 보완한 것이다.
    ⓓ 석고 플라스터 중 가장 많이 사용하는 제품이다.
  ㉡ 경석고 플라스터
    ⓐ 소석고를 300℃ 이상으로 가열하여 얻은 무수의 경석고를 주원료로 한다.
    ⓑ 물로 경화되지 않아서 명반, 붕사, 규사 등을 혼합하여 경화시킨다.
    ⓒ 은은한 붉은 빛을 띠는 흰색의 마감 광택을 가지며, 경화속도는 느리지만 경도가 매우 높다.
    ⓓ 표면이 산성을 띠므로 작업 시 스테인리스 스틸 흙손을 사용하고 방청처리가 된 금속재료만 접촉시킨다.
    ⓔ 벽 및 바닥 바름에도 쓰이며 킨스 시멘트라고도 부른다.
  ㉢ 순석고 플라스터
    ⓐ 소석고와 석회죽을 혼합하여 만들며 석회죽이 응결 지연 및 작업성 증진 역할을 한다.
    ⓑ 현장에서의 석회죽 제작이 어려워서 많이 사용되지 않는다.
    ⓒ 크림용 석고 플라스터라고도 부른다.
  ㉣ 보드용 석고 플라스터
    ⓐ 소석고의 함유량을 많게 하여 부착강도를 크게 한 제품이다.
    ⓑ 주로 석고보드 붙임용이나 콘크리트 바탕의 초벌 바름 재료로 많이 사용된다.

(4) 셀프 레벨링제
  ① 개요 : 자체 유동성이 있어서 평탄하게 되는 성질을 이용하여 바닥마름질 공사 등에

사용하는 재료이다.
② 종류
　㉠ 석고계 셀프 레벨링재 : 석고에 모래, 경화 지연제, 유동화제 등을 혼합한 것으로, 물이 닿지 않는 실내에서만 사용한다.
　㉡ 시멘트계 셀프 레벨링재 : 포틀랜드 시멘트에 모래, 분산제, 유동화제 등을 혼합한 것으로, 필요에 따라 팽창성 혼화재료를 사용한다.
③ 시공 시 주의사항
　㉠ 경화 시 표면에 물결무늬가 생기지 않도록 창문 등을 밀폐하여 통풍과 기류를 차단한다.
　㉡ 시공 중이나 시공 완료 후 기온이 5℃ 이하가 되지 않도록 한다.

(5) 시멘트 모르타르
① 보통 모르타르
　㉠ 보통 시멘트 모르타르
　　ⓐ 시멘트에 모래를 골재로 하여 혼합한 가장 일반적인 모르타르이다.
　　ⓑ 실내외 마감 외에 조적조 교착제로 사용된다.
　　ⓒ 배합비는 시멘트 : 모래 = 1 : 3이 가장 일반적이며 용도에 따라 조금씩 달라진다.
　㉡ 백시멘트 모르타르
　　ⓐ 백색 포틀랜드 시멘트에 색소, 돌가루, 모래를 섞어 만든다.
　　ⓑ 주로 치장용으로 쓰이며 타일 및 대리석 붙임의 치장줄눈으로도 사용한다.
　　ⓒ 배합비는 시멘트 : 모래 = 1 : 2가 가장 일반적이다.
② 특수 모르타르

바라이트 모르타르	• 바라이트 분말을 섞어 만든다. 방사선 차단용
질석 모르타르	• 시멘트에 질석을 혼합한 모르타르. 단열 및 보온용
합성수지 모르타르	• 시멘트와 모래에 각종 합성수지를 혼합하여 만든다. 특수 치장용
액체방수 모르타르	• 시멘트에 방수제(염화칼슘, 물유리)를 혼합하여 만든다. • 지정 비율에 따라 배합하여 간단한 방수공사에 사용한다.
발수제 모르타르	• 시멘트에 발수제(지방산 비누, 아스팔트계)를 혼합하여 만든다. 간이 방수용

(6) 기타 미장재료

① 합성 고분자 바름

㉠ 합성고분자계 재료에 촉진제, 경화제, 골재 등을 배합한 미장재료이다.

㉡ 에폭시, 폴리우레탄, 폴리에스테르 3종류가 가장 많이 쓰인다.

㉢ 방진·방수성, 탄력성, 내수성, 내약품성 등이 필요한 장소의 바닥재로 사용된다.

② 리신 바름 : 돌로마이트에 화강암 부스러기, 색모래, 안료 등을 섞어 바른 후 굳기 전에 거친 솔, 얼레빗 등으로 표면을 긁어 거칠게 마무리한 인조석 바름의 일종이다.

③ 러프 코트 : 시멘트, 모래, 자갈, 안료 등을 섞고 이긴 것을 바탕바름이 마르기 전에 뿌려 붙이거나 바르는 것. 인조석 바름의 일종으로 거친 바름이라고도 한다.

제10장 합성수지

1 합성수지의 성질 및 종류

(1) 일반사항
합성수지는 석유, 석탄, 섬유소, 녹말, 고무 등의 원료를 인공적으로 합성시켜 만든 고분자 물질을 말하며 일반적으로 플라스틱이라고도 한다.

(2) 장·단점
① 장점
  ㉠ 비중이 작고 경량이면서 강도가 큰 편이다.
  ㉡ 내화학성 및 전기절연성이 우수한 재료가 많다.
  ㉢ 흡수 및 투수성이 작다.
  ㉣ 착색이 가능하고 광택이 좋은 재료이다.
  ㉤ 가공성이 크고 접착성이 좋다.
② 단점
  ㉠ 경도가 낮아서 잘 긁히며, 햇빛에 의해 변색이 쉽다.
  ㉡ 내화성이 낮아서 비교적 저온에서 연화, 연질되며 연소 시 유독가스가 발생한다.
  ㉢ 온도 및 습도에 의한 변형이 크고, 내후성이 부족하여 풍화의 우려가 있다.

(3) 열경화성 수지
가열 후 굳어져서 다시 가열해도 연화되거나 녹지 않는다.
① 페놀 수지
  ㉠ 전기절연성과 내후성이 양호하고 매우 견고하다.
  ㉡ 수지 자체는 취약하여 성형품 등에는 충전제를 첨가한다.
  ㉢ 전기통신기재, 합판 접착제로 사용. 베이클라이트라고도 칭한다.
② 요소 수지
  ㉠ 무색의 수지여서 착색이 자유롭다.

ⓒ 약산 및 약알칼리에 견디며 벤젠, 알코올 등의 유류에는 거의 침해받지 않는다.

ⓒ 완구, 식기 등의 일용잡화로 사용된다.

③ 멜라민 수지

㉠ 요소 수지와 성질이 유사하면서 더 향상된 수지

ⓒ 내열성과 기계적, 전기적 성질 등이 우수하다.

ⓒ 벽판, 천장판, 조리대, 냉장고 등에 사용된다.

④ 폴리에스테르 수지

㉠ 포화 폴리에스테르

　ⓐ 내후성, 밀착성, 가요성이 우수하며 변성하는 유지, 수지에 따라 성질이 다르다.

　ⓑ 래커, 바니시, 페인트 등의 원료로 사용된다.

ⓒ 불포화 폴리에스테르

　ⓐ 유리섬유로 보강한 섬유강화플라스틱(FRP)의 원료가 된다.

　ⓑ 기계적 강도가 우수하고 아케이드 천장, 루버, 칸막이 등에 사용된다.

포화 폴리에스테르는 제조법에 따라 열가소성이 될 수도 있다.

⑤ 실리콘 수지

㉠ 내열성과 내한성이 모두 우수하며 발수성과 방수력이 우수하다.

ⓒ 안정하고 탄성이 좋으며 내화학성이 크다.

ⓒ 접착제, 개스킷, 패킹, 윤활유 및 접착제 등으로 사용된다.

⑥ 에폭시 수지

㉠ 접착성이 매우 우수하여 금속, 유리, 고무의 접착제로 사용한다.

ⓒ 경화 시 용적의 감소가 극히 적으며 산과 알칼리에 강하다.

ⓒ 내약품성과 내용제성이 뛰어나다.

(4) 열가소성 수지

가열에 연화되어 변형되지만 냉각시키면 다시 굳어진다.

① 염화비닐 수지

㉠ 내산, 내알칼리성 및 내후성이 크다.

ⓒ 내수성이 작고 영하 10℃의 저온에서 유연성이 저하된다.

ⓒ 경질성이지만 가소제의 혼합으로 유연한 고무형태 제품을 제조한다.
ⓔ 필름, 시트, 지붕재, 벽재, 블라인드, 도료, 접착제 등의 건축재료로 사용한다.

② 폴리에틸렌 수지
ⓐ 유백색의 불투명한 수지이며 저온에서 유연성이 크다.
ⓑ 내충격성은 일반 플라스틱의 5배
ⓒ 내화학성, 전기절연성, 내수성이 우수한 수지이다.
ⓔ 방수 및 방습시트, 전선피복, 일용잡화로 사용한다.

③ 폴리프로필렌 수지
ⓐ 비중이 0.9 정도로 가볍고 기계적 강도가 큰 편이다.
ⓑ 내화학성과 내약품성, 전기절연성 및 가공성이 우수하다.
ⓒ 섬유제품, 의료기구 등으로 사용한다.

④ ABS 수지
ⓐ 충격성, 경도, 치수안정성이 우수한 수지
ⓑ 파이프 및 판재, 전기부품 등으로 사용한다.

⑤ 아크릴 수지
ⓐ 유기유리라고도 하며 광선 및 자외선의 투과성이 좋다.
ⓑ 내후성 및 내약품성이 크지만 마모가 쉽고 고가이다.
ⓒ 스크린, 칸막이판, 창유리, 문짝, 조명기구 등으로 사용한다.

(5) 합성수지 제품

① 판상 제품
ⓐ 폴리에스테르 강화판 : 유리섬유를 폴리에스테르 수지에 혼합하여 가압 성형한 판으로 내구성이 좋고 알칼리 이외의 화학약품에 저항성이 있어 수장재 및 설비재로 사용한다.
ⓑ 멜라민 치장판 : 페놀수지를 침투시킨 원지에 색지나 무늬판을 붙이고 멜라민을 침투시킨 종이를 씌워 가압 성형한 판이다. 경도가 크고 내후성 및 절연성이 좋다. 내열 및 내수성이 다소 부족해 외장재로는 부적당하며 주로 내장재 및 가구재로 쓰인다. 광택이 좋고 색이 다양하다.
ⓒ 아크릴 평판 : 아크릴을 열압 성형한 판으로 무색투명판과 착색 반투명판이 있다. 투과율은 90% 내외이며 유리보다 가볍고 잘 깨지지 않아서 유리 대용 채광판 등으로 사용된다.

ⓔ 페놀 수지 치장판 : 합판 표면에 페놀수지를 침투시킨 종이를 한 층 붙이고 가열·가압한 판으로, 벽 및 천장의 수장재로 쓰인다.

② 바닥용 제품

㉠ 염화비닐타일

ⓐ 값이 저렴하며 착색이 자유롭고 색이 선명하다.

ⓑ 약간의 탄력성이 있고 내마모성, 내약품성이 양호하다.

㉡ 비닐타일

ⓐ 아스팔트, 합성수지, 광물 분말, 안료 등을 혼합·가열하여 시트형으로 만들어 30cm각으로 절단한 제품이다.

ⓑ 촉감과 탄력이 좋고 내화학성이 있으며 마멸성이 작아서 자국이 나도 곧 회복된다.

ⓒ 모노륨, 골드륨 등의 제품이 있으며 목조마루, 콘크리트 바닥, 온돌 장판으로 사용한다.

㉢ 아스팔트 타일

ⓐ 아스팔트와 쿠마론인덴 수지를 주체로 하며 목분과 기타 충전제를 안료와 함께 혼합하여 착색·열압한 것이다.

ⓑ 촉감과 탄력이 좋고 내화학성이 우수하지만 내열성 및 내유성은 다소 낮다.

㉣ 리놀륨

ⓐ 리녹신에 수지, 고무, 코르크 분말, 안료 등을 섞어 압축 성형한 제품이다.

ⓑ 촉감이 좋고 부드러우며 내열성 및 탄력성이 있어 바닥재로 사용한다.

제11장 도장재료

실내건축기능사

1 도장재료의 분류 및 종류

도장재료는 유동상태로 재료의 표면에 얇게 부착되어 시간이 흐름에 따라 표면에 부착한 채로 고화하여 소기의 성능(표면보호, 외관 및 형상의 변화)을 갖는 막으로 형성되는 재료를 말한다.

(1) 도장재료의 사용 목적

① 건물의 표면을 보호하여 내구성을 증대시킨다.
② 아름다운 색채 및 광택을 주며 광선의 반사를 조절한다.
③ 색채를 조절하여 작업 능률을 높이고 피로를 감소시킨다.

(2) 도료의 분류 및 원료

① 분류

구 분		정 의	종 류
성분별 분류	페인트	바니시류에 안료를 첨가한 것(불투명 피막형성 도료)	유성페인트, 수성페인트
	바니시	안료가 첨가되지 않은 것	유성바니시, 에나멜페인트, 휘발성 바니시
	합성수지 도료	안료와 합성수지 시너를 주 원료로 한 것	용제형, 에멀션형, 무용제형
	옻칠		생칠 및 정칠
건조과정 분류	자연건조	도장만으로 상온에서 경화	바니시, 래커, 에멀션도료, 비닐 수지
	가열건조	도장 후 가열하여 경화	아미노알키드 수지, 에폭시 수지, 페놀 수지
용도별 분류			목재, 금속, 콘크리트용, 방청용, 내산용, 전기절연용 등
도장방법별 분류			솔칠용, 뿜칠용, 정전도장용, 에어리스 도장용 등

② 원료

㉠ 유지(기름) : 도료를 칠하여 대기에 방치하면 산소와 결합하여 탄성이 있는 도막의

일부가 된다.

  ⓐ 건성유 : 대기 중에서 건조하는 기름. 아마인유, 대마유, 동유 등이 있다.
  ⓑ 반건성유 : 대기 중에서 완전히 건조되지 않는 기름. 어유, 대두유, 지방유 등이 있다.
  ⓒ 보일드유 : 탄력 있고 단단한 도막을 만들지만 건조가 오래 걸리는 건성유에 건조제를 혼합한 것이다.
  ⓓ 스탠드유 : 아마인유에 공기를 차단시켜 장시간 가열한 것이다.
 ⓒ 수지 : 나무의 진인 천연수지 혹은 합성수지로 바니시, 에나멜의 주원료가 되며 녹이면 투명한 점성 액체로 되고 건조에 의해 굳은 막을 형성한다.
  ⓐ 천연 수지 : 셀락(shellac), 로진(rosin), 앰버(amber)
  ⓑ 합성 수지 : 알키드 수지, 페놀 수지, 폴리우레탄 수지, 에폭시 수지, 아크릴 수지 등
 ⓒ 안료 : 도료에 색채를 주고 도막의 기계적 성질을 보강하는 역할을 한다.
  ⓐ 무기 안료 : 아연화, 연백(이상 흰색), 카본 블랙, 흑연(이상 검정), 아연황, 황토, 황연(이상 노랑), 연단, 산화철(이상 빨강·갈색), 코발트청, 감청(이상 파랑), 크롬녹(녹색)
  ⓑ 유기 안료 : 징크 옐로(노랑), 백막, 호분(이상 흰색), 활석, 규석(이상 황갈색) 등
 ⓔ 용제 : 용액을 만들 때 녹이는 역할을 하는 것으로 도료의 유동성과 증발속도를 조절하기 위해 사용한다. 알코올, 케톤, 에스테르, 탄산수소 등이 있다.
 ⓜ 희석제 : 도료의 점도를 낮추어 솔질이 잘 되게 하고 칠 바탕에 침투하여 교착이 잘 되게 하며, 휘발성을 높여 피막만 남게 하는 재료를 말한다. 테레빈유, 벤젠, 휘발유 등이 쓰인다.
 ⓗ 건조제 : 도료의 건조를 촉진하며 금속산화물(코발트, 납 등)과 붕산염, 초산염이 쓰인다.

(3) 페인트

① 유성페인트

 ㉠ 보일드유(건성유+건조제)에 안료를 혼합시킨 도료로서 건성유를 가열처리하여 점도, 건조성, 색채 등을 개량한 것이다.
 ㉡ 저렴하고 두꺼운 도막을 형성할 수 있으나 건조가 늦고 도막의 성질(변색성, 내약품성, 내알칼리성 등)이 나빠 새로운 합성수지 도료로 대치되는 경향이 있다.
 ㉢ 목재, 석고판류, 철재 등에 널리 사용된다(알칼리성 바탕에는 부적합).

② 수성페인트

　　㉠ 안료를 물에 용해하고 수용성 교착제와 혼합한 분말상태의 도료를 총칭한 것
　　㉡ 취급이 간단하며 작업성이 좋고 내알칼리성이 좋으며 무광택이다.
　　㉢ 시멘트 모르타르 및 회반죽 등에 적합하다.
　③ 합성수지 페인트
　　㉠ 합성수지에 안료와 휘발성 용제를 혼합하여 만든다.
　　㉡ 유성페인트나 바니시에 비해 건조가 빠르고 도막이 단단하며 내수성 및 방화성이 뛰어나고 내산성 및 내알칼리성이 좋다.
　④ 에나멜 페인트
　　㉠ 유성 바니시에 안료를 혼합한 유색 불투명 도료로서 유성페인트와 유성바니시의 중간 제품이다.
　　㉡ 건조가 늦고 광택이 있으며 내수성, 내열성, 내유성, 내약품성이 우수하고 내후성이 좋고 경도성이 크다.

(4) 바니시

　① 유성 바니시
　　㉠ 유용성 수지를 건성유에 가열 용해하여 휘발성 용제를 희석한 것이다.
　　㉡ 무색 또는 담색의 투명도료로서 목재부 등에 사용되어 아름다운 무늬결을 나타낸다.
　② 휘발성 바니시
　　㉠ 래커(Lacquer)
　　　ⓐ 질화면 + 용제(아세톤, 부탄올) + 수지 + 휘발성 용제 + 안료
　　　ⓑ 도막이 견고하고 광택이 좋으며 내구성이 큰 고급도료이다.
　　　ⓒ 도막이 얇으며 부착력이 다소 약하다.
　　　ⓓ 종류

클리어 래커 (안료를 첨가하지 않음)	• 주로 목재면의 투명도장에 쓰임 • 오일바니시에 비해 도막은 얇으나 견고하고 광택이 좋다. • 내수성, 내후성은 약간 떨어지고 내부용으로 쓰임
에나멜 래커 (클리어래커+안료)	• 유성 에나멜 페인트에 비해 도막은 얇으나 견고하다. • 기계적 성질도 우수하며 닦으면 윤이 나며 불투명 도료이다.
하이솔리드 래커	• 니트로셀룰로오스 수지와 가소제의 함유량을 보통 래커보다 많게 한 래커. 도막이 두꺼워 능률을 높이고 경제적이다. • 탄력이 있는 도막을 만들어 내후성도 좋지만 경화와 건조는 다소 늦다.

ⓒ 래크(Lack)
  ⓐ 휘발성 용제에 천연수지류를 녹인 것
  ⓑ 건조가 빠르고 피막은 유성 바니시보다 약하다.
  ⓒ 내장재나 가구재에 사용한다.

(5) 천연도료

① 옻
  ㉠ 생옻 : 옻나무 껍질에 상처를 내거나 가지를 잘라서 흘러나오는 분비액
  ㉡ 정제옻 : 생옻을 삼베 등으로 나무껍질 등의 불순물을 제거 후 상온에서 잘 저어서 균질하게 만든 후 낮은 온도(40~50℃)에서 수분을 증발시킨 것
  ㉢ 옻은 온도와 습도가 적당히 있는 곳에서 잘 굳는다(25~30℃, 80% 습도).
  ㉣ 경화된 옻은 화학적으로 안정하므로 내산, 내구, 기밀, 수밀성이 크다.
  ㉤ 내열성은 보통 페인트나 바니시에 비해서 우수하지만 공정이 복잡하다.
  ㉥ 작업환경에도 제약이 있으며 공기가 많이 소요된다.

② 감즙
  ㉠ 익지 않은 감에서 채취한 액체로서 주성분은 타닌이 5% 정도 포함되어 있다.
  ㉡ 건조피막이 물, 알코올에 녹지 않으며 목재, 종이, 실 등에 발라서 내수 및 방수성을 높일 수 있다.

> **Point 도장공법의 분류**
>
> ㉠ 솔칠(브러쉬) : 붓이나 솔을 사용하는 가장 보편적인 공법. 건조가 빠른 래커 등에는 부적합하다.
> ㉡ 롤러칠 : 천장이나 벽면처럼 손이 닿기 어렵거나 평활하고 넓은 면을 칠할 때 적용한다. 작업시간이 빠르다.
> ㉢ 문지름칠 : 솜이나 헝겊으로 광택이나 무늬를 내기 위해 사용한다.
> ㉣ 스프레이 칠
>   ⓐ 에어 스프레이 : 도료를 압축공기로 분출시켜 안개형태로 된 도료와 공기의 혼합물을 분사하는 공법
>   ⓑ 에어리스 스프레이 : 컴프레서의 공기를 수십 배로 높여 도장재료에 직접 압력을 가한 후 좁은 노즐 구멍을 통하여 토출시킴으로서 도료입자를 미립자로 만들어 분사시키는 시공법. 재료의 흩날림이 적고 두꺼운 도막을 얻을 수 있으며 넓은 면적은 물론, 모서리나 구석진 부분의 도장도 가능한 높은 작업능률을 가진다.

제12장 방수재료

실내건축기능사

1 아스팔트 방수재료

(1) 개요 및 분류

① 개요
  ㉠ 석유의 구성 성분 중 경질인 부분이 인위적 또는 자연적으로 증발하고 남은 흑색의 결합력을 가진 고형물질을 아스팔트라 한다.
  ㉡ 천연 아스팔트와 석유 아스팔트로 나뉘며 건축에서는 석유 아스팔트가 주로 사용된다.

② 분류

천연 아스팔트	로크 아스팔트 (rock asphalt)	다공질 암석의 틈새에서 형성된 아스팔트로 방수, 내수, 포장공사 등에 쓰인다.
	레이크 아스팔트 (lake asphalt)	지표면에 호수처럼 괴어 형성된 아스팔트로 중남미 지역에서 주로 생산된다.
	아스팔트 타이트 (asphalt tite)	석유가 지층이나 암석의 틈에 침입한 후 지열 및 공기 등의 작용으로 탄력성이 크게 형성된 것으로 바닥재, 절연재, 방수재료의 원료로 쓰인다.
석유 아스팔트	스트레이트 아스팔트 (straight asphalt)	원유를 건류한 것 또는 증류한 잔유를 정제한 반액체 상태의 아스팔트로 신장·점착·방수성은 풍부하나 연화점이 낮고 내후성 및 온도에 의한 변화가 큰 편이다.
	블론 아스팔트 (blown asphalt)	원유의 잔류성분을 굳힌 고체 성분으로 온도에 의한 변화가 적고 연화점이 높아서 방수공사에 널리 사용된다. 아스팔트 컴파운드 및 프라이머의 원료로도 사용한다.

(2) 아스팔트 제품

① 아스팔트 컴파운드·아스팔트 프라이머
  ㉠ 아스팔트 컴파운드 : 블론 아스팔트에 광물질 미분, 동식물성 섬유를 혼입하여 내열성, 내한성, 점착성, 내후성 등을 개량한 것으로 방수재료 및 내산재료, 전기절연재 등으로 사용된다.
  ㉡ 아스팔트 프라이머
    ⓐ 블론 아스팔트를 솔벤트 나프타, 휘발유 등의 용제에 녹인 것으로 아스팔트 방수의 바탕처리재로 이용된다.
    ⓑ 방수 바탕에 도포하면 표면에 침투하여 강력한 아스팔트 피막을 형성하고 접착성을 향상시킨다.

② 아스팔트 펠트
  ㉠ 무명, 삼, 펠트 등의 섬유로 직포를 만들고 스트레이트 아스팔트를 침투시켜 압착 제조한 롤 제품이다.
  ㉡ 넓은 면적을 쉽게 덮을 수 있어서 아스팔트 방수의 중간층 재료로 쓰이며 기와지붕 밑에 깔거나 루핑과 병용한다.

③ 아스팔트 루핑
  ㉠ 아스팔트 펠트의 양면에 아스팔트 컴파운드를 피복한 다음 그 위에 활석, 운모 등의 미분말을 부착시킨 것이다. 비 흡수 및 투수성이 작고 유연하며 내후성, 내산성, 내열성이 좋다.
  ㉡ 평지붕 방수층, 평판 및 금속판 등의 지붕 깔기 바탕 등에 사용된다.

④ 아스팔트 싱글
  ㉠ 품질 개량된 아스팔트 루핑을 4각형, 6각형으로 절단하여 만든 지붕재이다.
  ㉡ 아스팔트 사이에 강인한 글라스 매트나 다공성 원지를 심재로 넣고, 표면은 채색된 돌입자로 코팅한다.
  ㉢ 다양한 색상의 소재 사용으로 미려한 외관을 창출하고 방수성과 내수성이 우수하며 변색이 잘 되지 않는다.
  ㉣ 경량이고 접착 시공이 편한 반면, 가연성이므로 화재에 다소 취약하다.

❷ 시트 방수재료

(1) 개요

합성 고무계·합성수지·아스팔트를 원료로 한 얇은 시트를 접착제 또는 토치로 모체에 방수층을 형성시킨 것을 시트 방수라 한다. 방수층이 튼튼하고 시공이 용이하며 신축성이 있어 안전한 방수층을 형성하므로 평지붕, 목욕탕, 지하실, 지하철 공사 등에서 많이 쓰인다. 방수층이 얇아 흠이 생기기 쉬우며 누수 사고 시 원인 파악은 다소 어렵다.

(2) 종류

① 개량 아스팔트 시트
  ㉠ 1겹의 방수층으로 시공할 수 있도록 개량한 아스팔트 시트 재료를 말한다.
  ㉡ 용융 아스팔트가 아니므로 냄새, 화상 등의 우려가 없다.
  ㉢ 기존의 아스팔트에 고분자 폴리머를 첨가하여 내후성, 감온성, 바탕 균열 방지성능이 대폭 개량되었다.

② 합성고분자계 시트
  ㉠ 가황고무계 시트 : 감온성이 작고 내피로성이 강한 시트 방수재. 에틸렌프로필렌 고무나 부틸고무 등의 합성고무를 주원료로 하고 유황성분을 첨가시킨 시트 재료이다.
  ㉡ 비가황고무계 시트 : 에틸렌프로필렌 고무나 부틸고무 등의 합성고무를 주원료로 하고 유황성분을 첨가시키지 않은 시트 재료로 상호간의 접착성이 우수한 것이 특징이다.
  ㉢ 합성수지계 시트 : 시트 상호의 용제 접착 및 열융착성이 우수하고 노출상태에서도 보행이 가능한 방수재료이다. 염화비닐계, 폴리에틸렌계, 클로로프렌 고무계 등이 있다.

❸ 기타 방수재료

(1) 도막 방수재

① 우레탄계 도막재
  ㉠ 바탕의 건조상태가 완벽한 경우에 시공이 가능하다.
  ㉡ 2성분형과 1성분형이 있음

> 1성분형(주제+경화제 혼합, 수분에 의한 경화)
> 2성분형(주제와 경화제를 분리, 두 가지 성분의 혼합에 의한 경화)

② 아크릴고무계 도막재
  ㉠ 아크릴레이트를 주원료로 한 아크릴 고무 에멀션에 충전제, 안정제 및 착색제 등을 배합한 1성분형의 제품
  ㉡ 도막 형성을 위해서는 혼합되어 있는 수분의 증발이 필요하다.
  ㉢ 도막 형성 건조시간은 약 1~2일 소요된다.
③ 고무 아스팔트계 도막재
  ㉠ 일반적으로 음이온계로 고무아스팔트 입자는 음전기를 띠고 있고 뿜칠기에 의한 압송성이 우수하다.
  ㉡ 응고제는 3~5% 농도의 염화칼슘 수용액이 쓰인다.
④ 무기, 유기 혼합형 도막재
  ㉠ 합성수지 등의 폴리머에 수경성 시멘트를 혼합하며 만든 방수재
  ㉡ 방수 바탕재의 습윤상태에 영향을 크게 받지 않고 바탕의 균열 발생 시 어느 정도 대응이 가능한 방수재이다.

(2) 기타 방수재료

① 시멘트 액체방수재
  ㉠ 시멘트 모르타르를 혼합하여 만든 방수모르타르의 입자 사이에 유기질막을 형성하여 방수효과를 나타난다.
  ㉡ 시멘트 액체방수재의 종류에는 방수용액 도포, 방수시멘트 풀칠, 방수모르타르 바름이 있다.
② 무기질 침투성 방수재 : 물과 혼합하여 만든 무기질계 액상의 방수재를 구체 바탕에 바르면 조직을 치밀하게 하며 수밀성이 향상되는 효과를 갖는다.
③ 에폭시 방수재 : 내약품성, 내마모성이 좋아서 화학공장의 방수층을 겸한 마무리재로 쓰인다. 다른 방수공법의 보조재로 쓰이기도 하며 바탕 콘크리트의 균열보수, 접착성이 있어 시트방수의 접착제로 사용된다.

제13장 기타 재료

실내건축기능사

❶ 접착제

(1) 접착제의 분류

① 단백질계 접착제

㉠ 카세인

ⓐ 지방질을 빼낸 우유를 자연 산화시키거나 황산, 염산 등을 가하여 카세인을 분리한 다음, 물로 씻어 55℃ 정도의 온도로 건조한 것으로 흰색을 띠며 지방이 함유된 것은 크림색으로 나타난다.

ⓑ 알코올, 물, 에테르에는 녹지 않고 알칼리에 잘 녹는다.

ⓒ 제조할 때 산, 젖산을 쓰면 양질이 되고, 황산은 응결 시간을 단축시킨다.

ⓓ 목재 및 리놀륨 접착제, 수성 페인트의 원료 등으로 이용된다.

㉡ 아교

ⓐ 수피를 삶아서 그 용액을 말린 반투명, 황갈색의 딱딱한 물질

ⓑ 합성수지 접착제의 제품이 나오기 전에는 합판, 가구 등의 접착제로 쓰였다.

㉢ 알부민 접착제

ⓐ 혈액 알부민과 난백 알부민으로 나뉘며 아교에 비해 접착력과 내수성이 우수하다.

㉣ 콩교

ⓐ 식물성 알루민으로서 탈지 콩깻묵을 분말화한 것이다.

ⓑ 기름 성분이 적고 채유 시 가해진 열로 인해서 단백질이 분해, 변질되지 않는 것이 좋다.

㉤ 기타 : 밀 접착제, 녹말질계 접착제

② 고무계 접착제

㉠ 아라비아 고무

ⓐ 아카시아 줄기, 껍질에서 침출되는 액체를 건조한 것으로 엷은 황색의 덩어리 형태이거나 분말 모양으로 물에 녹아서 투명한 액체로 된다.

ⓑ 용액의 점도는 시일이 경과할수록 증대되며 알코올, 에테르 등에는 불용성이고, 습기에 대단히 약하다.

ⓒ 천연고무

ⓐ 생고무를 벤젠, 석유에테르, 벤졸 등과 같은 지방산 탄화수소에 녹인 것이다.

ⓑ 보통 10% 이하의 농도로 하여 가죽, 고무 등을 접착하는 데 쓰인다.

(2) 합성 수지 접착제

① 요소 수지 접착제

㉠ 요소에 포르말린을 혼합하여 가열한 후 진공, 증류하여 얻어지는 유백색의 수지이다.

㉡ 합성 수지 접착제 중 가장 저렴하며 접착력이 우수하다.

㉢ 상온에서 경화되어 합판, 집성목재, 파티클 보드, 가구 등에 사용된다.

② 페놀 수지 접착제

㉠ 페놀과 포르말린과의 반응에 의하여 얻어지는 다갈색의 액상, 분상, 필름상의 수지로 가장 오래 되었다.

㉡ 내수성이 우수하여 1급 내수 합판 접착제로 사용한다.

㉢ 접착력 및 내열성도 우수하여 목재, 금속, 플라스틱 제품의 접착 및 이종재(異種材) 간의 접착제로도 이용된다.

③ 멜라민 수지 접착제

㉠ 멜라민과 포르말린과의 반응에 의해 얻어지는 투명한 흰색의 액상 접착제로 고가이다.

㉡ 요소 수지와 공중합한 것은 완전 내수 합판의 제조에 쓰인다.

㉢ 내수성이 크고 열에 대하여 안정성이 있으나 금속, 고무, 유리 접착에는 부적당하다.

④ 에폭시 수지 접착제

㉠ 합성 수지 접착제 중 가장 우수하여 금속의 접착제에 적당하며 항공기재의 접착에도 쓰인다.

⑤ 푸란 수지 접착제

㉠ 접착층이 두꺼워도 다른 접착제와 달리 강도가 떨어지지 않는다.

㉡ 내산성, 내알칼리성이 강하고 180℃까지의 고온에 견디므로 화학 공장의 벽돌타일 붙이기에 쓰이는 유일한 접착제이다.

㉢ 멜라민이나 요소 수지 접착제를 사용한 적층품의 접착에 쓰인다.

⑥ 규소 수지 접착제

㉠ 내열성이 뛰어나서 200℃ 정도에서 장시간 노출되어도 접착력이 저하되지 않는다.

　　　ⓛ 피혁 이외의 접착에 적당하다.
　⑦ 비닐 수지 접착제
　　　㉠ 용제형 : 초산비닐을 아세톤산이나 메탄올 등에 용해시킨 것으로 용도는 넓으나 0℃ 이하 또는 60℃ 이상의 범위에서는 접착강도가 저하된다. 내수성이 작은 편이다.
　　　ⓛ 에멀션형 : 용제를 포함하지 않아서 화재나 독성의 위험이 없다. 저렴하고 작업성이 좋아서 목재를 비롯, 광범위한 접착제로 사용한다. 내열성과 내수성은 낮아서 옥외의 사용에는 부적당하다.

(3) 아스팔트 접착제
　아스팔트를 주체로 하여 용제, 광물질 분말을 첨가하여 풀 상태로 한 접착제이다. 아스팔트 타일, 시트, 루핑, 싱글 등의 접착용으로 이용된다. 접착성이 좋고 습기 투과가 안 되며 내화학성이 크고 고가이다.

❷ 단열재료

(1) 일반사항
　① 개요
　　　열의 이동을 억제하기 위해서 사용되는 재료를 총칭한다. 단열재료의 대부분은 흡음도 가능하므로 흡음재로서 겸용하고 있다.
　② 단열재의 조건
　　　㉠ 열전도율과 흡수율이 낮아야 한다.
　　　ⓛ 내화성이 크고 기계적인 강도를 가져야 한다.
　　　ⓒ 화재 시 유독가스가 생기지 않아야 하며 재질이 균일하고 가격이 저렴해야 한다.

(2) 무기질 단열재료
　① 유리섬유
　　　㉠ 규사를 원료로 한 유리를 압축공기로 뿜어내어 섬유상태로 만든 것이다.
　　　ⓛ 탄성이 작고 인장강도가 크며 경량으로 전기 절연성, 내화성, 흡음성, 내수성, 내식성 등이 우수하다.
　② 암면
　　　석회, 규산을 주성분으로 하는 현무암, 안산암, 돌로마이트 등을 용융하여 원심력, 압축공기 또는 고압증기를 뿜어내어 섬유상태로 만들며 보온성, 내화성, 흡음성, 단열성이 우수하다.

③ 석면
   ㉠ 사문석 등의 결정성 광물을 분말로 처리하여 솜처럼 제작한다.
   ㉡ 내화성·보온성·절연성이 우수하지만 습기에 취약하다.
   ㉢ 과거에 많이 쓰였으나, 현재는 발암물질로 지정되어 사용이 금지됐다.

④ 펄라이트판
   ㉠ 화산석으로 된 진주석을 900~1200℃에서 소성한 후 분쇄하여 제조
   ㉡ 비중이 0.04~0.2이며 공극률은 90% 정도이다.
   ㉢ 가볍고 단열성이 크고 화학적으로 안정되어 있으며 내화성도 크다.
   ㉣ 흡수성이 커서 외부용으로 부적당하다.

⑤ 폼 글라스
   유리분말에 소량의 탄산칼슘 등의 발포질 물질을 혼합하여 850℃에서 가열 후에 발생하는 미세기포를 판형으로 제조하며 단열재, 보온재, 방음재로 쓰인다.

⑥ 기타 재료 : 질석, 광재면

(3) 유기질 단열재료

셀룰로오스 섬유판	천연 목질섬유를 원료로 하고 내구성, 발수성, 방수성 등을 부여하기 위해 약품으로 처리하여 제조한 것
스티로폼	폴리스티렌 수지에 발포제를 넣어 다공질의 기포를 형성하여 제조한 것
폴리우레탄폼	현장 발포시공이 가능한 제품. 내화학성이 크다.
코르크판	코르크 나무의 껍질을 주원료로 하고 톱밥, 마사 등을 혼합하여 가열, 가압, 성형, 접착하여 만든다.

③ 실내건축재료

(1) 바닥재료

① 목재
   ㉠ 오랜 시간 동안 가장 많이 쓰인 재료. 비교적 부드럽고 친근한 느낌의 재료이다.
   ㉡ 목재바닥은 원목의 판재를 까는 방법과 집성재 위 무늬목을 붙인 마감재를 까는 방

법이 있다.

　　ⓒ 플로어링은 길이방향으로 붙여 직선효과를 주면서 공간을 넓게 보이게 한다.

　　ⓔ 래커나 니스, 왁스 등을 칠해서 수명을 늘리고 관리하게 쉽게 할 수 있다.

② 석재, 벽돌 및 타일

　　㉠ 석재는 대리석, 화강암 등이 주로 쓰이며 고가이나 매끈하고 화려한 느낌을 준다.

　　㉡ 벽돌은 흡수성이 커서 현관, 테라스 등에 부분적으로 쓰인다.

　　㉢ 타일은 유지관리가 간편하고 청결한 느낌을 준다.

③ 합성 수지 재료

　　㉠ 보행 시 부드러운 느낌을 주고 소음도 작으며 시공이 간편하다.

　　㉡ 색채와 무늬가 다양하고 유지관리가 간편하다.

　　㉢ 종류와 모양이 다양하고 유지관리가 간편하나 내마모성은 다소 약하다.

④ 섬유재료

　　㉠ 천연섬유 혹은 합성섬유로 카펫을 제조하여 바닥재료로 사용한다.

　　㉡ 카펫은 전체깔기와 부분깔기 방식이 있다.

(2) 벽 마감재

① 벽지

　　㉠ 섬유벽지

　　　　ⓐ 벽지의 색채, 무늬, 촉감, 흡음성 등이 좋아서 고급 내장재로 사용한다.

　　　　ⓑ 비단과 같은 느낌을 주면서도 경제적인 인견벽지가 있다.

　　㉡ 종이벽지 : 비교적 저렴하고 많이 쓰인다. 종이에 무늬와 색채를 프린트한 벽지

　　㉢ 발포벽지

　　　　ⓐ 종이벽지 위에 플라스틱 기포를 뿜어서 만든 것

　　　　ⓑ 탄력성이 있어 흡음성과 질감이 좋고, 표면을 비닐로 처리하여 물세척이 가능하다.

　　　　ⓒ 기포의 크기에 따라 저발포, 중발포, 고발포로 나뉘며 기포가 클수록 좋고 고가이다.

　　㉣ 비닐벽지 : 방수성이 있어 부엌이나 욕실에 타일 대용으로 쓰이며 더러움이 쉽게 타는 어린이방에 사용하면 청소가 쉽다.

　　㉤ 갈포벽지

　　　　ⓐ 종이 벽지 위에 칡 섬유의 줄기를 붙여 만든 것

　　　　ⓑ 자연스러운 느낌을 주고 질감이 거칠며 흡음성이 좋아서 아늑한 느낌을 준다.

　　　　ⓒ 표면이 거칠어 먼지가 쉽게 앉으므로 관리에 불편하다.

② 콘크리트
　㉠ 최근 노출콘크리트의 순수한 마감재 느낌을 살리는 디자인이 늘고 있다.
　㉡ 거푸집 자국을 그대로 노출하는 건축외장 형식을 제치장 혹은 노출 콘크리트라 한다.
③ 도료
　㉠ 페인트 등의 도장재료를 사용하여 벽의 마감을 한다.
　㉡ 벽체의 미관, 방화, 방식, 보호 등을 목적으로 다양하게 이용된다.

(3) 천장 마감재
① 특징
　㉠ 강도는 크게 요구되지 않으나 청결한 관리가 쉽고 흡음, 단열성이 좋은 재료를 사용해야 한다.
　㉡ 내열성, 내습성이 좋아야 하며 반사율이 높아야 한다.
② 텍스
　㉠ 부드러운 섬유질 재료를 압축하여 만든 것
　㉡ 경량이고 공극이 많아서 방화성, 내수성, 내구성은 작으나 흡음성이 좋다.
　㉢ 연질 섬유판은 흡음성을 크게 하기 위하여 구멍을 뚫는다.
③ 석고보드(gypsum board)
　㉠ 석고와 섬유 혼합물을 물로 이겨 양면에 두꺼운 종이를 밀착시킨 후 성형한다.
　㉡ 흡음재, 천장 및 벽 마감재 등의 용도로 인테리어에 널리 쓰인다.
　㉢ 부식이나 충해 피해가 거의 없으며, 신축변형 및 균열이 적고 단열성도 비교적 좋다.
④ 플라스틱
　㉠ 가볍고 흡수성이 없어서 욕실 천장재로 많이 쓰인다.
　㉡ 반투명 아크릴판은 창호지와 같은 부드러운 빛을 투과시켜서 광천장 조명의 확산 재료로 쓰인다.

(4) 창호마감재
① 목재
　㉠ 원목은 고급스러운 분위기를 내지만 고가이다.
　㉡ 원목보다 저렴한 합판을 많이 사용하며 도료를 칠해서 방수성을 보충해준다.

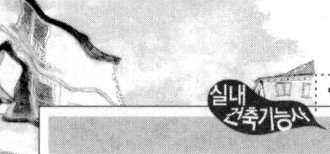

② 철재

　주로 현관문, 외부의 대문, 방화문 등에 많이 쓰인다.

③ 종이

　㉠ 채광효과가 있고 문을 닫은 상태에서도 통기성이 있다.

　㉡ 전통 창호의 나무 문살에 붙이는 창호지가 많이 쓰인다.

　㉢ 방한, 방음성이 낮으므로 현대식 건축에서는 유리문이나 나무 덧문과 함께 이중문을 많이 사용한다.

제3편

실내건축디자인 일반

제1장 건축구조 총론

❶ 일반사항

(1) 구조형식에 따른 분류
① 조적식 구조
  벽돌, 블록, 돌 등의 재료에 모르타르 등의 교착제를 써서 쌓는 방식의 구조
② 가구식 구조
  목재 및 철골 등 가늘고 긴 재료를 조립하여 뼈대를 구성하는 구조
③ 일체식 구조
  전 구조체가 일체로 구성되는 구조

(2) 시공법에 따른 분류
① 습식 구조
  콘크리트, 모르타르 등 물을 사용하는 공정을 가진 구조. 긴밀한 구조체를 만들 수 있으나 공사기간이 길어지는 단점이 있다. (조적식 구조, 철근콘크리트 구조)
② 건식 구조
  현장에서 물을 사용하지 않는 구조로서 공사기간이 짧고 경량화된 구조체를 구성할 수 있으나 접합부의 강성화가 불안한 단점이 있다.
③ 조립식 구조
  기본 부재를 공장에서 제조하여 현장에서 조립하는 구조

(3) 특수구조
① 셸구조
  얇은 막구조의 장점을 이용하여 하중을 지지하는 구조
② 현수구조
  지중 바닥판의 슬래브를 케이블 등으로 매달아 놓은 구조

③ 기타 구조

　막구조, 돔구조, 커튼월 구조 등

2 기초 및 지정

(1) 기초

① 기초판 형식별 분류

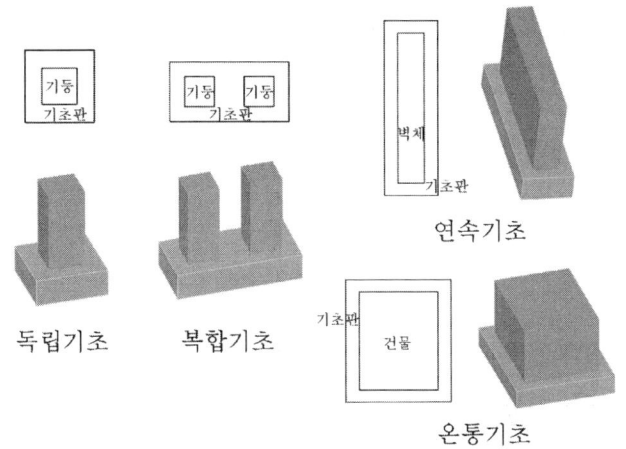

ㄱ. 줄 기초 : 조적식 구조에서 주로 사용. 연약한 지반에 유리하다.

ㄴ. 독립 기초 : 각 기둥마다 독립된 기초판을 가지는 형식

ㄷ. 온통 기초 : 지내력이 약한 경우 건물 바닥면 전체를 기초판으로 하는 형식

ㄹ. 복합 기초 : 2개 이상의 기둥을 한 개의 기초로 지지하는 형식

ㅁ. 말뚝 기초 : 깊은 곳의 튼튼한 지반까지 말뚝으로 지지할 수 있게 한 형식

ㅂ. 특수 기초 : 피어 기초, 개방잠함 기초, 공기잠함 기초 등

② 구조체 형식별 분류

　주춧돌 기초, 장대돌 기초, 벽돌 기초, 철근콘크리트 기초, 말뚝 기초 등

③ 지반조사 및 시험

ㄱ. 지반조사 : 사전조사 – 예비조사 – 본조사 – 추가조사 순으로 진행하며 지반조사는
시험파보기, 짚어보기, 보링, 표준관입시험 등이 있다.

ㄴ. 지내력시험 : 기초에 대한 내력을 측정하는 시험

ⓒ 지반에 따른 허용지내력도

지반	장기응력에 대한 허용응력도(t/m²)
화강암, 안산암 등의 경암반	400
편암, 판암 등의 수성암 계열 연암반	200
자 갈	30
자갈+모래	20
모 래	10
모래+진흙	15
진 흙	10

※ 단기응력에 대한 허용응력도는 장기허용응력도의 2배

(2) 지정

기초파기를 한 바닥판을 다져 치밀하게 지반을 만드는 작업을 지정이라 한다.
① 모래지정 : 비교적 안정된 지반에 직접기초를 할 때 밑자리가 흐트러지는 것을 방지하기 위해 두께 10cm 정도로 설치한다.
② 자갈지정 : 자갈, 깬자갈 등을 다지는 지정으로 6~12cm의 두께로 설치한다.
③ 잡석지정 : 연약한 지반, 수분이 비교적 많은 진흙지반에 사용하는 지정이다.
④ 말뚝지정 : 지반의 지내력이 약할 때 말뚝을 통해 깊은 곳의 단단한 지반의 지내력을 얻기 위해 설치하는 형식의 지정

(3) 말뚝

① 기성콘크리트 말뚝

원심력을 이용하여 만든 중공 원주형의 말뚝을 사용하며 말뚝머리의 중심간격을 지름의 2.5배 이상 혹은 75cm 이상으로 한다.

② 철재 말뚝

깊은 지지층까지 도달시킬 수 있으며 해안 매립지 및 경질 지반이 깊을 때 사용한다. 중심간격은 지름의 2.5배 이상 혹은 90cm 이상으로 한다.

③ 나무 말뚝

㉠ 소나무, 미송, 낙엽송, 삼나무 등을 사용하고 갈라짐이나 썩음이 없고 습기에 견디

는 곧고 긴 생나무를 사용한다.
　ⓒ 부식을 방지하기 위해 상수면 아래로 위치하도록 박으며 말뚝 끝에는 쇠신을 씌운다.
　ⓒ 중심간격은 지름의 2.5배 이상으로 보통 4배 이상 이격시키며 60cm 이상으로 한다.
④ 제자리 콘크리트 말뚝
　현장에서 직접 땅속에 구멍을 뚫거나 굵고 긴 철관을 지하에 굳은 지층까지 박고 내부에 철근을 조립하여 콘크리트를 부어 넣어 말뚝을 형성한다.

제2장 목구조

실내건축기능사

1 일반사항

(1) 장·단점

장점	단점
• 외관이 수려하고 건물 자중이 가볍다. • 가공성이 좋아서 공사기간이 짧다. • 열전도율이 낮아 보온 및 방서효과가 좋다.	• 재질이 불균등하고 변형 및 부패가 쉽게 발생한다. • 내화성 및 내구성이 낮다. • 접합부의 강성이 약하다.

(2) 목재의 강도

목재는 섬유방향의 강도가 섬유직각방향의 강도보다 크다.
- 인장강도 > 휨강도 > 압축강도 > 전단강도
- 섬유방향 > 섬유직각방향

2 목재의 접합

(1) 개요

① 접합의 종류
  ㉠ 이음 : 2개 이상의 목재를 재축방향(수평)으로 하나로 연결하는 방법
  ㉡ 맞춤 : 두 목재를 직각 또는 경사지게 마주댈 때 맞추는 방법
  ㉢ 쪽매 : 목재판이나 널을 옆으로 붙여 끼워대는 방법
② 접합 시 유의사항
  ㉠ 목재는 될 수 있는 한 적게 깎아낼 것
  ㉡ 응력이 작은 곳에서 접합할 것

ⓒ 공작은 되도록 간단하게 하고 모양에 치중하지 말 것
ⓔ 이음, 맞춤의 단면은 응력 방향에 직각으로 할 것
ⓜ 접합부는 정확하게 가공하여 빈틈이 없게 할 것
ⓗ 접합부는 가급적 철물로 보강하여 강성을 최대로 확보할 것

(2) 이음

① 맞댄이음
  ㉠ 두 부재를 맞대고 덧판을 대어 큰못 또는 볼트로 조임
  ㉡ 덧판은 목재, 철판을 쓰고 산지나 듀벨을 써서 보강함
  ㉢ 맞댄 자리는 평, −자, +자형의 턱솔맞댐을 함
  ㉣ 평보의 이음

② 겹친이음
  ㉠ 두 부재를 겹쳐서 산지, 큰못, 볼트 등으로 보강한 이음
  ㉡ 듀벨, 볼트 등을 쓰면 큰 간사이도 가능함
  ㉢ 간단한 구조, 비계통나무이음

③ 따낸이음

두 부재를 서로 물려지도록 따내어 맞추어지게 한 것으로 큰못, 산지, 볼트 등으로 보강한 이음

주먹장 이음	• 한 재의 끝을 주먹모양으로 만들어 다른 재에 이음한 것 • 매우 튼튼하고 가장 널리 쓰임 • 토대, 멍에, 중도리 이음에 사용(힘을 많이 받는 부위에는 사용 불가)
메뚜기장 이음	• 주먹장보다 더욱 튼튼함 • 토대, 멍에, 중도리 이음에 사용(공작이 까다롭다.)
엇걸이 이음	• 이음부위에 비녀(산지) 등을 박아 더욱 튼튼하게 한 이음 • 평보, 기둥, 토대, 처마도리 등 주요 가로재의 내이음에 사용
빗걸이 이음	• 이음재의 밑에 보나 기둥, 도리 등의 받침이 있는 부재의 이음 • 빗걸이 턱을 2단으로 하며 산지, 볼트 등으로 보강한다.

④ 기타 이음

빗이음	서까래, 띠장, 장선의 이음
엇빗이음	부재의 반을 갈라서 서로 반대 경사로 빗이음한 것. 반자틀, 반자살대 등의 이음
반턱이음	두 부재를 반씩 턱을 내어 겹치고 못, 산지 등으로 이음한 것. 장선 등의 이음
턱솔이음	일(-)자형, 십(+)자형, ㄱ자형, T자형, ㄷ자형 등의 턱솔을 만들어 이음한 것 걸레받이, 난간두겁대 등의 이음
은장이음	동일한 나무 또는 참나무로 나비형 은장을 만들어 끼워 이음한 것 못이나 볼트를 사용한 이음보다 뒤틀림에 강하다.

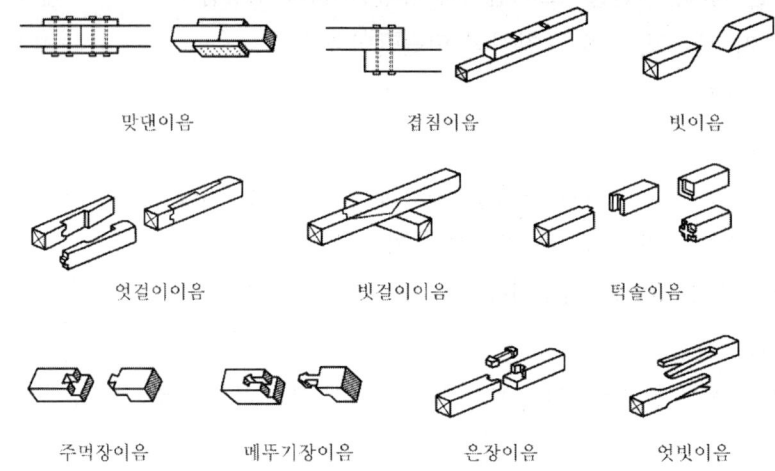

⑤ 위치별 이음의 종류

　㉠ 심이음 : 부재의 중심에서 이음한 것

　㉡ 내이음 : 중심에서 벗어난 위치에서 이음한 것

　㉢ 베개이음 : 가로 받침대를 대고 이음한 것

　㉣ 보아지 이음 : 심이음에 보아지(받침대)를 댄 것

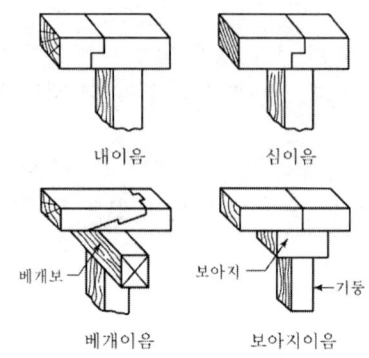

(3) 맞춤

① 장부맞춤

목재 마구리 부분에 장부를 만들고 이것을 다른 편의 구멍에 꽂은 맞춤으로, 어떤 맞춤에도 사용되고 가장 튼튼한 맞춤 방법이다.

짧은 장부	장부길이가 맞추어질 부재 춤의 1/3~1/2 정도 되는 것 왕대공과 평보의 맞춤
내다지장부	맞추어질 부재 춤보다 긴 장부를 쓴 것 나온 부분에 메뚜기, 쐐기 등을 박아 되빠짐 방지 기둥의 상하 맞춤
평장부	장부 단면이 一자형으로 된 것 장부 중 가장 많이 쓰임
턱장부	평장부 한편에 턱이 있는 것 턱장부에 턱솔이 달린 것을 턱솔턱장부라 함 토대, 창호 등의 모서리 맞춤
쌍턱장부	평장부 양편에 턱을 낸 것 기둥의 윗부분에서 도리와 보 두 부재가 걸쳐질 때 사용
주먹장부	주먹모양으로 장부를 만들어 끼워 빠지지 않게 한 것 토대의 T형 부분, 토대와 멍에, 달대공의 맞춤에 쓰인다.
부채장부	단면이 사다리꼴 형태. 모서리 기둥과 토대와의 맞춤
지옥장부	벌림쐐기를 미리 꽂아 장부구멍에 넣고 위에서 때림 창호나 치장을 요하는 부분에 사용
턱솔장부	솔기에 짧은 촉을 낸 것
빗장부	경사진 장부 형태. 중도리와 박공널의 맞춤
가름장장부	마구리 중간을 따서 두 갈래로 한 것 양식 지붕틀의 왕대공과 마룻대의 맞춤

② 장부 이외 맞춤

통맞춤	큰 부재 구멍에 작은 부재를 통째로 끼워넣는 맞춤
가름장맞춤	큰 부재 중간을 따서 두 갈래로 작은 부재에 끼워넣는 맞춤
빗턱장부 맞춤	부재를 경사지게 따낸 자리에 짧은 장부를 내서 맞춘 것 왕대공과 ㅅ자보 맞춤

빗걸침턱 맞춤	접합면을 같은 경사로 깎아 맞댄 것. 상하 교차 부재에 씀 멍에와 토대의 맞춤
걸침턱 맞춤	상하 부재가 직각으로 교차될 때 접합면을 서로 따서 물리게 한 것 좌우 이동 방지효과 평보와 깔도리 맞춤
반턱맞춤	부재춤을 반씩 따서 직각으로 교차하여 맞춘 것 도리 등의 직각부분 맞춤
안장맞춤	빗잘라 중간을 따서 두 갈래로 된 것을 양 옆을 경사지게 딴 자리에 끼워서 맞춤 평보와 ㅅ자보 맞춤
갈퀴맞춤	널끝의 밑면에 경사진 단을 내어 구멍 속에 밀어넣고 위에 쐐기를 박음
연귀맞춤	접합재의 마구리를 감추기 위해 45°로 잘라 맞춘 것 나무 마구리 맞춤

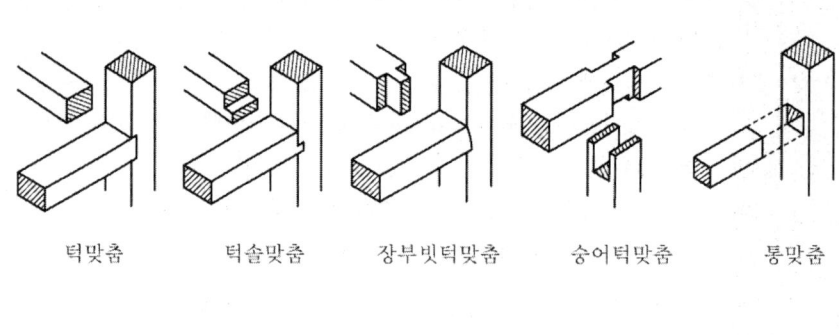

턱맞춤   턱솔맞춤   장부빗턱맞춤   숭어턱맞춤   통맞춤

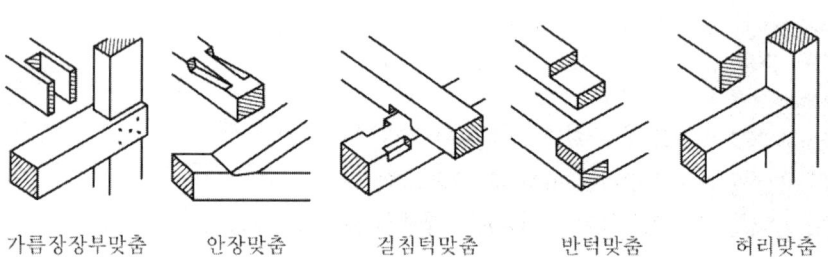

가름장장부맞춤   안장맞춤   걸침턱맞춤   반턱맞춤   허리맞춤

Point 맞춤 종류별 사용 장소

① 왕대공+마룻대=가름장장부맞춤   ② 왕대공+평보=짧은장부맞춤
③ 왕대공+ㅅ자보=빗턱통맞춤   ④ 평보+ㅅ자보=안장맞춤
⑤ 평보+깔도리=걸침턱맞춤   ⑥ 토대+토대=주먹장맞춤
⑦ 모서리기둥+토대=부채장부맞춤   ⑧ 멍에+토대=빗걸침턱맞춤
⑨ 나무마구리=연귀맞춤

(4) 쪽매

① 정의 : 부재를 섬유방향과 평행으로 옆으로 대어 붙이는 것

② 종류

 ㉠ 맞댄쪽매 : 경미한 구조에 이용

 ㉡ 반턱쪽매 : 거푸집, 두께 15mm 미만 널에 사용

 ㉢ 빗쪽매 : 반자틀, 지붕널에 사용

 ㉣ 제혀쪽매 : 가장 많이 사용하며 마루널 깔기에 사용

 ㉤ 오늬쪽매 : 흙막이 널말뚝에 사용

 ㉥ 딴혀쪽매 : 마루널 깔기에 사용

 ㉦ 틈막이대쪽매 : 징두리판벽, 천장에 사용

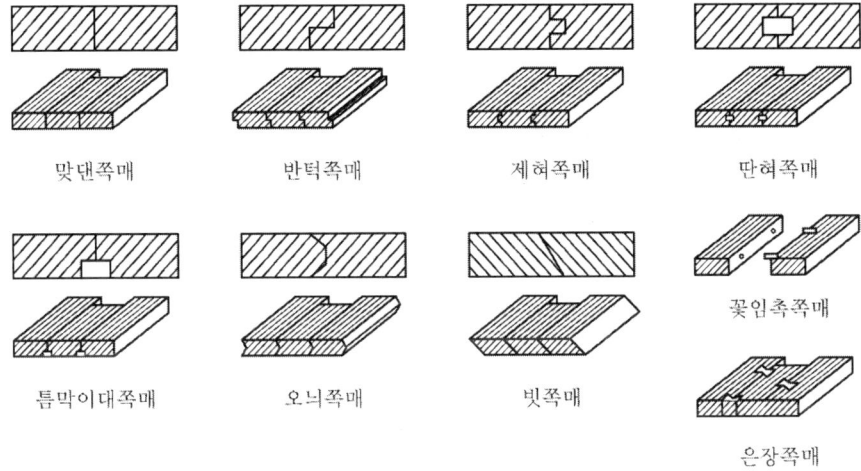

(5) 보강철물

① 못

 ㉠ 못은 재의 섬유방향에 대하여 엇갈리게 박는다.

 ㉡ 경미한 곳 외에는 1개소에 4개 이상 박는 것을 원칙으로 한다.

 ㉢ 못의 길이 : 박는 나무두께의 2.5~3배(마구리는 3~3.5배)

 ㉣ 부재 두께는 못 지름의 6배 이상

 ㉤ 못 배치 간격 : 가력방향 10d(가장자리 12d), 반대방향 5d 이상

② 볼트

 ㉠ 보통 볼트, 양나사 볼트, 갈고리 볼트, 주걱 볼트 등이 있다.

ⓛ 인장력을 받을 때 사용한다.
　　ⓒ 지름 9mm 이상, 구조용은 지름 12mm 이상을 사용한다.
③ 듀벨
　　㉠ 접합재 사이에 끼워 넣고 볼트로 죄어 부재 상호간의 미끄럼을 막는다.
　　ⓛ 볼트와 병행 사용하며 듀벨은 전단력에 저항한다.
　　ⓒ 배치는 동일 섬유방향에 엇갈리게 배치한다.
④ 감잡이쇠
　　㉠ 왕대공과 평보 맞춤 시 보강철물
⑤ 띠쇠
　　㉠ ㅅ자보와 왕대공의 맞춤, 기둥과 층도리의 맞춤 시 보강철물
⑥ 안장쇠
　　㉠ 큰보와 작은보의 연결 시에 사용함

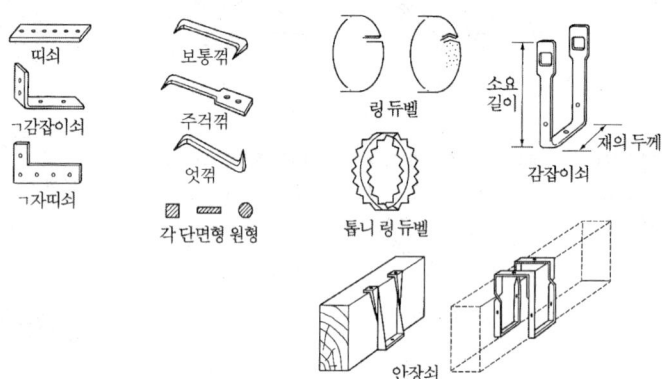

> **Point** 보강 철물 사용 장소
> ① 처마도리+깔도리=양나사볼트　　② 평보+왕대공=감잡이쇠
> ③ ㅅ자보+평보=볼트　　　　　　　④ 보+처마도리=주걱볼트
> ⑤ 큰보+작은보=안장쇠　　　　　　⑥ 토대+기둥=감잡이쇠, 꺾쇠, 띠쇠
> ⑦ 기초+토대=앵커볼트　　　　　　⑧ 왕대공+ㅅ자보=띠쇠
> ⑨ 달대공+ㅅ자보=볼트, 엇꺾쇠　　⑩ 빗대공+ㅅ자보=양면꺾쇠
> ⑪ 모서리기둥+층도리=ㄱ자쇠

❸ 목조 벽체

심벽식	평벽식
• 전통목조와 같이 뼈대 사이에 벽을 만들어 뼈대가 보이도록 만든 구조이다. • 단면이 작은 가새를 배치하게 되어 평벽에 비해 약하지만 목재 고유의 아름다움을 표현할 수 있다.	• 뼈대를 감싸고 마감재를 대어 뼈대를 감춘 구조이다. • 단면이 큰 가새를 배치하고 철물로 보강할 수 있어 내진성, 내풍성을 높일 수 있다. • 실내 기밀성, 방한, 방습 효과가 크다.

(1) 벽체 구성

① 토대
   ㉠ 기초 위에 가로놓아 상부에서 오는 하중을 기초에 전달하는 부재이다.
   ㉡ 기둥과 기둥을 고정하고 벽을 설치하는 뼈대가 된다.
   ㉢ 단면크기는 기둥과 같거나 약간 크게 한다(단층 105mm각, 2층 120mm각 정도).
   ㉣ 이음부는 턱걸이주먹장·이음턱걸이메뚜기장이음·엇걸이산지이음 등을 사용하고, 연귀장부맞춤, 턱솔장부맞춤으로 모서리와 접합부를 맞춤한다.
   ㉤ 토대의 모서리, 구석, 기타 접합부에 귀잡이토대를 설치하여 수평력에 저항하게 한다.

② 기둥
   ㉠ 통재기둥
      ⓐ 1층과 2층을 한 개의 부재로 연결하는 기둥
      ⓑ 건물의 모서리에 배치하며, 길이가 긴 벽은 중간에도 배치한다.
      ⓒ 2층 이상 목조건물의 모서리기둥은 통재기둥으로 해야 한다.
   ㉡ 평기둥
      ⓐ 층도리를 사이에 두고 한 층씩 세워지는 기둥이다.
      ⓑ 배치 간격은 2m 전후로 한다.
   ㉢ 샛기둥
      ⓐ 평기둥 사이에 세워서 벽체 구성 및 가새의 옆휨을 막는 역할을 한다.
      ⓑ 배치 간격은 45cm 내외로 하고, 상하 가로재에 짧은 장부맞춤으로 한다.
      ⓒ 가새와 접합 시에는 반드시 샛기둥 쪽을 따내 접합한다.

> 본기둥 : 구조물의 뼈대가 되는 기둥(통재기둥, 평기둥)

③ 층도리

상, 하층 사이의 가로재로서 기둥을 연결하고 위층 바닥 하중을 기둥에 전달시킨다.

④ 도리

㉠ 깔도리 : 기둥 맨 위 처마부분에 수평으로 대어 지붕틀의 하중을 기둥에 전달한다.

㉡ 처마도리 : 지붕틀 평보 위에 깔도리와 같은 방향으로 걸친다.

㉢ 단면 크기는 기둥과 같게 하거나 춤을 다소 높게 하며, 이음은 엇걸이산지이음으로 한다.

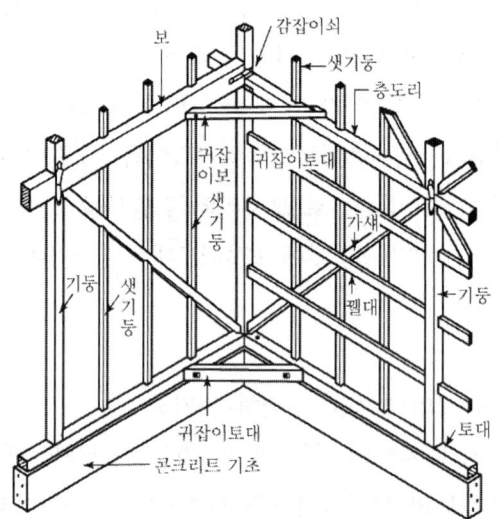

⑤ 가새

㉠ 벽체의 수평력(횡력) 보강재

ⓐ 가새의 크기

인장가새	기둥 단면적의 1/5 이상의 목재나 지름 9mm 이상 철근을 사용한다.
압축가새	기둥 단면적의 1/3 이상의 목재를 사용한다.

ⓑ 가새의 설치 원칙

- 기둥이나 보의 중간에 설치하지 말아야 한다.
- 기둥이나 보에 대칭되게 설치한다(좌우대칭구조).

- 인장응력과 압축응력을 받을 수 있도록 X, V자형으로 배치한다.
- 설치 각도는 45°가 유리하다.
- 상부보다 하부에 많이 배치한다.

⑥ 버팀대

㉠ 절점부분(기둥과 깔도리, 층도리, 보 등이 접합되어 있는 부분)의 수평력에 의한 변형을 막기 위해 설치하는 부재이다.

㉡ 수평력에 대해 가새보다는 약하지만 가새를 댈 수 없는 곳에 유리하다.

⑦ 귀잡이 : 가로재(토대, 보, 도리 등)가 서로 수평으로 맞추어지는 귀부분을 보강하기 위해 대는 빗재를 말한다.

❹ 마루

(1) 1층 마루

① 동바리 마루

마루 밑부분에 동바리돌을 놓고 그 위에 동바리를 세운다. 동바리 위에 멍에를 걸고 그 위에 직각방향으로 장선을 걸치고 마루널을 깐다.

동바리	멍에와 같은 크기(10cm각 내외)로 하고 간격은 멍에와 동일하게 설치한다.
멍에	단면은 10cm각 내외로 하고, 간격은 0.9~1.8m 정도로 한다.
장선	크기 6cm각(멍에 간격 1m 이내일 때), 간격 45cm 내외(멍에 간격의 절반 정도)
마루널	두께 18~24mm의 널재를 제혀쪽매로 연결한다(밑바탕널은 12~18mm 합판 사용).

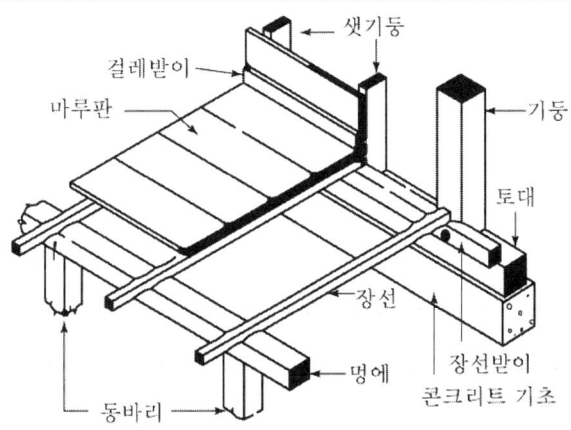

② 납작마루

동바리를 쓰지 않고 호박돌 위에 멍에, 장선을 대고 마루널을 깔거나, 콘크리트 바닥에 멍에, 장선을 깔고 마루널을 깐다.

(2) 2층 마루

홀마루 (장선마루)	간사이가 작을 때(2.4m 미만) 사용 보를 쓰지 않고 층도리 등에 장선을 걸치고 마루널을 깐다.
보마루	간사이 2.4~6.4m 미만에 사용 보를 걸어 장선을 받고 마루널을 깐 것(보 간격 약 1.8m)
짠마루	간사이 6.4m 이상 큰보 위에 작은보를 걸고 장선과 마루널을 깐 것

5 지붕 및 지붕틀

(1) 지붕의 종류

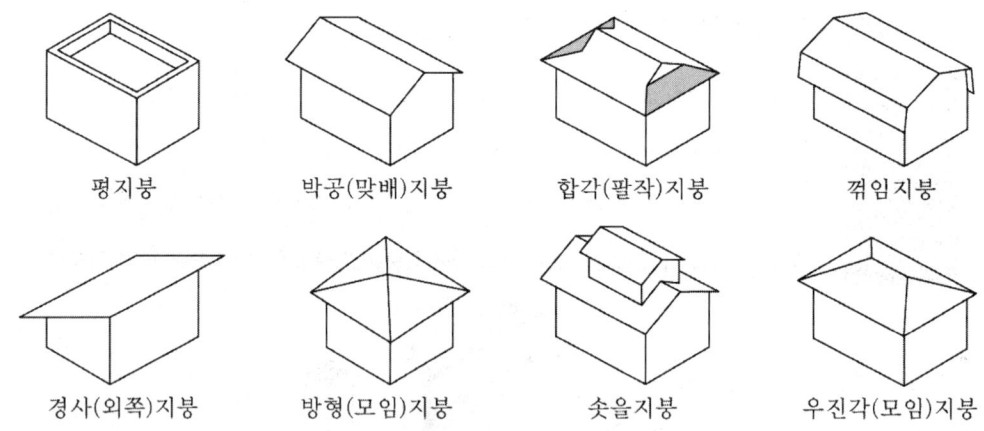

평지붕 　 박공(맞배)지붕 　 합각(팔작)지붕 　 꺾임지붕

경사(외쪽)지붕 　 방형(모임)지붕 　 솟을지붕 　 우진각(모임)지붕

(2) 지붕물매

① 물매 : 빗물이 잘 흘러내리도록 지붕면을 경사지게 한 것이다.

② 물매표시방법 : 수평거리(10cm)에 대한 직각삼각형의 수직높이로 표시한다.

③ 경사각이 45°인 것을 되물매, 그 이상인 것을 된물매라 한다.

(3) 절충식 지붕틀

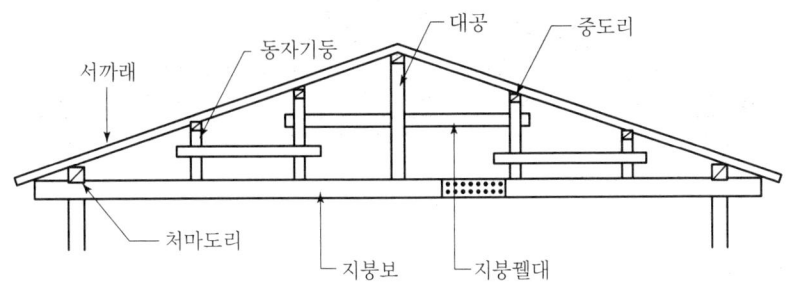

① 처마도리 위에 지붕보를 걸쳐대고 그 위에 동자기둥과 대공을 세우면서 중도리와 마루대를 걸쳐대어 서까래를 받게 한 지붕틀
② 공작이 간단하며 간사이가 작거나(6m 이내) 간벽이 많은 건물에 사용
③ 사용부재

지붕보	크기 : 끝마구리 지름 120mm 정도(간사이 3m일 때)
대공, 동자기둥	크기 : 100×100mm 정도, 간격 : 0.9m 정도
서까래	크기 : 50mm각재, 간격 : 0.45m 정도
지붕널	두께 : 12mm~18mm 정도

양식 구조에서는 처마도리와 깔도리를 구분해서 사용하고, 절충식 구조에서는 처마도리가 깔도리를 겸하고 있다.

(4) 왕대공 지붕틀

① 양식 지붕틀 중 가장 많이 쓰이는 지붕틀로 여러 부재를 삼각형으로 짜서 역학적으로 외력에 튼튼한 구조이다.
② 간사이가 큰 구조물에 쓰인다(최대 20m 가능).
③ 평보 간격(지붕틀 간격)은 2~3m 정도이다.
④ 평보 이음은 왕대공 근처에서 맞댄 덧판이음을 하고 산지를 끼워 볼트를 조인다.

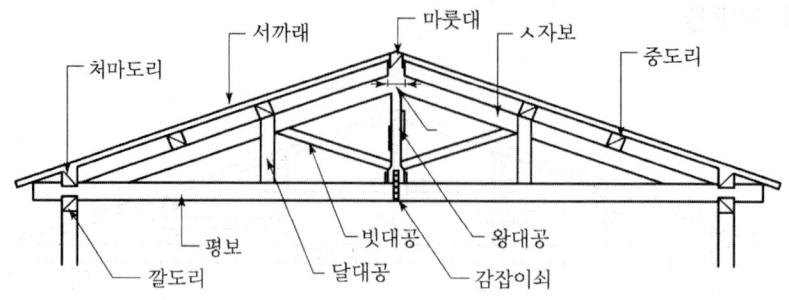

⑤ 부재의 응력부담

압 축 재	ㅅ자보, 빗대공 – 빗재
인 장 재	왕대공, 평보, 달대공 – 수직, 수평재

Point
① ㅅ자보 : 휨모멘트와 압축력을 동시에 받음
② 평보 : 인장력과 휨모멘트를 동시에 받음

(5) 쌍대공 지붕틀

간사이가 10m 이상이거나 꺾임지붕으로 할 때 또는 보꾹방(다락방)으로 이용할 때 쓰인다.

Point 우미량
중도리, 마룻대 등을 받치는 동자기둥, 대공을 세우기 위한 부재로 모임지붕이나 합각지붕에서만 사용

Point 추녀
모임지붕에서 처마 부분에 45°로 마룻대에 연결시킨 부재

제3장 조적식 구조

실내건축기능사

1 벽돌구조

건물의 기초나 벽체 등을 벽돌과 모르타르로 쌓아 만든 것으로서 블록구조, 돌구조 등과 같이 조적구조의 기본이 된다.

장점	단점
• 내화, 내구, 방한, 방서적이다. • 시공이 비교적 간단하다. • 외관이 아름답고 장중하다. • 질감이 다양하고 주위환경과 잘 어울린다.	• 수평력(풍압, 지진력)에 약하므로 고층이나 대형건물에는 적합하지 않다. • 벽체가 두꺼워 면적이 줄어든다. • 습기가 차기 쉽다.

(1) 벽돌의 규격 및 품질

① 규격
  ㉠ 기존형(구형) : 210×100×60(단위 : mm)
  ㉡ 표준형(신형) : 190×90×57
② 품질
  ㉠ 1종 점토벽돌 : 압축강도 24.50N/mm² 이상, 흡수율 10% 이하
  ㉡ 2종 점토벽돌 : 압축강도 14.70N/mm² 이상, 흡수율 15% 이하

(2) 벽돌의 종류

① 보통벽돌
  ㉠ 시멘트 벽돌 : 시멘트+모래를 혼합하여 만든다.
  ㉡ 보통벽돌(점토벽돌) : 점토+석회+모래를 혼합하여 구워 만든다.
    ⓐ 붉은 벽돌 : 완전 연소로 구운 것
    ⓑ 회색·검정벽돌 : 불완전 연소로 구운 것
② 특수벽돌
  ㉠ 이형벽돌 : 특별한 모양으로 만든 것으로 개구부 주위에 장식적으로 사용한다.

ⓒ 경량벽돌

ⓐ 경량벽돌 : 경량이며, 열 차단성이 큼

ⓑ 중공벽돌 : 벽돌 내에 구멍이 있는 것으로 장식 벽체에 사용된다.

ⓒ 포도용 벽돌 : 바닥 포장용 벽돌로 흡수율이 작고 내마모성과 강도가 크다.

ⓓ 오지벽돌 : 벽돌면에 오지(유약)를 올린 치장벽돌이다.

ⓔ 내화벽돌 : 내화점토를 이용하여 소성한 것으로 굴뚝, 용광로 등에 사용한다.

(3) 모르타르

① 시멘트+모래+물을 혼합하여 만든 벽돌 상호 접착제이다.

② 물을 넣은 후 1시간부터 응결이 시작해서 10시간이면 응결이 끝나므로 1시간 이내에 사용해야 한다.

③ 배합비

㉠ 쌓기용 1 : 3~1 : 5(시멘트 : 모래)

㉡ 아치용 1 : 2

㉢ 치장용 1 : 1

(4) 벽돌의 마름질(Cutting)과 줄눈

① 마름질

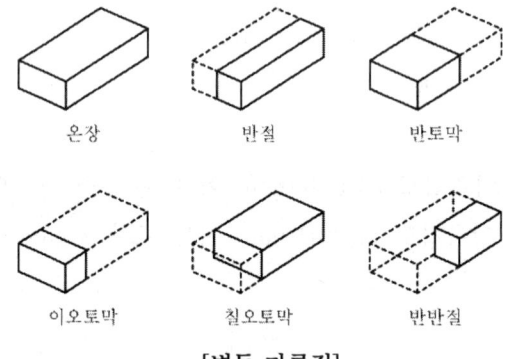

[벽돌 마름질]

② 줄눈

벽돌과 벽돌 사이의 모르타르 부분을 말한다.

㉠ 수직줄눈

ⓐ 막힌줄눈 : 벽돌을 지그재그로 쌓아서 위아래가 막힌 줄눈으로, 하중을 골고루 분산시키므로 힘을 받는 벽(내력벽)에 사용한다.

ⓑ 통줄눈 : 하중을 분산시킬 수 없어서 치장용으로만 사용한다.
ⓒ 치장줄눈 : 벽돌벽면을 제물치장할 때, 벽면에서 8~10mm 줄눈파기하고 1 : 1로 배합한 모르타르 줄눈을 채워 마무리한다.

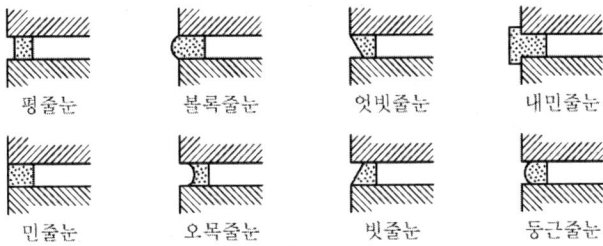

평줄눈 볼록줄눈 엇빗줄눈 내민줄눈
민줄눈 오목줄눈 빗줄눈 둥근줄눈

(5) 벽돌쌓기

① 원칙

ⓐ 쌓기 전 충분한 물축임을 한다.

ⓑ 하루쌓기 높이는 1.2~1.5m(17~20켜) 이내로 한다.

ⓒ 막힌줄눈을 원칙으로 한다.

ⓓ 벽면의 목재 등으로 수장할 때는 나무벽돌을 묻어 쌓는다.

② 벽돌쌓기법

ⓐ 영식 쌓기

ⓐ 길이쌓기와 마구리쌓기를 한 켜씩 번갈아 쌓는다.

ⓑ 벽의 끝이나 모서리에 반절 또는 이오토막을 사용하여 통줄눈을 막는다.

ⓒ 가장 튼튼한 방식이며 널리 사용된다.

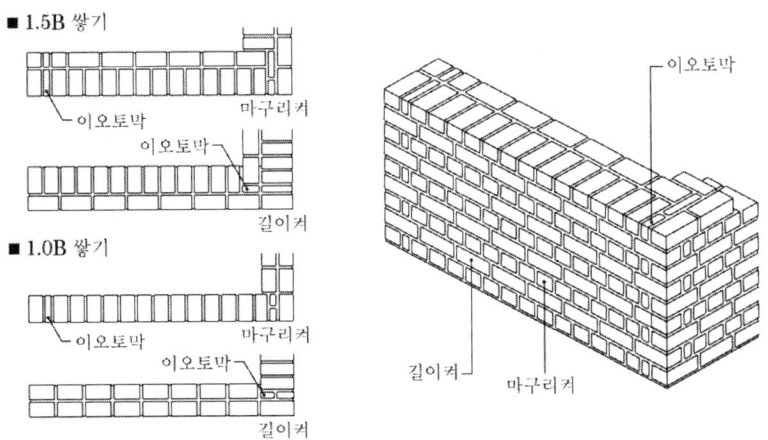

ⓛ 화란(네덜란드)식 쌓기
  ⓐ 영식 쌓기처럼 길이켜, 마구리켜를 번갈아 쌓는다.
  ⓑ 벽 끝이나 모서리에는 칠오토막을 사용한다.
  ⓒ 시공이 용이하고, 모서리가 견고해서 많이 쓰이나 잔여 이오토막이 생긴다.

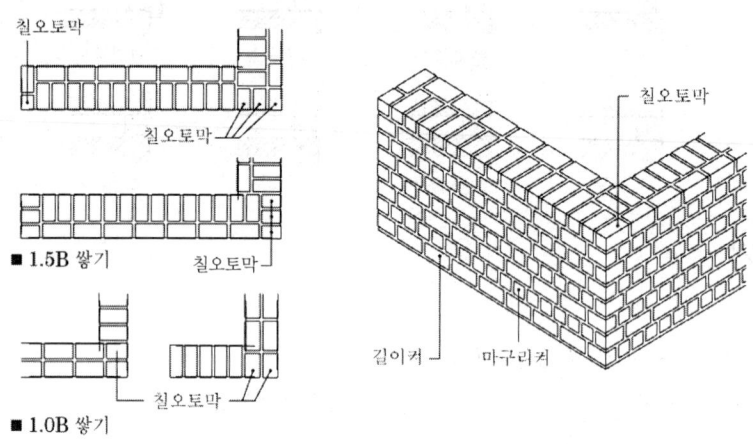

ⓒ 불식(프랑스식) 쌓기
  ⓐ 한 켜에서 길이와 마구리가 번갈아 나온다.
  ⓑ 내부에 통줄눈이 생겨 내력벽으로는 부적합하다.
  ⓒ 외관이 좋아서 장식 벽체로 사용한다.

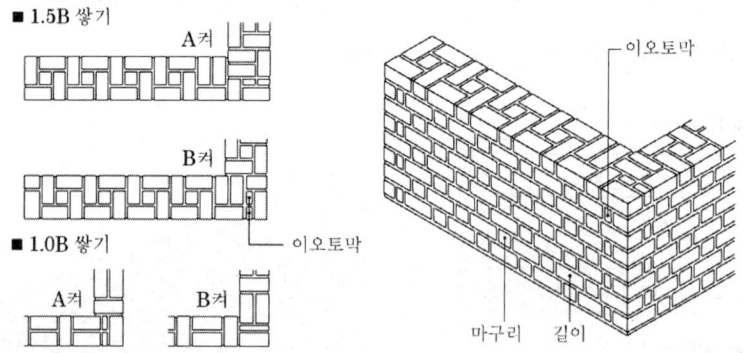

ⓛ 미식 쌓기
  ⓐ 앞면은 5켜를 길이쌓기로 치장벽돌을 쌓고 5~6켜마다 한 켜씩 마구리쌓기를 한다.
  ⓑ 뒷면은 영식 쌓기로 하여 통줄눈을 막는다.

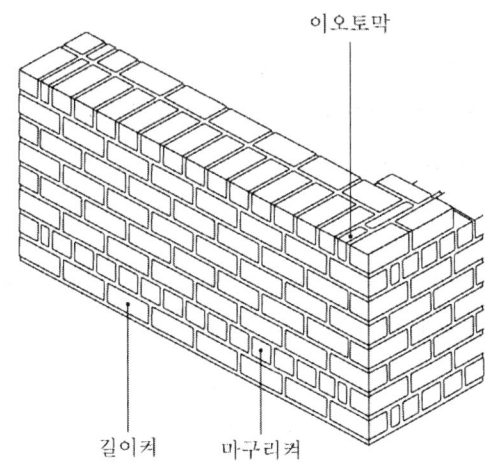

ⓜ 특수 쌓기

ⓐ 세워쌓기 : 벽돌을 마구리면이나 길이면이 세워지도록 쌓는 방식

ⓑ 영롱쌓기 : 벽면에 구멍이 나도록 쌓는 방식

ⓒ 엇모쌓기 : 45° 각도로 쌓아서 모서리가 면에 나오는 방식

ⓓ 들여쌓기 및 떼어쌓기 : 쌓기를 중단할 경우 중앙부는 떼어쌓기, 모서리는 들여쌓기로 마무리한다.

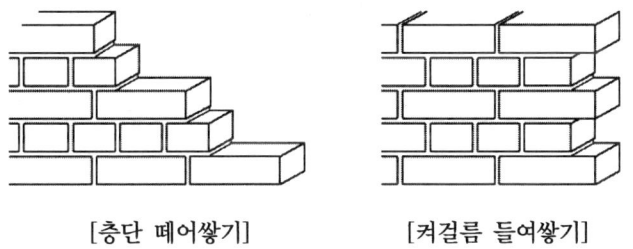

[층단 떼어쌓기]   [켜걸름 들여쌓기]

③ 기타 쌓기

㉠ 내쌓기

ⓐ 벽돌을 벽면에서 부분적으로 내쌓는 방식

ⓑ 내미는 길이 – 한 켜 : 1/8B

– 두 켜 : 1/4B

ⓒ 내미는 최대 한도 : 2.0B

㉡ 공간쌓기

ⓐ 음, 열, 공기, 습기 등의 차단을 목적으로 벽을 이중으로 하고 중간에 공간을 두고

쌓는 방법
ⓑ 공간은 보통 30~60mm(표준 50mm)
ⓒ 연결철물(벽 상호간)은 벽면적 $0.4m^2$ 이내마다 1개씩 사용하고, 철물의 수직거리 45cm 이내, 수평거리 90cm 이내로 한다.

(6) 아치(Arch)

상부에 작용하는 하중이 아치 축선에 따라 좌우로 나뉘어 밑으로 직압력만 전달하게 한 것으로서, 개구부 등의 부재에 응력이 작용하지 않게 한 구조

① 원칙
㉠ 작은 개구부라도 반드시 상부에 아치를 설치한다.
㉡ 개구부 너비가 1.2m 이하일 경우는 평아치로 할 수 있다.
㉢ 개구부 너비가 1.8m 이상일 때는 아치 대신 철근콘크리트 인방보를 설치한다.
㉣ 아치 줄눈의 방향은 원호 중심에 모이게 한다.

② 아치쌓기 종류
㉠ 본 아치 : 아치벽돌을 사용하여 쌓는 것
㉡ 막만든 아치 : 보통벽돌을 아치벽돌처럼 다듬어 쌓는 것
㉢ 거친 아치 : 보통벽돌을 그대로 사용하여 줄눈을 쐐기모양으로 하여 쌓는 것
㉣ 층두리 아치 : 아치의 폭이 클 때 층을 지어 겹쳐 쌓은 아치

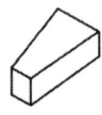
[본 아치]

[막만든 아치]

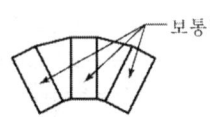
[거친 아치]

(7) 벽돌 벽체

① 벽체의 분류
㉠ 내력벽 : 상부하중을 받아 기초에 전달하는 주된 벽체
㉡ 장막벽 : 상부하중은 받지 않고 자체 하중만 지지하는 벽

② 내력벽의 길이 및 면적
㉠ 벽높이 : 최상층 내력벽의 높이는 4m 이하로 한다.
㉡ 벽길이 : 내력벽의 길이는 10m 이하로 한다(초과 시 붙임기둥, 부축벽으로 보강).
㉢ 면적 : 내력벽 중심선으로 둘러싸인 부분의 바닥면적은 $80m^2$ 이하로 한다.

③ 내력벽 두께 및 높이
   ㉠ 두께
      ⓐ 두께 산정 시에는 마감재를 포함하지 않는다.
      ⓑ 내력벽 두께는 바로 위층보다 크거나 같아야 한다.
      ⓒ 구조 유형별 두께

유형	벽돌벽	블록벽	돌과 다른 구조 병행
내력벽 두께	$\dfrac{H}{20}$	$\dfrac{H}{16}$	$\dfrac{H}{15}$

※ H=벽높이

      ⓓ 벽 길이, 높이, 층수에 따른 두께(mm)

| 구분 | 5m 이하 | | 5~11m | | 11m 이상 | | 바닥면적>60m² | | |
	5m 이하	8m 이상	8m 이하	8m 이상	8m 이하 ~8m 이상		1층	2층	3층
1층	150	190	190	290	290	390	190	290	390
2층	–	–	190	190	190	290	–	190	290
3층	–	–	190	190	190	190	–	–	190

   ㉡ 높이
      ⓐ 최상층 내력벽의 높이는 4m 이하로 한다.
      ⓑ 토압을 받는 부분의 내력벽은 조적조로 할 수 없다. 단, 토압을 받는 높이가 2.5m 이하인 경우 벽돌벽으로 쌓을 수 있다.
④ 테두리보
   ㉠ 각 층 내력벽 위에 둘러댄 철근콘크리트보를 말한다.
   ㉡ 건물 전체 강성을 높이고 지붕이나 바닥판을 받쳐 하중을 균등하게 벽체에 전달하는 역할을 한다.
      ⓐ 테두리보 춤 : 벽 두께의 1.5배 이상
      ⓑ 목조테두리보 : 1층 건물로서 벽 두께가 벽 높이의 1/16 이상이거나 벽의 길이가 5m 이하인 경우에는 나무 테두리보를 설치할 수 있다.

⑤ 개구부 및 주위 구조
　㉠ 개구부의 너비 합계(대린벽으로 구획된 벽에서) : 그 벽길이의 1/2 이하
　㉡ 개구부와 바로 위 개구부와의 수직거리 : 60cm 이상
　㉢ 개구부 상호간 또는 벽 중심과 개구부와의 수평거리 : 그 벽두께의 2배 이상
　㉣ 문골 너비가 1.8m 이상 : 철근콘크리트 웃인방을 설치하고 인방은 양쪽 벽에 20cm 이상 물린다.
　㉤ 벽돌벽 홈파기
　　ⓐ 세로홈이 그 층높이의 3/4 이상일 때 홈깊이 : 벽두께의 1/3 이하
　　ⓑ 가로홈 : 길이 3m 이하, 깊이 벽두께의 1/3 이하
⑥ 벽돌벽의 균열
　㉠ 설계상의 결함
　　ⓐ 기초의 부동침하
　　ⓑ 건물의 평면, 입면의 불균형 및 벽의 불합리 배치
　　ⓒ 불균형 또는 큰 집중하중, 횡력 및 충격
　　ⓓ 벽돌벽의 길이, 높이, 두께와 벽돌 벽체의 강도
　　ⓔ 문골 크기의 불합리, 불균형 배치
　㉡ 시공상의 결함
　　ⓐ 벽돌 및 모르타르의 강도 부족과 신축성
　　ⓑ 벽돌벽의 부분적 시공 결함
　　ⓒ 이질재와의 접합
　　ⓓ 장막벽(curtain wall)의 상부
　　ⓔ 모르타르 바름의 들뜸
⑦ 백화현상

붉은 벽돌을 쌓은 뒤 얼마 되지 않아 벽면에 흰가루의 풍화물이 묻는 현상으로 외관상 좋지 않을 뿐 아니라 벽돌 품질에도 영향을 미친다.

　㉠ 원인 : 줄눈의 산화칼슘이 벽면에 접촉한 수분으로 인해 수산화칼슘이 되고, 공기 중 이산화탄소나 벽의 유황분과 결합하여 발생한다.
　㉡ 방지책
　　ⓐ 소성이 잘 된 벽돌을 사용한다.
　　ⓑ 줄눈 모르타르에 방수제를 혼합한다.

ⓒ 처마, 차양 등으로 빗물을 막는다.

ⓓ 제거 : 20% 염산수용액으로 씻어낸다.

❷ 블록구조

(1) 분류

① 조적식 블록조

　㉠ 단순히 모르타르로 접착하여 쌓는 구조이다.

　㉡ 소규모 건물(2층 이하)에 적합하다.

② 블록 장막벽

　㉠ 건축물의 칸막이벽으로 사용한다(비내력벽).

③ 보강블록조

　㉠ 블록의 빈 공간에 철근과 콘크리트로 보강한 구조이다.

　㉡ 4~5층까지 가능하다.

④ 거푸집 블록조

　㉠ 속이 빈 ㄴ, ㅁ, ㄷ, T자형 등의 블록을 거푸집으로 사용한다.

(2) 블록쌓기

① 블록의 규격

　㉠ 치수

형상	치수 (mm)			허용오차(mm)
	길이	높이	두께	
기본형	390	190	100, 150, 190	길이, 두께 ±2 높이 ±3
표준형	290	190	100, 150, 190	

　㉡ 강도에 따른 분류

구분	기건비중	압축강도	흡수율	비고
A종 블록	1.7 미만	4MPa 이상	-	경량골재를 사용한 경량 블록
B종 블록	1.9 미만	6MPa 이상	-	
C종 블록	-	8MPa 이상	10% 이하 (방수블록)	보통골재 사용

> **Point** 블록의 형상별 종류
> - 인방블록 : 창문틀의 위에 쌓아서 철근과 콘크리트를 보강하여 다져넣는 U자형 블록
> - 창대블록 : 창문틀의 아래에 설치하는 블록
> - 창쌤블록 : 창문틀의 옆에 설치하는 블록
> - 가로근용 블록 : 가로철근을 집어넣고 콘크리트를 다져넣을 수 있는 블록
>
>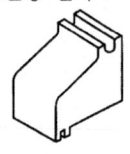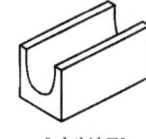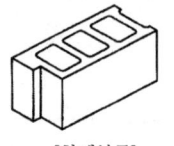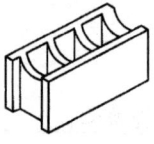
> [창대블록]　　[인방블록]　　[창쌤블록]　　[가로근용블록]

② 블록 쌓기

　㉠ 하루 쌓는 높이는 1.2~1.5m(6~7켜) 이내로 한다.

　㉡ 보통은 막힌줄눈 쌓기를 하되, 보강블록조는 통줄눈으로 쌓는다.

　㉢ 조적용 모르타르 배합비는 1 : 3~1 : 5로 한다.

　㉣ 블록의 살 두께가 두꺼운 쪽이 위로 가게 쌓고, 모르타르 접촉면만 물축임한다.

　㉤ 줄눈의 너비는 10mm를 원칙으로 한다.

③ 블록조 벽체의 구조

　㉠ 길이, 높이

　　ⓐ 벽길이는 10m 이하, 높이는 4m 이하로 한다.

　　ⓑ 벽길이가 10m 이상일 때는 부축벽, 붙임벽, 붙임기둥을 설치하며 부축벽, 붙임벽 등의 길이는 벽높이의 1/3로 한다.

　　ⓒ 평면상의 내력벽 길이는 55cm 이상으로 하고 양측에 개구부가 있을 때에 두 개구부 높이의 평균보다 30% 정도 길게 한다.

　　ⓓ 부분벽 길이의 합계는 그 벽길이의 1/2 이상이어야 하며 총 벽길이의 2/3 이상이어야 한다.

　㉡ 면적 : 80m² 이하(내력벽으로 둘러싸여 있는 면적)

　㉢ 두께 : 벽의 두께는 15cm 이상으로 하고 내력벽 두께는 주요 지점 간 수평거리의 1/50 이상으로 한다.

> **Point** 벽량(cm/m²)
> 내력벽 길이의 총합계를 그 층의 건물면적으로 나눈 값
> ① 벽량이 증가할수록 횡력에 저항하는 힘이 커진다.
> ② 보강블록조 내력벽량은 15cm/m² 이상으로 한다.

❸ 돌구조

장 점	단 점
• 내구, 내화, 내마멸성이고 풍화가 적다. • 외관이 장중, 미려하고 재료가 풍부하다. • 방한, 방서적이다.	• 지진 등 횡력에 약하다. • 가공이 어렵고 고가이다. • 시공이 까다롭고 공사기간이 길다.

(1) 석재의 가공

① 석재의 표면마감
  ㉠ 혹두기(메다듬) : 망치로 돌의 면을 대강 다듬는 것이다.
  ㉡ 정다듬 : 혹두기면을 정으로 곱게 쪼아 평활하게 하는 것이다.
  ㉢ 도드락다듬 : 거친 정다듬면을 도드락 망치로 더욱 평탄하게 다듬는 것이다.
  ㉣ 잔다듬
    ⓐ 양날망치로 정다듬한 면을 평행방향으로 치밀하게 깎은 것이다.
    ⓑ 여러 번 하면 평활한 면이 된다.
  ㉤ 물갈기
    ⓐ 숫돌 등으로 물갈기하여 광내기한다.
    ⓑ 화강암, 대리석 등의 최종마감이다(손갈기, 기계갈기).

② 돌쌓기 방식
  ㉠ 다듬돌쌓기 : 각귀와 모서리 등을 다듬어 줄눈을 일정하게 쌓는 것으로, 구조적으로 가장 튼튼하며 쌓기 쉽다.
    ⓐ 바른층쌓기 : 켜높이를 일직선으로 일치시키는 방식
    ⓑ 허튼층쌓기 : 줄눈을 부분적으로 일치시키는 방식
  ㉡ 거친돌쌓기 : 자연석을 그대로 쓰거나 적당한 크기로 쪼갠 돌을 정으로 다듬어 불규칙하게 쌓은 것, 자연미를 살릴 수 있지만 벽이 두껍고 내진상 불리하다.
    ⓐ 거친돌 층지어쌓기 : 허튼층으로 쌓으면서 3켜 정도마다 줄눈을 일치시키는 방식
    ⓑ 거친돌 막쌓기 : 줄눈을 불규칙하게 쌓는 방식

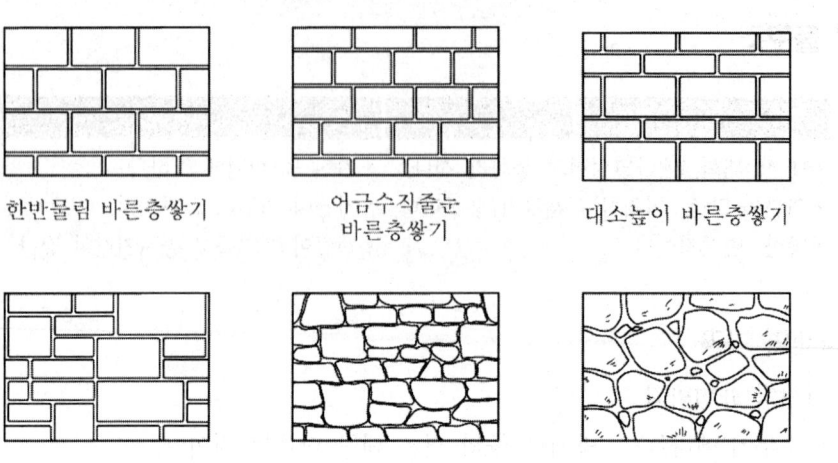

③ 접합

ⓐ 꽂임촉 : 맞댐면 양쪽에 구멍을 따고 철재의 촉을 꽂은 다음 모르타르, 납 등을 채워 고정한다.

ⓑ 꺾쇠, 은장 : 이음 장소에 꺾쇠나 은장을 묻어 넣을 수 있게 파고 모르타르나 납을 채워 넣는다.

> **Point 돌구조 용어**
> ① 인방 : 창문이나 출입문 위에 걸쳐대서 상부의 하중을 받는 수평재이다.
> ② 창대 : 창 밑에 설치해서 창을 받치고 빗물을 흘러내리게 하는 장치돌이다.
> ③ 문지방돌 : 출입문의 밑에 대는 돌로서 화강암이나 경질 석재를 잔다듬 또는 물갈기하여 사용한다.
> ④ 쌤돌 : 창문, 출입문 등의 양쪽에 대는 돌로서 벽돌조에도 쓰인다.
> ⑤ 두겁돌 : 담, 난간 등의 꼭대기에 덮어씌우는 것으로 물흘림과 물끊기를 둔다.

제4장 철근콘크리트 구조

실내건축기능사

철근(인장력)과 콘크리트(압축력) 두 재료를 일체화하여 장점과 단점을 서로 보완한 합성구조이다.

❶ 성질

(1) 철근콘크리트 구조의 원리

부착력	상호간의 부착력이 크며 콘크리트 속에서 철근의 좌굴이 방지되므로 철근은 압축력에도 유효하다.
온도변화	두 재료의 열팽창계수가 거의 동일하여 온도변화에 따른 응력 발생이 방지된다.
보호	콘크리트는 알칼리성이므로 철근의 부식을 방지하고 외부의 화열로부터 철근을 보호한다.

(2) 장·단점

장 점	단 점
• 내구, 내화, 내풍, 내진적이다.	• 건물의 자중이 크다.
• 건물의 유지 및 관리가 용이하다.	• 시공의 정밀도가 요구된다.
• 자유로운 설계가 가능하다.	• 공기가 길고(습식), 균열발생이 쉽다.
• 공사비, 건물 유지비가 저렴하다.	• 철거가 곤란하다.

(3) 중량 및 강도

① 철근 콘크리트의 중량 : $2.4 t/m^3$

② 무근 콘크리트의 중량 : $2.3 t/m^3$

③ 경량 콘크리트의 중량 : $1.7 t/m^3$

④ 강도(철근콘크리트 4주 압축강도) : $150 kg/cm^2$

2 거푸집

거푸집은 콘크리트 부어넣기 작업과 응결, 경화하는 동안 일정한 형상과 치수로 유지시키는 형틀로서, 콘크리트에 직접 접촉하는 거푸집 널과 이것을 받쳐 변형을 방지하거나 제 위치를 유지하도록 하는 지지틀을 총칭한다.

(1) 거푸집 존치기간

거푸집은 충분한 강도가 생길 때까지 보양을 해야 하므로 아래와 같이 상당한 존치기간이 필요하다.

최저기온	기초, 기둥, 벽, 보 옆	바닥판, 보 밑
5℃ 이상	5일	11일
18℃ 이상	4일	9일

> **Point 각종 철물**
> - 스페이서(spacer) : 철근 콘크리트의 기둥·보 등의 철근에 대한 콘크리트의 피복두께를 정확하게 유지하기 위한 받침
> - 컬럼 밴드(column band) : 띠철근기둥의 거푸집이 벌어지지 않게 테두리에 감아주는 철물
> - 세퍼레이터(separator) : 간격을 유지하기 위해 거푸집 사이에 넣어 오므려지지 않게 하는 철물
> - 폼타이(form tie) : 강재 거푸집의 조임 기구로 세퍼레이터의 역할도 겸한다.

3 철근의 간격과 피복 두께

(1) 철근 간격

① 철근 지름의 1.5배 이상
② 굵은 골재 최대 치수의 1.25배 이상(자갈의 통과 공간 확보)
③ 2.5cm 이상

> **Point**
> 철근 순간격은 철근 표면 간의 최단거리, 이형철근은 마디, 리브 등의 최단거리 근접 치수이다.

(2) 철근 피복두께

철근을 감싸고 있는 콘크리트의 두께를 말하며, 콘크리트 표면에서 가장 가까운 철근의

측면까지를 말한다.
  ① 목적
      ㉠ 철근의 내화성, 내구성 유지 및 부착력 증대
      ㉡ 콘크리트 타설 시 유동성 유지
  ② 철근에 대한 콘크리트 피복 두께 최솟값
      ㉠ 수중에서 타설하는 콘크리트 : 100mm
      ㉡ 흙에 접하여 콘크리트를 타설한 후 영구히 흙에 묻혀 있는 콘크리트 : 80mm
      ㉢ 흙에 접하여 옥외의 공기에 직접 노출되는 경우
          ⓐ D29 이상 철근 : 60mm
          ⓑ D25 이하 철근 : 50mm
      ㉣ 옥외의 공기나 흙에 직접 접하지 않는 콘크리트
          ⓐ 슬래브, 벽체, 장선
              • D35 초과 철근 : 40mm
              • D35 이하 철근 : 20mm
          ⓑ 보, 기둥 : 40mm

> 이 경우 콘크리트의 설계기준강도 f_{ck}가 40N/mm² 이상인 경우 규정된 값에서 10mm를 저감시킬 수 있다.

(3) 철근의 이음 및 정착

  ① 이음 및 정착길이(보통 콘크리트 기준)
      ㉠ 압축력, 작은 인장력을 받는 부분 : 25d 이상
      ㉡ 인장력을 받는 부분 : 40d 이상
  ② 철근의 이음
      ㉠ 인장력이 적은 곳에서 이음을 하고, 같은 자리에서 철근 수의 반 이상을 이어서는 안 된다.
      ㉡ D29(ϕ28) 이상 철근은 겹친이음을 하지 않는다.
      ㉢ 두 철근의 지름이 다를 땐 작은 철근을 기준으로 한다.
      ㉣ 보 철근 이음 시 상부근은 중앙, 하부근은 단부에서 한다.

③ 철근의 정착
  ㉠ 기둥 주근은 기초에 정착시킨다.
  ㉡ 보의 주근은 기둥 중심선을 지나 외측에 정착시킨다.
  ㉢ 작은보의 주근은 큰보에 정착시킨다.
  ㉣ 벽 철근은 기둥, 보, 바닥판에 정착시킨다.
  ㉤ 바닥 철근은 보(중심선을 지나 외측에 정착)나 벽체에 정착한다.

4 구조계획

(1) 건물의 형태
① 평면형의 종류는 정사각형, 직사각형, L형, ㄷ형, H형, T형, Y형, O형 등
② 단순한 사각형이 내부공간 사용면이나 시공 또는 내진상으로도 유리함

(2) 각 부 계획
① 기둥의 배치
  ㉠ 직선상의 균등한 간격으로 배치한다(바둑판과 같이 가로, 세로 등간격으로 배치하는 것이 가장 이상적임).
  ㉡ 입체적으로도 상·하층의 기둥은 같은 위치에 놓여 있어야 한다.
② 보의 배치
  ㉠ 큰보(girder)를 배치하고 기둥 간격이 크거나 적재하중이 많을 때 작은보(beam)를 큰보 사이에 걸쳐댄다.
  ㉡ 작은보를 여러 개 넣을 때는 되도록 짝수로 넣어 큰보 중앙부의 부담을 줄이는 것이 좋다.
③ 내진벽의 배치
  ㉠ 횡력의 저항을 뼈대에만 부담시키는 것이 아니라, 벽을 두어 저항하도록 하는 방식이다(안전하고 경제적임).
  ㉡ 전체적으로 균등하게 배치하여 상·하층이 같은 위치에 오도록 한다.
  ㉢ 평면상 교점이나 연장선상 교점이 2개소 이상 되도록 배치해야 한다.
  ㉣ 내진벽은 수평성이 강한 지하층 구조부에 기초해야 한다.

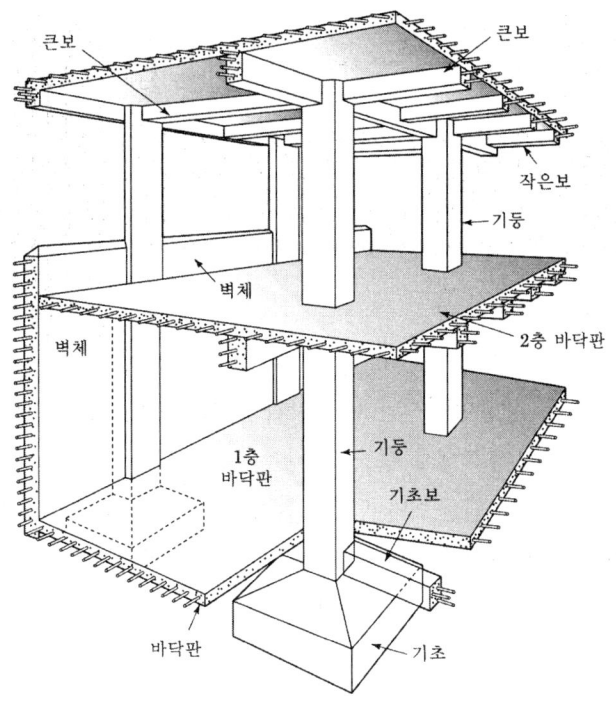

5 각 부 구조

(1) 보(beam)

① 보의 형태와 크기

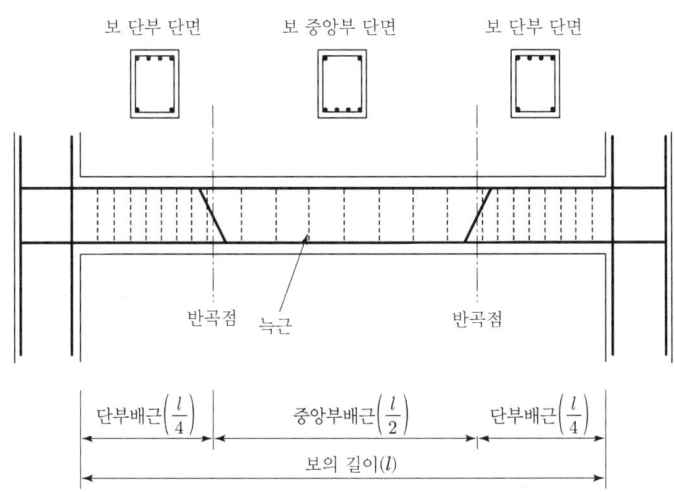

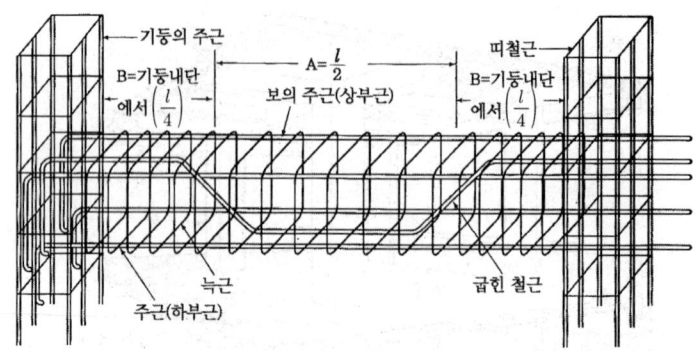

㉠ 보의 단면은 보통 장방형이지만 바닥판과 일체가 되어 양쪽 바닥판의 일정범위를 보의 일부로 취급하여 T형보 등으로 나눈다.
㉡ 인장측에만 배근하는 단근보와 인장, 압축측 양측에 배근하는 복근보가 있다.
  ⓐ 유효춤(D) : 간사이의 1/10~1/15 범위(표준 1/12)
  ⓑ 너비(d) : 유효춤의 1/2~2/3 범위

② 주근
㉠ 인장력이 작용하는 부위에는 반드시 철근을 배치한다. 즉 중앙에서는 아래쪽, 단부에서는 위쪽에 집중 배치한다.
㉡ 보 간사이의 1/4되는 곳(반곡점)에서 철근을 휘어 단부 상부 인장철근과 중앙부 하부 인장철근을 겸하여 사용한다. 이때 굽힘철근을 'bent up bar'라 한다.
㉢ 철근의 이음 위치는 중앙은 상부, 단부는 하부에 둔다(인장력이 작은 부위에서 이음함).
㉣ 주근은 D13(ϕ12) 이상이고, 2단 이하로 배근한다.

주근 간격	2.5cm 이상 주근 지름의 1.5배 이상 최대 자갈지름의 1.25배 이상

③ 늑근
㉠ 보의 전단력 보강근으로 주근의 직각방향으로 배근한다.
㉡ 전단력은 단부로 갈수록 커지므로 단부에서는 늑근 간격을 좁게 배근한다.
㉢ 늑근의 말단은 135° 이상의 갈고리를 만든다.
㉣ 철근은 ϕ6 이상을 사용한다.
㉤ 간격 : 보 춤의 3/4 이하 또는 45cm 이하로 한다.

 헌치

보의 휨모멘트는 중앙부보다 단부가 더 크게 작용하므로 단부의 단면을 더 크게 만드는 것

(2) 기둥(column)

① 기둥의 형태
  ㉠ 형태는 보통 정사각형, 직사각형, 원형 등이 많고 벽의 일부를 기둥으로 취급하는 L형, T형 및 부정형 등이 있다.
  ㉡ 단면 크기

최소단면치수	20cm 이상 또는 기둥 간사이의 1/15 이상
최소단면적	600cm^2 이상

② 주근
  ㉠ 기둥의 축방향 철근으로 기둥 바깥둘레에 중심축의 대칭으로 배근한다.
  ㉡ D13(ϕ12) 이상을 사용하고, 장방형 기둥에서는 4개 이상 배근한다(원형, 다각형 기둥은 6개 이상).
  ㉢ 이음 위치 : 기둥 순높이의 2/3 이하, 바닥 위 50cm 범위에서 이음한다(단, 이음은 반수 이상 집중시키지 말 것).

③ 띠철근
  ㉠ 기둥의 전단력에 의해 발생하는 좌굴을 방지한다.
  ㉡ 주근 위치를 고정시키는 역할을 하며, 기둥 양단부에 많이 배근한다.
  ㉢ 철근은 6mm 이상(보통 ϕ9, D10)을 사용한다.
  ㉣ 배근 간격은 다음 중 가장 작은 값으로 한다.
    ⓐ 주근 지름의 16배 이하
    ⓑ 띠철근 지름의 48배 이하
    ⓒ 단면 최소 치수 이하
    ⓓ 30cm 이하

④ 나선철근
  ㉠ 직경 6mm 이상 철근을 쓰며, 순간격 25mm 이상, 75mm 이하로 배근한다.
  ㉡ 나선 철근의 정착길이로서 이음과 기둥 단부에서는 1.5회를 여분으로 감는다.

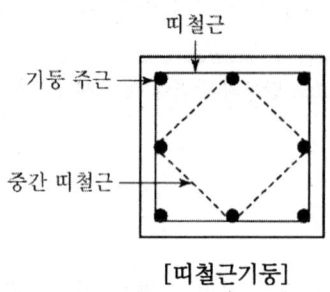
[띠철근기둥]
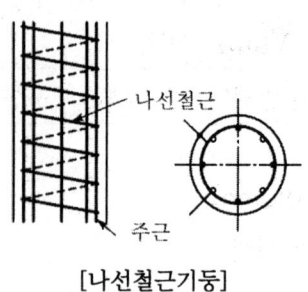
[나선철근기둥]

(3) 바닥판(slab)
적재하중을 지지하는 수평판이며 동시에 수평력을 보와 기둥에 분배하는 역할을 한다.
① 장방형 슬래브
  ㉠ 1방향 슬래브
    ⓐ 장변의 길이가 단변의 2배 이상인 슬래브
    ⓑ 단변에는 주근을 배근하고 장변에는 온도철근을 배근한다.
    ⓒ 슬래브의 두께는 최소 10cm 이상으로 한다.
  ㉡ 2방향 슬래브

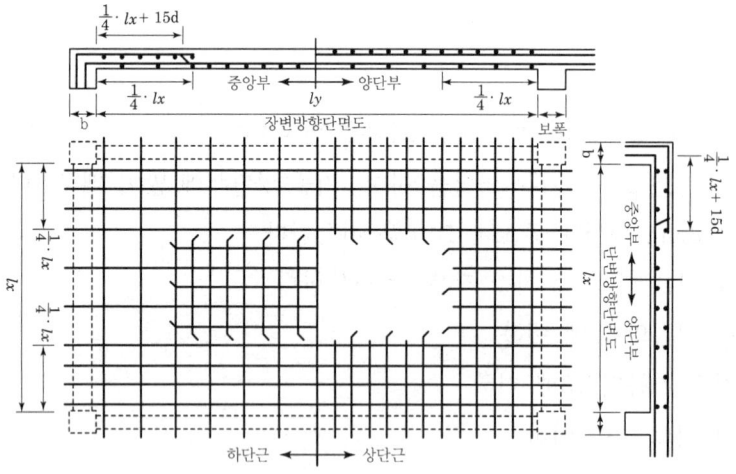

    ⓐ 장변의 길이가 단변의 2배 이하인 슬래브
    ⓑ 슬래브의 두께는 최소 8cm 이상으로 한다(보통 12cm 이상).
    ⓒ 단변방향으로 주근, 장변방향으로 배력근을 배근하며 D10 이상 철근을 사용한다.

ⓓ 주근과 배력근의 굽힘철근은 모두 단변길이의 1/4지점에서 굽힌다.
② 플랫 슬래브(flat slab : 무량판 슬래브)
  ㉠ 바닥에 보가 전혀 없이 바닥판만으로 구성하여, 하중을 직접 기둥에 전달하는 평판 슬래브 구조이다.
  ㉡ 슬래브 두께는 15cm 이상
  ㉢ 장점
    ⓐ 구조가 간단하다.
    ⓑ 공사비가 저렴하다.
    ⓒ 실내를 크게 이용 가능하다.
    ⓓ 층높이를 낮게 할 수 있다.
    ⓔ 채광, 통풍이 잘 된다.
  ㉣ 단점
    ⓐ 주두의 철근배근이 복잡하고 바닥판이 무거운 결점이 있다.
    ⓑ 고정하중이 커지고 뼈대의 강성에 난점이 있다.
③ 장선 슬래브
  ㉠ 등간격으로 분할된 장선과 슬래브가 일체로 된 구조로 그 양단은 보 또는 벽체로 지지된다.
  ㉡ 장선의 너비는 10cm 이상, 춤은 너비의 3.5배 이내, 배치간격은 90cm 이내
④ 워플 플랫 슬래브(waffle flat slab)
  우물 반자 형태로 된 두 방향 장선 슬래브 구조이고 작은 돔형의 거푸집이 사용된다.

(4) 벽체(wall)

① 벽두께는 15cm 이상으로 하며, 내력벽의 두께가 25cm 이상인 경우 복배근을 해야 한다.
② 철근은 D10(ϕ9) 이상 사용하고 배근간격은 45cm 이하로 한다.
③ 배근방법은 2방향 배근법(가로, 세로 철근 배치)과 4방향 배근법(대각선방향 배치)이 있는데 4방향 배근법이 매우 견고한 내진력을 가진다.
④ 개구부는 없는 것이 좋으나 있을 경우는 D13 이상의 철근으로 주위를 보강한다.

> **Point 부착력**
> 철근콘크리트 구조체에 여러 응력이 작용하여도 철근과 콘크리트가 밀착되어 뽑혀 나오지 않도록 저항하는 힘

제5장 철골 구조

실내건축기능사

1 강재

건물의 뼈대를 형강, 강관 등의 철강재로 구성한 구조(강구조)

장점	단점
• 큰 간사이 구조가 가능하다. • 내구, 내진적이며 횡력에 강하다. • 시공이 용이하여 공기가 단축된다. • 철근콘크리트에 비해 중량이 가볍다. • 균질도가 높아 신뢰성이 있다.	• 부재에 좌굴이 생기기 쉽다. • 열에 약하며 고온에서는 강도가 저하되고 변형하기 쉽다. • 접합부에 주의를 요한다. • 다른 구조체보다 고가이다.

(1) 강판(steel plate)
① 박강판 : 두께 3mm 이하
② 후강판 : 두께 3mm 이상
③ 평강(flat bar) : 강판을 필요한 너비로 잘라 띠처럼 만든 것

(2) 형강(shape steel)
① 단일재나 조립재로 사용하는 데 적합한 형태로 만든 것을 형강이라 하며 모양과 크기에 따라 여러 종류가 있다.
② L형강, H형강, I형강, ㄷ형강 등이 주로 쓰이며 T형강, Z형강 등도 쓰인다.

(3) 봉강(steel bar)
원형, 사각, 6각 등이 있으며 원형강(철근)이 많이 쓰인다.

2 접합

접합에는 리벳 접합, 볼트 접합, 용접 접합, 핀 접합 등이 있다.

(1) 리벳 접합

① 리벳 접합의 특징 및 종류

　㉠ 특징

　　ⓐ 2장 이상의 강재에 구멍을 뚫어 800~1000℃ 정도로 가열된 리벳을 박고 보통은 압축공기로 타격하는 형식의 리베터로 머리를 만든다.

　　ⓑ 시공 시 최소 3인 이상의 숙련공(가열, 해머, 받침)이 필요하다.

　　ⓒ 리벳 구멍으로 인한 부재의 단면이 결손된다.

　　ⓓ 시공이 불가능한 곳도 있고 시공 시 큰 소음 등으로 현재는 거의 사용하지 않는다.

　㉡ 리벳 종류

　　ⓐ 리벳 지름 : 13, 16, 19, 22, 25, 28, 32mm 등의 리벳이 쓰이며, 보통은 16~22mm를 사용한다.

　　ⓑ 형상별 종류

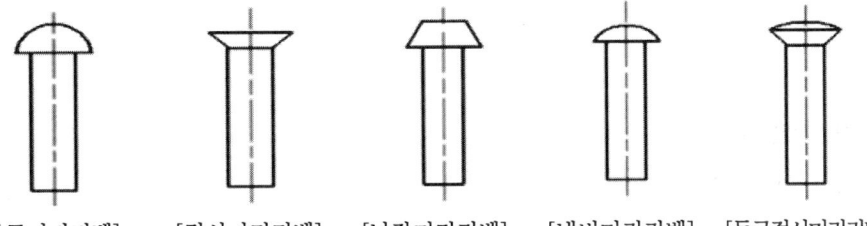

[둥근머리리벳]　　[접시머리리벳]　　[납작머리리벳]　　[냄비머리리벳]　　[둥근접시머리리벳]

② 리벳의 배치

　㉠ 정렬배치와 엇모배치가 있고, 정렬배치가 많이 쓰인다.

　㉡ 응력방향으로 한 줄에는 최고 8개 이상 배열하지 않는다.

　㉢ 동일 건물에 쓰이는 리벳의 종류는 2~3종류 이내가 적당하다.

　㉣ 용어

　　ⓐ 게이지 라인(gauge line) : 리벳 배치의 중심선

　　ⓑ 게이지(gauge) : 각 게이지 라인 간의 거리

　　ⓒ 피치(pitch) : 게이지 라인상의 리벳 중심 간격

　　　• 최소 간격 : 리벳 지름의 2.5배 이상(2.5d 이상)

　　　• 표준 간격 : 리벳 지름의 4배 이상(4d 이상)

　　ⓓ 클리어런스(clearance) : 리벳 중심과 수직재면과의 거리(리벳치기 여유거리)

ⓔ 그립(grip) : 리벳으로 접합되는 재의 총 두께
  • 리벳 지름의 5배 이하(5d 이하)
ⓕ 연단거리 : 리벳 구멍, 볼트 구멍 중심에서 부재 끝단까지의 거리

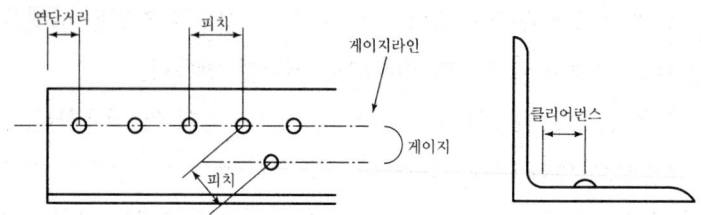

③ 리벳 구멍 지름

리벳지름(d)	리벳구멍지름(D)
16mm 이하	d+1mm
19~28mm	d+1.5mm
32mm 이상	d+2mm

(2) 볼트 접합

① 보통 볼트 접합
  ㉠ 리벳 접합과 같이 강재에 구멍을 뚫고 볼트로 접합하는 시공법이다.
  ㉡ 볼트 구멍을 일치시키기가 어렵고, 볼트 지름보다 구멍 지름이 지나치게 여유가 있으면 접합부가 미끄러지고, 점점 변형되어 구조물 변형의 원인이 된다.
  ㉢ 볼트 구멍의 지름은 볼트의 지름보다 0.5mm 한도 내에서 크게 뚫을 수 있다.
  ㉣ 진동, 충격, 반복응력을 받는 접합부에는 사용하지 못한다.
  ㉤ 처마높이 9m 이상, 스팬 13m를 초과하는 강구조 건물의 구조 내력상 주요 부분에는 사용하지 못한다.

② 고력 볼트 접합
  ㉠ 고장력강으로 만들어진 고력 볼트(항복점 $7t/cm^2$, 인장 강도 $9t/cm^2$ 이상)를 사용하는 접합이다.
  ㉡ 강하게 조일 수 있어 접합부의 강성이 높아지며, 피로 강도가 높다.
  ㉢ 반복 하중에 대한 이음부의 강도가 크며, 리벳접합과 같은 소음이 없다.
  ㉣ 접촉면의 상태나 볼트 재질, 긴결작업 등에 주의하여야 한다.

ⓜ 토크 렌치나 임팩트 렌치 등으로 접합할 강재를 강력하게 연결해야 한다.
ⓗ 종류

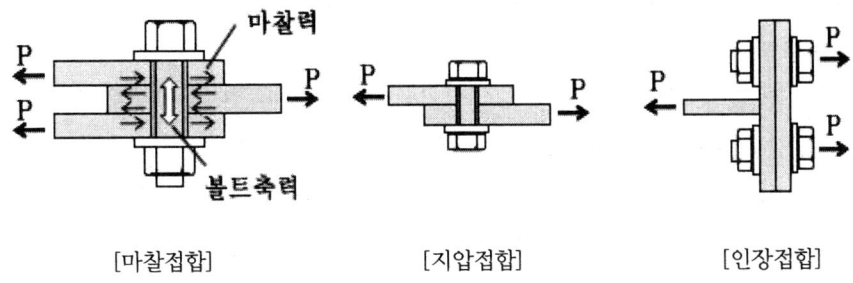

[마찰접합]   [지압접합]   [인장접합]

ⓐ 마찰접합 : 볼트를 강하게 조여서 부재 간에 발생하는 마찰력에 의해 응력을 전달하는 형식으로, 응력의 흐름이 원활하며 접합부의 강성이 높다. 부재의 접합면에서 응력이 전달되므로 국부적 응력집중현상이 생길 우려가 적다.
ⓑ 지압접합(전단접합) : 부재 간에 발생하는 마찰력과 고력볼트 축의 전단력 및 부재 지압력을 동시에 발생시켜 응력을 부담하는 방법이다. 볼트 자체의 높은 강도를 유효하게 이용하는 방법이다.
ⓒ 인장접합 : 고력볼트를 조일 때의 부재 간 압축력을 이용해서 응력을 전달시키나, 마찰이 관여하지 않는 점에서 마찰접합과 다르다. 접합부의 변형은 작고 강성이 커서 조립시공에 용이하다.

(3) 용접 접합

① 특징

장점	단점
• 부재단면 결손이 없고 경량이 된다. • 접합부의 연속성, 강성이 확보된다. • 소음 발생이 없는 이점이 있다.	• 시공불량에 의한 결함이 우려되고 시공검사가 불편하다. • 용접열에 의한 변위나 응력발생 등 결점이 있다. • 용접부의 양부 판단이 곤란하다.

② 용접법

㉠ 맞댐용접

ⓐ 주로 접합재를 같은 평면에 나란히 놓은 상태에서 용접한다(T형으로 놓고 용접할 경우도 있음).

ⓑ 접합재 끝에는 적당한 홈(groove)을 내며, 홈 모양에는 V형, U형 등 여러 종류가 있다.

ⓒ 6mm 이하는 접합재 사이를 띄우고 바로 용접하는 I형이 쓰인다.

ⓒ 모살용접

ⓐ 겹친이음과 L형, T형, +형으로 강판을 접합하려고 할 때 앞벌림 가공을 하지 않고 강판을 맞대어 구석을 45° 내외의 각도로 용접한다.

ⓑ 구분 : 용접부 연속성에 따라 연속용접, 단속용접이 있고, 양면에 단속용접을 할 때는 병렬단속용접과 엇모단속용접이 있다.

ⓒ 모살구멍용접 : 접합재에 구멍을 뚫어 겹쳐대고 구멍 주위를 모살용접한 것이다.

ⓔ 플러그용접, 슬롯용접 : 접합재에 구멍을 뚫어 겹쳐대고 용착금속으로 구멍 속을 전부 채운 것 중에서 원형 구멍을 플러그용접이라 하고 타원형 구멍은 슬롯용접이라 한다.

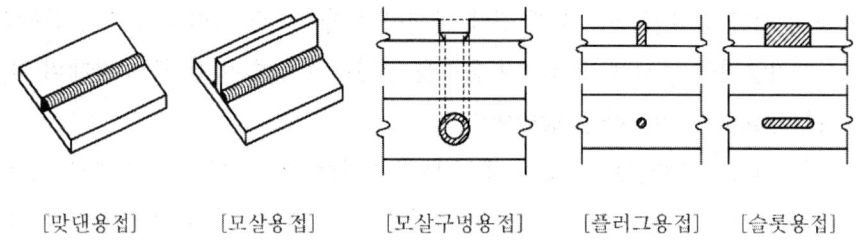

[맞댄용접]　　[모살용접]　　[모살구멍용접]　　[플러그용접]　　[슬롯용접]

ⓜ 부분용입용접 : 이음의 일부에 용착되지 않는 부분을 남기는 것으로 가조립하는 데 쓰인다.

③ 용접 결함

㉠ 슬래그(slag) 감싸들기 : 용접 시 슬래그가 용착금속 안에 출입되는 현상이다.

㉡ 오버랩(overlap) : 용착금속이 모재에 융합되지 않고 들떠 있는 상태를 말한다.

㉢ 언더컷(under cut) : 용접선 끝에 용착금속이 채워지지 않아 생긴 작은 홈이다.

㉣ 블로 홀(blow hole) : 용접부에 생긴 작은 기포이다.

㉤ 크랙(crack) : 용접 후 냉각 시 갈라지는 것을 말한다.

㉥ 피시 아이(fish eye) : 용접에서 용착 금속의 파단면에 나타나는 은백색을 띤 어안 모양의 결함 부분을 말한다.

> **Point 각종 접합 병용 시 응력 부담**
> ① 리벳+고력볼트 = 각각 허용응력 부담
> ② 리벳+볼트 = 리벳만 응력 부담
> ③ 리벳+용접 = 용접만 응력 부담
> ④ 용접+고력볼트 = 용접만 응력 부담
>   (용접 > 고력볼트 = 리벳 > 볼트)

3 각 부 구조

(1) 보

① 형강보

　㉠ 단일 형강보는 주로 I형강, H형강을 쓴다(작은보로 사용).

　㉡ 보의 춤 : 처짐을 고려하여 간사이의 1/30~1/15 정도

　㉢ 보강법 : 단일 형강보로 내력이 부족할 때 플랜지(flange)에 커버 플레이트(cover plate)를 대서 보강하고, 하중이 더 크면 두 형강 사이에 끼움판(filler)이나 세퍼레이터(separator)로 연결한 복합 형강보를 쓴다.

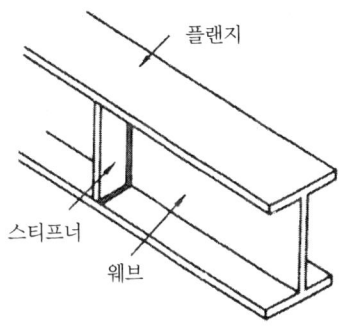

② 플레이트보

　㉠ L형강과 강판을 리벳접합이나 용접으로 I형 모양으로 조립한 보

　㉡ 하중이 클 때 쓰는 보로서 크기를 자유로이 조정할 수 있는 이점이 있다.

　㉢ 설계 제작이 용이하고 전단력이나 충격, 진동에도 강하여 큰 하중이나 간사이가 큰 구조물에 많이 쓰인다.

　㉣ 보의 춤 : 간사이의 1/15~1/18 정도

　㉤ 구성

ⓐ 플랜지(flange) : 플랜지의 크기는 휨모멘트에 따라 결정되며 휨모멘트의 변화에 따라 매수를 조정하여 4장 이하로 제한한다.

ⓑ 커버 플레이트(cover plate)
- 플랜지에 덧댄 플레이트로, 재료의 인장 및 휨을 보강한다.
- 플랜지와 커버 플레이트 수는 4장 이하로 겹쳐 대고, 플랜지 앵글 두께보다 얇은 것을 써야 한다.
- 플랜지 전단면적의 70% 이하로 해야 한다.

ⓒ 웨브(web) : 웨브는 전단력의 크기에 따라 결정되며 두께는 6mm 이상, 보통 9mm 이상으로 한다.

ⓓ 스티프너(stiffener) : 웨브의 좌굴방지를 위한 보강재(L형강이나 평강을 사용)
- 하중점 스티프너 : 보의 지지점, 헌치의 끝 또는 보 위에 기둥을 세우는 등 큰 하중이 걸리는 자리에 댄 것
- 중간 스티프너 : 같은 간격으로 직각으로 배치한 것
- 수평 스티프너 : 재축에 나란하게 배치한 것

③ 띠판보
㉠ 플랜지 사이에 평강 또는 강판을 자른 웨브재를 수직으로 끼우고 리벳을 치거나 맞대어 용접으로 조립한다.
㉡ 전단력에 취약해 순수 철골조보다 철골철근콘크리트조에 이용했었으나, 근래에는 거의 쓰지 않는다.

④ 래티스보
㉠ 플랜지 사이에 ㄱ자 형강을 쓰고 웨브재를 45°, 60° 등의 일정한 각도로 접합한 조립보이다.
㉡ 규모가 작거나 철근콘크리트로 피복할 때 사용한다.

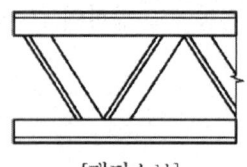
[래티스보]

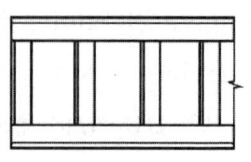
[띠판보]

⑤ 트러스보
　㉠ 플랜지 사이의 웨브재인 수직재와 경사재를 거싯 플레이트(gusset plate)로 접합한 보이다.
　㉡ 간사이가 15m를 넘거나 보 춤이 1m를 넘을 때 사용한다.

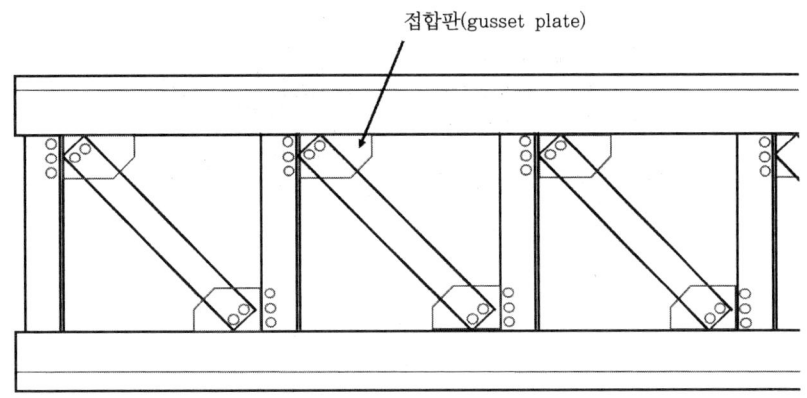

접합판(gusset plate)

(2) 기둥

보나 지붕틀을 받아 그 하중을 기초에 전달시키는 역할을 하는 것으로 기둥의 간격은 5~6m가 적절하다.

① 기둥의 종류
　㉠ 형강 기둥 : H형강, I형강 등을 단독으로 사용한다.
　㉡ 플레이트 기둥 : 플랜지 부분에는 L형강, 웨브 부분에는 강판을 사용하여 I자로 만들어 사용한다.
　㉢ 래티스 기둥 : 웨브 부분에 형강이나 평강 등 래티스를 사용한다.
　㉣ 사다리 기둥 : 전단력에 약하므로 철골철근콘크리트 구조물에 주로 쓰인다.
　㉤ 트러스 기둥 : 큰 구조물에 주로 쓰인다.

(3) 주각

① 기둥이 받는 응력을 기초에 전달하는 부분이다.
② 철골(기둥부분)과 철근콘크리트 구조(기초 부분)를 결합시킨다.
　㉠ 구성 부재
　　ⓐ 베이스 플레이트 : 기둥의 응력을 분산시켜 기초에 전달한다. 두께 15~30mm
　　ⓑ 앵커 볼트(철근콘크리트와 베이스 플레이트의 접합)는 지름 16~32mm를 사용

한다.
ⓒ 리브 플레이트 : 베이스 플레이트의 변형을 막고 기둥과 베이스 플레이트의 접합을 튼튼하게 하기 위해 사용하는 부재이다.
ⓓ 윙 플레이트, 사이드 앵글, 클립 앵글 : 기둥과 베이스 플레이트를 결합시킨다.

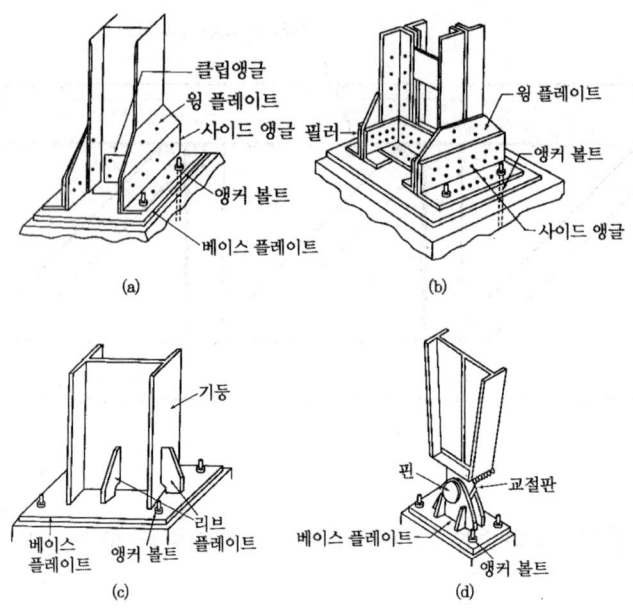

[철골주각부의 명칭]

> **Point 허니컴 보**
> ① H형강의 웨브를 잘라서 웨브에 6각형 구멍이 여러 개 생기도록 다시 웨브를 용접하여 만든 보
> ② 보 춤이 높아지므로 단면 2차 모멘트가 커져서 힘을 더 받을 수 있다.
> ③ 사무소 건축에서 사용할 경우 에어컨 덕트 등을 6각으로 새로 뚫린 구멍을 통하여 뽑을 수 있기 때문에 천장높이를 줄일 수 있는 장점이 있다.

제6장 특수구조 및 구조시스템

실내건축기능사

1 특수구조

(1) 철골철근콘크리트 구조(Steel framed Reinforced Concrete structure)
① 철근콘크리트구조와 철골구조의 중간적 구조법이며 합성구조의 형식이다.
② 내화성은 좋으나 자중이 무겁고 높아질수록 기둥이 굵어지고 유효면적이 작아지는 철근콘크리트 구조의 특징과, 반대로 자중은 가볍지만 내화성이 부족하여 값비싼 내화피복을 필요로 하는 철골구조의 특징을 상호 보완하는 방식이다.
③ 뼈대가 되는 철골 주위를 철근으로 둘러싸고 여기에 콘크리트를 타설하여 일체식 구조가 된다.

장점	· 철근콘크리트구조보다는 단면이 작고 자중이 가벼워진다. · 내진성이 높은 고층 건축물을 축조할 수 있다. · 철골을 콘크리트가 보호하므로 내화성과 내식성이 좋아진다.
단점	· 콘크리트 경화 시간이 필요하므로 순수 철골조보다는 공기가 길어진다. · 시공이 복잡해지고 비용도 현저히 증가한다.

(2) 조립식 구조
공장에서 부재를 생산하여 현장에서 조립하는 구조체이다.
① 가구 조립식 구조 : 기둥과 보를 조립하여 뼈대를 만들고 벽과 바닥판 등을 붙여 완성한다.
② 패널 조립식 구조 : 벽과 기둥, 바닥과 보 등을 한 장의 패널로 형성하여 조립한다.
③ 상자 조립식 구조 : 벽, 슬래브가 일체로 된 유닛상자를 제조하여 조립과정을 최소화한 것이다.

장점	· 시공이 효율적이고 간편하여 공기가 단축된다. · 정밀도가 높고 경량화·표준화·대량생산이 가능해져서 비용이 절감된다.
단점	· 외관이 단순해지고 디자인의 창조성이 결여되기 쉽다. · 접합부의 일체화가 어려워진다.

(3) 막구조

① 구조체가 휨 강성을 갖지 않거나 무시할 수 있는 부재로 구성되고, 외부 하중에 대하여 막 재료의 면 내 인장압축 및 전단력으로만 평형하고 있는 구조를 말한다.

② 가볍고 투과성이 있는 재료를 사용할 수 있어 대공간 지붕구조로 적합하다.

③ 종류
  ㉠ 현수 막구조 : 미리 인장력을 가한 케이블에 피막을 씌운 구조형식
  ㉡ 공기 막구조 : 밀폐된 공간의 내부에 공기를 불어넣어 지붕 등을 형성한다.
  ㉢ 단 막구조 : 막 내부의 기압을 조절하여 낙하산과 같은 원리로 형태를 유지하는 형식
  ㉣ 이중 막구조 : 풍선과 같이 막 안에 공기를 불어넣어 만든 형식

(4) 기타 특수구조

① 커튼 월(curtain wall) 구조 : 원래 의미는 비내력벽을 의미하지만 현재는 생산상의 의미를 포함하여 프리패브(prefabrication) 생산 방식으로 구성하고 마무리된 외벽을 지칭한다.

② 경량 철골 구조
  ㉠ 두께 2.3~4.5mm의 박강판을 냉간 성형한 경량형강으로 뼈대를 조립한 건축물이다.
  ㉡ 가벼우면서 뼈대가 강하기 때문에 운반이나 조립이 용이하고 재료 및 공사비가 절약된다.
  ㉢ 보통 형강에 비해 비틀림이 생기기 쉬우므로 적절한 보강을 해야 한다.

③ 강관 구조
  ㉠ 주요 구조부를 강관으로 구성한 것이다.
  ㉡ 보통 형강에 비해 압축, 전단, 비틀림 등에 대하여 역학적으로 유리하며, 뼈대의 입체구성을 하는 데 적합하다.
  ㉢ 리벳, 볼트에 의한 접합이 곤란하고 가공에 고도의 기술이 필요하며 형강에 비하여 고가이다.

④ 셸 구조
  ㉠ 두께가 얇은 곡면형태의 판으로 형성된 구조형식으로 시드니 오페라 하우스와 같은 큰 건물의 지붕구조 등으로 쓰이는 구조체이다.
  ㉡ 얇고 가벼운 부재로 큰 힘을 받을 수 있어 넓은 공간을 덮는 지붕 부재로 널리 사용한다.

ⓒ 상부에 작용하는 압축력이나 하부에 작용하는 인장력을 서로 보완한다.
ⓓ 주로 철근콘크리트를 많이 사용하나 금속재를 이용하기도 한다.

❷ 구조 시스템

(1) 라멘 구조
① 기둥과 보가 그 접합부에서 강접합으로 연결되어 있는 구조 시스템을 말한다.
② 모든 하중에 큰 저항력을 가지며 부재가 서로 강하게 연결되어 있어 힘이 분산된다.
③ 하중은 기둥 및 보에 집중되므로 벽체는 비교적 설계 및 변경이 자유롭다.
④ 철근콘크리트 구조나 용접된 철골구조 등이 해당된다.

(2) 벽식 구조
① 보나 기둥이 없이, 슬래브와 내력벽을 일체로 연결하여 구조체로 구성한 형식이다.
② 단면이 두꺼운 구조체가 없어 실내유효면적이 넓고 전체적으로 강성이 높다.
③ 벽체가 하중을 지지하므로 구조 변경이 어렵고 건물 실내공간이 획일화되기 쉽다.

(3) 스페이스 프레임
① 트러스나 라멘 등의 평면골조를 병립시켜 서로 연결하는 방법을 채택하지 않고, 처음부터 구조 부재의 3차원적 배열을 계획한 구조이다.
② 실내 체육시설이나 집회공간과 같이 내부 공간이 넓은 건축물에서는 건물의 목적과 기능상 기둥의 수나 위치에 많은 제약을 받으므로, 시설의 주변부에 기둥이나 벽을 조립하고 이를 바탕으로 하여 경간이 넓은 지붕을 받치기 위한 입체구조가 많이 활용되고 있다.
③ 넓은 경간에 선재를 걸쳐놓으면 그 부재에 큰 휨모멘트가 작용하여 단면 설계를 하기 어렵기 때문에 곡면구조 등의 입체구조를 채택하는 경우가 많다.
④ 넓은 실내공간을 구성할 수 있고 공간의 표현이 자유로운 편이다.
⑤ 동일 부재를 반복, 조립하므로 작업이 용이하고 공기를 단축시킬 수 있다.

제7장 건축제도

실내건축기능사

1 제도 통칙

(1) 건축제도 통칙

① 용지규격

㉠ 제도용지의 크기는 한국공업규격 KS A 5201에 의거하여 A열을 따른다.

㉡ 제도용지의 크기 및 테두리

단위(mm)	A0	A1	A2	A3	A4
가로×세로	840×1188	594×840	420×594	297×420	210×297
테두리 (철하지 않을 때)	10	10	10	5	5
테두리(철할 때)	25				

㉢ 용지의 가로·세로비는 확대, 축소 시 일정하게 유지되도록 $1:\sqrt{2}$ 의 비율로 한다.

② 표제란

㉠ 보통 도면의 오른쪽 하단에 위치한다.

㉡ 도면번호, 공사명칭, 축척, 책임자 성명, 도면작성일, 분류번호 등을 작성한다.

③ 선

㉠ 굵은 실선 : 외형선, 단면선 등 대상물의 보이는 부분, 가장 강조되는 부분을 표시한다.

㉡ 가는 실선 : 치수선, 치수보조선, 지시선 등을 표시한다.

㉢ 파선 : 대상물의 보이지 않는 부분을 표시한다.

㉣ 1점 쇄선 : 중심선 및 기준선 등을 표시한다.

㉤ 2점 쇄선 : 가상선, 무게중심선 등을 표시한다.

㉥ 해칭선 : 가는 실선으로 빗줄을 반복적으로 그은 선으로 절단면을 표시한다.

④ 척도

㉠ 배척 : 실물을 일정한 비율로 확대해서 그리는 것

ⓛ 실척 : 실물과 같은 크기로 그리는 것

ⓒ 축척 : 실물을 일정한 비율로 축소하는 것

⑤ 글자 및 숫자

ⓐ 글자 크기는 높이로 표시하며 크기에 따라 11종류로 나뉜다.

ⓑ 4자리 이상의 수는 3자리마다 휴지부를 찍거나 간격을 둠을 원칙으로 한다.

ⓒ 문장은 왼쪽에서부터 가로쓰기를 원칙으로 한다.

ⓓ 글자는 고딕체로 하고 수직 또는 15° 경사를 원칙으로 한다.

ⓔ 숫자는 아라비아 숫자를 원칙으로 한다.

⑥ 치수

ⓐ 단위 및 치수선

　ⓐ 길이의 단위는 mm이고 기호는 붙이지 않는다.

　ⓑ 치수선은 도면에 방해되지 않는 곳에 0.2mm 이하의 실선으로 긋는다.

　ⓒ 다른 치수와 만나지 않도록 하고 이웃 치수선과는 가지런하게 긋는다.

(2) 도면표시

① 재료 평면표시

구분표시사항	scale 1/100, 1/200	scale 1/20, 1/50
벽 일반	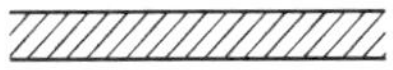	
블록 벽체		
철골 철근콘크리트 기둥 및 철근콘크리트벽	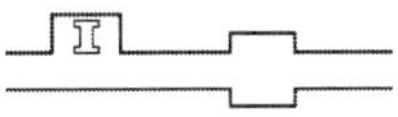	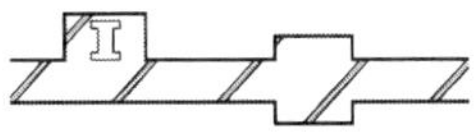
벽돌 벽체	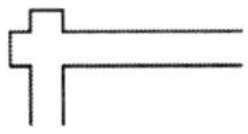	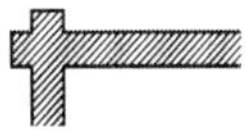
목조벽 - 양쪽 심벽 / 한쪽 심벽 / 양쪽 평벽	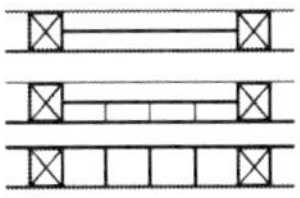	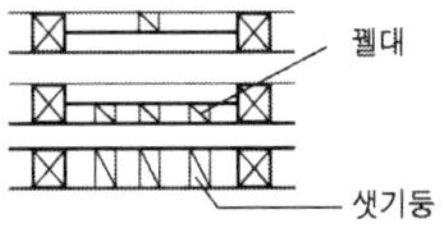 펠대 / 샛기둥

② 재료 단면표시

	원칙 사용	준용
지반		
잡석다짐		
석재		
인조석		
자갈 및 모래	자갈　모래	
콘크리트	강자갈　쇄석　철근배근	
목재	구조재　보조구조재　치장재	
기타	철재　망사　벽돌　블록	

③ 출입구 평면표시

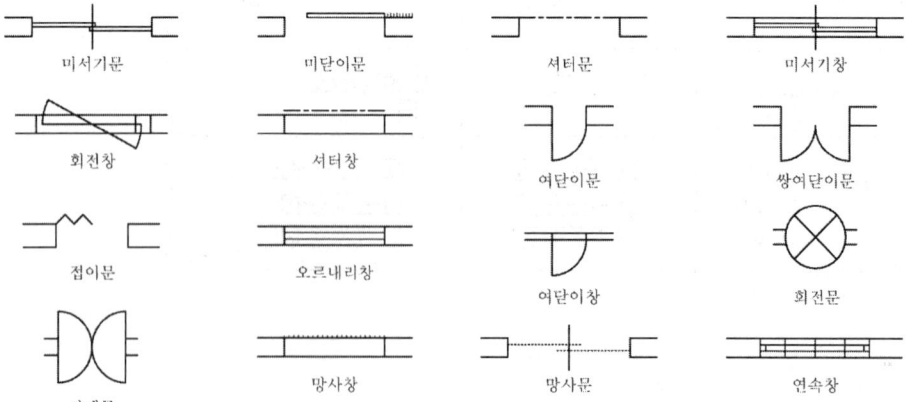

④ 창호 표시기호

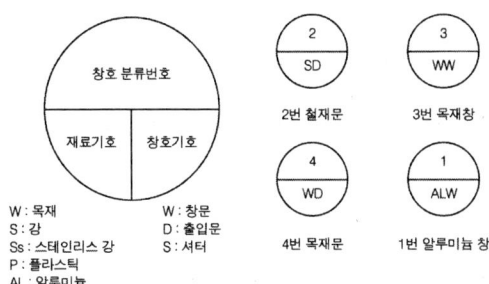

⑤ 옥내배선용 표시

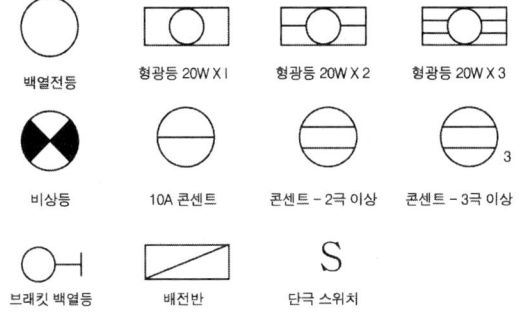

(3) 건축묘사 및 표현

① 묘사도구

㉠ 연필

ⓐ 9H부터 6B까지 15종에 F와 HB를 포함하여 17단계로 구분한다.

ⓑ 폭넓은 명암을 표현할 수 있으며 다양한 질감의 표현이 가능하다.

ⓒ 지울 수 있는 장점이 있으나 번지거나 더러워지기 쉽다.

㉡ 잉크

ⓐ 농도를 정확하게 나타낼 수 있고 다양한 묘사가 가능하다.

ⓑ 선명하게 보이므로 도면이 깨끗하다.

㉢ 색연필

ⓐ 간단하게 도면을 채색하여 실물의 느낌을 표현하는 데 사용한다.

ⓑ 실내건축물의 간단한 마감재료를 그리는 데 사용

㉣ 물감

ⓐ 수채화 물감은 투명하고 신선한 느낌을 주며 부드럽고 밝게 표현된다.

ⓑ 불투명 물감은 포스터 물감을 주로 사용하며 사실적이고 재료의 질감표현이용이 하다.
② 묘사기법
㉠ 단선에 의한 표현 : 윤곽선을 강하게 묘사하여 공간상의 입체를 돋보이게 하는 표현
㉡ 여러 선에 의한 표현
　ⓐ 선의 간격을 달리함으로써 면과 입체를 결정하는 방법
　ⓑ 평면은 같은 간격의 선으로, 곡면은 선의 간격을 달리하여 표현하며, 선의 방향은 면이나 입체의 수직, 수평의 방위에 맞추어 그린다.
㉢ 명암 처리만으로 표현 : 명암의 농도변화로 면, 입체를 표현
㉣ 단선과 명암에 의한 표현 : 선으로 공간을 한정시키고 명암으로 음영을 넣는다.
　ⓐ 평면 : 같은 명암의 농도로 표현
　ⓑ 곡면 : 농도의 변화, 선의 간격을 다르게 또는 점의 밀도 변화로 표현
③ 각종 표현
㉠ 스케치 : 각종 구상을 짧은 시간 안에 표현하는 데 쓰인다.
㉡ 다이어그램 : 어떤 것이 진행되는 과정이나 실제의 디자인, 배경에서 근본적 구조나 관계를 표시하는 간단하고 신속한 방법으로 쓰인다.

(4) 투시도
① 용어
㉠ 기면(G.P, Ground Plane) : 사람이 서 있는 면
㉡ 기선(G.L, Ground Line) : 기면과 화면의 교차선
㉢ 화면(P.P, Picture Plane) : 물체와 시점 사이에 기면과 수직한 평면
㉣ 수평면(H.P, Horizontal Plane) : 눈높이에 수평한 면
㉤ 수평선(H.L, Horizontal Line) : 수평면과 화면의 교차선
㉥ 정점(S.P, Standing Point) : 사람이 서 있는 곳
㉦ 시점(E.P, Eye point) : 보는 눈의 위치
㉧ 소점(V.P, Vanishing point) : 수평선상에 존재하며 원근법을 표현하는 초점
㉨ 시선축(Axis of vision) : 시점에서 화면에 수직하게 통하는 투사선
② 투시도 종류
㉠ 1소점 투시도 : 실내투시도를 표현하고자 할 때 사용된다.
㉡ 2소점 투시도 : 건물의 외관 등을 표현할 때 사용된다.

(5) 각종 표현

① 배경의 표현

　㉠ 주변환경, 스케일 표현 등을 위해서 적당하게 그린다.

　㉡ 건물보다 앞에 표현되는 배경은 사실적으로, 멀리 있는 것은 단순히 그린다.

　㉢ 사람의 크기나 위치를 통해 건축물의 크기 및 공간의 깊이와 높이를 느끼게 한다.

　㉣ 건물의 크기 및 공간의 용도 등을 위해 차량 및 가구를 표현한다.

② 음영 표현

　㉠ 건축물의 입체적 느낌을 나타내기 위해 표현한다.

　㉡ 물체의 위치, 빛의 방향에 맞게 정확하게 표현한다.

③ 전시용 패널

　㉠ 표현양식

　　ⓐ 하드보드 등의 패널에 직접 그리거나 패널 위에 트레싱지 등을 부착한다.

　　ⓑ 패널 위에 켄트지 등을 씌우고 나타낸다.

　㉡ 배치계획

　　ⓐ 완성된 표현요소 결정→강조 및 설명부분을 구분→표현방법 검토→글자크기 및 도면축척 조정→ 패널 작업

④ 건축모형

　㉠ 계획된 도면의 완성상태를 미리 판단하는 도구가 된다.

　㉡ 발사재, 코르크판 등의 목재나 하드보드 및 아크릴 등이 많이 쓰인다.

　㉢ 착색이 필요한 경우 조립 전 착색한다.

2 도면 작성

(1) 도면종류

① 계획설계도

　㉠ 구상도 : 설계에 대한 최초 생각을 자유롭게 표현하는 스케치 등의 작업

　㉡ 동선도 : 사람, 차량, 화물 등의 흐름을 도식화

　㉢ 조직도 : 공간의 용도 및 내용을 관련성 있게 정리하여 조직화

　㉣ 면적도표 : 소요 공간의 면적 비율을 산출하여 검토작업을 하는 도면

② 기본설계도 : 건축주에게 설계계획을 전달하는 등의 목적을 위한 도면으로, 계획설계

도를 바탕으로 작성한 평면도, 입면도, 배치도, 투시도 등이 속한다.
③ 실시설계도
ㄱ) 일반도 : 배치도, 평면도, 입면도, 단면도, 상세도, 전개도, 창호도 등
ㄴ) 구조설계도 : 구조평면도, 구조 일람표, 골조도 및 각 부 상세도
ㄷ) 설비도 : 전기, 가스, 상하수도, 환기, 냉난방 및 승강기 등의 표시

(2) 도면 작도
① 배치도

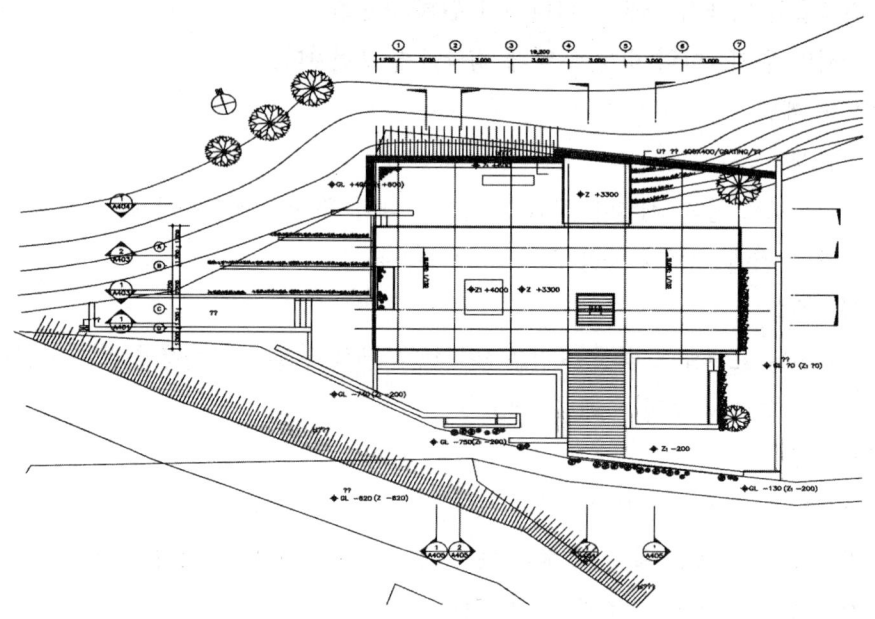

ㄱ) 대지 내의 건물 위치와 부대시설 및 도로와 주변건물 등을 표현한다.
ㄴ) 비교적 큰 비율로 축소하여 1/200~1/600 정도의 축척을 사용한다.
ㄷ) 방위와 지반의 기준위치, 부지의 고저, 인접도로의 폭을 표시한다.
ㄹ) 건물과 인지경계선, 지붕 윤곽, 대문, 차고, 옥외 상수도, 조경상태 등을 표현한다.
② 평면도
ㄱ) 각 층의 바닥면에서 1.2m 높이에서 수평 절단한 수직 투상도를 표현한 도면이다.
ㄴ) 설계 진행의 기본이 되는 도면으로 1/50~1/300의 축척을 사용한다.
ㄷ) 실의 배치와 면적, 개구부의 너비와 위치, 창문과 출입구의 구분 등이 표현된다.
ㄹ) 동선, 각 실 규모 등 생활공간의 구성을 가장 잘 볼 수 있는 도면이다.

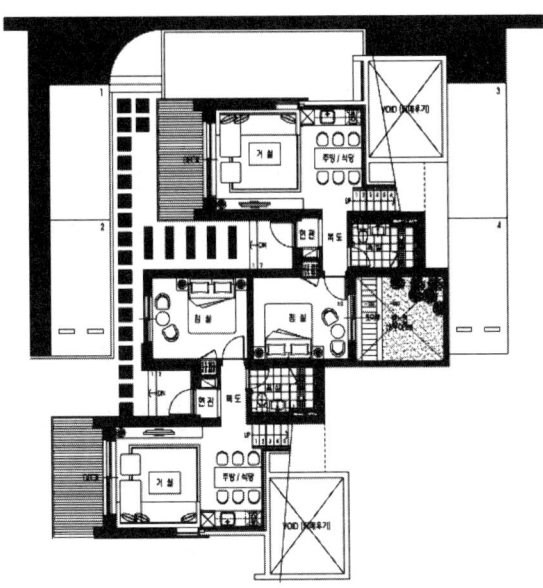

③ 입면도

　㉠ 건물의 외형 혹은 실내의 각 면을 직립투상한 도면이다.

　㉡ 각 면의 마감재료와 전체높이 및 처마높이, 지붕의 경사 및 형상 등을 나타낸다.

　㉢ 1/50, 1/100, 1/200 등의 축척을 사용한다.

　㉣ 작도 순서

　　ⓐ 도면배치에 따라 지반선을 그린다.

　　ⓑ 수평방향의 각 층 높이와 창 높이를 그린다.

　　ⓒ 기둥과 벽의 중심선을 정한 다음 수직 방향재까지의 거리를 그린다.

　　ⓓ 문과 창의 형상을 그리고 외벽을 진하게 한 후 재료의 표시간격을 그린다.

　　ⓔ 지붕, 옥상 등의 경계선을 명확히 하고 마감재와 조경을 표시한다.

　　ⓕ 음영을 표시하여 효과를 내고 자동차 및 사람 등을 그려서 건물 크기를 느끼게 한다.

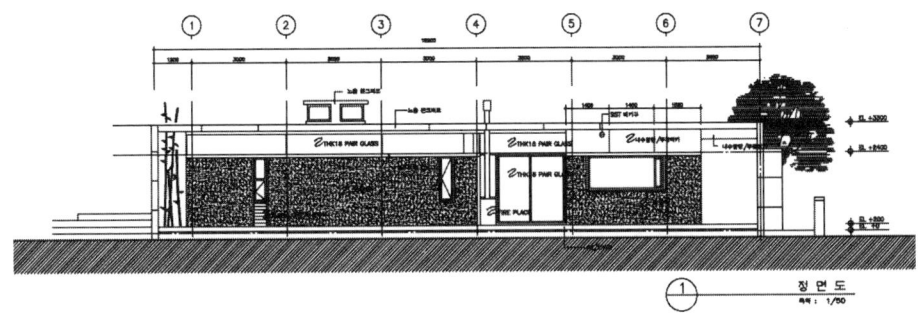

④ 단면도
  ㉠ 건물을 수직으로 절단하여 수평방향으로 본 도면
  ㉡ 입면도와 같은 축척으로 그리는 것이 일반적이다.
  ㉢ 평면상 이해가 어렵거나 전체구조의 이해를 돕기 위해 그린다.
  ㉣ 건물의 높이, 층고, 처마 높이, 창 높이 등이 표현되며 지반과 바닥의 차이를 그린다.
  ㉤ 계단의 치수와 지붕의 물매 등을 표현한다.

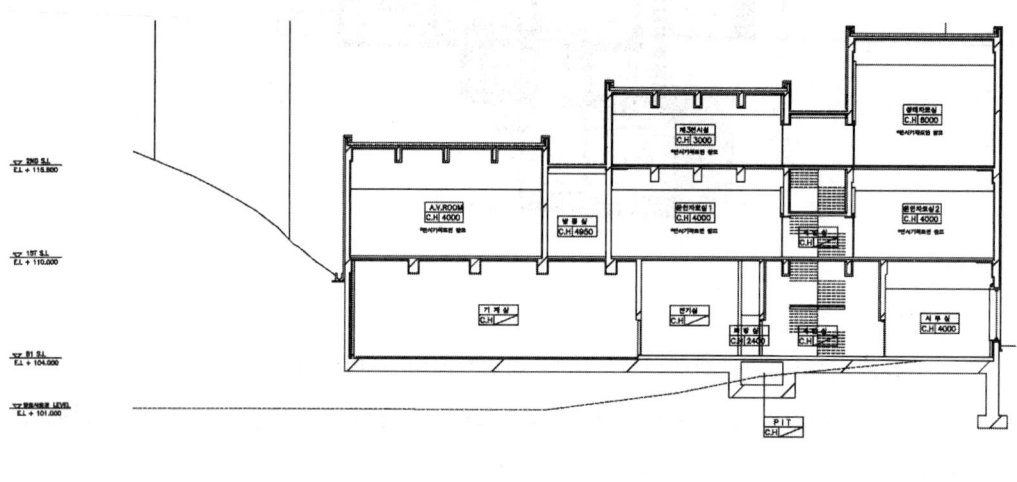

⑤ 기초평면도
  ㉠ 평면도와 같은 축척으로 그린다.
  ㉡ 기초의 중심을 기준으로 기초의 형상과 위치를 그린다.
⑥ 전개도
  ㉠ 각 실의 내부 의장을 나타내기 위한 도면이다.
  ㉡ 벽면 마감재료와 치수를 기입하고 창호의 종류와 치수를 기입한다.
⑦ 기타 도면 : 지붕틀 평면도, 천장 평면도, 창호도 등

제4편

출제예상 모의고사

01 모/의/고/사

실/내/건/축/기/능사

제1회

01 다음 중 냉·난방상 가장 유리한 출입문의 종류는?
① 미서기문 ② 여닫이문
③ 회전문   ④ 미닫이문

02 휴먼스케일에서 실내 크기를 측정하는 기준은?
① 공간의 형태 ② 인간
③ 공간의 넓이 ④ 가구의 크기

03 유통매장의 동선계획에서 길수록 효율이 좋은 것은?
① 관리동선   ② 점원동선
③ 고객동선   ④ 상품반출의 동선

04 다음 조명기구 중에서 식사실의 식탁 위에 가장 많이 사용하는 조명 기구는?
① 브래킷   ② 펜던트
③ 플로어 스탠드 ④ 테이블 스탠드

05 열환경 요소 중 기후적인 조건을 좌우하는 가장 큰 요소는?
① 습도
② 공기의 온도
③ 기류
④ 주위 벽의 열복사

06 상품의 유효진열 범위 내에서 고객의 시선이 편하게 머물고 손으로 잡기에도 가장 편안한 높이인 골든 스페이스의 범위로 알맞은 것은?
① 450~850mm   ② 850~1250mm
③ 1300~1500mm ④ 1500~1700mm

07 시각적 중량감에 관한 설명으로 옳지 않은 것은?
① 밝은 색이 어두운 색보다 시각적 중량감이 크다.
② 크기가 큰 것이 작은 것보다 시각적 중량감이 크다.
③ 불규칙적인 형태가 기하학적 형태보다 시각적 중량감이 크다.
④ 색의 중량감은 색의 속성 중 특히 명도, 채도에 영향을 받는다.

08 다음 중 주택의 실내 치수 계획으로 가장 부적절한 것은?
① 현관의 폭 : 1200mm
② 세면기의 높이 : 550mm
③ 부엌 작업대의 높이 : 800mm
④ 주택 내부의 복도 폭 : 900mm

09 고정창에 관한 설명으로 옳지 않은 것은?
① 적정한 자연환기량 확보를 위해 사용된다.

② 크기에 관계없이 자유롭게 디자인할 수 있다.
③ 형태에 관계없이 자유롭게 디자인할 수 있다.
④ 유리와 같이 투명재료일 경우 창이 있는 것을 알지 못해 부딪힐 위험이 있다.

10 형태의 지각 심리 중 형과 배경의 법칙에 관한 설명으로 옳지 않은 것은?
① 형은 가깝게 느껴지고 배경은 멀게 느껴진다.
② 명도가 낮은 것보다는 높은 것이 배경으로 인식되기 쉽다.
③ 대체적으로 면적이 작은 부분이 형이 되고, 큰 부분은 배경이 된다.
④ 형과 배경이 순간적으로 번갈아 보이면서 다른 형태로 지각되는 심리의 대표적인 예로 '루빈의 항아리'를 들 수 있다.

11 뮐러-라이어 도형과 관련된 착시의 종류는?
① 방향의 착시
② 길이의 착시
③ 다의도형 착시
④ 위치에 의한 착시

12 다음 중 상점 내 진열장 배치계획에서 가장 우선적으로 고려하여야 할 사항은?
① 동선의 흐름
② 조명의 조도
③ 바닥 마감재료
④ 진열장의 치수

13 주택의 욕실 계획에 관한 설명으로 옳지 않은 것은?
① 방수성, 방오성이 큰 마감재료를 사용한다.
② 욕실의 조명은 방습형 조명기구를 사용한다.
③ 욕실 바닥은 미끄럼을 방지할 수 있는 재료를 사용한다.
④ 모든 욕실에는 기능상 욕조, 변기, 세면기가 통합적으로 갖추어져야 한다.

14 의자 및 소파에 관한 설명으로 옳지 않은 것은?
① 스툴은 등받이와 팔걸이가 없는 형태의 보조의자이다.
② 체스터필드는 사용상 안락성이 매우 크고 비교적 크기가 크다.
③ 풀업 체어는 필요에 따라 이동시켜 사용할 수 있는 간이 의자이다.
④ 세티는 고대 로마시대에 음식물을 먹거나 잠을 자기 위해 사용했던 긴 의자이다.

15 수직벽면을 빛으로 쓸어내리는 듯한 효과를 주기 위해 비대칭 배광방식의 조명기구를 사용하여 수직벽면에 균일한 조도의 빛을 비추는 조명의 연출기법은?
① 실루엣(silhouette) 기법
② 글레이징(glazing) 기법
③ 월 워싱(wall washing) 기법
④ 그림자 연출(shadow play) 기법

16 설계나 생산에 쓰이는 치수 단위를 모듈이라고 하는데, 인체척도를 근거로 하는 모듈을 주장한 사람은?
① 프랭크 로이드 라이트
② 르 코르뷔지에
③ 미스 반 데어 로에

④ 월터 그로피우스

17 조선시대 주택구조에 대한 설명 중 옳지 않은 것은?
① 주택공간이 성(性)에 의해 구분되었다.
② 주택은 크게 행랑채, 사랑채, 안채, 바깥채의 4개의 공간으로 구분하였다.
③ 사랑채는 남자 손님들의 응접공간으로 사용되었다.
④ 안채는 모든 가정 살림의 중추적인 역할을 하던 곳이다.

18 측창채광에 관한 설명으로 옳은 것은?
① 비막이에 불리하다.
② 천창채광에 비해 채광량이 많다.
③ 편측채광의 경우 실내 조도분포가 균일하다.
④ 근린의 상황에 의해 채광을 방해받을 수 있다.

19 실내 어느 한 점의 수평면 조도가 200lx이고, 이때 옥외 전천공 수평면 조도가 20000lx인 경우, 이 점의 주광률은?
① 0.01%   ② 0.1%
③ 1%   ④ 10%

20 수정 유효온도를 구성하는 요소가 아닌 것은?
① 기온   ② 습도
③ 일사량   ④ 복사열

21 다공질 벽돌에 관한 설명 중 옳지 않은 것은?
① 방음, 흡음성이 좋지 않고 강도도 약하다.
② 점토에 분탄, 톱밥 등을 혼합하여 소성한다.
③ 비중은 1.5 정도로 가볍다.
④ 톱질과 못박음이 가능하다.

22 KS 5종 포틀랜드 시멘트에 해당하지 않는 것은?
① 보통 포틀랜드 시멘트
② 조강 포틀랜드 시멘트
③ 저열 포틀랜드 시멘트
④ 백색 포틀랜드 시멘트

23 타일의 흡수율에 대한 KS 규정으로 옳은 것은?
① 자기질 8%, 석기질 15%, 도기질 18%, 클링커타일 28% 이하
② 자기질 13%, 석기질 15%, 도기질 18%, 클링커타일 18% 이하
③ 자기질 3%, 석기질 5%, 도기질 18%, 클링커타일 8% 이하
④ 자기질 15%, 석기질 15%, 도기질 18%, 클링커타일 28% 이하

24 시멘트에 관한 설명 중 옳지 않은 것은?
① 시멘트의 비중은 소성온도나 성분에 따라 다르며, 동일 시멘트인 경우에 풍화한 것일수록 작아진다.
② 우리나라의 경우 시멘트 1포는 보통 60kg이다.
③ 시멘트의 분말도는 브레인법 또는 표준체법에 의해 측정된다.
④ 안정성이란 시멘트가 경화될 때 용적이 팽창하는 정도를 말한다.

25 구리와 주석을 주체로 한 합금으로 건축장식 철물 또는 미술공예 재료에 사용되는 것은?
① 황동   ② 두랄루민
③ 주철   ④ 청동

26 A.E제를 사용할 경우 콘크리트의 강도가 저하되는데 공기량 1%에 대하여 압축강도 저하율은?
① 1~2%   ② 4~6%
③ 8~10%   ④ 12~144%

27 길이가 4m인 생나무가 절대건조상태로 되었을 때 3.92m라면 전수축률은 몇 %인가?
① 1%   ② 2%
③ 3%   ④ 4%

28 아스팔트나 피치처럼 가열하면 연화하고, 벤젠·알코올 등의 용제에 녹는 흑갈색의 점성질 반고체의 물질로 도로의 포장, 방수재, 방진재로 사용되는 것은?
① 도장 재료   ② 미장재료
③ 역청 재료   ④ 합성수지 재료

29 대리석의 일종으로 탄산석회를 포함한 물에서 침전, 생성된 것으로 실내장식에 사용되는 것은?
① 트래버틴   ② 석면
③ 응회암   ④ 석회암

30 다음 중 파티클 보드에 대한 설명으로 옳지 않은 것은?
① 합판에 비해 휨강도는 크지만 면내 강성은 나쁘다.
② 목재의 작은 조각을 합성수지 접착제 등을 첨가하여 열압 제판한 것이다.
③ 온·습도에 의한 변형이 거의 없으나 부패방지를 위해 방습처리를 한다.
④ 음 및 열의 차단성이 우수하여 방음 및 단열재로 쓰인다.

31 다음 중 밀도가 가장 크고 유연하며, 방사선의 투과도가 낮아 건축에서 방사선 차폐용 벽체에 이용되는 것은?
① 알루미늄   ② 동
③ 주석   ④ 납

32 가열한 강을 물 또는 기름 등에 담가 급속 냉각하는 열처리 방법으로, 강재의 경도와 내마모성을 증가시키는 것은 무엇인가?
① 풀림   ② 불림
③ 담금질   ④ 뜨임

33 다음 중 레디믹스트 콘크리트에 대한 설명으로 옳은 것은?
① 기건 단위용적 중량이 2.0 이하의 것을 말하며, 주로 경량 골재를 사용하여 경량화하거나 기포를 혼입한 콘크리트이다.
② 기건 단위용적 중량이 보통콘크리트에 비하여 크고, 주로 방사선 차폐용에 사용되므로 차폐용 콘크리트라고도 한다.
③ 결합재로서 시멘트를 사용하지 않고 폴리에스테르 수지 등을 액상으로 하여 굵은 골재 및 분말상 충전제를 혼합하여 만든 것이다.
④ 주문에 의해 공장생산 또는 믹싱카로 제조하여 사용현장에 공급하는 콘크리트이다.

34 석고 플라스터에 대한 설명으로 옳지 않은 것은?
① 점성이 작아서 여물 또는 해초 등을 원칙적으로 사용하여야 한다.
② 경화 건조 시 치수안정성이 우수하다.
③ 결합수로 인하여 방화성이 크다.
④ 유성페인트 마감이 가능하다.

35 투명도가 높으므로 유기유리라는 명칭이 있으며, 착색이 자유롭고 내충격 강도가 크고, 평판, 골판 등의 각종 형태의 성형품으로 만들어 채광판, 도어판, 칸막이벽 등에 쓰이는 합성수지는?
① 폴리스티렌 수지
② 에폭시 수지
③ 요소 수지
④ 아크릴 수지

36 방사성 차단용으로 사용되는 시멘트 모르타르로 옳은 것은?
① 질석 모르타르
② 아스팔트 모르타르
③ 바라이트 모르타르
④ 활석면 모르타르

37 다음 중 수경성 미장재료는?
① 회반죽
② 돌로마이트 플라스터
③ 인조석 바름
④ 진흙

38 강화유리에 관한 설명으로 옳지 않은 것은?
① 보통 판유리를 2장 이상으로 접합한 것이다.
② 강화열처리 후에 절단·구멍뚫기 등의 재가공이 극히 곤란하다.
③ 보통유리에 비해 3~5배 정도 강하다.
④ 충격을 받아 파손되면 유리조각이 잘게 부서진다.

39 질이 단단하고 내구성 및 강도가 크며 외관이 수려하나 함유광물의 열팽창계수가 달라 내화성이 약한 석재로 외장, 내장, 구조재, 도로포장재, 콘크리트 골재 등에 사용되는 것은?
① 응회암   ② 화강암
③ 화산암   ④ 대리석

40 판두께 1.2mm 이하의 얇은 판에 여러 가지 모양으로 도려낸 철판으로서 환기공, 인테리어 벽, 천장 등에 이용되는 금속 성형 가공제품은?
① 익스팬디드 메탈
② 키스톤 플레이트
③ 펀칭 메탈
④ 스팬드럴 패널

41 목조 계단에서 양끝에 세우는 굵은 난간동자의 명칭은?
① 계단멍에   ② 두겁대
③ 엄지기둥   ④ 디딤판

42 부재축에 직각으로 설치되는 스터럽의 간격은 철근콘크리트 부재의 경우 최대 얼마 이하로 하여야 하는가?
① 300mm   ② 450mm

③ 600mm   ④ 700mm

43 철골조에서 판보의 춤은 간사이의 얼마 정도가 적당한가?
① 1/10~1/12 정도
② 1/15~1/18 정도
③ 1/18~1/20 정도
④ 1/20~1/25 정도

44 미서기문의 마중대는 서로 턱솔 또는 딴혀를 대어 방풍적으로 물려지게 한다. 이것을 무엇이라 하는가?
① 지도리   ② 풍소란
③ 접문   ④ 문선

45 철근콘크리트 기둥에서 띠철근의 수직 간격 기준에 대한 설명 중 옳지 않은 것은?
① 기둥 단면의 최소 치수 이하
② 종방향 철근지름의 16배 이하
③ 띠철근 지름의 48배 이하
④ 기둥 높이의 0.1배 이하

46 지붕물매에 관한 다음 기술 중 틀린 것은?
① 지붕물매는 간사이가 클수록 느리게 잡는다.
② 지붕물매는 수평길이 10cm에 대한 직각삼각형의 수직높이를 cm로 나타내어 4cm 물매, 5cm 물매 등으로 호칭한다.
③ 높이 10cm 물매를 되물매라 하고 그 이상으로 된 것을 된물매라 한다.
④ 같은 지붕 재료로 이을 때 그 재료의 단위 면적이 클수록 느린 물매로 한다.

47 다음의 각종 도면에 대한 설명 중 옳지 않은 것은?
① 부분상세도는 건축물의 주요 구조부의 부분을 상세하게 그린 도면으로, 각 부재의 형상, 치수 등을 표시한다.
② 시공도면은 시공법을 명확하게 그린 것으로, 건축의 공작을 명확하게 할 수 있도록 그린 도면이다.
③ 동선도는 사람이나 차, 또는 화물 등의 흐름을 도식화하여 나타낸다.
④ 평면도는 건축부지의 위치를 나타내는 도면이다.

48 배치도, 평면도 등의 도면은 어느 쪽을 위로 하여 작도함을 원칙으로 하는가?
① 동쪽   ② 서쪽
③ 남쪽   ④ 북쪽

49 다음 도면에서 A가 가리키는 선의 종류로 옳은 것은?

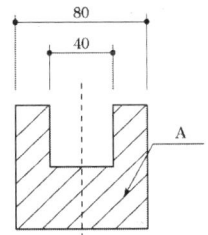

① 중심선   ② 해칭선
③ 절단선   ④ 가상선

50 그림에서 줄눈의 명칭이 틀린 것은?

① 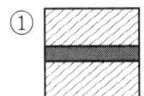   ②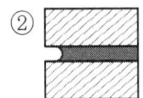

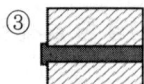

① 평줄눈　② 오목줄눈
③ 내민줄눈　④빗줄눈

51 벽돌쌓기에 관한 설명 중 옳지 않은 것은?
① 내쌓기는 보통 1/8B 1켜씩 또는 1/4B 2켜씩 내쌓는다.
② 내쌓기의 내미는 정도는 2B를 한도로 한다.
③ 붙임기둥의 두께는 1.5B 이상이 좋다.
④ 창문의 너비가 1.8m 정도일 때에는 평아치로 하는 것이 좋다.

52 벽돌조에서 개구부와 개구부 사이의 수직거리는 최소 얼마 이상으로 하는가?
① 20cm　② 40cm
③ 60cm　④ 80cm

53 리벳에 관한 용어의 설명 중 옳지 않은 것은?
① 게이지 라인 : 재축방향의 리벳 중심선
② 게이지 : 각 게이지 라인간의 거리 또는 게이지 라인과 재면과의 거리
③ 그립 : 게이지 라인상의 리벳 간격
④ 클리어런스 : 리벳과 수직재면과의 거리

54 다음 제도용구 중 컴퍼스로 그리기 어려운 원호나 곡선을 그릴 때 사용하는 것은?
① 디바이더　② 운형자
③ T자　④ 스케일

55 그림과 같은 지붕 평면을 구성하는 지붕의 명칭은?

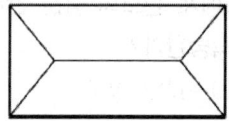

① 합각지붕　② 모임지붕
③ 박공지붕　④ 꺾임지붕

56 철근콘크리트 구조에 관한 설명으로 옳지 않은 것은?
① 철근콘크리트 건축물은 라멘 구조로 하는 것이 보통이다.
② 압축철근은 부재의 장기처짐에 관여한다.
③ 철근이 인장력에 충분히 저항할 수 있다.
④ 철골조에 비하여 철거가 매우 간단하다.

57 다음 중 기초의 부동침하 원인과 가장 관계가 먼 것은?
① 지하수위가 변경되었을 때
② 이질 지정을 하였을 때
③ 기초의 배근량이 부족하였을 때
④ 일부 증축하였을 때

58 벽돌쌓기법 중 처음 한 켜는 마구리쌓기, 다음 한 켜는 길이쌓기를 교대로 쌓는 것으로, 통줄눈이 생기지 않으며 가장 튼튼한 쌓기법으로 내력벽을 만들 때 많이 사용되는 것은?
① 화란식 쌓기　② 불식 쌓기
③ 영식 쌓기　④ 미식 쌓기

59 목구조에서 보, 도리 등의 가로재가 서로 수

평방향으로 만나는 귀부분을 안정한 삼각형 구조로 만드는 것으로, 가새로 보강하기 어려운 곳에 사용되는 부재는?

① 펠대 ② 귀잡이보
③ 깔도리 ④ 버팀대

60 단층 목구조 건축물에서 일반적으로 사용되지 않는 부재는?

① 토대 ② 통재기둥
③ 멍에 ④ 중도리

01 모/의/고/사

실/내/건/축/기/능사

제2회

01 다음 설명에 알맞은 환기방식은?

- 실내가 부압이 된다.
- 화장실, 욕실 등의 환기에 적합하다.

① 중력환기(자연급기와 자연배기의 조합)
② 제1종 환기(급기팬과 배기팬의 조합)
③ 제2종 환기(급기팬과 자연배기의 조합)
④ 제3종 환기(자연급기와 배기팬의 조합)

02 다음과 같은 방향의 착시 현상과 가장 관계가 깊은 것은?

사선이 2개 이상의 평행선으로 중단되면 서로 어긋나 보인다.

① 분트 도형
② 폰초 도형
③ 쾨니히의 목걸이
④ 포겐도르프 도형

03 다음 중 차폐계수가 가장 큰 유리의 종류는? (단, ( ) 안의 수치는 유리의 두께임)

① 보통 유리(3mm)
② 흡열 유리(3mm)
③ 흡열 유리(6mm)
④ 흡열 유리(12mm)

04 실내 기본 요소 중 천장에 관한 설명으로 옳은 것은?

① 바닥과 함께 실내공간을 구성하는 수직적 요소이다.
② 바닥이나 벽에 비해 접촉빈도가 높으며 공간의 크기에 영향을 끼친다.
③ 바닥은 시대와 양식에 의한 변화가 현저한 데 비해 천장은 매우 고정적이다.
④ 천장을 낮추면 친근하고 아늑한 공간이 되고 높이면 확대감을 줄 수 있다.

05 다음 설명에 알맞은 조명의 연출 기법은?

빛의 각도를 이용하는 방법으로 수직면과 평행한 조명을 벽에 조사시킴으로써 마감재의 질감을 효과적으로 강조하는 기법

① 실루엣 기법
② 스파클 기법
③ 글레이징 기법
④ 빔 플레이 기법

06 실내장식물에 관한 설명으로 옳지 않은 것은?

① 수석이나 수족관은 감상 위주의 장식물에 속한다.
② 실내장식물은 기능이 없으므로 장식적인 효과만을 고려한다.
③ 실내장식물은 공간을 강조하고 흥미를 높여주는 효과가 있다.
④ 실내장식물은 개성을 나타내는 자기표현의 수단이 될 수 있다.

238

07 개구부에 관한 설명으로 옳지 않은 것은?
① 한 공간과 인접된 공간을 연결시킨다.
② 가구배치와 동선계획에 영향을 미친다.
③ 벽체를 대신하여 건축구조 요소로 사용된다.
④ 창의 크기와 위치, 형태는 창에서 보이는 시야의 특징을 결정한다.

08 상점건축에서 쇼윈도, 출입구 및 홀의 입구 부분을 포함한 평면적인 구성요소와 아케이드, 광고판, 사인, 외부장치를 포함한 입체적인 구성 요소의 총체를 의미하는 것은?
① 파사드(facade)
② 스테이지(stage)
③ 쇼케이스(show case)
④ P.O.P(point of purchase)

09 잔향시간에 관한 설명으로 옳지 않은 것은?
① 실내의 잔향음의 대소를 평가하는 지표이다.
② 잔향시간이 너무 길면 음의 명료도가 저하된다.
③ 잔향시간은 실내가 확산음장이라고 가정하여 구해진 개념이다.
④ 음악감상을 주로 하는 실은 대화를 주로 하는 실보다 짧은 잔향시간이 요구된다.

10 상점 쇼윈도의 눈부심 방지 방법으로 옳지 않은 것은?
① 곡면유리를 사용한다.
② 쇼윈도 상부에 차양을 설치하여 햇빛을 차단한다.
③ 내부 조도를 외부 도로면의 조도보다 어둡게 처리한다.
④ 유리를 경사지게 처리하여 외부영상이 시야에 들어오지 않게 한다.

11 다음의 가구에 관한 설명 중 ( ) 안에 알맞은 용어는?

(㉠)은 등받이와 팔걸이가 없는 형태의 보조의자로 가벼운 작업이나 잠시 걸터앉아 휴식을 취할 때 사용된다. 더 편안한 휴식을 위해 발을 올려놓는 데도 사용되는 (㉠)을 (㉡)이라 한다.

① ㉠ 스툴, ㉡ 오토만
② ㉠ 스툴, ㉡ 카우치
③ ㉠ 오토만, ㉡ 스툴
④ ㉠ 오토만, ㉡ 카우치

12 먼셀 표색계에서 기본색이 되는 5색이 아닌 것은?
① 노랑   ② 파랑
③ 연두   ④ 보라

13 홀형 아파트에 관한 설명으로 옳지 않은 것은?
① 거주의 프라이버시가 높다.
② 통행부 면적이 작아서 건물의 이용도가 높다.
③ 계단실 또는 엘리베이터 홀로부터 직접 주거 단위로 들어가는 형식이다.
④ 1대의 엘리베이터에 대한 이용 가능한 세대수가 가장 많은 형식이다.

14 알바 알토가 디자인한 의자로 자작나무 합판을 성형하여 만들었으며, 목재가 지닌 재료의 단순성을 최대한 살린 것은?
① 바실리 의자

② 파이미오 의자
③ 레드 블루 의자
④ 바르셀로나 의자

15 상점의 판매형식 중 대면판매에 관한 설명으로 옳지 않은 것은?
① 종업원의 정위치를 정하기 어렵다.
② 포장대나 캐시대를 별도로 둘 필요가 없다.
③ 고객과 마주 대하기 때문에 상품 설명이 용이하다.
④ 소형 고가품인 귀금속, 카메라 등의 판매에 적합하다.

16 시스템 디자인(system design)에 관한 설명으로 옳은 것은?
① 디자인에서 시스템 적용은 모듈에 의한 표준화, 조립화와 연결된다.
② 시스템 가구는 형태적 측면에서 고려된 것으로 대량 생산과는 관계가 없다.
③ 시스템 키친(system kitchen)은 주방용기인 그릇 등의 디자인을 통합하는 작업이다.
④ 서비스 코어 시스템(service core system)은 가구나 조명 등 실내공간을 보조하는 시스템을 말한다.

17 거실의 가구 배치에 관한 설명으로 옳지 않은 것은?
① ㄱ자형은 시선이 마주치지 않아 안정감이 있다.
② 일자형은 거실의 폭이 좁은 경우에 많이 이용된다.
③ 대면형은 일자형에 비해 가구 자체가 차지하는 면적이 작다.
④ ㄷ자형은 단란한 분위기를 주며 여러 사람과의 대화 시에 적합하다.

18 현실적 형태 중 자연형태에 관한 설명으로 옳지 않은 것은?
① 자연계에 존재하는 모든 것으로부터 보이는 형태를 말한다.
② 기하학적인 형태는 불규칙한 형태보다 비교적 가볍게 느껴진다.
③ 단순한 부정형의 형태를 취하기도 하지만 경우에 따라서는 체계적인 기하학적인 특징을 갖는다.
④ 시각과 촉각 등으로 직접 느낄 수 없고 개념적으로만 제시될 수 있는 형태로 순수형태라고도 한다.

19 건축물의 에너지절약을 위한 단열계획 내용으로 옳지 않은 것은?
① 외벽 부위는 내단열로 시공한다.
② 건물의 창 및 문은 가능한 한 작게 설계한다.
③ 외벽의 모서리 부분은 단열재를 연속적으로 설치한다.
④ 발코니 확장을 하는 공동주택에는 로이(Low-E) 복층창이나 삼중창을 설치한다.

20 습공기를 가습하였을 때의 상태변화로 옳은 것은? (단, 건구온도는 일정하다.)
① 엔탈피가 커진다.
② 노점온도가 낮아진다.
③ 습구온도가 낮아진다.
④ 절대습도가 작아진다.

21 내열성은 높지 않으나 우수한 단열성 때문에 냉동기기에 많이 사용되는 단열재는?
① 규산칼슘판　② 폴리우레탄폼
③ 세라믹 섬유　④ 펄라이트판

22 단열재료 중 유기질계 단열재에 해당하는 것은?
① 펄라이트판　② 규산칼슘판
③ 기포콘크리트　④ 연질섬유판

23 콘크리트의 수밀성에 관한 설명으로 옳지 않은 것은?
① 물시멘트비가 작을수록 수밀성은 커진다.
② 다짐이 불충분할수록 수밀성은 작아진다.
③ 습윤양생이 충분할수록 수밀성은 작아진다.
④ 혼화재 중 플라이애시는 콘크리트의 수밀성을 향상시킨다.

24 잔골재를 각 상태에서 계량한 결과 그 무게가 다음과 같을 때 이 골재의 유효흡수율은?

- 절건상태 : 2000g
- 기건상태 : 2066g
- 표면건조 내부 포화상태 2124g
- 습윤상태 : 2152g

① 1.3%　② 2.9%
③ 6.2%　④ 7.6%

25 콘크리트용 골재에 관한 설명으로 옳지 않은 것은?
① 바다모래를 콘크리트에 사용하기 위해서는 세척을 하고 난 후 사용하여야 한다.
② 골재가 콘크리트에서 차지하는 체적은 약 70~80% 정도이다.
③ 쇄석골재는 보통 안산암을 파쇄하여 쓴다.
④ 강자갈과 쇄석을 쓴 콘크리트 중 물시멘트비 등의 제반 조건이 같으면 강자갈을 쓴 콘크리트의 강도가 크다.

26 목재는 화재가 발생하면 순간적으로 불이 확산하여 큰 피해를 주는데 이를 억제하는 방법으로 옳지 않은 것은?
① 목재의 표면에 플라스터로 피복한다.
② 염화비닐 수지로 도포한다.
③ 방화페인트로 도포한다.
④ 인산암모늄 약제로 도포한다.

27 점토제품 공정에 대한 설명으로 옳지 않은 것은?
① 소성은 보통 터널요에 넣어서 서서히 가열한다.
② 시유는 반드시 소성 전에 제품의 표면에 고르게 바른다.
③ 건조는 자연건조 또는 소성가마의 여열을 이용한다.
④ 반죽은 조합된 점토에 물을 부어 비벼 수분이나 경도를 균질하게 하고, 필요한 점성을 부여한다.

28 보통 콘크리트와 비교한 폴리머 콘크리트의 특징으로 옳지 않은 것은?
① 압축, 인장 및 휨강도가 크다.
② 방수성 및 수밀성이 우수하고 동결융해에 대한 저항성이 양호하다.
③ 내마모성 및 내약품성이 우수하다.
④ 경화수축이 작고 내화성이 뛰어나다.

29 강재 시편의 인장시험 시 나타나는 응력-변형률 곡선에 관한 설명으로 옳지 않은 것은?
① 하위항복점까지 가력한 후 외력을 제거하면 변형은 원상으로 회복된다.
② 인장강도 점에서 응력값이 가장 크게 나타난다.
③ 냉간성형한 강재는 항복점이 명확하지 않다.
④ 상위항복점 이후에 하위항복점이 나타난다.

30 아스팔트 루핑에 대한 설명으로 옳은 것은?
① 펠트의 양면에 스트레이트 아스팔트를 가열 용융시켜 피복한 것이다.
② 블론 아스팔트를 용제에 녹인 것으로 액상을 하고 있다.
③ 석유, 석탄공업에서 경유, 중유 및 중유분을 뽑은 나머지로 대부분은 광택이 없는 고체로 연성이 전혀 없다.
④ 평지붕의 방수층, 슬레이트평판, 금속판 등의 지붕깔기 바탕 등에 이용된다.

31 고강도 콘크리트란 설계기준강도가 최소 얼마 이상인 콘크리트를 지칭하는가? (단, 보통 콘크리트의 경우)
① 27MPa ② 35MPa
③ 40MPa ④ 45MPa

32 ALC 제품에 관한 설명으로 옳지 않은 것은?
① 압축강도에 비해서 휨·인장강도는 상당히 약한 편이다.
② 열전도율이 보통콘크리트의 1/10 정도로서 단열성이 유리하다.
③ 내화성능을 보유하고 있다.
④ 흡수율이 낮아 물에 노출된 곳에서도 사용이 가능하다.

33 미장재료에 여물을 사용하는 가장 주된 이유는?
① 유성페인트로 착색하기 위해서
② 균열을 방지하기 위해서
③ 점성을 높여주기 위해서
④ 표면의 경도를 높여주기 위해서

34 목재의 함수율에 관한 설명으로 옳지 않은 것은?
① 함수율 30% 이상에서는 함수율의 증감에 따른 강도의 변화가 거의 없다.
② 기건상태인 목재의 함수율은 15% 정도이다.
③ 목재의 진비중은 일반적으로 2.54 정도이다.
④ 목재의 함수율 30% 정도를 섬유포화점이라 한다.

35 프탈산과 글리세린수지를 변성시킨 포화폴리에스테르수지로 내후성, 접착성이 우수하며 도료나 접착제 등으로 사용되는 합성수지는?
① 알키드 수지 ② A.B.S 수지
③ 스티롤 수지 ④ 에폭시 수지

36 각 벽돌에 관한 설명 중 옳은 것은?
① 과소벽돌은 질이 견고하고 흡수율이 낮아 구조용으로 적당하다.
② 건축용 내화벽돌의 내화도는 500~600℃의 범위이다.

③ 중공벽돌은 방음벽, 단열벽 등에 사용된다.
④ 포도벽돌은 주로 건물 외벽의 치장용으로 사용된다.

37 다음 중 방청도료에 해당되지 않는 것은?
① 광명단   ② 알루미늄도료
③ 징크로메이트   ④ 오일스테인

38 KS F 2503(굵은 골재의 밀도 및 흡수율 시험방법)에 따른 흡수율 산정식은 다음과 같다. 여기서 A가 의미하는 것은?

$$Q = \frac{B-A}{A} \times 100(\%)$$

① 절대건조상태 시료의 질량(g)
② 표면건조포화상태 시료의 질량(g)
③ 시료의 수중질량(g)
④ 기건상태시료의 질량(g)

39 트럭믹서에 재료만 공급받아서 현장으로 가는 도중에 혼합하여 사용하는 콘크리트는?
① 센트럴 믹스트 콘크리트
② 슈링크 믹스트 콘크리트
③ 트랜싯 믹스트 콘크리트
④ 배쳐플랜트 콘크리트

40 목재의 자연건조 시 유의할 점으로 옳지 않은 것은?
① 지면에서 20cm 이상 높이의 굄목을 놓고 쌓는다.
② 잔적(piling) 내 공기순환 통로를 확보해야 한다.
③ 외기의 온·습도의 영향을 많이 받을 수 있으므로 세심한 주의가 필요하다.
④ 건조기간의 단축을 위하여 마구리 부분을 일광에 노출시킨다.

41 역학구조상 비내력벽에 속하지 않는 벽은?
① 장막벽   ② 칸막이벽
③ 전단벽   ④ 커튼월

42 2개소의 개구부를 가진 조적식 구조에서 대린벽으로 구획된 벽의 길이가 6m일 때, 최대 개구부 폭의 합계로 옳은 것은?
① 6m   ② 4m
③ 3m   ④ 2m

43 트러스의 구조에 대한 설명으로 옳은 것은?
① 모든 방향에 대한 응력을 전달하기 위하여 절점은 강접합으로만 이루어져야 한다.
② 풍하중과 적설하중은 구조계산 시 고려하지 않는다.
③ 부재에 휨 모멘트 및 전단력이 발생한다.
④ 구성부재를 규칙적인 3각형으로 배열하면 구조적으로 안정이 된다.

44 다음 그림에서 치수 기입 방법이 잘못된 것은?

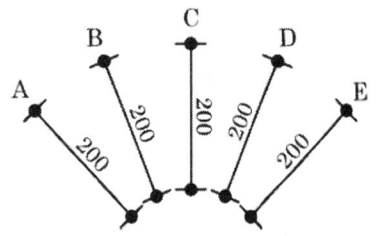

① A   ② B
③ C   ④ D

45 직경 13mm의 이형철근을 100mm 간격으로 배치할 때 도면표시 방법으로 옳은 것은?
① D13 #100
② D13 @100
③ φ13 #100
④ φ13 @100

46 단면도에 표기하는 사항과 가장 거리가 먼 것은?
① 층높이
② 창대높이
③ 부지경계선
④ 지반에서 1층 바닥까지의 높이

47 건축구조의 구성방식에 의한 분류 중 하나로, 구조체인 기둥과 보를 부재의 접합에 의해서 축조하는 방법으로, 뼈대를 삼각형으로 짜 맞추면 안정한 구조체를 만들 수 있는 구조는?
① 가구식 구조
② 캔틸레버 구조
③ 조적식 구조
④ 습식 구조

48 목구조의 기둥에 관한 설명으로 옳지 않은 것은?
① 중층건물의 상·하층 기둥이 길게 한 재로 된 것을 토대라 한다.
② 활주는 추녀뿌리를 받친 기둥이고, 단면은 원형 또는 팔각형이 많다.
③ 심벽조는 기둥이 노출된 형식이다.
④ 기둥 몸이 밑둥에서부터 위로 올라가면서 점차 가늘게 된 것을 흘림기둥이라 한다.

49 강구조의 기둥 종류 중 앵글·채널 등으로 대판을 플랜지에 직각으로 접합한 것은?
① H형강기둥
② 래티스기둥
③ 격자기둥
④ 강관기둥

50 하중의 작용방향에 따른 하중분류에서 수평하중에 포함되지 않는 것은?
① 활하중
② 풍하중
③ 수압
④ 토압

51 투시도에 사용되는 용어의 기호 표시가 옳지 않은 것은?
① 화면 - P.P
② 기선 - G.L
③ 시점 - V.P
④ 수평면 - H.P

52 종이에 일정한 크기의 격자형 무늬가 인쇄되어 있어서, 계획도면을 작성하거나 평면을 계획할 때 사용하기가 편리한 제도지는?
① 켄트지
② 방안지
③ 트레이싱지
④ 트레팔지

53 철근콘크리트 공사에서 거푸집을 받치는 가설재를 무엇이라 하는가?
① 턴버클
② 동바리
③ 세퍼레이터
④ 스페이서

54 건축물의 큰보의 간사이에 작은보(Beam)를 짝수로 배치할 때의 주된 장점은?
① 미관이 뛰어나다.
② 큰보의 중앙부에 작용하는 하중이 작아진다.
③ 층고를 낮출 수 있다.
④ 공사하기가 편리하다.

55 기본형 벽돌(190×90×57)을 사용한 벽돌벽 1.5B의 두께는? (단, 공간쌓기 아님)
① 23cm   ② 28cm
③ 29cm   ④ 34cm

56 배경표현법의 주의사항으로 옳지 않은 것은?
① 건물 앞에 것은 사실적으로, 멀리 있는 것은 단순히 그린다.
② 건물의 용도와는 무관하게 가능한 한 세밀한 그림으로 표현한다.
③ 공간과 구조, 그리고 그들의 관계를 표현하는 요소들에 지장을 주어서는 안 된다.
④ 표현에서는 크기와 무게, 그리고 배치는 도면 전체의 구성 요소가 고려되어야 한다.

57 다음 중 건축 도면에 사람을 그려 넣는 목적과 가장 거리가 먼 것은?
① 스케일감을 나타내기 위해
② 공간의 용도를 나타내기 위해
③ 공간 내 질감을 나타내기 위해
④ 공간의 깊이와 높이를 나타내기 위해

58 한국산업표준(KS)의 건축제도통칙에 규정된 척도가 아닌 것은?
① 5/1   ② 1/1
③ 1/400   ④ 1/6000

59 도면 중에 쓰는 기호와 표시 사항의 연결이 옳지 않은 것은?
① V-용적   ② W-높이
③ A-면적   ④ R-반지름

60 철근콘크리트 구조의 띠철근 압축부재의 최소 단면적은?
① 30000mm^2
② 40000mm^2
③ 50000mm^2
④ 60000mm^2

02 모/의/고/사

실/내/건/축/기/능사

제3회

01 어떤 공간에 규칙성의 흐름을 주어 경쾌하고 활기있는 표정을 주고자 한다. 다음의 디자인 원리 중 가장 관계가 깊은 것은?
① 조화 ② 리듬
③ 강조 ④ 통일

02 실내디자이너의 역할과 작업에 관한 설명으로 옳지 않은 것은?
① 건축 및 환경과의 상호성을 고려하여 계획하여야 한다.1
② 인간의 활동을 도와주며, 동시에 미적인 만족을 주는 환경을 창조한다.
③ 효율적인 공간창출을 위하여 제반요소에 대한 분석 작업이 우선되어야 한다.
④ 실내디자이너의 작업은 이용자 특성에 대한 제약을 벗어나 공간예술 창조의 자유가 보장되어야 한다.

03 비주얼 머천다이징(VMD)에 관한 설명으로 옳지 않은 것은?
① VMD의 구성은 IP, PP, VP 등이 포함된다.
② VMD의 구성 중 IP는 상점의 이미지와 패션 테마의 종합적인 표현을 일컫는다.
③ 상품계획, 상점계획, 판촉 등을 시각화시켜 상점이미지를 고객에게 인식시키는 판매전략을 말한다.
④ VMD란 상품과 고객 사이에서 치밀하게 계획된 정보전달 수단으로서 디스플레이의 기법 중 하나이다.

04 디자인의 원리 중 대비에 관한 설명으로 옳지 않은 것은?
① 극적인 분위기를 연출하는 데 효과적이다.
② 상반 요소가 밀접하게 접근하면 할수록 대비의 효과는 감소된다.
③ 강력하고 화려하며 남성적인 이미지를 주지만 지나치게 크거나 많은 대비의 사용은 통일성을 방해할 우려가 있다.
④ 질적, 양적으로 전혀 다른 둘 이상의 요소가 동시에 혹은 계속적으로 배열될 때 상호의 특질이 한층 강하게 느껴지는 통일적 현상이다.

05 수평 블라인드로 날개의 각도, 승강으로 일광, 조망, 시각의 차단 정도를 조절할 수 있는 것은?
① 롤 블라인드
② 로만 블라인드
③ 베니션 블라인드
④ 버티컬 블라인드

06 부엌 작업대의 배치유형 중 일렬형에 관한 설명으로 옳지 않은 것은?

① 작업대를 벽면에 한 줄로 붙여 배치하는 유형이다.
② 작업대 전체의 길이는 4000~5000mm 정도가 가장 적당하다.
③ 부엌의 폭이 좁거나 공간의 여유가 없는 소규모 주택에 적합하다.
④ 작업대가 길어지면, 작업 동선이 길게 되어 비효율적이 된다.

07 일종의 전시공간인 쇼룸(show room)의 계획에 관한 설명으로 옳지 않은 것은?
① 관람의 흐름은 막힘이 없어야 한다.
② 입구에는 세심한 디스플레이를 피한다.
③ 관람자가 한 번 지나간 곳을 다시 지나가도록 한다.
④ 관람에 있어 시각적 혼란을 초래하지 않도록 전후좌우를 한꺼번에 다 보게 해서는 안 된다.

08 천창채광에 관한 설명으로 옳지 않은 것은?
① 통풍에 불리하다.
② 비막이에 불리하다.
③ 좁은 실에서 해방감 확보가 용이하다.
④ 근린의 상황에 의해 채광을 방해받는 경우가 적다.

09 다음과 가장 관계가 깊은 사람은?

- "less is more"
- 인테리어의 엄격한 단순성
- 바르셀로나 파빌리온

① 루이스 설리번
② 르 코르뷔지에
③ 미스 반 데어 로에
④ 프랭크 로이드 라이트

10 소파의 골격에 쿠션성이 좋도록 솜, 스펀지 등의 속을 많이 채워 넣고 천으로 감싼 소파로, 구조, 형태상뿐만 아니라 사용상 안락성이 매우 큰 것은?
① 스툴 체어   ② 카우치
③ 풀업 체어   ④ 체스터필드

11 공간의 차단적 구획에 사용되는 것은?
① 조명   ② 조각
③ 블라인드   ④ 낮은 칸막이

12 인간이 생활하기 위한 실내공간은 물리적·환경적·기능적 조건에 영향을 받는데, 다음 중 기능적 조건에 속하는 것은?
① 기후   ② 기상
③ 예술성   ④ 공간규모

13 다음 중 인체지지용 가구가 아닌 것은?
① 소파   ② 침대
③ 책상   ④ 작업의자

14 물체가 잘 보이도록 하는 조명의 조건, 즉 가시성을 결정하는 요소와 가장 거리가 먼 것은?
① 주변과의 대비
② 대상물의 밝기
③ 대상물의 형태
④ 대상물의 크기

15 실내건축의 요소들이 한 공간에서 표현되어질 때 상호관계에 대한 미적 판단이 되는 원

리는?
① 리듬 ② 균형
③ 강조 ④ 조화

16 주택의 거실계획에 관한 설명으로 옳지 않은 것은?
① 실내의 다른 공간과 유기적으로 연결될 수 있도록 통로화시킨다.
② 거실을 가능한 한 남향으로 하여 일조와 조망, 통풍이 잘 되도록 한다.
③ 거실의 규모는 가족수, 가족구성, 전체 주택의 규모 등에 영향을 받는다.
④ 거실의 평면은 정사각형보다 한 변이 너무 짧지 않은 직사각형이 가구배치 등에 효과적이다.

17 상점의 진열대 배치형식 중 직렬배치형에 관한 설명으로 옳은 것은?
① 고객의 이동 흐름이 늦다는 단점이 있다.
② 고객의 통행량에 따라 부분적으로 통로 폭을 조절하기 어렵다.
③ 진열대 등의 배치와 고객의 동선을 굴절 또는 곡선형으로 구성시킨 형식이다.
④ 주통로 다음의 제2통로를 주통로에 대해 45°가 이루어지도록 진열대를 배치한 형식이다.

18 다의도형 착시의 사례로 가장 알맞은 것은?
① 헤링 도형
② 루빈의 항아리
③ 쾨니히의 목걸이
④ 펜로즈의 삼각형

19 조명에서 불쾌 글레어의 발생 원인으로 옳지 않은 것은?
① 휘도가 높은 광원
② 시선 부근에 노출된 광원
③ 눈에 입사하는 광속의 과다
④ 물체와 그 주위 사이의 저휘도 대비

20 온열환경지표 중 유효온도에 관한 설명으로 옳은 것은?
① 실내 습도는 유효온도에 영향을 미치지 않는다.
② 실내 거주자의 착의량 및 대사량에 의해 영향을 받는 지표이다.
③ 실내 주위 벽면과의 복사열교환에 의한 영향을 고려한 지표이다.
④ 다수의 피험자의 실제 체감에서 구한 것이며 계측기에 의한 것이 아니다.

21 콘크리트의 건조수축에 관한 설명으로 옳지 않은 것은?
① 동일 물시멘트비의 경우 단위수량이 많을수록 콘크리트의 수축량이 증가한다.
② 골재 중에 포함된 미립분이나 점토, 실트는 일반적으로 건조수축을 감소시킨다.
③ 골재가 경질이고 탄성계수가 클수록 적게 된다.
④ 시멘트의 종류도 건조수축량에 영향을 끼치는 요인이다.

22 방화(防火)도료의 원료와 가장 거리가 먼 것은?
① 아연화
② 물유리
③ 제2인산 암모늄

④ 염소 화합물

23 다음 시멘트 모르타르 중 방수 모르타르에 속하지 않는 것은?
① 질석 모르타르
② 규산질 모르타르
③ 발수제 모르타르
④ 액체방수 모르타르

24 알루미늄의 물리적 성질에 관한 설명 중 옳지 않은 것은?
① 비중은 약 2.7, 융점은 약 659℃ 정도이다.
② 열·전기 전도성이 크고 반사율이 높다.
③ 열팽창계수는 철과 거의 유사하다.
④ 상온에서 판, 선으로 압연가공하면 경도와 인장강도는 증가하고 연신율은 감소한다.

25 점토제품에 발생하는 백화방지 대책으로 옳지 않은 것은?
① 흡수율이 작은 벽돌이나 타일을 사용한다.
② 벽돌이나 줄눈에 빗물이 들어가지 않는 구조로 한다.
③ 줄눈 모르타르의 단위시멘트량을 높게 한다.
④ 수용성 염류가 적은 소재를 사용한다.

26 2종 점토벽돌의 압축강도 및 흡수율 기준으로 옳은 것은?
① 압축강도 24.50N/mm^2 이상, 흡수율 10% 이하
② 압축강도 20.59N/mm^2 이상, 흡수율 10% 이하
③ 압축강도 20.59N/mm^2 이상, 흡수율 13% 이하
④ 압축강도 14.79N/mm^2 이상, 흡수율 15% 이하

27 보통 투명 창유리에 관한 설명 중 옳지 않은 것은?
① 맑은 것은 90% 이상의 가시광선을 투과시킨다.
② 보통 소다석회유리가 사용된다.
③ 불연재료이긴 하나 단열용이나 방화용으로는 부적합하다.
④ 건강에 유익한 자외선을 충분히 투과시킨다.

28 점토의 물리적 성질에 관한 설명 중 옳은 것은?
① 압축강도는 인장강도의 약 5배 정도이다.
② 가소성은 점토입자가 클수록 좋다.
③ 기공률은 20~50%로 보통상태에서 10% 내외이다.
④ 철산화물이 많으면 황색을 띠게 되고, 석회물질이 많으면 적색을 띠게 된다.

29 U자형 줄눈에 충전하는 실링재를 밑면에 접착시키지 않기 위해 붙이는 테이프로 3면 접착에 의한 파단을 방지하기 위한 것은?
① FRP(fiber reinforced plastics)
② 아스팔트 프라이머(asphalt primer)
③ 본드 브레이커(Bond braker)
④ 블로운 아스팔트(blown asphalt)

30 물의 밀도가 1g/cm³이고 어느 물체의 밀도가 1kg/m³라 하면 이 물체의 비중은 얼마인가?
① 1 ② 1000
③ 0.001 ④ 0.1

31 석재의 일반적 성질에 관한 설명으로 옳지 않은 것은?
① 석재의 강도는 비중에 비례한다.
② 석재의 공극률이 크면 동결융해 반복으로 동해하기 쉽다.
③ 석재의 함수율이 높을수록 강도가 저하된다.
④ 석재의 강도 중에서 가장 큰 것은 인장강도이며 압축, 휨 및 전단강도는 인장강도에 비하여 매우 작다.

32 MDF의 특성에 관한 설명 중 옳지 않은 것은?
① 한번 고정철물을 사용한 곳에는 재시공이 어렵다.
② 천연목재보다 강도가 크고 변형이 적다.
③ 재질이 천연목재보다 균일하다.
④ 무게가 가볍고 습기에 강하다.

33 목재의 외관을 손상시키며 강도와 내구성을 저하시키는 목재의 흠에 해당하지 않는 것은?
① 갈라짐(Crack)
② 옹이(Knot)
③ 지선(脂線)
④ 수피(樹皮)

34 콘크리트의 배합설계에 관한 설명으로 옳지 않은 것은?

① 콘크리트의 배합강도는 설계기준강도와 양생온도나 강도편차를 고려하여 정한다.
② 용적배합의 표시방법으로는 절대 용적배합, 표준계량 용적배합, 현장계량 용적배합 등이 있다.
③ 콘크리트의 배합은 각 구성재료의 단위용적의 합이 1.8m³가 되는 것을 기준으로 한다.
④ 콘크리트의 배합은 시멘트, 물, 잔골재, 굵은골재의 혼합비율을 결정하는 것이다.

35 절대건조비중이 0.75인 목재의 공극률은?
① 약 25.0%
② 약 38.6%
③ 약 51.3%
④ 약 75.0%

36 포틀랜드시멘트 제조 시 석고를 넣는 주된 이유는?
① 강도를 높이기 위하여
② 클링커(clinker)를 쉽게 만들기 위하여
③ 응결속도를 조정하기 위하여
④ 분말도를 높이기 위하여

37 스트레이트아스팔트와 비교한 합성고무 혼입 아스팔트의 특징이 아닌 것은?
① 감온성이 크다.
② 인성이 크다.
③ 내노화성이 크다.
④ 탄성 및 충격저항이 크다.

38 각재의 마구리 치수가 12cm×12cm, 길이가

240cm, 목재의 건조 전 질량이 25kg, 절대 건조상태가 될 때까지 건조 후 질량이 20kg 이었다면 이 목재의 함수율을 구하면?

① 10% ② 15%
③ 20% ④ 25%

39 19세기 중엽 철근콘크리트의 실용적인 사용법을 개발한 사람은?

① 모니에(Monier)
② 케오프스(Cheops)
③ 애습딘(Aspdin)
④ 안토니오(Antonio)

40 시멘트의 주요 조성화합물 중에서 재령 28일 이후 시멘트 수화물의 강도를 지배하는 것은?

① 규산제3칼슘
② 규산제2칼슘
③ 알루민산제3칼슘
④ 알루민산철제4칼슘

41 그림에서 화살표가 지시하는 부재의 명칭으로 옳은 것은?

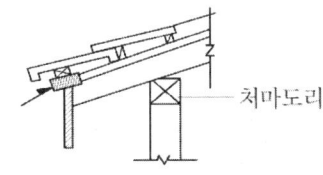

① 평고대 ② 처마돌림
③ 당골막이널 ④ 박공널

42 다음 그림에서 철근의 피복 두께는?

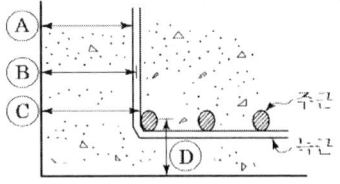

① A ② B
③ C ④ D

43 건축제도의 글자에 관한 설명으로 옳지 않은 것은?

① 숫자는 아라비아 숫자를 원칙으로 한다.
② 문장은 왼쪽에서부터 가로쓰기를 원칙으로 한다.
③ 글자체는 수직 또는 30° 경사의 명조체로 쓰는 것을 원칙으로 한다.
④ 글자의 크기는 각 도면의 상황에 맞추어 알아보기 쉬운 크기로 한다.

44 도면에는 척도를 기입해야 하는데, 그림의 형태가 치수에 비례하지 않을 경우 표시방법으로 옳은 것은?

① US ② DS
③ NS ④ KS

45 절충식 지붕틀의 특징으로 틀린 것은?

① 지붕보에 휨이 발생하므로 구조적으로는 불리하다.
② 지붕의 하중은 수직부재를 통하여 지붕보에 전달된다.
③ 한식 구조와 절충식 구조는 구조상으로 비슷하다.
④ 작업이 복잡하며 대규모 건물에 적당하다.

46 벽돌조에서 내력벽에 직각으로 교차하는 벽을 무엇이라 하는가?
① 대린벽　② 중공벽
③ 장막벽　④ 칸막이벽

47 아치쌓기법에서 아치 너비가 클 때 아치를 여러 겹으로 둘러쌓아 만든 것은?
① 층두리 아치
② 거친 아치
③ 본 아치
④ 막만든 아치

48 다음 그림에서 A방향의 투상면이 정면도일 때 C방향의 투상면은 어떤 도면인가?

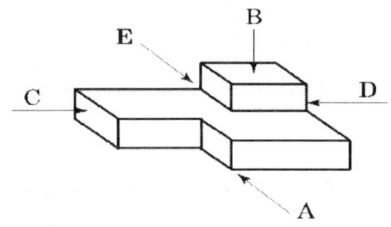

① 저면도　② 배면도
③ 좌측면도　④ 우측면도

49 건축허가신청에 필요한 설계도서 중 배치도에 표시하여야 할 사항에 속하지 않는 것은?
① 축척 및 방위
② 방화구획 및 방화문의 위치
③ 대지에 접한 도로의 길이 및 너비
④ 건축선 및 대지경계선으로부터 건축물까지의 거리

50 도면을 축척 1/250로 그릴 때, 삼각 스케일의 어느 축척으로 사용하면 가장 편리한가?
① 1/100　② 1/200
③ 1/400　④ 1/500

51 다음과 같은 조건에서 철근콘크리트 보의 중량은?

- 보의 단면 너비 : 40cm
- 보의 높이 : 60cm
- 보의 길이 : 900cm
- 철근콘크리트보의 단위중량 : 2400kg/m³

① 5184kg　② 518.4kg
③ 2592kg　④ 259.2kg

52 다음 그림은 일반 반자의 뼈대를 나타낸 것이다. 각 기호의 명칭이 옳지 않은 것은?

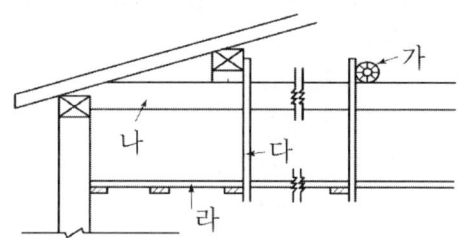

① 가 - 달대받이
② 나 - 지붕보
③ 다 - 달대
④ 라 - 처마도리

53 창호와 창호철물의 연결에서 상호 관련성이 없는 것은?
① 오르내리창 - 크레센트
② 여닫이문 - 도어체크
③ 행거도어 - 실린더
④ 자재문 - 자유경첩

54 투상도의 종류 중 X, Y, Z의 기본 축이 120°

씩 화면으로 나누어 표시되는 것은?
① 등각 투상도
② 유각 투시도
③ 이등각 투상도
④ 부등각 투상도

55 트레이싱지에 대한 설명 중 옳은 것은?
① 불투명한 제도용지이다.
② 연질이어서 쉽게 찢어진다.
③ 습기에 약하다.
④ 오래 보관되어야 할 도면의 제도에 쓰인다.

56 건축물의 묘사 도구 중 여러 가지 색상을 가지고 있고 색층이 일정하며 도면이 깨끗하고 선명하며 농도를 정확히 나타낼 수 있는 것은?
① 연필　　　② 물감
③ 색연필　　④ 잉크

57 연약지반에 건축물을 축조할 때 부동침하를 방지하는 대책으로 옳지 않은 것은?
① 건물의 강성을 높일 것
② 지하실을 강성체로 설치할 것
③ 건물의 중량을 크게 할 것
④ 건물은 너무 길지 않게 할 것

58 벽돌조에서 내력벽의 두께는 당해 벽높이의 최소 얼마 이상으로 해야 하는가?
① 1/8　　　② 1/12
③ 1/16　　④ 1/20

59 건축물의 입체적인 표현에 관한 설명 중 옳지 않은 것은?
① 같은 크기라도 명암이 진한 것이 돋보인다.
② 윤곽이나 명암을 그려 넣으면 크기와 방향을 느끼게 된다.
③ 같은 크기와 농도로 된 점들은 동일 평면상에 위치한 것으로 보인다.
④ 굵기가 다르고 크기가 같은 직사각형 중 굵은 선의 직사각형이 후퇴되어 보인다.

60 다음에서 설명하는 묘사방법으로 옳은 것은?

- 선으로 공간을 한정시키고 명암으로 음영을 넣는 방법
- 평면은 같은 명암의 농도로 하여 그리고 곡면은 농도의 변화를 주어 묘사

① 단선에 의한 묘사방법
② 명암 처리만으로의 방법
③ 여러 선에 의한 묘사방법
④ 단선과 명암에 의한 묘사방법

01 모/의/고/사

● 실/내/건/축/기/능사   제4회

01 동선계획에 관한 설명으로 옳은 것은?
① 동선의 속도가 빠른 경우 단 차이를 두거나 계단을 만들어 준다.
② 동선의 빈도가 높은 경우 동선 거리를 연장하고 곡선으로 처리한다.
③ 동선이 복잡해 질 경우 별도의 통로공간을 두어 동선을 독립시킨다.
④ 동선의 하중이 큰 경우 통로의 폭을 좁게 하고 쉽게 식별할 수 있도록 한다.

02 시스템 가구에 관한 설명으로 옳지 않은 것은?
① 단순미가 강조된 가구로 수납기능은 떨어진다.
② 규격화된 단위 구성재의 결합으로 가구의 통일과 조화를 도모할 수 있다.
③ 기능에 따라 여러 가지 형태로 조립, 해체가 가능하여 배치의 합리성을 도모할 수 있다.
④ 모듈계획을 근간으로 규격화된 부품을 구성하여 시공기간 단축 등의 효과를 가져 올 수 있다.

03 균형의 유형 중 대칭적 균형에 관한 설명으로 옳은 것은?
① 완고하거나 여유, 변화가 없이 엄격, 경직될 수도 있다.
② 가장 완전한 균형의 상태로 공간에 질서를 주기가 어렵다.
③ 자연스러우며 풍부한 개성을 표현할 수 있어 능동의 균형이라고도 한다.
④ 물리적으로 불균형이지만 시각상 힘의 정도에 의해 균형을 이루는 것을 말한다.

04 먼셀(Munsell)표기법에 맞는 물체색의 3속성은?
① 색채, 혼색, 현색
② 색상, 명도, 채도
③ 색각, 색감, 색약
④ 색상, 순도, 흰색도

05 자연환기량에 관한 설명으로 옳은 것은?
① 풍속이 높을수록 적어진다.
② 실내외의 압력차가 클수록 적어진다.
③ 실내외의 온도차가 작을수록 많아진다.
④ 공기유입구와 유출구의 높이의 차이가 클수록 많아진다.

06 다음 설명에 알맞은 건축화조명의 종류는?

> 벽에 형광등기구를 설치해 목재, 금속판 및 투과율이 낮은 재료로 광원을 숨기며 직접 광은 아래쪽 벽이나 커튼을, 위쪽은 천장을 비추는 분위기 조명

① 코브 조명   ② 광창 조명
③ 광천장 조명   ④ 밸런스 조명

07 다음 설명에 알맞은 사무소 건축의 구성 요소는?

> 고대 로마 건축의 실내에 설치된 넓은 마당 또는 주위에 건물이 둘러 있는 안마당을 뜻하며 현대 건축에서는 이를 실내화시킨 것을 말한다.

① 몰(mall)
② 코어(core)
③ 아트리움(atrium)
④ 랜드스케이프(landscape)

08 점에 관한 설명으로 옳지 않은 것은?
① 많은 점이 같은 조건으로 집결되면 평면감을 준다.
② 두 점의 크기가 같을 때 주의력은 균등하게 작용한다.
③ 하나의 점은 관찰자의 시선을 화면 안에 특정한 위치로 이끈다.
④ 모든 방향으로 펼쳐진 무한히 넓은 영역이며 면들의 교차에서 나타난다.

09 실내디자인의 계획 조건 중 외부적 조건에 속하지 않는 것은?
① 개구부의 위치와 치수
② 계획대상에 대한 교통수단
③ 소화설비의 위치와 방화구획
④ 실의 규모에 대한 사용자의 요구사항

10 아일랜드형 부엌에 관한 설명으로 옳지 않은 것은?
① 부엌의 크기에 관계없이 적용이 용이하다.
② 개방성이 큰 만큼 부엌의 청결과 유지관리가 중요하다.
③ 가족 구성원 모두가 부엌일에 참여하는 것을 유도할 수 있다.
④ 부엌의 작업대가 식당이나 거실 등으로 개방된 형태의 부엌이다.

11 다음 설명에 알맞은 건축화조명의 종류는?

> 창이나 벽의 상부에 설치하는 방식으로 상향일 경우 천장에 반사하는 간접조명의 효과가 있으며, 하향일 경우 벽이나 커튼을 강조하는 역할을 한다.

① 광창 조명   ② 코퍼 조명
③ 코니스 조명 ④ 밸런스 조명

12 등받이와 팔걸이 부분은 없지만 기댈 수 있을 정도로 큰 소파의 명칭은?
① 세티   ② 다이밴
③ 체스터필드   ④ 턱시도 소파

13 주방 작업대 배치 유형 중 L자형에 관한 설명으로 옳지 않은 것은?
① 부엌과 식당을 겸할 경우 많이 활용된다.
② 두 벽면을 이용하여 작업대를 배치한 형식이다.
③ 작업면이 가장 넓은 형식으로 작업 효율도 가장 좋다.
④ 한쪽 면에 싱크대를, 다른 면에 가열대를 설치하면 능률적이다.

14 유닛 가구(unit furniture)에 관한 설명으로 옳지 않은 것은?
① 고정적이면서 이동적인 성격을 갖는다.
② 필요에 따라 가구의 형태를 변화시킬 수 있다.
③ 규격화된 단일가구를 원하는 형태로 조

합하여 사용할 수 있다.
④ 특정한 사용목적이나 많은 물품을 수납하기 위해 건축화된 가구이다.

15 디자인 요소 중 선에 관한 다음 그림이 의미하는 것은?

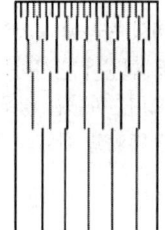

① 조밀성의 변화로 깊이를 느낀다.
② 선을 끊음으로써 점을 느낀다.
③ 선을 포개면 패턴을 얻을 수 있다.
④ 지그재그선의 반복으로 양감의 효과를 얻는다.

16 주택의 현관에 관한 설명으로 옳지 않은 것은?
① 거실의 일부를 현관으로 만들지 않는 것이 좋다.
② 현관에서 정면으로 화장실 문이 보이지 않도록 하는 것이 좋다.
③ 현관 홀의 내부에는 외기, 바람 등의 차단을 위해 방풍문을 설치할 필요가 있다.
④ 연면적 50m² 이하의 소규모 주택에서는 연면적의 10% 정도를 현관 면적으로 계획하는 것이 일반적이다.

17 착시현상의 내용으로 옳지 않은 것은?
① 같은 길이의 수평선이 수직선보다 길어 보인다.
② 사선이 2개 이상의 평행선으로 중단되면 서로 어긋나 보인다.
③ 같은 크기의 도형이 상하로 겹쳐져 있을 때 위의 것이 커 보인다.
④ 검정 바탕에 흰 원이 동일한 크기의 흰 바탕에 검정 원보다 넓게 보인다.

18 소파나 의자 옆에 위치하며 손이 쉽게 닿는 범위 내에 전화기, 문구 등 필요한 물품을 올려놓거나 수납하며 찻잔, 컵 등을 올려놓기도 하여 차 탁자의 보조용으로도 사용되는 테이블은?
① 티 테이블(tea table)
② 엔드 테이블(end table)
③ 나이트 테이블(night table)
④ 익스텐션 테이블(extension table)

19 공간을 에워싸는 수직적 요소로 수평방향을 차단하여 공간을 형성하는 기능을 하는 것은?
① 벽   ② 보
③ 바닥   ④ 천장

20 디자인을 위한 조건 중 최소의 재료와 노력으로 최대의 효과를 얻고자 하는 것은?
① 독창성   ② 경제성
③ 심미성   ④ 합목적성

21 점토기와 중 훈소와에 해당하는 설명은?
① 소소와에 유약을 발라 재소성한 기와
② 기와 소성이 끝날 무렵에 식염증기를 충만시켜 유약 피막을 형성시킨 기와
③ 저급점토를 원료로 900~1000℃로 소성하여 만든 것으로 흡수율이 큰 기와
④ 건조제품을 가마에 넣고 연료로 장작이나 솔잎 등을 써서 검은 연기로 그을려 만든 기와

22 유성에나멜페인트에 관한 설명으로 옳지 않은 것은?
① 유성바니시에 안료를 첨가한 것을 말한다.
② 내알칼리성이 우수하여 콘크리트면에 주로 사용된다.
③ 유성페인트와 비교하여 건조시간, 도막의 평활 정도가 우수하다.
④ 유성페인트와 비교하여 광택, 경도가 우수하다.

23 유리에 관한 설명으로 옳은 것은?
① 보통 판유리의 비중은 6.5 정도이다.
② 보통 판유리의 열전도율은 철재보다 매우 작다.
③ 창유리의 강도는 일반적으로 압축강도를 말한다.
④ 강화유리는 강도가 크고 현장 가공성이 좋다.

24 다음 석재 중 평균 내구연한이 가장 작은 것은?
① 화강석   ② 석회암
③ 백운석   ④ 사암조립

25 외부에 노출되는 마감용 벽돌로써 벽돌면의 색깔, 형태, 표면의 질감 등의 효과를 얻기 위한 것은?
① 광재벽돌   ② 내화벽돌
③ 치장벽돌   ④ 포도벽돌

26 합성수지도료의 특성에 관한 설명으로 옳지 않은 것은?
① 건조시간이 빠르고 도막이 단단하다.
② 내산성, 내알칼리성이 있어 콘크리트, 모르타르면에 바를 수 있다.
③ 도막은 인화할 염려가 있어 방화성이 작은 단점이 있다.
④ 투명한 합성수지를 사용하면 더욱 선명한 색을 낼 수 있다.

27 커튼월이나 프리패브재의 접합부, 새시 부착 등의 충전재로 가장 적당한 것은?
① 아교   ② 실링재
③ 알부민   ④ 아스팔트

28 할렬인장강도시험에서 재하 하중이 120kN에서 파괴된 지름 100mm, 길이 200mm인 콘크리트 시험체의 인장강도는?
① 약 2.0MPa   ② 약 2.4MPa
③ 약 3.0MPa   ④ 약 3.8MPa

29 재료에 하중이 반복하여 작용할 때 정적 강도보다 낮은 강도에서 파괴되는 것을 무엇이라고 하는가?
① 크리프파괴   ② 전단파괴
③ 피로파괴   ④ 충격파괴

30 미장재료 중 간수($MgCl_2$)와 혼합하여 응결 경화성이 생기는 것은?
① 킨스 시멘트
② 소석고
③ 소석회
④ 마그네시아 시멘트

31 시멘트에 관한 설명으로 옳은 것은?
① 시멘트가 풍화하면 응결이 빨라지지만, 경화 후의 강도가 저하된다.

② 시멘트 응결은 첨가된 석고의 질과 양에 큰 영향을 받지 않는다.
③ 시멘트의 분말도가 크고 온도가 높을수록 응결은 늦어진다.
④ 시멘트 수화열의 발열량은 시멘트의 종류, 화학조성, 물시멘트비, 분말도 등에 의해서 달라진다.

32 에폭시수지 접착제에 관한 설명으로 옳지 않은 것은?
① 금속제 접착에 적당한 재료이다.
② 접착할 때 압력을 가할 필요가 없다.
③ 경화제가 불필요하다.
④ 내산, 내알칼리, 내수성이 우수하다.

33 무늬유리 및 망유리의 제조 방식으로 가장 적합한 것은?
① 프레스 방식   ② 롤 아웃 방식
③ 플로트 방식   ④ 인양 방식

34 다음 중 목재의 방부제로서 가장 부적절한 것은?
① 황산동 1%의 수용액
② 염화아연 3% 수용액
③ 수성 페인트
④ 크레오소트 오일

35 미장재료의 경화작용에 관한 설명으로 옳지 않은 것은?
① 시멘트 모르타르는 물과 화학반응을 일으켜 경화한다.
② 회반죽은 물과 화학반응을 일으켜 경화한다.
③ 반수석고는 가수 후 20~30분에서 급속경화하지만, 무수석고는 경화가 늦기 때문에 경화촉진제를 필요로 한다.
④ 돌로마이트 플라스터는 공기 중의 탄산가스와 화학반응을 일으켜 경화한다.

36 다음 시멘트 조성광물 중 수축률이 가장 큰 것은?
① 규산3석회(C_3S)
② 규산2석회(C_2S)
③ 알루민산3석회(C_3A)
④ 알루민산철4석회(C_4AF)

37 굳지 않은 콘크리트의 성질을 나타내는 용어에 관한 설명으로 옳지 않은 것은?
① 펌퍼빌리티(pumpability)는 콘크리트 펌프를 사용하여 시공하는 콘크리트의 워커빌리티를 판단하는 하나의 척도로 사용된다.
② 워커빌리티(workability)는 컨시스턴시에 의한 부어넣기의 난이도 정도 및 재료분리에 저항하는 정도를 나타낸다.
③ 플라스티시티(plasticity)는 수량에 의해서 변화하는 콘크리트 유동성의 정도이다.
④ 피니셔빌리티(finishability)는 마무리하기 쉬운 정도를 말한다.

38 소성 점토벽돌에 관한 설명으로 옳지 않은 것은?
① 소성온도가 높을수록 흡수율이 적다.
② 붉은벽돌은 점토에 안료를 넣어서 붉게 만든 것이다.
③ 소성이 잘 된 것일수록 맑은 금속성 소리가 난다.

④ 과소품(過燒品)은 소성온도가 지나치게 높아서 질이 견고하고, 흡수율이 낮으나 형상이 일그러져 부정형이다.

39 각 목재 방부제의 특징에 관한 설명으로 옳지 않은 것은?
① 크레오소트유 : 도장이 불가능하며, 독성이 적고 자극적인 냄새가 난다.
② CCA : 도장이 가능하고 독성이 없으며 처리재는 무색이다.
③ PCP : 도장이 가능하며 처리재는 무색으로 성능이 우수한 유용성 방부제이다.
④ PF : 도장이 가능하고 독성이 있으며 처리재는 황록색이다.

40 다음 중 시멘트의 수경률을 구하는 식에서 분자에 속하는 것은?
① CaO ② SiO_2
③ Al_2O_3 ④ Fe_2O_3

41 다음 그림과 같은 보강블록조의 평면도에서 X축방향의 벽량을 구하면? (단, 벽체 두께는 150mm이며, 그림의 모든 단위는 mm임)

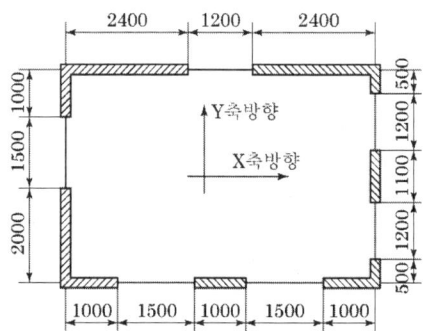

① 23.9cm/m² ② 28.9cm/m²
③ 31.9cm/m² ④ 34.9cm/m²

42 두께 12cm인 철근콘크리트 슬래브의 바닥면적 1m²에 대한 중량은 일반적으로 얼마인가?
① 236kg ② 288kg
③ 325kg ④ 382kg

43 철골구조의 접합 방법 중 아치의 지점이나 트러스의 단부, 주각 또는 인장재의 접합부에 사용되며, 회전자유의 절점으로 구성되는 것은?
① 강접합 ② 핀접합
③ 용접접합 ④ 고력볼트접합

44 목구조에 대한 설명으로 옳지 않은 것은?
① 부재에 홈이 있는 부분은 가급적 압축력이 작용하는 곳에 두는 것이 유리하다.
② 목재의 이음 및 맞춤은 응력이 작은 곳에서 적합하다.
③ 큰 압축력이 작용하는 부재에는 맞댄이음이 적합하다.
④ 토대는 크기가 기둥과 같거나 다소 작은 것을 사용한다.

45 설계도면의 종류 중 계획설계도에 해당되지 않는 것은?
① 구상도 ② 조직도
③ 전개도 ④ 동선도

46 슬래브 배근에서 가장 하단에 위치하는 철근은?
① 장변 단부 하부 배력근
② 단변 하부 주근
③ 장변 중앙 하부 배력근
④ 장변 중앙 굽힘철근

47 다음 평면표시기호는 무엇을 의미하는가?

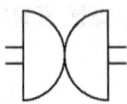

① 자재여닫이문   ② 쌍미닫이문
③ 회전문   ④ 외여닫이문

48 다음 중 실내건축 투시도 그리기에서 가장 마지막으로 하여야 할 작업은?
① 서 있는 위치 결정
② 눈높이 결정
③ 입면상태의 가구 설정
④ 질감의 표현

49 제도 시 선을 긋는 방법에 대한 설명 중 옳지 않은 것은?
① 수직선은 위에서 아래로 긋는다.
② 필기구는 선을 긋는 방향으로 약간 기울인다.
③ T자는 몸체와 머리가 직각이 되어 흔들리지 않도록 제도판에 밀착시켜 사용한다.
④ 일정한 힘을 가하여 일정한 속도로 긋는다.

50 물체가 있는 것으로 가상되는 부분을 표현할 때 사용되는 선은?
① 가는 실선   ② 파선
③ 일점쇄선   ④ 이점쇄선

51 목구조에 사용되는 철물에 대한 설명으로 옳지 않은 것은?
① 듀벨은 볼트와 같이 사용하여 접합재 상호간의 변위를 방지하는 강한 이음을 얻는 데 사용된다.
② 꺾쇠는 몸통이 정방형, 원형, 평판형인 것을 각각 각꺾쇠, 원형꺾쇠, 평꺾쇠라 한다.
③ 감잡이쇠는 강봉 토막의 양끝을 뾰족하게 하고 ㄴ자형으로 구부리는 것으로 두 부재의 접합에 사용된다.
④ 안장쇠는 안장 모양으로 된 부재에 걸쳐 놓고 다른 부재를 받게 하는 이음, 맞춤의 보강철물이다.

52 철골 판보에서 웨브의 두께가 춤에 비해서 얇을 때, 웨브의 국부 좌굴을 방지하기 위해서 사용되는 것은?
① 스티프너
② 커버 플레이트
③ 거셋 플레이트
④ 베이스 플레이트

53 다음 중 건축제도의 치수 기입에 관한 설명으로 옳지 않은 것은?
① 협소한 간격이 연속될 때에는 인출선을 사용하여 치수를 쓴다.
② 치수는 특별히 명시하지 않는 한 마무리 치수로 표시한다.
③ 치수 기입은 치수선에 평행하게 도면의 왼쪽에서 오른쪽으로, 아래로부터 위로 읽을 수 있도록 기입한다.
④ 치수 기입은 항상 치수선 중앙 아래 부분에 기입하는 것이 원칙이다.

54 철골구조의 용접접합에 대한 설명으로 옳은 것은?
① 검사가 어렵고 비용과 시간이 많이 소요

된다.
② 강재의 재질에 대한 영향이 적다.
③ 용접부 내부의 결함을 육안으로 관찰할 수 있다.
④ 용접공의 기능에 따른 품질 의존도가 적다.

55 다음 중 도면 제도 순서로 가장 알맞은 것은?

ⓐ 도면의 배치 결정
ⓑ 제도판에 용지 부착
ⓒ 전체적인 배치 후 흐린 선 윤곽 잡기
ⓓ 상세히 그리기

① ⓐ-ⓑ-ⓒ-ⓓ   ② ⓐ-ⓑ-ⓓ-ⓒ
③ ⓑ-ⓐ-ⓒ-ⓓ   ③ ⓑ-ⓐ-ⓓ-ⓒ

56 목조벽 중 벽체 양면이 평벽임을 나타내는 표시법은?

57 조립식 구조에 대한 설명으로 옳지 않은 것은?
① 건축의 생산성을 향상시키기 위한 방안으로 조립식 건축이 성행되었다.
② 규격화된 각종 건축 부재를 공장에서 대량 생산할 수 있다.
③ 기계화 시공으로 단기 완성이 가능하다.
④ 각 부재의 접합부를 일체화하기 쉽다.

58 블록조 벽체의 보강철근 배근요령으로 옳지 않은 것은?

① 철근의 정착이음은 기초보나 테두리보에 만든다.
② 철근이 배근된 곳은 피복이 충분하도록 모르타르로 채운다.
③ 세로근은 기초에서 보까지 하나의 철근으로 하는 것이 좋다.
④ 철근은 가는 것을 많이 넣는 것보다 굵은 것을 조금 넣는 것이 좋다.

59 다음 중 단면도에 관한 설명으로 옳은 것은?
① 건축물을 정투상도법에 의하여 수직투상하여 외관을 나타낸 도면이다.
② 건축물의 주요부분을 수직 절단한 것을 상상하여 그린 도면이다.
③ 건물 내부의 입면을 정면에서 바라보고 그리는 내부 입면도이다.
④ 건축물을 창 높이에서 수평으로 절단하였을 때의 수평 투상도이다.

60 다음 중 목구조에 대한 설명으로 옳지 않은 것은?
① 건물의 무게가 가볍고, 가공이 비교적 용이하다.
② 내화성이 부족하다.
③ 함수율에 따라 변형이 거의 없다.
④ 나무 고유의 색깔과 무늬가 있어 아름답다.

01 모/의/고/사

실/내/건/축/기/능사

제5회

01 다음 중 인간과 실내환경의 이론 중 행태학을 가장 올바르게 설명한 것은?
① 인간 신체의 해부학적 특성을 디자인에 적용시키기 위한 연구
② 인간의 시각, 청각, 촉각적 특징을 디자인에 적용시키기 위한 연구
③ 환경에서 인간의 잠재적 심리상태를 패턴화하여 디자인에 적용시키기 위한 연구
④ 인간의 지각, 심리, 행동의 특질을 패턴화하여 디자인에 적용시키기 위한 연구

02 주택 부엌에서 작업삼각형(Work Triangle)의 꼭지점에 해당하지 않는 것은?
① 냉장고   ② 가열대
③ 배선대   ④ 개수대

03 펜로즈의 삼각형에서 나타나는 착시의 유형은?
① 거리의 착시   ② 크기의 착시
③ 역리도형 착시 ④ 다의도형 착시

04 조명의 배광방식에 관한 설명으로 옳지 않은 것은?
① 반간접조명은 조도가 균일하고 은은하며 전반확산조명이라고도 한다.
② 직접조명은 경제적이지만 눈부심 현상과 강한 그림자가 생기는 단점이 있다.
③ 간접조명은 상향광속이 90~100%로, 반사광으로 조도를 구하는 조명방식이다.
④ 반직접조명은 마감재의 반사율에 의해 밝기의 정도가 영향을 받게 되므로 마감재의 질감과 색채 등을 고려한다.

05 주택의 침실계획에 관한 설명으로 옳지 않은 것은?
① 침대의 측면을 외벽에 붙이는 것이 이상적이다.
② 침대에 누운 채로 출입문이 보이도록 하는 것이 좋다.
③ 침실의 출입문은 안여닫이로 하는 것이 좋다.
④ 침대 하부(머리부분의 반대편) 쪽에는 통행에 불편하지 않도록 여유공간을 두는 것이 좋다.

06 긴 직사각형 또는 다각형의 각 전시실이 연속적으로 동선을 형성하고 있으며 비교적 소규모 대지에서 효율적인 전시공간의 순회 유형은?
① 중정 형식
② 중앙홀 형식
③ 연속순회 형식
④ 갤러리 및 복도형식

07 주택에서 부엌의 일부에 간단한 식탁을 설치하거나 식당과 부엌을 한 공간에 구성한 형식은?
① 독립형   ② 다이닝 키친
③ 리빙 다이닝   ④ 다이닝 테라스

08 질감에 관한 설명으로 옳지 않은 것은?
① 모든 물체는 일정한 질감을 갖는다.
② 시각적으로만 지각되는 재료 표면상의 특징이다.
③ 매끄러운 재료는 빛을 많이 반사하므로 가볍고 환한 느낌을 준다.
④ 효과적인 질감 표현을 위해서는 색채와 조명을 동시에 고려해야 한다.

09 비대칭 균형에 관한 설명으로 옳은 것은?
① 완고하거나 여유, 변화가 없이 엄격, 경직될 수 있다.
② 가장 완전한 균형의 상태로 공간에 질서를 주기가 용이하다.
③ 자연스러우며 풍부한 개성을 표현할 수 있어 능동의 균형이라고도 한다.
④ 형이 축을 중심으로 서로 대칭적인 관계로 구성되어 있는 경우를 말한다.

10 황금비례에 관한 설명으로 옳지 않은 것은?
① 1 : 1.618의 비율이다.
② 고대 로마인들이 창안했다.
③ 몬드리안의 작품에서 예를 들 수 있다.
④ 건축물과 조각 등에 이용된 기하학적 분할방식이다.

11 디자인 원리 중 점이(gradation)에 관한 설명으로 가장 알맞은 것은?
① 서로 다른 요소들 사이에서 평형을 이루는 상태
② 공간, 형태, 색상 등의 점차적인 변화로 생기는 리듬
③ 이질의 각 구성요소들이 전체로서 동일한 이미지를 갖게 하는 것
④ 시각적 형식이나 한정된 공간 안에서 하나 이상의 형이나 형태 등이 단위로 계속 되풀이되는 것

12 다음 중 연색성이 가장 우수한 것은?
① 할로겐전구
② 고압수은램프
③ 고압나트륨램프
④ 메탈할라이드램프

13 다음 중 공간의 레이아웃에 관한 설명으로 가장 알맞은 것은?
① 조형적 아름다움을 부각하는 작업이다.
② 생활행위를 분석해서 분류하는 작업이다.
③ 공간에서의 이동패턴을 계획하는 동선계획이다.
④ 공간을 형성하는 부분과 설치되는 물체의 평면상 배치계획이다.

14 상점의 동선계획에 관한 설명으로 옳지 않은 것은?
① 고객 동선과 종업원 동선은 서로 교차되지 않도록 한다.
② 고객 동선은 가능한 한 짧게 하여 쇼핑으로 인한 피로도를 적게 한다.
③ 고객 동선과 종업원 동선이 만나는 곳에 카운터나 쇼케이스를 배치하는 것이 좋다.

④ 상품 동선은 관리 동선이라고도 하며 상품의 반입, 보관, 포장, 발송 등이 이루어지는 동선이다.

15 공동주택의 평면형식에 관한 설명으로 옳지 않은 것은?
① 계단실형은 거주의 프라이버시가 높다.
② 중복도형은 엘리베이터 이용 효율이 높다.
③ 편복도형은 거주성이 균일한 배치구성이 가능하다.
④ 집중형은 대지의 이용률은 낮으나 대규모 세대의 집중적 배치가 가능하다.

16 실내공간을 구성하는 요소에 관한 설명으로 옳지 않은 것은?
① 상승된 바닥은 다른 부분보다 중요한 공간이라는 것을 나타낸다.
② 벽과 천장은 시대와 양식에 의한 변화가 현저한데 비해 천장은 매우 고정적이다.
③ 벽, 문틀, 문과의 관계에서 색상은 실내 분위기 연출에 영향을 주는 중요한 요소가 된다.
④ 벽의 높이가 가슴 정도이면 주변공간에 시각적 연속성을 주면서도 특정 공간을 감싸주는 느낌을 준다.

17 실내 구성 요소 중 문에 관한 설명으로 옳지 않은 것은?
① 실내에서의 문의 위치는 내부공간에서의 동선을 결정한다.
② 사람이 출입하는 문의 폭은 일반적으로 900mm 정도이다.
③ 문의 치수는 기본적으로 사람의 출입을 기준으로 결정된다.

④ 여닫이문은 문틀의 홈으로 2~4개의 문이 미끄러져 닫히는 문으로 일반적으로 슬라이딩 도어라고 한다.

18 다음 중 점의 집합, 분리의 효과를 가장 잘 나타낸 것은?

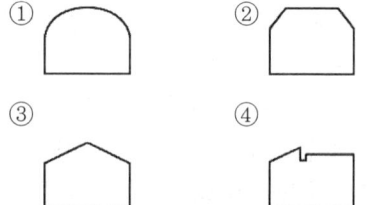

19 의자의 종류 중 필요에 따라 이동시켜 사용할 수 있는 간이의자로 크지 않으며 가벼운 느낌의 형태를 갖는 것은?
① 카우치   ② 풀업 체어
③ 체스터필드   ④ 라운지 체어

20 다음 중 단저(丹底)형 천장은 어느 것인가?

21 온도에 따른 탄소강의 기계적 성질에 관한 설명으로 옳지 않은 것은?
① 연신율은 200~300℃에서 최소로 된다.
② 인장강도는 500℃ 정도에서 상온 강도의 약 1/2로 된다.
③ 인장강도는 100℃ 정도에서 최대로 된다.
④ 항복점과 탄성한계는 온도가 상승함에 따라 감소한다.

22 실리콘 수지에 관한 설명으로 옳은 것은?
① 평판 성형되어 글라스와 같이 이용되는 경우가 많으며 유기유리라고도 불린다.
② 물을 튀기는 성질이 있어 방습제가 없는 벽체에 주입하여 습기가 스며 오르는 것을 막는 데 쓰인다.
③ 아미노계에 속하는 열가소성 수지로 내수성이 크고 열탕에서도 침식되지 않는다.
④ 발포제로서 보드상으로 성형하여 단열재로 널리 사용되며 건축용 벽타일, 천장재, 전기용품 등에 쓰인다.

23 점토기와 중 훈소와에 해당하는 설명은?
① 소소와에 유약을 발라 재소성한 기와
② 기와 소성이 끝날 무렵에 식염증기를 충만시켜 유약 피막을 형성시킨 기와
③ 저급점토를 원료로 900~1000℃로 소소하여 만든 것으로 흡수율이 큰 기와
④ 건조제품을 가마에 넣고 연료로 장작이나 솔잎 등을 써서 검은 연기로 그을려 만든 기와

24 벤토나이트 방수재료에 관한 설명으로 옳지 않은 것은?
① 팽윤특성을 지닌 가소성이 높은 광물이다.
② 콘크리트 시공조인트용 수팽창 지수재로 사용된다.
③ 콘크리트 믹서를 이용하여 혼합한 벤토나이트와 토사를 롤러로 전압하여 연약한 지반을 개량한다.
④ 염분을 포함한 해수에서는 벤토나이트의 팽창반응이 강화되어 차수력이 강해진다.

25 외부에 노출되는 마감용 벽돌로써 벽돌면의 색깔, 형태, 표면의 질감 등의 효과를 얻기 위한 것은?
① 광재벽돌　　② 내화벽돌
③ 치장벽돌　　④ 포도벽돌

26 건축용 접착제로서 요구되는 성능에 해당되지 않는 것은?
① 진동, 충격의 반복에 잘 견딜 것
② 장기부하에 의한 크리프가 클 것
③ 충분한 접착성과 유동성을 가질 것
④ 내수성, 내한성, 내열성, 내산성이 있을 것

27 합성수지도료의 특성에 관한 설명으로 옳지 않은 것은?
① 건조시간이 빠르고 도막이 단단하다.
② 내산성, 내알칼리성이 있어 콘크리트, 모르타르면에 바를 수 있다.
③ 도막은 인화할 염려가 있어 방화성이 작은 단점이 있다.
④ 투명한 합성수지를 사용하면 더욱 선명한 색을 낼 수 있다.

28 직경이 18mm인 강봉을 대상으로 인장시험을 행하여 항복하중 27kN, 최대하중 41kN을 얻었다. 이 강봉의 인장강도는?
① 약 106.3MPa　② 약 133.9MPa
③ 약 161.1MPa　④ 약 182.3MPa

29 수밀콘크리트를 사용하는 목적으로 옳은 것은?

① 콘크리트의 초기 강도를 높이기 위해서
② 콘크리트의 방수를 위해서
③ 낮은 온도에서 작업하기 위해서
④ 높은 온도에서 작업하기 위해서

30 골재의 실적률에 관한 설명으로 옳지 않은 것은?
① 실적률은 골재 입형의 양부를 평가하는 지표이다.
② 부순 자갈의 실적률은 그 입형 때문에 강자갈의 실적률보다 작다.
③ 실적률 산정 시 골재의 밀도는 절대건조 상태의 밀도를 말한다.
④ 골재의 단위용적질량이 동일하면 골재의 밀도가 클수록 실적률도 크다.

31 대형타일에 주로 사용되며 표면을 연마하여 고광택을 유지하도록 만든 것은?
① 스크래치 타일
② 논슬립 타일
③ 폴리싱 타일
④ 모자이크 타일

32 세계 각국에서 제정한 공업규격의 명칭을 나타낸 것으로 옳지 않은 것은?
① KS - 한국
② JIS - 일본
③ DIN - 덴마크
④ BS - 영국

33 골재의 함수상태에 관한 설명으로 옳지 않은 것은?
① 절대건조상태 : 대기 중에서 골재의 표면이 완전히 건조된 상태
② 습윤상태 : 골재입자의 내부에 물이 채워져 있고, 표면에도 물이 부착되어 있는 상태
③ 표면건조포화상태 : 골재입자의 표면에 물은 없으나 내부의 공극에는 물이 꽉 차 있는 상태
④ 공기 중 건조상태 : 실내에 방치한 경우 골재입자의 표면과 내부의 일부가 건조한 상태

34 석고보드의 특성에 관한 설명으로 옳지 않은 것은?
① 흡수로 인해 강도가 현저하게 저하된다.
② 신축변형이 커서 균열의 위험이 크다.
③ 부식이 안 되고 충해를 받지 않는다.
④ 단열성이 높다.

35 점토 반죽에 샤모테를 첨가하여 사용하는 경우가 있는데 이 샤모테의 사용 목적은?
① 가소성 조절용
② 용융성 조절용
③ 경화시간 조절용
④ 강도 조절용

36 셀프 레벨링재에 관한 설명으로 옳지 않은 것은?
① 석고계 셀프 레벨링재는 석고, 모래, 경화 지연제 및 유동화제로 구성된다.
② 시멘트계 셀프 레벨링재는 포틀랜드 시멘트, 모래, 분산제 및 유동화제로 구성된다.
③ 석고계 셀프 레벨링재는 차수성이 좋아 옥외 및 실내에서 모두 사용한다.
④ 셀프 레벨링재 시공 후 요철부는 연마기로 다듬고, 기포는 된비빔 석고로 보수한다.

37 리녹신에 수지, 고무물질, 코르크 분말, 안료 등을 섞어 마포(hemp cloth) 등에 발라 두꺼운 종이 모양으로 압연·성형한 제품은?
① 염화비닐판   ② 비닐타일
③ 리놀륨   ④ 무석면타일

38 중용열 포틀랜드시멘트의 특징이나 용도에 해당되지 않는 것은?
① 수화속도가 비교적 빠르다.
② 수화열이 적다.
③ 건조수축이 적다.
④ 댐공사 등에 사용된다.

39 열린 여닫이문이 저절로 닫히게 하는 철물로서 여닫이문의 윗막이대와 문틀 상부에 설치하는 창호철물은?
① 크레센트   ② 도어클로저
③ 도어스톱   ④ 도어홀더

40 KS F 2527에 규정된 콘크리트용 부순 굵은 골재의 물리적 성질을 알기 위한 시험항목 중 흡수율의 기준으로 옳은 것은?
① 1% 이하   ② 3% 이하
③ 5% 이하   ④ 10% 이하

41 다음 중 지붕의 경사 표시법으로 가장 알맞은 것은?
① 경사 2/7   ② 경사 2.5/10
③ 경사 3/100   ④ 경사 3/1000

42 조적조 벽체 그리기를 할 때 순서로 옳은 것은?

㉠ 제도용지에 테두리선을 긋고, 축척에 알맞게 구도를 잡는다.
㉡ 단면선과 입면선을 구분하여 그리고, 각 부분에 재료 표시를 한다.
㉢ 지반선과 벽체의 중심선을 긋고, 기초의 깊이와 벽체의 너비를 정한다.
㉣ 치수선과 인출선을 긋고, 치수와 명칭을 기입한다.

① ㉠-㉡-㉢-㉣   ② ㉢-㉠-㉡-㉣
③ ㉠-㉢-㉡-㉣   ④ ㉡-㉠-㉢-㉣

43 건물 구조의 기본 조건 중 내구성을 가장 강조한 설명은?
① 최소의 공사비로 만족할 수 있는 공간을 만드는 것
② 건물 자체의 아름다움뿐만 아니라 주위의 배경과도 조화를 이루게 만드는 것
③ 오래 사용해야 하기에 안전과 역학적 및 물리적 성능이 잘 유지되도록 만드는 것
④ 건물 안에는 항상 사람이 생활한다는 생각을 두고 아름답고 기능적으로 만드는 것

44 두 방을 한 방으로 크게 할 때나 칸막이 겸용으로 사용하는 문은?
① 접이문   ② 널문
③ 양판문   ④ 자재문

45 다음 중 견치돌을 옳게 설명한 것은?
① 지름 200mm 정도로 깨어 낸 막생긴 돌로써 지정, 잡석 다짐 등에 사용된다.
② 구들장으로 사용되며, 구들 아랫목에 놓는 것을 함실장이라 한다.
③ 한 변이 300mm 정도인 네모뿔형의 돌로서 석축에 사용된다.
④ 두께에 비하여 넓이가 큰 돌을 말하며

길이 1000mm 정도가 주로 쓰인다.

46 도면의 표제란에 기입할 사항과 가장 거리가 먼 것은?
① 기관 정보　② 프로젝트 정보
③ 도면 번호　④ 도면 크기

47 쪽매의 종류에서 딴혀쪽매의 그림에 해당하는 것은?

48 벽돌벽체의 내쌓기 목적 중 옳지 않은 것은?
① 지붕의 돌출된 처마 부분을 가리기 위해
② 벽체에 마루를 설치하기 위해
③ 장선받이・보받이를 만들기 위해
④ 내력벽으로서 집중하중을 받기 위해

49 H형강의 치수 표시법 중 (H-150×75×5×7)에서 7은 무엇을 나타낸 것인가?
① 플랜지 두께
② 웨브 두께
③ 플랜지 너비
④ H형강의 개수

50 벽돌구조의 백화현상 방지법으로 옳지 않은 것은?
① 파라핀 도료를 발라 염류가 나오는 것을 막는다.
② 양질의 벽돌을 사용한다.
③ 빗물이 스며들지 않게 한다.
④ 하루쌓기 높이 이상 시공하여 공기를 단축한다.

51 다음 중 석재 가공 시 잔다듬에 사용되는 공구는?
① 도드락망치　② 날망치
③ 쇠메　　　　④ 정

52 이형 철근이 원형 철근보다 일반적으로 우수한 것은?
① 인장력　② 압축력
③ 전단력　④ 부착력

53 건축도면에서 치수의 단위가 없을 때는 어떤 단위로 간주하는가?
① km　② m
③ cm　④ mm

54 다음의 도면에서 치수기입 방법이 옳지 않은 것은?

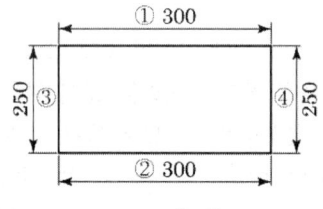

① ①　② ②
③ ③　④ ④

55 그림과 같은 트러스의 명칭은?

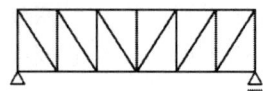

① 평하우 트러스　② 평플랫 트러스
③ 와렌 트러스　　④ 핑크 트러스

56 벽돌벽을 여러 모양으로 구멍을 내어 장식적으로 쌓는 방법은?
① 공간쌓기 ② 엇모쌓기
③ 무늬쌓기 ④ 영롱쌓기

57 철근콘크리트구조에서 압축부재가 원형 띠 철근으로 둘러싸인 경우 축방향 주철근의 최소 개수는 얼마인가?
① 3개 ② 4개
③ 5개 ④ 6개

58 철근콘크리트조의 벽판을 현장 수평지면에서 제작하여 굳은 다음 제자리에 옮겨 놓고, 일으켜 세워서 조립하는 공법은?
① 리프트 슬래브 공법
② 커튼월 공법
③ 포스트텐션 공법
④ 틸트업 공법

59 T자 위에 놓인 삼각자를 사용하여 선을 그을 때, 작도 방향이 잘못된 것은?

① 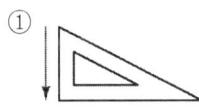 ②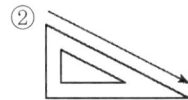
③  ④

60 건축계획 단계에서 설계자의 머릿속에서 이루어진 공간의 구상을 종이에 형상화하여 그린 다음 시각적으로 확인하는 것은?
① 에스키스 ② 스킵
③ 켑처 ④ 뎃상

memo

제5편

CBT 복원문제

※ 참고사항
1. CBT 시험은 문제은행 방식으로 출제되므로 응시생마다 문제가 상이합니다.
2. 응시생의 기억을 토대로 복원한 문제이므로 실제와 조금 다를 수 있습니다.
3. 답안지를 따로 준비해서 60분 이내에 풀이하는 연습을 하세요.

01 CBT/복/원/문/제

2022년 제1회

● 실/내/건/축/기/능사

01 침대의 종류 중 퀸(Queen)의 표준 매트리스 크기는? (단, 단위는 mm)
① 900×1875   ② 1350×1875
③ 1500×2000   ④ 1900×2100

02 부엌의 기능적인 수납을 위해서는 기본적으로 네 가지 원칙이 만족되어야 하는데, 다음 중 "수납장 속에 무엇이 들었는지 쉽게 찾을 수 있게 수납한다."와 관련된 원칙은?
① 접근성   ② 조절성
③ 보관성   ④ 가시성

03 평범하고 단순한 실내에 흥미를 부여하려고 하는 경우 가장 적합한 디자인 원리는?
① 조화   ② 통일
③ 강조   ④ 균형

04 실내디자인 과정에서 일반적으로 건축주의 의사가 가장 많이 반영되는 단계는?
① 기획단계   ② 시공단계
③ 기본설계단계   ④ 실시설계단계

05 주택의 침실계획에 관한 설명으로 옳지 않은 것은?
① 침대를 놓을 때 머리쪽에 창을 두지 않는 것이 좋다.
② 침실의 소음은 120데시벨(dB) 이하로 하는 것이 바람직하다.
③ 침대는 외부에서 출입문을 통해 직접 보이지 않도록 배치한다.
④ 침실에 붙박이장을 설치하면 수납공간이 확보되어 정리정돈에 효과적이다.

06 다음 설명에 알맞은 공간의 조직 형식은?

> 하나의 형이나 공간이 지배적이고 이를 둘러싼 주위의 형이나 공간이 종속적으로 배열된 경우로 보통 지배적인 형태는 종속적인 형태보다 크기가 크며 단순하다.

① 직선식   ② 방사식
③ 그물망식   ④ 중앙집중식

07 백화점의 외벽에 창을 설치하지 않는 이유 및 효과와 가장 거리가 먼 것은?
① 정전, 화재 시 유리하다.
② 조도를 균일하게 할 수 있다.
③ 실내 면적 이용도가 높아진다.
④ 외측에 광고물의 부착 효과가 있다.

08 형태의 의미구조에 의한 분류 중 자연형태에 관한 설명으로 옳지 않은 것은?
① 자연계에 존재하는 모든 것으로부터 보이는 형태를 말한다.
② 기하학적인 형태는 불규칙한 형태보다

비교적 무겁게 느껴진다.
③ 조형의 원형으로서도 작용하며 기능과 구조의 모델이 되기도 한다.
④ 단순한 부정형의 형태를 취하기도 하지만 경우에 따라서는 체계적인 기하학적인 특징을 갖는다.

09 문양(Pattern)에 관한 설명으로 옳지 않은 것은?
① 장식의 질서와 조화를 부여하는 방법이다.
② 작은 공간에서는 서로 다른 문양의 혼용을 피하는 것이 좋다.
③ 형태에 패턴이 적용될 때 형태는 패턴을 보완하는 기능을 갖게 된다.
④ 연속성에 의한 운동감이 있고, 디자인 전체 리듬과도 관계가 있다.

10 실내공간을 넓어 보이게 하는 방법과 가장 거리가 먼 것은?
① 큰 가구는 벽에 부착시켜 배치한다.
② 벽면에 큰 거울을 장식해 실내공간을 반사시킨다.
③ 빈 공간에 화분이나 어항 또는 운동기구 등을 배치한다.
④ 창이나 문 등의 개구부를 크게 하여 옥외공간과 시선이 연장되도록 한다.

11 다음 설명에 알맞은 형태의 지각심리는?

여러 종류의 형들이 모두 일정한 규모, 색채, 질감, 명암, 윤곽선을 갖고 모양만이 다를 경우에는 모양에 따라 그룹화되어 지각된다.

① 근접성   ② 연속성
③ 유사성   ④ 폐쇄성

12 특정한 사용 목적이나 많은 물품을 수납하기 위해 건축화된 가구는?
① 이동 가구   ② 유닛 가구
③ 붙박이 가구   ④ 수납용 가구

13 프라이버시에 관한 설명으로 옳지 않은 것은?
① 가족수가 많은 경우 주거공간을 개방형 공간계획으로 하는 것이 프라이버시를 유지하기에 좋다.
② 프라이버시란 개인이나 집단이 타인과의 상호 작용을 선택적으로 통제하거나 조절하는 것을 말한다.
③ 주거공간은 가족생활의 프라이버시는 물론, 거주하는 개인의 프라이버시가 유지되도록 계획되어야 한다.
④ 주거공간의 프라이버시는 공간의 구성, 벽이나 천장의 구조와 재료, 창이나 문의 종류와 위치 등에 의해 많은 영향을 받는다.

14 창문 전체를 커튼으로 처리하지 않고 반 정도만 친 형태를 갖는 커튼의 종류는?
① 새시 커튼   ② 글라스 커튼
③ 드로우 커튼   ④ 크로스 커튼

15 실내 기본 요소 중 시각적 흐름이 최종적으로 멈추는 곳으로, 내부공간의 어느 요소보다 조형적으로 자유로운 것은?
① 벽   ② 바닥
③ 기둥   ④ 천장

16 유효온도와 관련이 없는 온열요소는?
① 기온　② 습도
③ 기류　④ 복사열

17 일반적으로 실내공기 오염의 지표로 사용되는 것은?
① 황의 농도
② 질소의 농도
③ 산소의 농도
④ 이산화탄소의 농도

18 음파는 파동의 하나이기 때문에 물체가 진행방향을 가로막고 있다고 해도 그 물체의 후면에도 전달된다. 이러한 현상을 무엇이라 하는가?
① 반사　② 회절
③ 간섭　④ 굴절

19 건물의 단열계획에 관한 설명으로 옳지 않은 것은?
① 외벽 부위는 내단열로 시공한다.
② 건물의 창호는 가능한 한 작게 설계한다.
③ 외피의 모서리 부분은 열교가 발생하지 않도록 한다.
④ 건물 옥상에는 조경을 하여 최상층 지붕의 열저항을 높인다.

20 여름보다 겨울에 남쪽 창의 일사량이 많은 가장 주된 이유는?
① 여름에는 태양의 고도가 높기 때문에
② 여름에는 태양의 고도가 낮기 때문에
③ 여름에는 지구와 태양의 거리가 가깝기 때문에
④ 여름에는 나무에 의한 일광 차단이 적기 때문에

21 레디믹스트 콘크리트에 관한 설명으로 옳은 것은?
① 주문에 의해 공장생산 또는 믹싱카로 제조하여 사용현장에 공급하는 콘크리트이다.
② 기건단위용적중량이 보통 콘크리트에 비하여 크고, 주로 방사선 차폐용에 사용되므로 차폐용 콘크리트라고도 한다.
③ 기건단위용적중량이 2.0 이하의 것을 말하며, 주로 경량 골재를 사용하여 경량화하거나 기포를 혼입한 콘크리트이다.
④ 결합재로서 시멘트를 사용하지 않고 폴리에스테르 수지 등을 액상으로 하여 굵은 골재 및 분말상 충전제를 혼합하여 만든 것이다.

22 철근콘크리트 구조의 내화성 강화 방법으로 옳지 않은 것은?
① 피복 두께를 얇게 한다.
② 내화성이 높은 골재를 사용한다.
③ 콘크리트 표면을 회반죽 등의 단열재로 보호한다.
④ 익스팬디드 메탈 등을 사용하여 피복 콘크리트가 박리되는 것을 방지한다.

23 아스팔트 루핑을 절단하여 만든 것으로 지붕재료로 주로 사용되는 아스팔트 제품은?
① 아스팔트 펠트　② 아스팔트 유제
③ 아스팔트 타일　④ 아스팔트 싱글

24 시멘트의 분말도에 관한 설명으로 옳지 않은 것은?
① 시멘트의 분말도가 클수록 수화반응이 촉진된다.
② 시멘트의 분말도가 클수록 강도의 발현 속도가 빠르다.
③ 시멘트의 분말도는 브레인법 또는 표준체법에 의해 측정한다.
④ 시멘트의 분말이 과도하게 미세하면 시멘트를 장기간 저장하더라도 풍화가 발생하지 않는다.

25 다음 중 콘크리트 바탕에 적용이 가장 곤란한 도료는?
① 에폭시 도료
② 유성바니시
③ 염화비닐 도료
④ 염화고무 도료

26 대리석의 일종으로 다공질이며 갈면 광택이 나서 실내 장식재로 사용되는 것은?
① 사암
② 점판암
③ 응회암
④ 트래버틴

27 다음 중 금속, 석재, 도자기, 글라스, 콘크리트, 플라스틱재 등의 접합에 모두 사용할 수 있는 접착제는?
① 요소 수지 접착제
② 페놀 수지 접착제
③ 멜라민 수지 접착제
④ 에폭시 수지 접착제

28 미장공사에 사용하며 기둥이나 벽의 모서리 부분을 보호하고 정밀한 시공을 위해 사용하는 철물은?
① 폼 타이
② 코너비드
③ 메탈 라스
④ 메탈 폼

29 금속제품에 관한 설명으로 옳지 않은 것은?
① 와이어 라스는 금속제 거푸집의 일종이다.
② 논슬립은 계단에서 미끄럼을 방지하기 위해서 사용된다.
③ 조이너는 천장·벽 등에 보드류를 붙이고, 그 이음새를 감추고 누르는 데 사용된다.
④ 코너비드는 기둥 모서리 및 벽 모서리면에 미장을 쉽게 하고, 모서리를 보호할 목적으로 설치한다.

30 다음과 같은 특징을 갖는 성분별 유리의 종류는?

- 용융되기 쉽다.
- 내산성이 높다.
- 건축일반용 창호유리 등에 사용된다.

① 고규산유리
② 칼륨석회유리
③ 소다석회유리
④ 붕사석회유리

31 합성수지의 일반적인 성질에 관한 설명으로 옳지 않은 것은?
① 가소성, 가공성이 크다.
② 전성, 연성이 크고 광택이 있다.
③ 열에 강하여 고온에서 연화, 연질되지 않는다.
④ 내산, 내알칼리 등의 내화학성 및 전기절연성이 우수한 것이 많다.

32 목재의 부패에 관한 설명으로 옳지 않은

것은?
① 수중에 완전 침수시킨 목재는 쉽게 부패된다.
② 균류는 습도가 20% 이하에서는 일반적으로 사멸한다.
③ 크레오소트 오일은 유성 방부제의 일종으로 토대, 기둥, 도리 등에 사용된다.
④ 적부와 백부는 목재의 강도에 영향을 크게 미치나, 청부는 목재의 강도에 거의 영향을 미치지 않는다.

33 다음 중 혼합시멘트에 속하지 않는 것은?
① 팽창 시멘트
② 고로 시멘트
③ 플라이애시 시멘트
④ 포틀랜드 포졸란 시멘트

34 알루미늄에 관한 설명으로 옳지 않은 것은?
① 콘크리트에 부식된다.
② 은백색의 반사율이 큰 금속이다.
③ 압연, 인발 등의 가공성이 나쁘다.
④ 맑은 물에 대해서는 내식성이 크나 해수에 침식되기 쉽다.

35 목재의 방부제에 관한 설명으로 옳지 않은 것은?
① 크레오소트유는 유성방부제로 방부력이 우수하다.
② P.C.P는 방부력이 약하고 페인트칠이 불가능하다.
③ 황산동 1% 용액은 철재를 부식시키고 인체에 유해하다.
④ 코르타르는 목재가 흑갈색으로 착색되므로 사용 장소가 제한된다.

36 다음 중 경량골재의 종류에 속하지 않는 것은?
① 중정석   ② 석탄재
③ 팽창질석   ④ 팽창슬래그

37 다음 중 내화성이 가장 약한 석재는?
① 화강암   ② 안산암
③ 사암   ④ 응회암

38 미장재료 중 돌로마이트 플라스터에 관한 설명으로 옳지 않은 것은?
① 기경성 미장재료이다.
② 소석회에 비해 점성이 높다.
③ 석고 플라스터에 비해 응결시간이 짧다.
④ 건조수축이 커서 수축균열이 발생하는 결점이 있다.

39 플로트 판유리의 한쪽 면에 세라믹 도료를 코팅한 후 고온에서 융착하여 반강화시킨 불투명한 색유리는?
① 에칭 글라스
② 스팬드럴 유리
③ 스테인드 글라스
④ 저방사(Low-E) 유리

40 무거운 자재문에 사용하는 스프링 유압밸브 장치로 문을 자동적으로 닫히게 하는 창호철물은?
① 레일
② 도어 스톱
③ 플로어 힌지
④ 래버토리 힌지

41 제도 표시기호 중 지름을 나타내는 기호는?
① φ ② R
③ T ④ S

42 건물구조의 기본 조건 중 내구성과 관련이 있는 것은?
① 최소의 공사비로 만족할 수 있는 공간을 만드는 것
② 건물 자체의 아름다움뿐만 아니라 주위의 배경과도 조화를 이루게 만드는 것
③ 안전과 역학적 및 물리적 성능이 잘 유지되도록 만드는 것
④ 건물 안에는 항상 사람이 생활한다는 생각을 두고 아름답고 기능적으로 만드는 것

43 벽돌쌓기법 중 벽의 모서리나 끝에 반절 또는 이오토막을 사용하는 가장 튼튼한 쌓기법은?
① 영식 쌓기 ② 미식 쌓기
③ 화란식 쌓기 ④ 영롱 쌓기

44 다음 보기에서 설명하는 부재명은?

• 횡력에 잘 견디기 위한 구조물이다.
• 경사는 45°에 가까운 것이 좋다.
• 압축력 또는 인장력에 대한 보강재이다.
• 주요 건물의 경우 한 방향으로만 만들지 않고, X자형으로 만들어 압축과 인장을 겸하도록 한다.

① 층도리 ② 샛기둥
③ 가새 ④ 꿸대

45 연필 프리핸드에 대한 설명으로 옳은 것은?
① 번지거나 더러워지는 단점이 있다.
② 연필은 폭넓게 명암을 나타내기 어렵다.
③ 간단히 수정할 수 없기에 사용상 불편이 많다.
④ 연필의 종류가 적어서 효과적으로 사용하는 것이 불가능하다.

46 단면도에 대한 설명으로 옳은 것은?
① 건축물을 수평으로 절단하였을 때의 수평투상도이다.
② 건축물의 외형을 각 면에 대해 직각으로 투사한 도면이다.
③ 건축물을 수직으로 절단하여 수평방향에서 본 도면이다.
④ 실의 넓이, 기초판의 크기, 벽체의 하부구조를 표현한 도면이다.

47 다음 중 건축제도통칙(KS F 1501)에서 규정하고 있는 척도가 아닌 것은?
① 1/5 ② 1/100
③ 1/150 ④ 1/300

48 강구조의 용접 부위에 대한 비파괴검사방법이 아닌 것은?
① 방사선 투과법 ② 초음파 탐상법
③ 자기 탐상법 ④ 슈미트 해머법

49 일반적으로 이형 철근이 원형 철근보다 우수한 것은?
① 인장강도 ② 압축강도
③ 전단강도 ④ 부착강도

50 건축도면 중 배치도에 명시되어야 하는 것은?

① 대지 내 건물의 위치와 방위
② 기둥, 벽, 창문 등의 위치
③ 건물의 높이
④ 승강기의 위치

51 건축 제도용구 중 디바이더의 용도로 옳은 것은?
① 원호를 용지에 직접 그릴 때 사용한다.
② 직선이나 원주를 등분할 때 사용한다.
③ 각도를 조절하여 지붕물매를 그릴 때 사용한다.
④ 투시도 작도 시 긴 선을 그릴 때 사용한다.

52 다음 보기가 설명하는 것은?

> 벽에 침투한 빗물에 의해서 모르타르의 석회분이 공기 중의 탄산가스(CO_2)와 결합하여 벽돌이나 조적벽돌을 하얗게 오염시키는 현상

① 블리딩 현상 ② 백화 현상
③ 사운딩 현상 ④ 히빙 현상

53 도면의 표제란에 기입할 사항과 가장 거리가 먼 것은?
① 기관 정보 ② 프로젝트 정보
③ 도면 번호 ④ 도면 크기

54 셸(shell) 구조에 대한 설명으로 옳지 않은 것은?
① 큰 공간을 덮는 지붕에 사용되고 있다.
② 가볍고 강성이 우수한 구조 시스템이다.
③ 상부는 주로 직선형 디자인이 많이 사용되는 구조물이다.
④ 면에 분포되는 하중을 인장력·압축력과 같은 면 내력으로 전달시키는 역학적 특성을 가지고 있다.

55 절충식 지붕틀에서 지붕 하중이 크고 간사이가 넓을 때 중간에 기둥을 세우고 그 위 지붕보에 직각으로 걸쳐대는 부재의 명칭은?
① 베개보 ② 서까래
③ 추녀   ④ 우미량

56 철골 용접 시 발생하는 결함의 종류가 아닌 것은?
① 블로홀 ② 언더컷
③ 오버랩 ④ 침투탐상

57 건축제도에 사용되는 삼각자에 대한 설명으로 옳지 않은 것은?
① 일반적으로 45° 등변삼각형과 30°, 60°의 직각삼각형 두 가지가 한 쌍으로 이루어져 있다.
② 재질은 플라스틱 제품이 많이 사용된다.
③ 모든 변에 눈금이 기재되어 있어야 한다.
④ 삼각자의 조합에 따라 여러 가지 각도를 표현할 수 있다.

58 철골구조의 특징에 대한 설명으로 옳지 않은 것은?
① 내화적이다.
② 내진적이다.
③ 장스팬이 가능하다.
④ 해체, 수리가 용이하다.

59 철골구조에서 주각부에 사용하는 부재는?
① 커버 플레이트

② 웨브 플레이트
③ 스티프너
④ 베이스 플레이트

60 프리스트레스트 콘크리트(prestressed concrete) 구조의 특징으로 옳지 않은 것은?
① 간사이를 길게 할 수 있어서 넓은 공간을 설계할 수 있다.
② 부재 단면의 크기를 작게 할 수 있으며 진동이 없다.
③ 공기를 단축할 수 있고 시공과정을 기계화할 수 있다.
④ 고강도 재료를 사용하므로 강도와 내구성이 큰 구조물을 만들 수 있다.

01 CBT/복/원/문/제

실/내/건/축/기/능사

2022년 제2회

01 다음 중 작업용 가구(준인체계 가구)에 해당하는 것은?
① 의자   ② 침대
③ 테이블   ④ 수납장

02 휴먼스케일에서 실내 크기를 측정하는 기준은?
① 공간의 형태   ② 인간
③ 공간의 넓이   ④ 가구의 크기

03 다음 중 크기와 형태에 제약 없이 가장 자유롭게 디자인할 수 있는 창의 종류는?
① 고정창   ② 미닫이창
③ 여닫이창   ④ 미서기창

04 다음 중 르 코르뷔지에(Le Corbusier)가 제시한 모듈러와 가장 관계가 깊은 디자인 원리는?
① 리듬   ② 대칭
③ 통일   ④ 비례

05 실내 기본 요소 중 바닥에 관한 설명으로 옳지 않은 것은?
① 생활을 지탱하는 가장 기본적인 요소이다.
② 공간의 영역을 조정할 수 있는 기능은 없다.
③ 촉각적으로 만족할 수 있는 조건을 요구한다.
④ 천장과 함께 공간을 구성하는 수평적 요소이다.

06 상품의 유효진열 범위 내에서 고객의 시선이 편하게 머물고 손으로 잡기에도 가장 편안한 높이인 골든 스페이스의 범위로 알맞은 것은?
① 450~850mm   ② 850~1250mm
③ 1300~1500mm   ④ 1500~1700mm

07 천장, 벽의 구조체에 의해 광원의 빛이 천장 또는 벽면으로 가려지게 하여 반사광으로 간접 조명하는 방식은?
① 광창 조명   ② 코브 조명
③ 코니스 조명   ④ 광천장 조명

08 주거공간의 동선에 관한 설명으로 옳지 않은 것은?
① 동선은 일상생활의 움직임을 표시하는 선이다.
② 동선은 길고, 가능한 한 직선적으로 계획하는 것이 바람직하다.
③ 하중이 큰 가사노동의 동선은 되도록 남쪽에 오도록 하는 것이 좋다.

④ 개인, 사회, 가사노동권의 3개 동선은 서로 분리되어 간섭이 없도록 한다.

09 주거 공간을 주행동에 따라 개인공간, 작업공간, 사회적 공간으로 구분할 때, 다음 중 사회적 공간에 속하지 않는 것은?
① 식당 ② 현관
③ 응접실 ④ 서비스 야드

10 주택계획에 관한 설명으로 옳지 않은 것은?
① 침실의 위치는 소음원이 있는 쪽은 피하고, 정원 등의 공지에 면하도록 하는 것이 좋다.
② 부엌의 위치는 항상 쾌적하고, 일광에 의한 건조 소독을 할 수 있는 남쪽 또는 동쪽이 좋다.
③ 거실의 형태는 일반적으로 직사각형의 형태가 정사각형의 형태보다 가구의 배치나 실의 활용에 유리하다.
④ 리빙 다이닝 키친(LDK)의 형태는 대규모 주택에 적합하며 작업 동선이 길어지는 단점이 있다.

11 실내디자인의 구성 원리 중 일반적으로 규칙적인 요소들의 반복으로 디자인에 시각적인 질서를 부여하는 통제된 운동감각을 의미하는 디자인 원리는?
① 리듬 ② 균형
③ 조화 ④ 비례

12 상점의 판매방식 중 대면판매에 관한 설명으로 옳지 않은 것은?
① 상품의 포장 및 계산이 편리하다.
② 상품을 설명하기에 용이한 방식이다.
③ 판매원의 고정 위치를 정하기가 용이하다.
④ 측면방식에 비해 진열면적이 크다는 장점이 있다.

13 특정한 사용 목적이나 많은 물품을 수납하기 위해 건축화된 가구로, 빌트 인 가구(built-in furniture)라고도 불리우는 것은?
① 작업용 가구 ② 붙박이 가구
③ 이동식 가구 ④ 조립식 가구

14 개구부에 관한 설명으로 옳지 않은 것은?
① 건축물의 표정과 실내공간의 성격을 규정하는 중요한 요소이다.
② 창은 개폐의 용이 및 단열을 위해 가능한 한 크게 만드는 것이 좋다.
③ 창의 높낮이는 가구의 높이와 사람이 앉거나 섰을 때의 시선 높이에 영향을 받는다.
④ 문은 사람과 물건이 실내, 실외로 통행 출입하기 위한 개구부로 실내디자인에 있어 평면적인 요소로 취급된다.

15 조명의 4요소에 해당되지 않는 것은?
① 조명기구 ② 대비
③ 노출시간 ④ 명도

16 실내공기오염의 종합적 지표로서 사용되는 오염물질은?
① 라돈 ② 부유 분진
③ 일산화탄소 ④ 이산화탄소

17 다음은 건물 벽체의 열 흐름을 나타낸 그림

이다. ( ) 안에 알맞은 용어는?

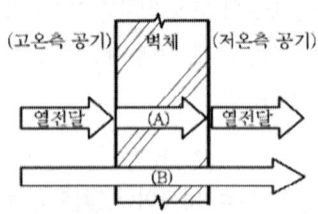

① A : 열복사, B : 열전도
② A : 열흡수, B : 열복사
③ A : 열복사, B : 열대류
④ A : 열전도, B : 열관류

18 건물의 환기에서 일반적으로 효과가 가장 큰 것은?
① 온도차에 의한 환기
② 극간풍에 의한 환기
③ 풍압차에 의한 환기
④ 기계력에 의한 강제 환기

19 음의 세기 레벨을 나타낼 때 사용하는 단위는?
① ppm　　② cycle
③ dB　　　④ lm

20 벽체에서의 결로 발생 형태에 따른 결로 방지 대책으로 옳지 않은 것은?
① 표면 결로 : 실내 표면온도를 높인다.
② 표면 결로 : 실내 수증기의 발생량을 억제한다.
③ 내부 결로 : 벽체 내부로 수증기 침입을 억제한다.
④ 내부 결로 : 벽체 내부 온도가 노점온도 이하가 되도록 한다.

21 표준형 내화벽돌 중 보통형의 크기는? (단, 단위는 mm)
① 190×90×57　② 210×100×60
③ 210×104×60　④ 230×114×65

22 건축용 접착제로서 요구되는 성능으로 옳지 않은 것은?
① 고화(固化) 시 체적수축 등의 변형이 있을 것
② 충분한 접착성과 유동성을 가질 것
③ 내수성, 내한성, 내열성, 내산성이 있을 것
④ 진동, 충격의 반복에 잘 견딜 것

23 미장재료 중 회반죽의 재료에 해당되지 않는 것은?
① 풀　　　　② 종석
③ 여물　　　④ 소석회

24 다음 중 열가소성 수지에 해당되지 않는 것은?
① 아크릴 수지
② 염화비닐 수지
③ 폴리에스테르 수지
④ 폴리에틸렌 수지

25 자기질 타일의 흡수율은 얼마 이하로 규정되어 있는가?
① 3%　　　② 5%
③ 8%　　　④ 18%

26 A.E제를 사용할 경우 콘크리트의 강도가 저하되는데 공기량 1%에 대하여 압축강도 저하율은?
① 1~2%　　② 4~6%

③ 8~10%   ④ 12~144%

27 길이가 4m인 생나무가 절대건조상태로 되었을 때 3.92m라면 전수축률은 몇 %인가?
① 1%   ② 2%
③ 3%   ④ 4%

28 아스팔트나 피치처럼 가열하면 연화하고, 벤젠·알코올 등의 용제에 녹는 흑갈색의 점성질 반고체의 물질로 도로의 포장, 방수재, 방진재로 사용되는 것은?
① 도장재료   ② 미장재료
③ 역청재료   ④ 합성수지 재료

29 대리석의 일종으로 탄산석회를 포함한 물에서 침전, 생성된 것으로 실내장식에 사용되는 것은?
① 트래버틴   ② 석면
③ 응회암   ④ 석회암

30 다음 중 파티클 보드에 대한 설명으로 옳지 않은 것은?
① 합판에 비해 휨강도는 크지만 면내 강성은 나쁘다.
② 목재의 작은 조각을 합성수지 접착제 등을 첨가하여 열압 제판한 것이다.
③ 온·습도에 의한 변형이 거의 없으나 부패방지를 위해 방습처리를 한다.
④ 음 및 열의 차단성이 우수하여 방음 및 단열재로 쓰인다.

31 다음 중 밀도가 가장 크고 유연하며, 방사선의 투과도가 낮아 건축에서 방사선 차폐용 벽체에 이용되는 것은?
① 알루미늄   ② 동
③ 주석   ④ 납

32 가열한 강을 물 또는 기름 등에 담가 급속 냉각하는 열처리 방법으로, 강재의 경도와 내마모성을 증가시키는 것은 무엇인가?
① 풀림   ② 불림
③ 담금질   ④ 뜨임

33 다음 중 레디믹스트 콘크리트에 대한 설명으로 옳은 것은?
① 기건 단위용적 중량이 2.0 이하의 것을 말하며, 주로 경량골재를 사용하여 경량화하거나 기포를 혼입한 콘크리트이다.
② 기건 단위용적 중량이 보통콘크리트에 비하여 크고, 주로 방사선 차폐용에 사용되므로 차폐용 콘크리트라고도 한다.
③ 결합재로서 시멘트를 사용하지 않고 폴리에스테르수지 등을 액상으로 하여 굵은 골재 및 분말상 충전제를 혼합하여 만든 것이다.
④ 주문에 의해 공장생산 또는 믹싱카로 제조하여 사용현장에 공급하는 콘크리트이다.

34 석고 플라스터에 대한 설명으로 옳지 않은 것은?
① 점성이 작아서 여물 또는 해초 등을 원칙적으로 사용하여야 한다.
② 경화 건조 시 치수안정성이 우수하다.
③ 결합수로 인하여 방화성이 크다.
④ 유성페인트 마감이 가능하다.

35 투명도가 높으므로 유기유리라는 명칭이 있으며, 착색이 자유롭고 내충격 강도가 크고, 평판, 골판 등의 각종 형태의 성형품으로 만들어 채광판, 도어판, 칸막이벽 등에 쓰이는 합성수지는?
① 폴리스티렌 수지 ② 에폭시 수지
③ 요소 수지   ④ 아크릴 수지

36 방사성 차단용으로 사용되는 시멘트 모르타르로 옳은 것은?
① 질석 모르타르
② 아스팔트 모르타르
③ 바라이트 모르타르
④ 활석면 모르타르

37 다음 중 수경성 미장재료는?
① 회반죽
② 돌로마이트 플라스터
③ 인조석 바름
④ 진흙

38 강화유리에 관한 설명으로 옳지 않은 것은?
① 보통 판유리를 2장 이상으로 접합한 것이다.
② 강화열처리 후에 절단·구멍뚫기 등의 재가공이 극히 곤란하다.
③ 보통유리에 비해 3~5배 정도 강하다.
④ 충격을 받아 파손되면 유리조각이 잘게 부서진다.

39 질이 단단하고 내구성 및 강도가 크며 외관이 수려하나 함유광물의 열팽창계수가 달라 내화성이 약한 석재로 외장, 내장, 구조재, 도로포장재, 콘크리트 골재 등에 사용되는 것은?
① 응회암   ② 화강암
③ 화산암   ④ 대리석

40 판두께 1.2mm 이하의 얇은 판에 여러 가지 모양으로 도려낸 철판으로서 환기공, 인테리어 벽, 천장 등에 이용되는 금속 성형 가공제품은?
① 익스팬디드 메탈 ② 키스톤 플레이트
③ 펀칭 메탈   ④ 스팬드럴 패널

41 목조 계단에서 양끝에 세우는 굵은 난간동자의 명칭은?
① 계단멍에   ② 두겁대
③ 엄지기둥   ④ 디딤판

42 부재축에 직각으로 설치되는 스터럽의 간격은 철근콘크리트 부재의 경우 최대 얼마 이하로 하여야 하는가?
① 300mm   ② 450mm
③ 600mm   ④ 700mm

43 철골조에서 판보의 춤은 간사이의 얼마 정도가 적당한가?
① 1/10~1/12 정도
② 1/15~1/18 정도
③ 1/18~1/20 정도
④ 1/20~1/25 정도

44 미서기문의 마중대는 서로 턱솔 또는 딴혀를 대어 방풍적으로 물려지게 한다. 이것을 무엇이라 하는가?

① 지도리　② 풍소란
③ 접문　　④ 문선

45 철근콘크리트 기둥에서 띠철근의 수직 간격 기준에 대한 설명 중 옳지 않은 것은?
① 기둥 단면의 최소 치수 이하
② 종방향 철근지름의 16배 이하
③ 띠철근 지름의 48배 이하
④ 기둥 높이의 0.1배 이하

46 지붕물매에 관한 다음 기술 중 틀린 것은?
① 지붕물매는 간사이가 클수록 느리게 잡는다.
② 지붕물매는 수평길이 10cm에 대한 직각 삼각형의 수직높이를 cm로 나타내어 4cm 물매, 5cm 물매 등으로 호칭한다.
③ 높이 10cm 물매를 되물매라 하고 그 이상으로 된 것을 된물매라 한다.
④ 같은 지붕 재료로 이을 때 그 재료의 단위 면적이 클수록 느린 물매로 한다.

47 다음의 각종 도면에 대한 설명 중 옳지 않은 것은?
① 부분상세도는 건축물의 주요 구조부의 부분을 상세하게 그린 도면으로, 각 부재의 형상, 치수 등을 표시한다.
② 시공도면은 시공법을 명확하게 그린 것으로, 건축의 공작을 명확하게 할 수 있도록 그린 도면이다.
③ 동선도는 사람이나 차, 또는 화물 등의 흐름을 도식화하여 나타낸다.
④ 평면도는 건축부지의 위치를 나타내는 도면이다.

48 배치도, 평면도 등의 도면은 어느 쪽을 위로 하여 작도함을 원칙으로 하는가?
① 동쪽　② 서쪽
③ 남쪽　④ 북쪽

49 다음 도면에서 A가 가리키는 선의 종류로 옳은 것은?

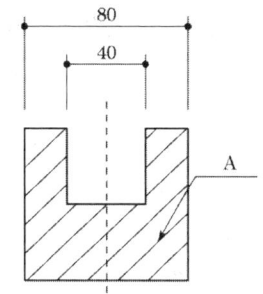

① 중심선　② 해칭선
③ 절단선　④ 가상선

50 그림에서 줄눈의 명칭이 틀린 것은?

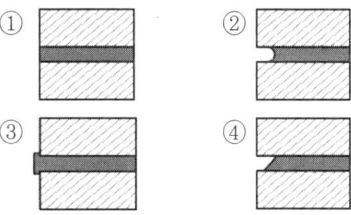

① 평줄눈　② 오목줄눈
③ 내민줄눈　④ 빗줄눈

51 벽돌쌓기에 관한 설명 중 옳지 않은 것은?
① 내쌓기는 보통 1/8B 1켜씩 또는 1/4B 2켜씩 내쌓는다.
② 내쌓기의 내미는 정도는 2B를 한도로 한다.
③ 붙임기둥의 두께는 1.5B 이상이 좋다.
④ 창문의 너비가 1.8m 정도일 때에는 평아

치로 하는 것이 좋다.

52 벽돌조에서 개구부와 개구부 사이의 수직거리는 최소 얼마 이상으로 하는가?
① 20cm   ② 40cm
③ 60cm   ④ 80cm

53 리벳에 관한 용어의 설명 중 옳지 않은 것은?
① 게이지 라인 : 재축방향의 리벳 중심선
② 게이지 : 각 게이지 라인 간의 거리 또는 게이지 라인과 재면과의 거리
③ 그립 : 게이지 라인상의 리벳 간격
④ 클리어런스 : 리벳과 수직재면과의 거리

54 보강 블록 구조에 대한 설명으로 옳지 않은 것은?
① 내력벽의 양이 많을수록 횡력에 대항하는 힘이 커진다.
② 철근은 굵은 것을 조금 넣는 것보다 가는 것을 많이 넣는 것이 좋다.
③ 철근의 정착이음은 기초보와 테두리보에 둔다.
④ 내력벽의 벽량은 최소 20cm/m² 이상으로 한다.

55 그림과 같은 지붕 평면을 구성하는 지붕의 명칭은?

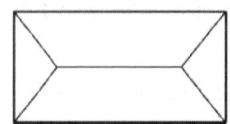

① 합각지붕   ② 모임지붕
③ 박공지붕   ④ 꺾임지붕

56 철근콘크리트 구조에 관한 설명으로 옳지 않은 것은?
① 철근콘크리트 건축물은 라멘 구조로 하는 것이 보통이다.
② 압축철근은 부재의 장기처짐에 관여한다.
③ 철근이 인장력에 충분히 저항할 수 있다.
④ 철골조에 비하여 철거가 매우 간단하다.

57 다음 중 기초의 부동침하 원인과 가장 관계가 먼 것은?
① 지하수위가 변경되었을 때
② 이질 지정을 하였을 때
③ 기초의 배근량이 부족하였을 때
④ 일부 증축하였을 때

58 벽돌쌓기법 중 처음 한 켜는 마구리쌓기, 다음 한 켜는 길이쌓기를 교대로 쌓는 것으로, 통줄눈이 생기지 않으며 가장 튼튼한 쌓기법으로 내력벽을 만들 때 많이 사용되는 것은?
① 화란식 쌓기   ② 불식 쌓기
③ 영식 쌓기   ④ 미식 쌓기

59 목구조에서 보, 도리 등의 가로재가 서로 수평방향으로 만나는 귀부분을 안정한 삼각형 구조로 만드는 것으로, 가새로 보강하기 어려운 곳에 사용되는 부재는?
① 펠대   ② 귀잡이보
③ 깔도리   ④ 버팀대

60 단층 목구조 건축물에서 일반적으로 사용되지 않는 부재는?
① 토대   ② 통재기둥
③ 멍에   ④ 중도리

01 CBT/복/원/문/제

실/내/건/축/기/능사

2022년 제3회

01 다음과 같은 특징을 갖는 창의 종류는?

- 열리는 범위를 조절할 수 있다.
- 내부 방향으로 열릴 때는 여유면적이 필요하므로 가구배치 시 이를 고려하여야 한다.

① 미닫이창 ② 여닫이창
③ 미서기창 ④ 오르내리창

02 다음은 피보나치 수열의 일부분이다. "21" 바로 다음에 나오는 숫자는?

1, 2, 3, 5, 8, 13, 21

① 30 ② 34
③ 42 ④ 44

03 상점의 공간 구성에 있어서 판매공간에 해당하는 것은?

① 파사드 공간   ② 상품관리공간
③ 시설관리공간 ④ 상품전시공간

04 주택에서 거실에 식사공간을 부속시키고, 부엌을 분리한 형식은?

① D형   ② LD형
③ DK형 ④ LDK형

05 간접 조명 방식에 관한 설명으로 옳지 않은 것은?

① 조명률이 높다.
② 실내 반사율의 영향이 크다.
③ 그림자가 거의 형성되지 않는다.
④ 경제성보다 분위기를 목표로 하는 장소에 적합하다.

06 생활에 적합한 건축을 위해 인체와 관련된 모듈의 사용에 있어 단순한 길이의 배수보다는 황금비례를 이용함이 타당하다고 주장한 사람은?

① 르 코르뷔지에
② 월터 그로피우스
③ 미스 반 데어 로에
④ 프랭크 로이드 라이트

07 디자인 원리 중 유사조화에 관한 설명으로 옳은 것은?

① 통일보다 대비의 효과가 더 크게 나타난다.
② 질적, 양적으로 전혀 상반된 두 개의 요소의 조합으로 성립된다.
③ 개개의 요소 중에서 공통성이 존재하므로 뚜렷하고 선명한 이미지를 준다.
④ 각각의 요소가 하나의 객체로 존재하며 다양한 주제와 이미지들이 요구될 때 주로 사용된다.

08 등받이와 팔걸이가 없는 형태의 보조의자로 가벼운 작업이나 잠시 걸터앉아 휴식을 취하는 데 사용되는 것은?
① 스툴 ② 카우치
③ 이지 체어 ④ 라운지 체어

09 주방의 레인지 상부에 필요한 기계환기 방법은?
① 급기 환기 ② 배기 환기
③ 급배기 환기 ④ 환기통

10 밖으로 창과 함께 평면이 돌출된 형태로 아늑한 구석 공간을 형성할 수 있는 창의 종류는?
① 고창 ② 윈도우 월
③ 베이 윈도우 ④ 픽처 윈도우

11 상업공간의 정면이나 샵 프론트(shop front)의 설계계획으로 옳지 않은 것은?
① 대중성이 있어야 한다.
② 취급상품을 인지할 수 있어야 한다.
③ 간판이 주변 미관과 조화되도록 해야 한다.
④ 영업종료 후 환경에 대한 고려는 필요 없다.

12 실내디자이너의 역할과 가장 거리가 먼 것은?
① 독자적인 개성의 표현을 한다.
② 생활공간의 쾌적성을 추구하고자 한다.
③ 전체 매스(mass)의 구조설비를 계획한다.
④ 인간의 예술적, 서정적 요구의 만족을 해결하려 한다.

13 좁은 공간을 시각적으로 넓어 보이게 하려면 어떤 질감(texture)의 내용을 선택하는 것이 좋은가?
① 털이 긴 카페트
② 굴곡이 많은 석재
③ 거친 표면의 목재
④ 매끈한 질감의 유리

14 다음 중 리듬의 원리에 해당하지 않는 것은?
① 반복 ② 점층
③ 변이 ④ 조화

15 다음 설명에 알맞은 실내 기본 요소는?

• 시각적 흐름이 최종적으로 멈추는 곳으로 지각의 느낌에 영향을 미친다.
• 다른 실내 기본 요소보다도 조형적으로 가장 자유롭다.

① 벽 ② 천장
③ 바닥 ④ 개구부

16 일조의 확보와 관련하여 공동주택의 인동간격 결정과 가장 관계가 깊은 것은?
① 춘분 ② 하지
③ 추분 ④ 동지

17 공동주택의 거실에서 환기를 위하여 설치하는 창문의 면적은 최소 얼마 이상이어야 하는가? (단, 창문으로만 환기를 하는 경우)
① 거실바닥면적의 1/5 이상
② 거실바닥면적의 1/10 이상
③ 거실바닥면적의 1/20 이상
④ 거실바닥면적의 1/40 이상

18 다음의 설명에 알맞은 음의 성질은?

> 서로 다른 음원에서의 음이 중첩되면 합성되어 음은 쌍방의 상황에 따라 강해진다든지, 약해진다든지 한다.

① 반사 ② 회절
③ 굴절 ④ 간섭

19 주관적 온열지표 중 기류의 영향을 제외하고 기온과 습도에 의해 온열감을 나타낸 것은?

① 유효온도 ② 수정유효온도
③ 불쾌지수 ④ 등온지수

20 전열 및 단열에 관한 설명으로 옳지 않은 것은?

① 일반적으로 액체는 고체보다 열전도율이 작다.
② 일반적으로 기체는 고체보다 열전도율이 작다.
③ 벽체에서 공기층의 단열효과는 기밀성과는 무관하다.
④ 물체에서 복사되는 열량은 그 표면의 절대온도의 4승에 비례한다.

21 집성목재에 대한 설명으로 옳은 것은?

① 소판이나 소각재의 부산물 등을 이용하여 접착, 접합에 의해 소요의 치수, 형상의 인공목재를 제조할 수 있다.
② 식물 섬유질을 주원료로 하여 이를 섬유화, 펄프화하여 성형, 성판한 것이다.
③ 코르크나무 표피를 원료로 하여 분말된 것을 판형으로 열압한 것이다.
④ 판을 섬유방향이 직교하도록 접착제로 붙여 만든 것이다.

22 건조실에 목재를 쌓고 온도, 습도, 풍속 등을 인위적으로 조절하면서 건조하는 목재의 인공건조방법은?

① 대기건조 ② 침수건조
③ 진공건조 ④ 열기건조

23 시멘트가 습기를 흡수하여 경미한 수화반응을 일으켜 생성된 수산화칼슘과 공기 중의 탄산가스가 반응하여 탄산칼슘을 생성하는 작용을 의미하는 것은?

① 풍화 ② 응결
③ 크리프 ④ 중성화

24 다음 설명에 알맞은 재료의 역학적 성질은?

> 재료에 외력이 작용하면 순간적으로 변형이 생기나 외력을 제거하면 순간적으로 원래의 형태로 회복되는 성질을 말한다.

① 소성 ② 점성
③ 탄성 ④ 인성

25 다음 중 콘크리트의 신축이음(expansion joint) 재료에 요구되는 성능 조건과 가장 관계가 먼 것은?

① 콘크리트에 잘 밀착하는 밀착성
② 콘크리트 이음 사이의 충분한 수밀성
③ 콘크리트의 수축에 순응할 수 있는 탄성
④ 콘크리트의 팽창에 저항할 수 있는 압축강도

26 아스팔트의 연성을 나타내는 수치로서 온도

변화와 함께 변화하는 것은?
① 신도 ② 인화점
③ 침입도 ④ 연화점

27 AE 콘크리트(Air Entrained Concrete)의 특성으로 옳지 않은 것은?
① 화학작용과 동결융해에 저항성이 크다.
② 미세기포에 의해 재료분리가 많이 생긴다.
③ 공기량의 증가에 따라 압축강도는 감소한다.
④ 표면이 평활하여 제치장 콘크리트에 적당하다.

28 도료의 구성 요소 중 도막 주요소를 용해시키고 적당한 점도로 조절 또는 도장하기 쉽게 하기 위하여 사용되는 것은?
① 안료 ② 용제
③ 수지 ④ 전색제

29 자기질 타일의 흡수율 기준으로 옳은 것은?
① 3.0% 이하 ② 5.0% 이하
③ 8.0% 이하 ④ 18.0% 이하

30 다음은 한국산업표준에 따른 점토벽돌 중 미장벽돌에 관한 용어의 정의이다. ( ) 안에 알맞은 것은?

> 점토 등을 주원료로 하여 소성한 벽돌로서 유공형 벽돌은 하중 지지면의 유효 단면적이 전체 단면적의 ( ) 이상이 되도록 제작한 벽돌

① 30% ② 40%
③ 50% ④ 60%

31 보통 합판의 제조방법에 따른 구분에 해당되지 않는 것은?
① 일반 ② 내수
③ 난연 ④ 무취

32 한국산업표준에 따른 포틀랜드 시멘트의 종류에 해당하지 않는 것은?
① 조강 포틀랜드 시멘트
② 백색 포틀랜드 시멘트
③ 저열 포틀랜드 시멘트
④ 중용열 포틀랜드 시멘트

33 미장재료 중 돌로마이트 플라스터에 관한 설명으로 옳지 않은 것은?
① 소석회에 비해 작업성이 좋다.
② 보수성이 크고 응결시간이 길다.
③ 회반죽에 비하여 조기강도 및 최종강도가 크다.
④ 여물을 혼입할 경우 건조수축이 발생하지 않는다.

34 콘크리트의 크리프에 관한 설명으로 옳지 않은 것은?
① 작용응력이 클수록 크리프는 크다.
② 물시멘트비가 클수록 크리프는 크다.
③ 재하재령이 빠를수록 크리프는 크다.
④ 시멘트 페이스트가 적을수록 크리프는 크다.

35 금속의 방식방법에 관한 설명으로 옳지 않은 것은?
① 큰 변형을 준 것은 가능한 한 풀림하여 사용한다.

② 균질한 것을 선택하고 사용할 때 큰 변형을 주지 않도록 한다.
③ 표면을 평활하고 깨끗하게 하며, 습윤상태를 유지하도록 한다.
④ 가능한 한 이종금속과 인접하거나 접촉하여 사용하지 않는다.

36 굳지 않는 콘크리트의 성질을 표시하는 용어 중 주로 수량에 의해서 변화하는 유동성의 정도로 정의되는 것은?
① 컨시스턴시(consistency)
② 펌퍼빌리티(pumpabillity)
③ 피니셔빌리티(finishability)
④ 플라스티시티(plasticity)

37 기호는 MDF이며, 밀도가 $0.35g/cm^3$ 이상 $0.85g/cm^3$ 미만인 섬유판은?
① 파티클 보드   ② 경질 섬유판
③ 연질 섬유판   ④ 중밀도 섬유판

38 굵은 골재 및 잔골재의 체가름 시험방법에 사용되는 체의 호칭 치수에 해당하지 않는 것은?
① 20mm   ② 25mm
③ 30mm   ④ 35mm

39 석재 표면가공 중 잔다듬에 주로 사용되는 공구는?
① 정   ② 쇠메
③ 날망치   ④ 도드락 망치

40 다음과 같은 특징을 갖는 유리의 성분에 따른 종류는?

• 용융되기 쉽다.
• 내산성이 높으나 알칼리에 약하다.
• 건축일반용 창호유리 등에 사용된다.

① 칼륨연 유리   ② 칼륨석회 유리
③ 소다석회 유리   ④ 붕사석회 유리

41 건축제도에서 다음 재료 표시 기호가 의미하는 것은?

① 합판   ② 치장용 목재
③ 잡석다짐   ④ 인조석

42 건축제도에 사용하는 글자에 대한 설명 중 옳지 않은 것은?
① 글자는 명백히 쓴다.
② 문장은 왼쪽부터 가로쓰기를 원칙으로 한다.
③ 글자의 크기는 각 도면의 상황에 맞추어 알아보기 쉬운 크기로 한다.
④ 글자체는 수직 또는 30°의 경사의 고딕체로 쓰는 것을 원칙으로 한다.

43 철근콘크리트 구조의 1방향 슬래브의 최소 두께는 얼마 이상인가?
① 80mm   ② 100mm
③ 150mm   ④ 200mm

44 다음 중 주로 수평방향으로 작용하는 하중은?
① 고정하중   ② 활하중
③ 풍하중   ④ 적설하중

45 목구조에서 2층 이상의 기둥 전체를 하나의 단일재로 사용하는 기둥은?
① 통재기둥　② 평기둥
③ 샛기둥　④ 동자기둥

46 건물 지하부의 구조부에서 건물의 무게를 지반에 전달하여 안전하게 지탱시키는 구조 부분은?
① 기초　② 기둥
③ 지붕　④ 벽체

47 한 변이 300mm 정도인 네모뿔형의 돌로서 석축에 사용되는 돌을 무엇이라고 하는가?
① 호박돌　② 잡석
③ 견치돌　④ 장대석

48 설계도면의 종류 중 실시설계도에 해당되는 것은?
① 구상도　② 조직도
③ 전개도　④ 동선도

49 평면도는 건물의 바닥면에서 보통 몇 m 높이에서 절단한 수평 투상도인가?
① 0.5m　② 1.2m
③ 1.8m　④ 2.0m

50 철골구조에서 단면 결손이 적고 소음이 발생하지 않으며 구조물 자체의 경량화가 가능한 접합방법은?
① 용접　② RPC 접합
③ 볼트접합　④ 고력볼트접합

51 건축물과 그 구조 형식이 옳게 연결된 것은?
① 상암동 월드컵 경기장-셸 구조
② 시드니 오페라 하우스-막 구조
③ 금문교-현수 구조
④ 노트르담 성당-돔 구조

52 실내투시도 또는 기념건축물과 같은 정적인 건물의 표현에 효과적인 투시도는?
① 평행투시도　② 유각투시도
③ 경사투시도　④ 조감도

53 창의 옆벽에 밀어 넣어, 열고 닫을 때 실내의 유효면적을 감소시키지 않는 창호는?
① 미닫이 창호　② 회전 창호
③ 여닫이 창호　④ 붙박이 창호

54 철골구조의 판보에서 웨브의 두께가 품에 비해서 얇을 때, 웨브의 국부 좌굴을 방지하기 위해서 사용되는 것은?
① 스티프너
② 커버 플레이트
③ 거셋 플레이트
④ 베이스 플레이트

55 제도용 지우개가 갖추어야 할 조건이 아닌 것은?
① 지운 후 지우개 색이 남지 않을 것
② 부드러울 것
③ 지운 부스러기가 적고 지우개의 경도가 클 것
④ 종이면을 거칠게 상처내지 않을 것

56 연속기초라고도 하며 조적조의 벽기초 또는

철근콘크리트조 연결기초로 사용되는 것은?
① 독립기초　② 복합기초
③ 온통기초　④ 줄기초

57 치수를 자 또는 삼각자의 눈금으로 잰 후 제도용지에 같은 길이로 분할할 때 사용하는 제도용구는?
① 디바이더　② 운형자
③ 컴퍼스　④ T자

58 다음 중 프리스트레스트 콘크리트 구조의 특징에 대한 설명 중 옳지 않은 것은?
① 간 사이를 길게 할 수 있어 넓은 공간의 설계에 적합하다.
② 부재 단면의 크기를 크게 할 수 있어 진동 발생이 없다.
③ 공기단축이 가능하다.
④ 강도와 내구성이 큰 구조물 시공이 가능하다.

59 다음 중 철골부재접합에 대한 설명으로 옳지 않은 것은?
① 고장력 볼트는 상호부재의 마찰력으로 저항한다.
② 용접은 품질관리가 볼트보다 어렵다.
③ 메탈 터치(metal touch)는 기둥에서 각 부재면을 맞대는 접합방식이다.
④ 초음파 탐상법은 사용방법과 판독이 어려워 거의 사용되지 않고 있다.

60 강구조 기둥에서 발생하는 다음과 같은 현상을 무엇이라 하는가?

> 단면에 비하여 길이가 긴 장주에서 중심축 하중을 받는데도 부재의 불균일성에 기인하여 하중이 집중되는 부분에 편심 모멘트가 발생함에 따라 압축응력이 허용강도에 도달하기 전에 휘어져 버리는 현상

① 처짐　② 좌굴
③ 인장　④ 전단

01 CBT/복/원/문/제

실/내/건/축/기/능사   2022년 제4회

01 커튼의 유형 중 창문 전체를 커튼으로 처리하지 않고 반 정도만 친 형태를 갖는 것은?
① 새시 커튼
② 글라스 커튼
③ 드로우 커튼
④ 드레이퍼리 커튼

02 원룸 주택 설계 시 고려해야 할 사항으로 옳지 않은 것은?
① 내부공간을 효과적으로 활용한다.
② 환기를 고려한 설계가 이루어져야 한다.
③ 사용자에 대한 특성을 충분히 파악한다.
④ 원룸이므로 활동공간과 취침공간을 구분하지 않는다.

03 다음 설명에 알맞은 조명 방식은?

• 천장에 매달려 조명하는 조명방식이다.
• 조명기구 자체가 빛을 발하는 액세서리 역학을 한다.

① 코브 조명   ② 브래킷 조명
③ 펜던트 조명 ④ 캐노피 조명

04 실내디자인에 관한 설명으로 옳지 않은 것은?
① 미적인 문제가 중요시되는 순수예술이다.
② 인간생활의 쾌적성을 추구하는 디자인 활동이다.
③ 가장 우선시되어야 하는 것은 기능적인 면의 해결이다.
④ 실내디자인의 평가기준은 누구나 공감할 수 있는 객관성이 있어야 한다.

05 다음 중 황금분할의 비율로 가장 알맞은 것은?
① 1 : 1.414   ② 1 : 1.618
③ 1 : 1.732   ④ 1 : 3.141

06 다음 설명에 알맞은 의자의 종류는?

• 필요에 따라 이동시켜 사용할 수 있는 간이의자로, 크지 않으며 가벼운 느낌의 형태를 갖는다.
• 이동하기 쉽도록 잡기 편하고 들기에 가볍다.

① 카우치(couch)
② 풀업 체어(pull-up chair)
③ 체스터필드(chesterfield)
④ 라운지 체어(lounge chair)

07 디자인의 원리 중 시각적으로 초점이나 흥미의 중심이 되는 것을 의미하며, 실내디자인에서 충분한 필요성과 한정된 목적을 가질 때에 적용하는 것은?
① 리듬   ② 조화
③ 강조   ④ 통일

08 동일 층에서 바닥에 높이 차를 둘 경우에 관한 설명으로 옳지 않은 것은?
① 안전에 유념해야 한다.
② 심리적인 구분감과 변화감을 준다.
③ 칸막이 없이 공간 구분을 할 수 있다.
④ 연속성을 주어 실내를 더 넓어 보이게 한다.

09 다음 중 인체계 가구에 속하는 것은?
① 스툴   ② 책상
③ 옷장   ④ 테이블

10 기념비적인 스케일에서 일반적으로 느끼는 감정은?
① 엄숙함   ② 친밀감
③ 생동감   ④ 안도감

11 개방형 공간 구성의 특징으로 가장 알맞은 것은?
① 공간사용의 융통성과 극대화
② 프라이버시 보장과 에너지 절약
③ 조직화를 통한 시각적 모호함 제거
④ 복수의 구성 요소의 독립적 공간 확보

12 주거공간을 주행동에 따라 개인공간, 작업공간, 사회적 공간 등으로 구분할 경우, 다음 중 개인공간에 속하지 않는 것은?
① 서재   ② 부엌
③ 침실   ④ 자녀방

13 마르셀 브로이어가 디자인한 것으로 강철 파이프를 휘어 기본 골조를 만들고 가죽을 접합하여 만든 의자는?
① 바실리 의자
② 파이미오 의자
③ 레드 앤 블루 의자
④ 바르셀로나 의자

14 장주택에서 볼 수 있는 유형으로 취사용 작업대가 하나의 섬처럼 실내에 설치되어 독특한 분위기를 형성하는 부엌은?
① 리빙 키친   ② 다이닝 키친
③ 키친 네트   ④ 아일랜드 키친

15 건축화 조명의 종류에 속하지 않는 것은?
① 광창 조명   ② 할로겐 조명
③ 코니스 조명   ④ 밸런스 조명

16 건구온도 28℃인 공기 80kg과 건구온도 14℃인 공기 20kg을 단열혼합하였을 때, 혼합공기의 건구 온도는?
① 16.8℃   ② 18℃
③ 21℃   ④ 25.2℃

17 표면 결로방지 방법으로 옳지 않은 것은?
① 벽체의 열관류저항을 낮춘다.
② 실내에서 발생하는 수증기를 억제한다.
③ 환기에 의해 실내 절대습도를 저하한다.
④ 직접가열이나 기류촉진에 의해 표면온도를 상승시킨다.

18 실내 음향계획에 관한 설명으로 옳지 않은 것은?
① 음이 실내에 골고루 분산되도록 한다.
② 반사음이 한 곳으로 집중되지 않도록 한다.

③ 실내 잔향시간은 실용적이 크면 클수록 짧다.
④ 음악을 연주할 때에는 강연 때보다 잔향시간이 다소 긴 편이 좋다.

19 열쾌적감에 영향을 미치는 물리적 온열 4요소에 해당하지 않는 것은?
① 기온
② 습도
③ 엔탈피
④ 복사열

20 다음 중 결로의 발생 원인과 가장 거리가 먼 것은?
① 잦은 환기
② 단열시공의 불완전
③ 실내외의 큰 온도차
④ 실내 습기의 과다발생

21 천연 아스팔트에 해당하지 않는 것은?
① 아스팔타이트
② 로크 아스팔트
③ 블론 아스팔트
④ 레이크 아스팔트

22 ALC 제품에 관한 설명으로 옳지 않은 것은?
① 중성화의 우려가 높다.
② 단열성능이 우수하다.
③ 습기가 많은 곳에서의 사용은 곤란하다.
④ 압축강도에 비해 휨강도, 인장강도가 크다.

23 다음 설명에 알맞은 합성수지는?

- 평판 성형되어 글라스와 같이 이용되는 경우가 많다.
- 유기 글라스라고 불린다.

① 요소 수지
② 멜라민 수지
③ 아크릴 수지
④ 염화비닐 수지

24 금속재료의 방식 방법으로 옳지 않은 것은?
① 건조한 상태로 유지한다.
② 부분적인 녹은 즉시 제거한다.
③ 상이한 금속은 맞대어 사용한다.
④ 도료를 이용하여 수밀성 보호 피막 처리를 한다.

25 플라스틱 재료의 일반적인 성질에 관한 설명으로 옳지 않은 것은?
① 내약품성이 우수하다.
② 착색이 자유롭고 가공성이 좋다.
③ 압축강도가 인장강도보다 매우 작다.
④ 내수성 및 내투습성은 일부를 제외하고 극히 양호하다.

26 콘크리트의 혼화제 중 AE제의 사용 효과에 관한 설명으로 옳지 않은 것은?
① 콘크리트의 작업성을 향상시킨다.
② 블리딩 등의 재료분리를 감소시킨다.
③ 콘크리트의 동결융해 저항성능을 향상시킨다.
④ 플레인 콘크리트와 동일 물시멘트비인 경우 압축강도를 증가시킨다.

27 유성페인트에 관한 설명으로 옳지 않은 것은?
① 건조시간이 길다.
② 내후성이 우수하다.

③ 붓바름 작업성이 우수하다.
④ 모르타르, 콘크리트 벽의 정벌바름에 주로 사용된다.

28 점토에 관한 설명으로 옳지 않은 것은?
① 압축강도와 인장강도는 같다.
② 알루미나가 많은 점토는 가소성이 좋다.
③ 양질의 점토는 습윤 상태에서 현저한 가소성을 나타낸다.
④ 산화제이철과 기타 부성분이 많은 것은 고급제품의 원료로 부적당하다.

29 목재 제품에 관한 설명으로 옳지 않은 것은?
① 파티클 보드는 합판에 비해 휨강도가 매우 우수하다.
② 합판은 함수율 변화에 따른 팽창·수축의 방향성이 없다.
③ 섬유판은 목재 또는 기타 식물을 섬유화하여 성형한 판상제품이다.
④ 집성재는 부재를 서로 섬유방향을 평행하게 하여 집성, 접착시킨 것이다.

30 석고 플라스터 미장재료에 관한 설명으로 옳지 않은 것은?
① 내화성이 우수하다.
② 수경성 미장재료이다.
③ 회반죽보다 건조 수축이 크다.
④ 원칙적으로 해초 또는 풀즙을 사용하지 않는다.

31 시멘트가 경화될 때 용적이 팽창하는 정도를 의미하는 것은?
① 응결   ② 풍화

③ 안정성   ④ 크리프

32 재료의 화학적 성질에 관한 설명으로 옳지 않은 것은?
① 알루미늄 새시는 콘크리트나 모르타르에 접하면 부식된다.
② 유성페인트를 콘크리트나 모르타르면에 칠하면 줄무늬가 생긴다.
③ 대리석을 외부에 사용하면 광택이 상실되어 장식적인 효과가 감소된다.
④ 산을 취급하는 화학공장에서 콘크리트의 사용은 바닥의 얼룩을 방지해 준다.

33 납(Pb)에 관한 설명으로 옳은 것은?
① 융점이 높다.
② 전·연성이 작다.
③ 비중이 크고 연질이다.
④ 방사선의 투과도가 높다.

34 보통 포틀랜드 시멘트보다 C_3S가 많고 분말도를 크게 하여 초기에 고강도를 발생하게 하는 시멘트는?
① 백색 포틀랜드 시멘트
② 조강 포틀랜드 시멘트
③ 저열 포틀랜드 시멘트
④ 중용열 포틀랜드 시멘트

35 합성수지 재료 중 우수한 투명성, 내후성을 활용하여 톱 라이트, 온수 풀의 옥상, 아케이드 등에 유리의 대용품으로 사용되는 것은?
① 실리콘 수지
② 폴리에틸렌 수지
③ 폴리스티렌 수지

④ 폴리카보네이트

36 목재제품 중 합판에 관한 설명으로 옳지 않은 것은?
① 균일한 강도의 재료를 얻을 수 있다.
② 함수율 변화에 따른 팽창·수축의 방향성이 없다.
③ 단판을 섬유방향이 서로 평행하도록 홀수로 적층하여 만든 것이다.
④ 뒤틀림이나 변형이 적은 비교적 큰 면적의 평면 재료를 얻을 수 있다.

37 콘크리트용 골재로서 요구되는 일반적인 성질로 옳은 것은?
① 모양이 편평하고 세장한 것이 좋다.
② 모양이 구형에 가까운 것으로, 표면이 매끄러운 것이 좋다.
③ 입도는 조립에서 세립까지 연속적으로 균등히 혼합되어 있어야 한다.
④ 골재의 강도는 콘크리트 중의 경화 시멘트 페이스트의 강도보다 작아야 한다.

38 강의 열처리 방법에 속하지 않는 것은?
① 불림　　② 풀림
③ 압연　　④ 담금질

39 변성암의 일종으로 석질이 불균일하고 다공질이며 주로 특수 실내장식재로 사용되는 석재는?
① 현무암　　② 화강암
③ 응회암　　④ 트래버틴

40 소다석회 유리의 일반적 성질에 관한 설명으로 옳지 않은 것은?
① 풍화되기 쉽다.
② 내산성이 높다.
③ 내알칼리성이 높다.
④ 건축 일반용 창호유리에 사용된다.

41 목재의 접합에서 널판재의 면적을 넓히기 위해 두 부재를 나란히 옆으로 대는 것을 무엇이라 하는가?
① 쪽매　　② 장부
③ 맞춤　　④ 연귀

42 건축에서 사용되는 척도에 대한 설명으로 옳지 않은 것은?
① 도면에는 척도를 기입하여야 한다.
② 그림의 형태가 치수에 비례하지 않을 때는 NS(No Scale)로 표시한다.
③ 사진 및 복사에 의해 축소 또는 확대되는 도면에는 그 척도에 따라 자의 눈금 일부를 기입한다.
④ 한 도면에 서로 다른 척도를 사용하였을 경우 척도를 표시하지 않는다.

43 다음 제도용구 중 컴퍼스로 그리기 어려운 원호나 곡선을 그릴 때 사용하는 것은?
① 디바이더　　② 운형자
③ T자　　　　④ 스케일

44 철골구조에서 스티프너를 사용하는 가장 중요한 목적은?
① 보의 휨내력 보강
② 웨브 플레이트의 좌굴 방지
③ 보의 처짐 보강

④ 플랜지 앵글의 단면 보강

45 다음 중 기둥과 기둥 사이의 간격을 나타내는 용어는?
① 좌굴　　　② 스팬
③ 면내력　　④ 접합부

46 건축구조물에서 지점의 종류 중 지지대에 평행으로 이동이 가능하고 회전이 자유로운 상태이며 수직반력만 발생하는 것은?
① 회전단　　② 고정단
③ 이동단　　④ 자유단

47 아래 표시기호의 명칭은 무엇인가?

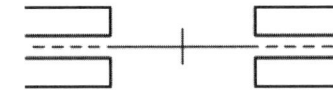

① 고정창　　② 셔터창
③ 쌍여닫이문　④ 쌍미닫이문

48 다음 철근 중 슬래브 구조와 가장 거리가 먼 것은?
① 주근　　　② 배력근
③ 수축온도철근　④ 나선철근

49 철근콘크리트 강도 측정을 위한 비파괴시험에 해당하는 것은?
① 슈미트 해머법　② 언더컷
③ 라멜라 테어링　④ 슬럼프 검사

50 원호 이외의 곡선을 그을 때 사용하는 제도용구는?
① 운형자　　② 템플릿
③ 컴퍼스　　④ 디바이더

51 목구조의 가새에 대한 설명으로 옳은 것은?
① 가새의 경사는 60°에 가깝게 하는 것이 좋다.
② 주요 건물인 경우에도 한 방향 가새로만 만들어야 한다.
③ 목조 벽체를 수평력에 견디며 안정한 구조로 하기 위해 사용한다.
④ 가새에는 인장응력만이 발생한다.

52 보강블록구조에서 테두리보를 설치하는 목적과 가장 관계가 먼 것은?
① 하중을 직접 받는 블록을 보강한다.
② 분산된 내력벽을 일체로 연결하여 하중을 균등히 분포시킨다.
③ 횡력에 대한 벽면의 직각방향 이동으로 인해 발생하는 수직 균열을 막는다.
④ 가로철근의 끝을 정착시킨다.

53 제도 연필의 경도에서 무르기로부터 굳기의 순서대로 옳게 나열한 것은?
① HB-B-F-H-2H
② B-HB-F-H-2H
③ B-F-HB-H-2H
④ HB-F-B-H-2H

54 표준형 벽돌에서 칠오토막의 크기로 옳은 것은?
① 벽돌 한 장 길이의 1/4 토막
② 벽돌 한 장 길이의 1/3 토막
③ 벽돌 한 장 길이의 1/2 토막
④ 벽돌 한 장 길이의 3/4 토막

55. 철골구조에 사용되는 부재 중 사용되는 위치가 다른 하나는?
① 베이스 플레이트(Base plate)
② 리브 플레이트(Rib plate)
③ 거싯 플레이트(Gusset plate)
④ 윙 플레이트(Wing plate)

56. 투시도법의 종류 중 평행 투시도법이라고도 불리며, 일반적으로 실내투시도 작성 시 사용되는 것은?
① 1소점 투시도법 ② 2소점 투시도법
③ 3소점 투시도법 ④ 유각 투시도법

57. 철골구조의 용접접합에 대한 설명으로 옳은 것은?
① 철골의 용접은 주로 금속 아크용접이 많이 쓰인다.
② 강재의 재질에 대한 영향이 적다.
③ 용접부 내부의 결함을 육안으로 관찰할 수 있다.
④ 용접공의 기능에 따른 품질의존도가 적다.

58. 건축설계도면에서 전개도에 관한 설명 중 옳지 않은 것은?
① 각 실 내부의 의장을 명시하기 위해 작성하는 도면이다.
② 각 실에 대하여 벽체 및 문의 모양을 그려야 한다.
③ 일반적으로 축척은 1/200 정도로 한다.
④ 벽면의 마감재료 및 치수를 기입하고, 창호의 종류와 치수를 기입한다.

59. 철근콘크리트보에서 전단력을 보강하기 위

해 보의 주근 주위에 둘러 배치한 철근은?
① 나선철근   ② 띠철근
③ 배력근   ④ 늑근

60. 아래 그림은 3각법으로 그린 투상도이다. 투상면의 명칭에 대한 설명으로 옳은 것은?

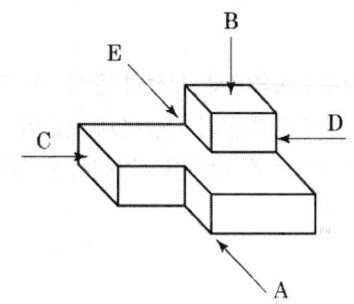

① A방향의 투상면은 배면도이다.
② B방향의 투상면은 평면도이다.
③ C방향의 투상면은 우측면도이다.
④ D방향의 투상면은 좌측면도이다.

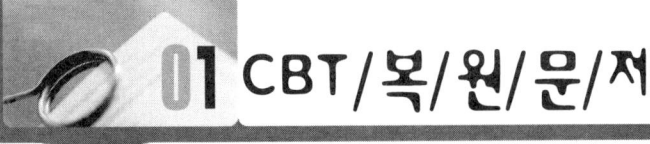

2023년 제1회

01 상점의 판매형식 중 대면판매에 관한 설명으로 옳지 않은 것은?
① 상품 설명이 용이하다.
② 포장대나 계산대를 별도로 둘 필요가 없다.
③ 고객과 종업원이 진열장을 사이로 상담, 판매하는 형식이다.
④ 상품에 직접 접촉하므로 선택이 용이하며 측면판매에 비해 진열 면적이 커진다.

02 주택의 부엌가구 배치에 관한 설명으로 옳지 않은 것은?
① ㄷ자형의 작업대의 통로 폭은 1200~1500mm가 적당하다.
② 작업면이 넓어 작업효율이 가장 좋은 작업대의 배치는 ㄴ자형 배치이다.
③ 작업대는 준비대, 개수대, 조리대, 가열대, 배선대의 순으로 배열한다.
④ 냉장고, 개수대, 가열대를 연결하는 작업삼각형의 각 변의 합은 6600mm를 넘지 않도록 한다.

03 실내디자인의 분류로서 틀린 것은?
① 사무공간 디자인
② 레스토랑 디자인
③ 전시공간 디자인
④ 도시환경 디자인

04 실내디자인을 할 때에 동선을 가장 중요시 해야 할 공간은?
① 공공공간　② 상업공간
③ 업무공간　④ 전시공간

05 균형의 원리에 관한 설명으로 옳지 않은 것은?
① 크기가 큰 것이 작은 것보다 시각적 중량감이 크다.
② 기하학적 형태가 불규칙적인 형태보다 시각적 중량감이 크다.
③ 색의 중량감은 색의 속성 중 특히 명도, 채도에 따라 크게 작용한다.
④ 복잡하고 거친 질감이 단순하고 부드러운 것보다 시각적 중량감이 크다.

06 디자인 요소 중 선에 관한 설명으로 옳지 않은 것은?
① 곡선은 우아하며 흥미로운 느낌을 준다.
② 수평선은 안정감, 차분함, 편안한 느낌을 준다.
③ 수직선은 심리적 엄숙함과 상승감의 효과를 준다.
④ 사선은 경직된 분위기를 부드럽고 유연하게 해준다.

07 주택의 동선계획에 관한 설명으로 옳지 않은 것은?

① 가사노동의 동선은 가능한 한 남측에 위치시키도록 한다.
② 사용빈도가 높은 공간은 동선을 길게 처리하는 것이 좋다.
③ 동선이 교차하는 곳은 공간적 두께를 크게 하는 것이 좋다.
④ 개인, 사회, 가사노동권 등의 동선은 상호 간 분리하는 것이 좋다.

08 상점계획에서 요구되는 5가지 광고 요소(AIDMA 법칙)에 속하지 않는 것은?
① 흥미(Interest)
② 주의(Attention)
③ 기억(Memory)
④ 유인(Attraction)

09 주거공간에서 개인적 공간에 속하는 것은?
① 거실
② 서재
③ 식당
④ 응접실

10 작업구역에는 전용의 국부조명방식으로 조명하고, 기타 주변 환경에 대하여는 간접조명과 같은 낮은 조도 레벨로 조명하는 조명방식은?
① TAL 조명방식
② 반직접 조명방식
③ 반간접 조명방식
④ 전반확산 조명방식

11 실내공간을 형성하는 주요 기본 구성 요소에 관한 설명으로 옳지 않은 것은?
① 바닥은 촉각적으로 만족할 수 있는 조건을 요구한다.
② 벽은 가구, 조명 등 실내에 놓여지는 설치물에 대한 배경적 요소이다.
③ 천장은 시각적 흐름이 최종적으로 멈추는 곳이기에 지각의 느낌에 영향을 미친다.
④ 다른 요소들이 시대와 양식에 의한 변화가 현저한데 비해 천장은 매우 고정적이다.

12 다음 설명에 알맞은 블라인드의 종류는?

- 셰이드(shade)라고도 한다.
- 창 이외에 칸막이나 스크린으로도 효과적으로 사용할 수 있다.

① 롤(roll) 블라인드
② 로만(roman) 블라인드
③ 버티컬(vertical) 블라인드
④ 베니션(venetian) 블라인드

13 쇼핑센터 내의 주요 보행 동선으로 고객을 각 상점으로 고르게 유도하는 동시에, 휴식처로서의 기능도 가지고 있는 것은?
① 핵상점
② 전문점
③ 몰(mall)
④ 코트(court)

14 공간의 차단적 구획방법에 속하지 않는 것은?
① 커튼
② 열주
③ 조명
④ 유리창

15 다음 중 고대 그리스 건축의 오더에 속하지 않는 것은?
① 도리아식
② 터스칸식
③ 코린트식
④ 이오니아식

16 다음 중 인체에서 열의 손실이 이루어지는

요인으로 볼 수 없는 것은?
① 인체 표면의 열복사
② 인체 주변 공기의 대류
③ 호흡, 땀 등의 수분 증발
④ 인체 내 음식물의 산화작용

17 실내에서는 음을 갑자기 중지시켜도 소리는 그 순간에 없어지는 것이 아니라 점차로 감쇠되다가 안 들리게 된다. 이와 같이 음 발생이 중지된 후에도 소리가 실내에 남는 현상은?
① 확산 ② 잔향
③ 회절 ④ 공명

18 다음 중 표면결로의 방지 방법과 가장 관계가 먼 것은?
① 실내에서 수증기 발생을 억제한다.
② 방습층을 단열재의 실외측에 설치한다.
③ 환기에 의해 실내 절대습도를 저하한다.
④ 단열강화에 의해 실내측 표면온도를 상승시킨다.

19 한 공간이 다른 공간과 차단적으로 분할되기 시작하는 벽체의 높이는 인체를 기준으로 어느 높이에 해당하는가?
① 무릎높이
② 가슴높이
③ 눈높이
④ 키를 넘어서는 높이

20 건축적 채광방식 중 천창 채광에 관한 설명으로 옳지 않은 것은?
① 측창 채광에 비해 채광량이 적다.
② 측창 채광에 비해 비막이에 불리하다.
③ 측창 채광에 비해 조도 분포의 균일화에 유리하다.
④ 측창 채광에 비해 근린의 상황에 따라 채광을 방해받는 경우가 적다.

21 그림과 같은 블록의 명칭은?

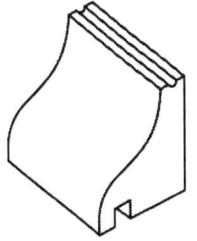

① 반블록   ② 창쌤블록
③ 인방블록   ④ 창대블록

22 조강 포틀랜드 시멘트를 사용하기에 가장 부적절한 것은?
① 긴급 공사
② 프리스트레스트 콘크리트
③ 매스 콘크리트
④ 동절기 공사

23 석질이 치밀하고 박판으로 채취할 수 있어 슬레이트로서 지붕, 외벽, 마루 등에 사용되는 석재는?
① 부석   ② 점판암
③ 대리석 ④ 화강암

24 혼합한 미장재료에 아직 반죽용 물을 섞지 않은 상태로 정의되는 용어는?
① 실러   ② 양생
③ 건비빔 ④ 물걷힘

25 콘크리트용 혼화제 중 AE 감수제의 사용에 따른 효과로 옳지 않은 것은?
① 굳지 않은 콘크리트의 워커빌리티를 개선하고 재료 분리가 방지된다.
② 동결융해에 대한 저항성이 증대된다.
③ 건조수축이 감소된다.
④ 수밀성이 향상되고 투수성이 증가한다.

26 골재의 성인에 의한 분류 중 인공 골재에 속하는 것은?
① 강모래 ② 산모래
③ 중정석 ④ 부순 모래

27 파티클 보드에 관한 설명으로 옳지 않은 것은?
① 합판에 비하여 면내 강성은 떨어지나 휨강도는 우수하다.
② 폐재, 부산물 등 저가치재를 이용하여 넓은 면적의 판상제품을 만들 수 있다.
③ 목재 및 기타 식물의 섬유질소편에 합성수지 접착제를 도포하여 가열압착 성형한 판상제품이다.
④ 수분이나 고습도에 대하여 그다지 강하지 않기 때문에 이와 같은 조건하에서 사용하는 경우에는 방습 및 방수처리가 필요하다.

28 목재의 연륜에 관한 설명으로 옳지 않은 것은?
① 추재율과 연륜밀도가 큰 목재일수록 강도가 작다.
② 연륜의 조밀은 목재의 비중이나 강도와 관계가 있다.
③ 추재율은 목재의 횡단면에서 추재부가 차지하는 비율을 말한다.
④ 춘재부와 추재부가 수간횡단면상에 나타나는 동심원형의 조직을 말한다.

29 동(Cu)과 아연(Zn)의 합금으로 놋쇠라고도 불리우는 것은?
① 청동 ② 황동
③ 주석 ④ 경석

30 다음 설명에 해당하는 유리는?

> 열 적외선을 반사하는 은(銀) 소재 도막으로 코팅하여 방사율과 열관류율을 낮추고 가시광선 투과율을 높인 유리

① 강화 유리 ② 접합 유리
③ 로이 유리 ④ 배강도 유리

31 다음 중 바닥재료에 요구되는 성질과 가장 거리가 먼 것은?
① 열전도율이 커야 한다.
② 청소가 용이해야 한다.
③ 내구·내화성이 커야 한다.
④ 탄력이 있고 마모가 적어야 한다.

32 다음 설명에 알맞은 굳지 않은 콘크리트의 성질을 표시하는 용어는?

> 거푸집 등의 형상에 순응하여 채우기 쉽고, 분리가 일어나지 않는 성질을 말한다.

① 플라스티시티(plasticity)
② 펌퍼빌리티(pumpability)
③ 컨시스텐시(consistency)
④ 피니셔빌리티(finishability)

33 비교적 굵은 철선을 격자형으로 용접한 것으로 콘크리트 보강용으로 사용되는 금속제품은?
① 메탈 폼(metal form)
② 와이어 로프(wire rope)
③ 와이어 메시(wire mesh)
④ 펀칭 메탈(punching metal)

34 목재의 일반적 성질에 관한 설명으로 옳지 않은 것은?
① 섬유포화점 이상의 함수상태에서는 함수율의 증감에도 신축을 일으키지 않는다.
② 섬유포화점 이상의 함수상태에서는 함수율이 증가할수록 강도는 감소한다.
③ 기건상태란 통상 대기의 온도·습도와 평형을 이룬 목재의 수분 함유 상태를 말한다.
④ 섬유방향에 따라서 전기전도율은 다르다.

35 소다 석회 유리에 관한 설명으로 옳지 않은 것은?
① 풍화되기 쉽다.
② 내산성이 높다.
③ 용융되지 않는다.
④ 건축일반용 창호유리 등으로 사용된다.

36 콘크리트가 시일이 경과함에 따라 공기 중의 탄산가스 작용을 받아 알칼리성을 잃어가는 현상은?
① 중성화　　　② 크리프
③ 건조수축　　④ 동결융해

37 래커(lacquire)에 관한 설명으로 옳지 않은 것은?
① 도막 형성은 주로 용제의 증발에 따른 건조에 의한다.
② 도막이 단단하지 않으며, 에나멜 도막은 내후성이 나쁘다.
③ 건조시간을 지연시킬 목적으로 시너(thinner)를 첨가하는 경우도 있다.
④ 안료를 배합하지 않은 것을 클리어 래커라 한다.

38 탄소량에 따른 탄소강의 성질 변화에 대한 설명 중 옳지 않은 것은?
① 탄소량이 증가할수록 탄소강의 열전도도는 커진다.
② 탄소량이 증가할수록 탄소강의 열팽창계수는 커진다.
③ 탄소량이 증가할수록 탄소강의 비열은 커진다.
④ 탄소량이 증가할수록 탄소강의 전기저항은 커진다.

39 목재의 건조방법 중 인공건조법에 속하지 않는 것은?
① 증기건조법　　② 열기건조법
③ 진공건조법　　④ 대기건조법

40 초고층 인텔리전트 빌딩이나, 핵융합로 등과 같이 강력한 자기장이 발생할 가능성이 있는 철골 구조물의 강재나, 철근콘크리트용 봉강으로 사용되는 것은?
① 초고장력강
② 비정질(Amorphous) 금속
③ 구조용 비자성강
④ 고크롬강

41 건축제도 용구에 관한 설명으로 옳지 않은 것은?
① 일반적으로 삼각자는 45° 등변삼각형과 60° 직각삼각형 2가지가 한 쌍이다.
② 운형자는 원호를 그릴 때 사용한다.
③ 스케일자는 1/100, 1/200, 1/300, 1/400, 1/500, 1/600의 축척이 매겨져 있다.
④ 제도 샤프는 0.3mm, 0.5mm, 0.7mm, 0.9mm 등을 사용한다.

42 철골구조 트러스 보에 관한 설명으로 옳지 않은 것은?
① 플레이트 보의 웨브재로서 빗재, 수직재를 사용한다.
② 비교적 간사이가 작은 구조물에 사용된다.
③ 휨 모멘트는 현재가 부담한다.
④ 전단력은 웨브재의 축방향력으로 작용하므로 부재는 모두 인장재 또는 압축재로 설계한다.

43 철근콘크리트 보의 늑근에 대한 설명으로 옳은 것은?
① 보의 양단일수록 많이 배근한다.
② 보의 중앙에는 필요하지 않다.
③ 보의 양단일수록 적게 배근한다.
④ 보의 중앙에서 많이 배근한다.

44 실시 설계도에서 일반도에 해당하지 않는 것은?
① 전개도   ② 부분 상세도
③ 배치도   ④ 기초 평면도

45 건축제도 시 선긋기에 관한 설명으로 틀린 것은?
① 수평선은 왼쪽에서 오른쪽으로 긋는다.
② 시작부터 끝까지 굵기가 일정하게 한다.
③ 연필은 진행되는 방향으로 약간 기울여서 그린다.
④ 삼각자의 왼쪽 옆면을 이용하여 수직선을 그을 때에는 위쪽에서 아래 방향으로 긋는다.

46 다음 중 구조 양식이 같은 것끼리 짝지어지지 않은 것은?
① 목구조와 철골구조
② 벽돌구조와 블록구조
③ 철근콘크리트조와 돌구조
④ 프리패브와 조립식 철근콘크리트조

47 창의 옆벽에 밀어 넣어, 열고 닫을 때 실내의 유효 면적을 감소시키지 않는 창호는?
① 미닫이 창호   ② 회전 창호
③ 여닫이 창호   ④ 붙박이 창호

48 플레이트 거더(plate girder)를 구성하는 기본 원칙에 관한 설명으로 틀린 것은?
① 웨브 플레이트는 전단력을 부담하며 전 단면에 대해 전단응력이 균등히 분포되는 것으로 생각한다.
② 플랜지는 휨에 의한 인장 및 압축력을 부담한다.
③ 스티프너는 플랜지 플레이트 및 웨브 플레이트의 좌굴 방지용이다.
④ 휨에 대한 내력 부족을 보완하기 위해 커버 플레이트를 설치한다.

49 다음 중 건축제도 용구가 아닌 것은?
① 홀더 ② 원형 템플릿
③ 데오돌라이트 ④ 컴퍼스

50 건축설계도면 중 창호도에 관한 설명으로 옳지 않은 것은?
① 축척은 보통 1/50~1/100로 한다.
② 창호 기호는 한국산업표준의 KS F 1502를 따른다.
③ 창호 기호에서 W는 창, D는 문을 의미한다.
④ 창호 재질의 종류와 모양, 크기 등은 기입할 필요가 없다.

51 블록조에서 창문의 인방보는 벽단부에 최소 얼마 이상 걸쳐야 하는가?
① 5cm ② 10cm
③ 15cm ④ 20cm

52 건축제도에서 사용하는 선의 종류 중 굵은 실선의 용도로 옳은 것은?
① 보이지 않는 부분 표시
② 단면의 윤곽 표시
③ 중심선, 절단선, 기준선 표시
④ 상상선 또는 1점 쇄선과 구별할 필요가 있을 때

53 아래 설명에 가장 적합한 종이의 종류는?

> 실시 도면을 작성할 때에 사용되는 원도지로 연필을 이용하여 그린다. 투명성이 있고 경질이며, 청사진 작업이 가능하고, 오랫동안 보존할 수 있고, 수정이 용이한 종이로 건축제도에 많이 쓰인다.

① 켄트지 ② 방안지
③ 트레팔지 ④ 트레이싱지

54 부재를 양 끝단에서 잡아당길 때 재축방향으로 발생하는 주요 응력은?
① 인장응력 ② 압축응력
③ 전단응력 ④ 휨모멘트

55 목구조에 사용되는 철물에 대한 설명으로 옳지 않은 것은?
① 듀벨은 볼트와 같이 사용하여 접합재 상호 간의 변위를 방지하는 강한 이음을 얻는 데 사용된다.
② 꺾쇠는 몸통이 정방형, 원형, 평판형인 것을 각각 각꺾쇠, 원형꺾쇠, 평꺾쇠라 한다.
③ 감잡이쇠는 강봉 토막의 양끝을 뾰족하게 하고 ㄴ자형으로 구부린 것으로 두 부재의 접합에 사용된다.
④ 안장쇠는 안장 모양으로 한 부재에 걸쳐 놓고 다른 부재를 받게 하는 이음, 맞춤의 보강철물이다.

56 벽돌벽 쌓기에서 1.5B 쌓기의 두께는? (단, 기본 벽돌을 사용하며, 공간쌓기가 아님)
① 90mm ② 190mm
③ 290mm ④ 330mm

57 철골구조에서 사용되는 고력볼트 접합의 특성으로 옳지 않은 것은?
① 접합부의 강성이 크다.
② 피로 강도가 크다.
③ 노동력 절약과 공기단축 효과가 있다.

④ 현장 시공설비가 복잡하다.

58 내부 입면도 작도에 관한 설명으로 옳지 않은 것은?
① 집기와 가구의 높이를 정확하게 표시한다.
② 벽면의 마감재료를 표현한다.
③ 몰딩이 있으면 정확하게 작도한다.
④ 기둥과 창호의 위치가 가장 중요한 표현 요소이므로 진하게 표시한다.

59 다음 창호 표시기호의 뜻으로 옳은 것은?

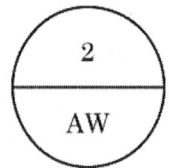

① 알루미늄 합금창 2번
② 알루미늄 합금창 2개
③ 알루미늄 2중창
④ 알루미늄 문 2짝

60 블록구조에 대한 설명으로 옳지 않은 것은?
① 단열, 방음 효과가 크다.
② 타 구조에 비해 공사비가 비교적 저렴한 편이다.
③ 콘크리트 구조에 비해 자중이 가볍다.
④ 균열이 발생하지 않는다.

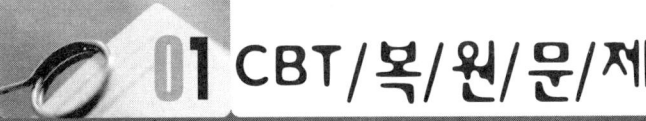

2023년 제2회

● 실/내/건/축/기/능사

01 단독주택의 거실에 관한 설명으로 옳지 않은 것은?
① 정원에 면한 창은 가능한 크게 하여 시각적 개방감을 얻도록 한다.
② 현관에서 가까운 곳에 위치하되 직접 면하는 것은 피하는 것이 좋다.
③ 거실의 규모는 가족 수, 주택의 규모, 접객빈도, 주생활양식 등에 의해 결정된다.
④ 각 실에서의 접근이 용이하도록 각 실을 연결하는 동선의 분기점이면서 각 실로의 통로 역할을 하도록 한다.

02 조선시대 주택 구조에 관한 설명으로 옳지 않은 것은?
① 주택공간이 성(性)에 의해 구분되었다.
② 사랑채는 남자 손님들의 응접공간 등으로 사용되었다.
③ 안채는 모든 가정 살림의 중추적인 역할을 하던 곳이다.
④ 주택은 크게 사랑채, 안채, 바깥채의 3개의 공간으로 구분되었다.

03 실내디자인의 개념과 가장 거리가 먼 것은?
① 순수예술   ② 디자인 활동
③ 실행과정   ④ 전문과정

04 다음 중 모듈과 그리드 시스템의 적용이 가장 곤란한 건물의 유형은?
① 사무소   ② 아파트
③ 미술관   ④ 병원

05 다음 중 작업용 가구에 속하지 않는 것은?
① 선반   ② 식탁
③ 책상   ④ 테이블

06 마르셀 브로이어에 의해 디자인된 의자로, 강철 파이프를 구부려서 지지대 없이 만든 캔틸레버식 의자는?
① 체스카 의자
② 파이미오 의자
③ 레드 블루 의자
④ 바르셀로나 의자

07 홀의 음향계획으로 옳지 않은 것은?
① 반사음을 한쪽으로 집중시킨다.
② 실내외의 소음을 차단한다.
③ 주파수에 따라 실내 마감재료를 조정한다.
④ 실내의 음을 보강하는 설비를 한다.

08 다음 중 실내디자인의 개념과 가장 거리가 먼 것은?
① 실내공간을 아름답고 능률적이며 쾌적한 환경으로 창조하는 것이다.
② 내부공간을 사용하고자 하는 목적과 요

구기능을 충족시키는 것이다.
③ 개성 있고 아름다운 공간을 연출하는 디자인 행위이다.
④ 공간과 형태는 고려하지 않고 조명, 텍스쳐(texture), 색채 등과 같은 요소를 의식적으로 조정하는 것이다.

09 POE(Post-Occupancy Evaluation)의 의미로 가장 알맞은 것은?
① 건축물을 사용해 본 후에 평가하는 것이다.
② 낙후 건축물의 이상 유무를 평가하는 것이다.
③ 건축물을 사용해 보기 전에 성능을 예상하는 것이다.
④ 건축도면 완성 후 건축주가 도면의 적정성을 평가하는 것이다.

10 가구와 설치물의 배치 결정 시 가장 먼저 고려되어야 할 사항은?
① 스타일 ② 색채감
③ 재질감 ④ 기능성

11 다음 설명에 가장 알맞은 디자인 원리는?

> 질적, 양적으로 전혀 다른 둘 이상의 요소가 동시적 혹은 계속적으로 배열될 때 상호의 특질이 한층 강하게 느껴지는 현상을 말한다.

① 리듬 ② 대비
③ 대칭 ④ 균형

12 선의 디자인적 작용 중 가장 동적인 것은?
① 사선 ② 수직선
③ 수평선 ④ 포물선

13 간접 조명에 관한 설명으로 옳지 않은 것은?
① 조명률이 낮다.
② 실내반사율의 영향이 크다.
③ 국부적으로 고조도를 얻기 편리하다.
④ 경제성보다 분위기를 목표로 하는 장소에 적합하다.

14 다음 중 실내공간의 구성 요소가 아닌 것은?
① 바닥 ② 벽
③ 천장 ④ 처마

15 개구부에 관한 설명으로 옳지 않은 것은?
① 가구배치와 동선계획에 영향을 미친다.
② 고정창은 크기와 형태에 제약 없이 자유로이 디자인할 수 있다.
③ 측창은 같은 크기의 천창보다 3배 정도 많은 빛을 실내로 유입시킨다.
④ 회전문은 출입하는 사람이 충돌할 위험이 없으며 방풍실을 겸할 수 있는 장점이 있다.

16 잔향시간에 관한 설명으로 옳지 않은 것은?
① 잔향시간은 실의 용적에 비례한다.
② 잔향시간은 벽면의 흡음도에 영향을 받는다.
③ 잔향시간은 실의 평면형태와 밀접한 관계가 있다.
④ 회화청취를 주로 하는 실에서는 짧은 잔향시간이 요구된다.

17 직접 조명 방식에 관한 설명으로 옳지 않은 것은?
① 조명률이 낮다.

② 실내반사율의 영향이 작다.
③ 국부적으로 고조도를 얻기 편리하다.
④ 천장이 어두워지기 쉬우며 진한 그림자가 형성되기 쉽다.

18 일조율의 정의로 가장 알맞은 것은?
① 24시간에 대한 가조시간의 백분율
② 24시간에 대한 일조시간의 백분율
③ 가조시간에 대한 일조시간의 백분율
④ 일영시간에 대한 일조시간의 백분율

19 급기와 배기측에 송풍기를 설치하여 정확한 환기량과 급기량 변화에 의해 실내압을 정압 또는 부압으로 유지할 수 있는 환기법은?
① 압입식
② 흡출식
③ 병용식
④ 중력식

20 다음 설명에 알맞은 소음의 종류는?

> 음압 레벨의 변동폭이 좁고, 측정자가 귀로 들었을 때 음의 크기가 변동하고 있다고는 생각되지 않는 종류의 음

① 변동 소음
② 간헐 소음
③ 정상 소음
④ 충격 소음

21 합성수지 제품 중 경도가 크나 내열·내수성이 부족하여 외장재로는 부적당하며 내장재·가구재로 사용되는 것은?
① 폴리에스테르 강화판
② 멜라민 치장판
③ 페놀 수지판
④ 아크릴 평판

22 아스팔트의 양부 판별에 중요한 아스팔트의 경도를 나타내는 것은?
① 신도
② 감온성
③ 침입도
④ 유동성

23 강재의 열처리에 관한 설명으로 옳지 않은 것은?
① 풀림은 강을 연화하거나 내부응력을 제거할 목적으로 실시한다.
② 뜨임질은 경도를 감소시키고 내부응력을 제거하며 연성과 인성을 크게 하기 위해 실시한다.
③ 불림은 500~600℃로 가열하여 소정의 시간까지 유지한 후에 노 내부에서 서서히 냉각하는 처리를 말한다.
④ 담금질은 고온으로 가열하여 소정의 시간 동안 유지한 후에 냉수, 온수 또는 기름에 담가 냉각하는 처리를 말한다.

24 다음 중 합판에 대한 설명으로 옳지 않은 것은?
① 단판(veneer)인 박판을 짝수로 섬유방향이 평행하도록 접착제로 겹쳐 붙여 만든 것이다.
② 함수율 변화에 의한 신축변형이 적다.
③ 곡면가공을 하여도 균열이 생기지 않고 무늬도 일정하다.
④ 표면가공법으로 흡음효과를 낼 수 있고, 의장적 효과도 높일 수 있다.

25 콘크리트의 슬럼프 시험을 하는 가장 주된 목적은?
① 공기량 측정
② 시공연도 측정

③ 골재의 입도 측정
④ 콘크리트의 강도 측정

26 경석고 플라스터에 관한 설명으로 옳지 않은 것은?
① 강도가 크며 수축균열이 작다.
② 알칼리성으로 철의 부식을 방지한다.
③ 무수석고를 화학처리하여 제조한다.
④ 킨즈 시멘트라고도 한다.

27 점토의 일반적인 성질에 관한 설명으로 옳지 않은 것은?
① 압축강도는 인장강도의 약 5배 정도이다.
② 점토 입자가 미세할수록 가소성은 좋아진다.
③ 알루미나가 많은 점토는 가소성이 좋지 않다.
④ 색상은 철산화물 또는 석회물질에 의해 나타난다.

28 결합재로 폴리머를 사용한 콘크리트로서 경화제를 가한 액상수지를 골재와 배합하여 제조한 것은?
① 수밀 콘크리트
② 프리팩트 콘크리트
③ 레진 콘크리트
④ 서중 콘크리트

29 목재의 건조방법 중 천연건조법에 해당하는 것은?
① 수침법
② 열기법
③ 훈연법
④ 진공법

30 가볍고 가공이 쉬워 창틀, 문틀재로 사용되는 은색 경금속은?
① 아연
② 니켈
③ 주석
④ 알루미늄

31 다음의 석재 중 내화성이 가장 작은 것은?
① 사암
② 안산암
③ 응회암
④ 대리석

32 지하실과 같이 공기의 유통이 원활하지 않은 장소의 미장공사에 적당한 재료는?
① 시멘트 모르타르
② 회반죽
③ 돌로마이트 플라스터
④ 회사벽

33 타일의 주체를 이루는 부분으로, 시유 타일의 경우에는 표면의 유약을 제거한 부분을 의미하는 것은?
① 첨지
② 소지
③ 지첨판
④ 뒷붙임

34 합성수지의 일반적인 성질에 관한 설명으로 옳지 않은 것은?
① 전성, 연성이 크다.
② 가소성, 가공성이 크다.
③ 흡수성이 적고 투수성이 거의 없다.
④ 탄력성이 없어 구조재료로 사용이 용이하다.

35 수성페인트에 합성수지와 유화제를 섞은 것으로서 실내·외 어느 곳에서나 매우 광범위하게 사용되며, 피막의 먼지 등으로 오염

된 것을 비눗물로도 쉽게 제거할 수 있는 장점을 가진 것은?
① 에나멜 페인트   ② 래커 에나멜
③ 에멀션 페인트   ④ 클리어 래커

36 매스 콘크리트의 균열 방지 및 감소 대책으로 옳지 않은 것은?
① 파이프쿨링을 한다.
② 저발열성 시멘트를 사용한다.
③ 부재에 이음매를 설치하지 않는다.
④ 콘크리트의 온도상승을 적게 한다.

37 제물치장 콘크리트에 관한 설명으로 가장 알맞은 것은?
① 콘크리트 표면을 유성페인트로 마감한 것이다.
② 콘크리트 표면을 모르타르로 마감한 것이다.
③ 콘크리트 표면을 시공한 그대로 마감한 것이다.
④ 콘크리트 표면을 수성페인트로 마감한 것이다.

38 시멘트의 분말도에 관한 설명으로 옳지 않은 것은?
① 분말도가 클수록 응결이 느려진다.
② 분말도가 너무 크면 풍화하기 쉽다.
③ 단위중량에 대한 표면적으로 표시된다.
④ 브레인법 또는 표준체법에 의해 측정할 수 있다.

39 다음 중 점토제품이 아닌 것은?
① 테라코타   ② 토관
③ 위생도기   ④ 트래버틴

40 경질이며 흡습성이 적은 특성이 있으며 도로나 마룻바닥에 까는 두꺼운 벽돌로서, 원료로 연와토 등을 쓰고 식염유로 시유 소성한 벽돌은?
① 검정벽돌   ② 광재벽돌
③ 날벽돌   ④ 포도벽돌

41 시멘트 벽돌(표준형)을 가지고 2.0B의 가로벽을 쌓았을 때 벽의 두께로 가장 적합한 것은?
① 280mm   ② 290mm
③ 340mm   ④ 390mm

42 나무구조에서 홈대에 대한 설명으로 옳은 것은?
① 기둥 맨 위 처마 부분에 수평으로 거는 가로재를 말한다.
② 기둥과 기둥 사이에 가로로 꿰뚫어 넣는 수평재를 말한다.
③ 한식 또는 절충식 구조에서 인방 자체가 수장을 겸하는 창문틀을 말한다.
④ 토대에서 수평 변형을 방지하기 위하여 쓰이는 부재를 말한다.

43 불완전 용접의 종류 중 용접 부분 표면에 생기는 작은 구멍으로 블로우 홀이 표면에 부상하여 생긴 것은?
① 오버랩(over lap)
② 피트(pit)
③ 언더컷(under cut)
④ 피시아이(fish eye)

44 콘크리트 충전 강관구조(CFT)에 대한 설명으로 옳지 않은 것은?
① 기둥 시공 시 별도의 특수 거푸집이 필요하다.
② 원형 또는 각형 강관이 주로 사용된다.
③ 일종의 합성구조이다.
④ 에너지 흡수능력이 뛰어나 초고층 구조물에 적용 가능하다.

45 조적구조에 관한 설명으로 틀린 것은?
① 내화성, 내구성 등의 성능을 고루 갖추면서 시공이 용이한 편이다.
② 기초 침하 등으로 벽면에 쉽게 균열이 생긴다.
③ 저층의 비교적 소규모 건축물에 널리 쓰인다.
④ 횡력 및 충격에 강하고 습기에 의해 동파되지 않는다.

46 고력볼트 접합에 대한 설명으로 옳지 않은 것은?
① 피로강도가 높다.
② 볼트는 고탄소강, 합금강으로 만든다.
③ 조임 순서는 단부에서 중앙으로 한다.
④ 임팩트 렌치 및 토크 렌치로 조인다.

47 문과 문틀에 장치하여 열려진 여닫이문이 저절로 닫히게 하는 창호철물은?
① 도어후크   ② 도어홀더
③ 도어체크   ④ 도어스톱

48 속 빈 콘크리트 기본 블록의 두께 치수가 아닌 것은?

① 220mm   ② 190mm
③ 150mm   ④ 100mm

49 다음의 평면 표시 기호가 나타내는 것은?

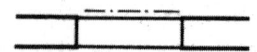

① 셔터달린창   ② 오르내리창
③ 회전문   ④ 연속창

50 목구조에 대한 설명 중 옳지 않은 것은?
① 자재의 수급 및 시공이 간편하다.
② 저층의 주택과 같이 비교적 소규모 건축물에 적합하다.
③ 목재는 가볍고 가공성이 좋으며 친화감이 있다.
④ 목재는 열전도율이 커서 연소하기 쉽다.

51 벽돌쌓기 방법 중 한 켜는 길이쌓기로 하고 다음은 마구리쌓기로 하는 것은 영식 쌓기와 같으나 모서리 또는 끝에서 칠오토막을 사용하는 것은?
① 영통쌓기
② 프랑스식 쌓기
③ 네덜란드식 쌓기
④ 미국식 쌓기

52 사람, 화물 등이 움직이는 흐름을 도식화한 도면은?
① 기능도   ② 조직도
③ 동선도   ④ 구상도

53 널 한 쪽에 홈을 파고 한 쪽에 혀를 내어 서로 물리게 하는 방법으로 못이 빠져나올 우

려가 없어 마루널쪽매에 이상적인 것은?
① 맞댄쪽매 ② 빗댄쪽매
③ 제혀쪽매 ④ 딴혀쪽매

54 다음 중 선긋기의 유의사항으로 옳은 것은?
① 모든 종류의 선은 일목요연하게 같은 굵기로 긋는다.
② 축척과 도면의 크기에 따라서 선의 굵기를 다르게 한다.
③ 한 번 그은 선은 중복해서 여러 번 긋는다.
④ 가는 선일수록 선의 농도를 낮게 조정한다.

55 물체가 있는 것으로 가상되는 부분을 표현할 때 사용되는 선은?
① 가는 실선 ② 파선
③ 일점쇄선 ④ 이점쇄선

56 다음 중 초고층 건물의 구조로 가장 적합한 것은?
① 현수 구조
② 절판 구조
③ 입체트러스 구조
④ 튜브 구조

57 설계도면 중 일반도에 속하지 않은 것은?
① 평면도 ② 전기설비도
③ 배치도 ④ 단면상세도

58 건물의 외부보를 제외하고 내부에는 보 없이 바닥판만으로 구성하여 그 하중을 직접 기둥에 전달하는 슬래브의 종류는?
① 2방향 슬래브 ② 1방향 슬래브
③ 플랫 슬래브 ④ 워플 슬래브

59 블록구조에 대한 설명으로 옳지 않은 것은?
① 조적식 블록조 : 블록과 모르타르로 접합시켜 쌓아올려 벽체를 구성한다.
② 장막벽 블로조 : 칸막이벽으로서 블록을 쌓는 방식으로 상부에서 오는 하중을 받지 않는다.
③ 보강 블록조 : 중공부(中空部)에 철근을 배근하고 콘크리트를 부어 저항력을 보강한다.
④ 거푸집 블록조 : 특성이 서로 다른 벽돌과 블록을 혼용해서 벽체를 구성한다.

60 철근콘크리트 구조에서 철근을 일정 두께 이상의 콘크리트로 피복하는 이유로 가장 거리가 먼 것은?
① 콘크리트의 중성화 촉진
② 부재 내부 응력에 의한 균열 방지
③ 철근과 콘크리트의 일체성 증가
④ 화재 시 철근의 강도 저하 방지

01 CBT/복/원/문/제

실/내/건/축/기/능사

2023년 제3회

01 고정창에 관한 설명으로 옳지 않은 것은?
① 적정한 자연환기량 확보를 위해 사용된다.
② 크기에 관계없이 자유롭게 디자인할 수 있다.
③ 형태에 관계없이 자유롭게 디자인할 수 있다.
④ 유리와 같이 투명재료일 경우 창이 있는 것을 알지 못해 부딪힐 위험이 있다.

02 균형의 종류와 그 실례의 연결이 옳지 않은 것은?
① 방사형 균형-판테온의 돔
② 대칭적 균형-타지마할 궁
③ 비대칭적 균형-눈의 결정체
④ 결정학적 균형-반복되는 패턴의 카펫

03 상점의 판매방식 중 대면판매에 관한 설명으로 옳지 않은 것은?
① 측면방식에 비해 진열면적이 감소된다.
② 판매원의 고정 위치를 정하기가 용이하다.
③ 상품의 포장대나 계산대를 별도로 둘 필요가 없다.
④ 고객이 직접 진열된 상품을 접촉할 수 있는 관계로 충동구매와 선택이 용이하다.

04 다음 각 공간의 관계가 주택 평면 계획 시 고려되는 인접의 원칙에 속하지 않는 것은?
① 거실-현관   ② 식당-주방
③ 거실-식당   ④ 침실-다용도실

05 실내디자인 요소 중 기둥에 관한 설명으로 옳지 않은 것은?
① 선형인 수직 요소이다.
② 공간을 분할하거나 동선을 유도하기도 한다.
③ 소리, 빛, 열 및 습기환경의 중요한 조절 매체가 된다.
④ 기둥의 위치와 수는 공간의 성격을 다르게 만들 수 있다.

06 동일한 두 개의 의자를 나란히 합해 2명이 앉을 수 있도록 설계한 의자는?
① 세티   ② 카우치
③ 풀업 체어   ④ 체스터 필드

07 조명기구의 설치방법에 따른 분류 중 조명기구를 벽체에 부착하는 것은?
① 펜던트   ② 매입형
③ 브래킷   ④ 직부형

08 다음 중 상점계획에서 중점을 두어야 하는 내용과 가장 관계가 먼 것은?
① 조명설계

② 간판디자인
③ 상품배치방식
④ 상점주인의 동선

09 단독주택의 부엌에 관한 설명으로 옳은 것은?
① 작업대의 배치유형 중 일렬형은 대규모 부엌에 주로 이용된다.
② 일반적으로 부엌의 크기는 주택 연면적의 3% 정도가 가장 적당하다.
③ 일반적으로 작업대의 높이는 500~600mm, 깊이는 750~800mm가 적당하다.
④ 작업대는 능률적인 작업을 위해 준비대 → 개수대 → 조리대 → 가열대 → 배선대 순서로 배치한다.

10 두 개 또는 그 이상의 유사한 시각 요소들이 서로 가까이 있으면 하나의 그룹으로 보려는 경향과 관련된 형태의 지각심리는?
① 유사성　② 연속성
③ 폐쇄성　④ 근접성

11 주거공간을 주행동에 의해 구분할 경우, 다음 중 사회적 공간에 속하는 것은?
① 거실　② 침실
③ 욕실　④ 서재

12 백화점 진열대의 평면 배치 유형 중 많은 고객이 매장 공간의 코너까지 접근하기 용이하지만 이형의 진열대가 필요한 것은?
① 직렬배치형　② 사행배치형
③ 환상배열형　④ 굴절배치형

13 주택의 평면계획에 관한 설명으로 틀린 것은?

① 건물 및 각 실의 방향은 일조, 통풍, 조망, 도로와의 관계를 고려한다.
② 침실은 개방성을 강조하고 다른 실을 연결하는 통로가 되게 한다.
③ 욕실, 화장실 등은 한 곳에 집중 배치하는 것이 좋다.
④ 내부 공간과 외부 공간을 합리적으로 연결시킨다.

14 실내공간 구성 요소 중 벽(wall)에 관한 설명으로 옳지 않은 것은?
① 공간을 에워싸는 수직적 요소이다.
② 다른 요소에 비해 조형적으로 가장 자유롭다.
③ 외부세계에 대한 침입 방어의 기능을 갖는다.
④ 가구, 조명 등 실내에 놓여지는 설치물에 대해 배경적 요소가 된다.

15 실내디자인의 구성 요소 중 벽과 관련한 설명으로 잘못된 것은?
① 칸막이벽의 다른 형태로는 벽과 수납장의 기능을 동시에 얻을 수 있는 월 캐비닛 시스템(Wall Cabinet System)이 있다.
② 갈포벽지는 탄력성이 있고 질감이 좋으며 표면이 매끄러워 유지관리에 편하다.
③ 벽의 기능은 외부로부터 방어와 프라이버시 확보에 있다.
④ 유리는 차음성이 있으며 채광과 시선의 연장이 가능하다.

16 자연환기에 관한 설명으로 옳지 않은 것은?
① 풍력환기량은 풍속에 비례한다.
② 중력환기량은 개구부 면적에 비례하여

증가한다.
③ 중력환기량은 실내외의 온도차가 클수록 많아진다.
④ 외부와 면한 창이 1개만 있는 경우에는 중력환기와 풍력환기는 발생하지 않는다.

17 어느 점에서 음파의 전파방향에 직각으로 잡은 단위단면적을 단위시간에 통과하는 음의 에너지량을 음의 세기라고 하는데, 음의 세기의 단위는?
① W/m^2 ② dB
③ sone ④ ppm

18 기온과 습도만에 의한 온열감을 나타낸 온열지표는?
① 유효온도 ② 불쾌지수
③ 등온지수 ④ 작용온도

19 벽체의 열관류량에 영향을 주는 것으로 가장 거리가 먼 것은?
① 벽체의 무게
② 벽체 내외의 온도차
③ 벽체의 표면적
④ 시간

20 건축적 채광방식 중 측창채광에 관한 설명으로 옳은 것은?
① 통풍, 차열에 유리하다.
② 근린 상황에 따른 채광 방해가 없다.
③ 편측채광의 경우 실내 조도 분포가 균일하다.
④ 투명 부분을 설치하더라도 해방감이 들지 않는다.

21 대리석에 관한 설명으로 옳지 않은 것은?
① 산과 알칼리에 강하다.
② 석질이 치밀, 견고하고 색채, 무늬가 다양하다.
③ 석회석이 변화되어 결정화한 것으로 탄산석회가 주성분이다.
④ 강도는 매우 높지만 풍화되기 쉽기 때문에 실외용으로는 적합하지 않다.

22 콘크리트 혼화재료와 용도의 연결이 옳지 않은 것은?
① 실리카흄-압축강도 증대
② 플라이애시-수화열 증대
③ AE제-동결융해 저항성능 향상
④ 고로슬래그 분말-알칼리 골재 반응 억제

23 셀프 레벨링재에 관한 설명으로 옳지 않은 것은?
① 석고계 셀프 레벨링재는 석고, 모래, 경화지연제 및 유동화제로 구성된다.
② 시멘트계 셀프 레벨링재는 포틀랜드시멘트, 모래, 분산제 및 유동화제로 구성된다.
③ 석고계 셀프 레벨링재는 차수성이 좋아 옥외 및 실내에서 모두 사용한다.
④ 셀프 레벨링재 시공 후 요철부는 연마기로 다듬고, 기포는 된비빔 석고로 보수한다.

24 목재 제품 중 목재를 얇은 판, 즉 단판으로 만들어 이들을 섬유방향이 서로 직교되도록 홀수로 적층하면서 접착제로 접착시켜 만든 것은?
① 합판 ② 섬유판

③ 파티클 보드 ④ 목재 집성재

25 개울에서 생긴 지름 20~30cm 정도의 둥글고 넓적한 돌로 기초 잡석다짐이나 바닥 콘크리트 지정에 사용되는 것은?
① 판돌 ② 견칫돌
③ 호박돌 ④ 사괴석

26 콘크리트 혼화제인 AE제의 사용 효과로 옳지 않은 것은?
① 워커빌리티가 개선된다.
② 동결융해 저항성능이 커진다.
③ 미세기포에 의해 재료분리가 많이 생긴다.
④ 플레인 콘크리트와 동일 물시멘트비인 경우 압축강도가 저하된다.

27 알루미늄의 일반적인 성질에 관한 설명으로 옳지 않은 것은?
① 열반사율이 높다.
② 내화성이 부족하다.
③ 전성과 연성이 풍부하다.
④ 압연, 인발 등의 가공성이 나쁘다.

28 보강 블록조에서 내력벽 길이의 총합계가 45m이고, 그 층의 건물면적이 300m²일 경우 내력벽의 벽량은?
① 10cm/m² ② 15cm/m²
③ 30cm/m² ④ 45cm/m²

29 블론 아스팔트의 성능을 개량하기 위해 동·식물성 유지와 광물질 분말을 혼입한 것으로 일반지붕 방수공사에 이용되는 것은?
① 아스팔트 펠트

② 아스팔트 프라이머
③ 아스팔트 컴파운드
④ 스트레이트 아스팔트

30 중밀도 섬유판(MDF)에 관한 설명으로 옳지 않은 것은?
① 밀도가 균일하다.
② 측면의 가공성이 좋다.
③ 표면에 무늬인쇄가 불가능하다.
④ 가구제조용 판상재료로 사용된다.

31 다음 중 현장 발포가 가능한 발포 제품은?
① 페놀 폼 ② 염화비닐 폼
③ 폴리에틸렌 폼 ④ 폴리우레탄 폼

32 건축재료를 사용 목적에 따라 분류할 때 차단 재료로 볼 수 없는 것은?
① 실링재 ② 아스팔트
③ 콘크리트 ④ 글라스울

33 다음 도료 중 내알칼리성이 가장 적은 도료는?
① 페놀 수지 도료
② 멜라민 수지 도료
③ 초산 비닐 도료
④ 프탈산 수지 에나멜

34 다음은 재료의 역학적 성질에 관한 설명이다. ( ) 안에 알맞은 용어는?

> 압연강, 고무와 같은 재료는 파괴에 이르기까지 고강도의 응력에 견딜 수 있고 동시에 큰 변형을 나타내는 성질을 갖는데, 이를 ( )이라고 한다.

① 강성 ② 취성

③ 인성   ④ 탄성

35 시멘트의 경화 중 체적팽창으로 팽창균열이 생기는 정도를 나타내는 것은?
① 풍화   ② 조립률
③ 안정성   ④ 침입도

36 강화유리에 관한 설명으로 옳지 않은 것은?
① 형틀 없는 문 등에 사용된다.
② 제품의 현장 가공 및 절단이 쉽다.
③ 파손 시 작은 알갱이가 되어 부상의 위험이 적다.
④ 유리를 가열 후 급랭하여 강도를 증가시킨 유리이다.

37 회반죽에 여물을 사용하는 주된 이유는?
① 균열 방지   ② 경화 촉진
③ 크리프 증가   ④ 내화성 증가

38 콘크리트에 사용되는 골재에 요구되는 성질에 관한 설명으로 옳지 않은 것은?
① 골재의 크기는 동일하여야 한다.
② 골재에는 불순물이 포함되어 있지 않아야 한다.
③ 골재의 모양은 둥글고 구형에 가까운 것이 좋다.
④ 골재의 강도는 콘크리트 중의 경화시멘트 페이스트의 강도 이상이어야 한다.

39 석재를 인력으로 가공할 때 표면이 가장 거친 것에서 고운 순으로 바르게 나열한 것은?
① 혹두기 → 도드락다듬 → 정다듬 → 잔다듬 → 물갈기
② 정다듬 → 혹두기 → 잔다듬 → 도드락다듬 → 물갈기
③ 정다듬 → 혹두기 → 도드락다듬 → 잔다듬 → 물갈기
④ 혹두기 → 정다듬 → 도드락다듬 → 잔다듬 → 물갈기

40 건축용 석재에 관한 설명으로 옳지 않은 것은?
① 압축강도에 비해 인장강도가 크다.
② 불연성이며 내수성·내화학성이 우수하다.
③ 화강암은 화열에 닿으면 균열이 생기며 파괴된다.
④ 거의 모든 석재가 비중이 크고 가공성이 불량하다.

41 벽돌벽면의 치장줄눈 중 평줄눈은 어느 것인가?

① 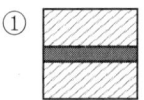   ②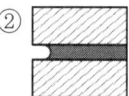

③ 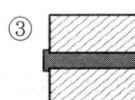   ④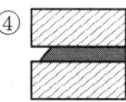

42 철근콘크리트 보의 휨 강도를 증가시키는 방법으로 가장 적당한 것은?
① 보의 춤(depth)을 증가시킨다.
② 원형철근을 사용한다.
③ 중앙 상부에 철근배근량을 증가시킨다.
④ 피복 두께를 얇게 하여 부착력을 증가시킨다.

43 삼각자 1조로 만들 수 없는 각도는?
① 15° ② 25°
③ 105° ④ 150°

44 도면에 쓰이는 기호와 그 표시사항의 연결이 틀린 것은?
① THK-두께 ② L-길이
③ R-반지름 ④ V-너비

45 건축제도에서 다음과 같은 재료구조 표시 기호(단면용)가 의미하는 것은?

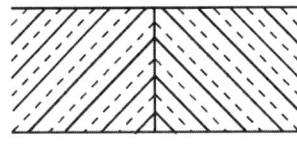

① 벽돌 ② 석재
③ 인조석 ④ 치장재

46 목구조에 사용되는 연결철물에 관한 설명으로 옳은 것은?
① 띠쇠는 ㄷ자형으로 된 철판에 못, 볼트 구멍이 뚫린 것이다.
② 감잡이쇠는 평보를 ㅅ자보에 달아맬 때 연결시키는 보강철물이다.
③ ㄱ자쇠는 가로재와 세로재가 직교하는 모서리 부분에 직각이 맞도록 보강하는 철물이다.
④ 안장쇠는 큰보를 따낸 후 작은보를 걸쳐 받게 하는 철물이다.

47 철근콘크리트 구조의 원리에 대한 설명으로 틀린 것은?
① 콘크리트는 압축력에 취약하므로 철근을 배근하여 철근이 압축력에 저항하도록 한다.
② 콘크리트와 철근은 완전히 부착되어 일체로 거동하도록 한다.
③ 콘크리트는 알칼리성이므로 철근을 부식시키지 않는다.
④ 콘크리트와 철근의 선팽창계수가 거의 같다.

48 건물의 외부 보를 제외하고는 내부에는 보 없이 바닥판만으로 구성하고 그 하중은 직접 기둥에 전달하는 슬래브의 종류는?
① 2방향 슬래브 ② 장방형 슬래브
③ 플랫 슬래브 ④ 장선 슬래브

49 도면 표시에서 경사에 대한 설명으로 틀린 것은?
① 밑변에 대한 높이의 비로 표시하고, 분자를 1로 한 분수로 표시한다.
② 지붕은 10을 분모로 하여 표시할 수 있다.
③ 바닥경사는 10을 분자로 하여 표시할 수 있다.
④ 경사는 각도로 표시하여도 좋다.

50 KS F 1501에 따른 도면의 크기에 대한 설명으로 옳은 것은?
① 접은 도면의 크기는 B4의 크기를 원칙으로 한다.
② 제도지를 묶기 위한 여백은 35mm로 하는 것이 기본이다.
③ 도면은 그 길이 방향을 좌우 방향으로 놓은 것을 정위치로 한다.
④ 제도용지의 크기는 KS M ISO 216의 B열의 B0~B6에 따른다.

51 색의 3요소 중 하나로 색깔의 밝고 어두움의 단계를 나타내는 것은?
① 색상　　② 채도
③ 순도　　④ 명도

52 속빈 콘크리트 블록에서 A종 블록의 전 단면적에 대한 압축강도는 최소 얼마 이상인가?
① 4MPa　　② 6MPa
③ 8MPa　　④ 10MPa

53 제도에 사용되는 삼각스케일의 용도로 적합한 것은?
① 원이나 호를 그릴 때 주로 쓰인다.
② 축척을 사용할 때 주로 쓰인다.
③ 제도판 옆면에 대고 수평선을 그릴 때 주로 쓰인다.
④ 원호 이외의 곡선을 그을 때 주로 쓰인다.

54 제도지의 치수 중 옳지 않은 것은?
① A0 : 841mm×1189mm
② A1 : 594mm×841mm
③ A2 : 420mm×594mm
④ A3 : 210mm×297mm

55 동바리 마루에서 마루널 바로 밑에 오는 부재는 무엇인가?
① 동바리　　② 멍에
③ 장선　　④ 동바리돌

56 접합하려는 2개의 부재를 한쪽 또는 양쪽 면을 절단, 개선하여 용접하는 방법으로 모재와 같은 허용응력도를 가진 용접의 종류는?
① 모살용접　　② 맞댐용접
③ 플러그용접　　④ 슬롯용접

57 다음 중 실내투시도 또는 기념 건축물과 같은 정적인 건축물의 표현에 가장 효과적인 투시도는?
① 1소점 투시도　　② 2소점 투시도
③ 3소점 투시도　　④ 전개도

58 목재의 접합면에 사각 구멍을 파고 한 편에 작은 나무토막을 반 정도 박아 넣고 포개어 접합재의 이동을 방지하는 나무보강재는?
① 쐐기　　② 촉
③ 나사못　　④ 가시못

59 철골구조에서 주요 구조체의 접합방법으로 최근 거의 사용되지 않는 방법은?
① 고력볼트접합
② 리벳접합
③ 용접
④ 고력볼트와 맞댄용접의 병용

60 운모계 광석을 800~1000℃ 정도로 가열 팽창시켜 체적이 5~6배로 된 다공질 경석으로 시멘트와 배합하여 콘크리트 블록, 벽돌 등을 제조하는데 사용되는 것은?
① 암면(rock wool)
② 질석(vermiculite)
③ 트래버틴(travertine)
④ 석면(asbestos)

01 CBT/복/원/문/제

실/내/건/축/기/능사 2023년 제4회

01 그림과 같은 주택 부엌가구의 배치 유형은?

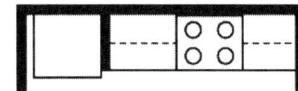

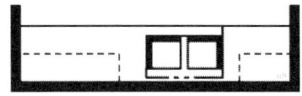

① 일렬형　　② ㄷ자형
③ 병렬형　　④ 아일랜드형

02 다음 설명에 알맞은 형태의 종류는?

- 구체적 형태를 생략 또는 과장의 과정을 거쳐 재구성한 형태이다.
- 대부분의 경우 재구성된 원래의 형태를 알아보기 어렵다.

① 추상적 형태　　② 이념적 형태
③ 현실적 형태　　④ 2차원적 형태

03 상점의 디스플레이 기법으로서 VMD(Visual Merchandising Display)의 구성 요소에 속하지 않는 것은?

① IP(Item Presentation)
② VP(Visual Presentation)
③ SP(Special Presentation)
④ PP(Point of sale Presentation)

04 다음 중 질감(texture)에 관한 설명으로 옳은 것은?

① 스케일에 영향을 받지 않는다.
② 무게감은 전달할 수 있으나 온도감은 전달할 수 없다.
③ 촉각 또는 시각으로 지각할 수 있는 어떤 물체 표면상의 특징을 말한다.
④ 유리, 빛을 내는 금속류, 거울 같은 재료는 반사율이 낮아 차갑게 느껴진다.

05 주택의 평면계획에서 공간의 조닝 방법으로 옳지 않은 것은?

① 주 행동에 의한 조닝
② 사용 시간에 의한 조닝
③ 실의 크기에 의한 조닝
④ 정적 공간과 동적 공간에 의한 조닝

06 상점의 동선 계획에 대한 설명으로 옳지 않은 것은?

① 고객 동선은 가능한 한 짧게 한다.
② 종업원 동선은 가능한 한 짧게 한다.
③ 종업원 동선과 고객 동선은 교차되지 않도록 한다.
④ 고객 동선은 상품으로의 자연스러운 접근이 가능하도록 한다.

07 대칭적 균형에 대한 설명으로 옳지 않은 것은?

① 가장 완전한 균형의 상태이다.
② 공간에 질서를 주기가 용이하다.
③ 완고하거나 여유, 변화가 없이 엄격, 경직될 수 있다.
④ 풍부한 개성을 표현할 수 있어 능동의 균형이라고도 한다.

08 문과 창에 관한 설명으로 옳지 않은 것은?
① 문은 공간과 인접공간을 연결시켜 준다.
② 문의 위치는 가구배치와 동선에 영향을 준다.
③ 이동창은 크기와 형태에 제약 없이 자유로이 디자인할 수 있다.
④ 창은 시야 및 조망을 위해서는 클수록 좋지만, 보온과 개폐의 문제를 고려하여야 한다.

09 공간의 내부가 비어 있는 것을 무엇이라 하는가?
① 보이드(void) ② 솔리드(solid)
③ 텍스처(texture) ④ 매스(mass)

10 단독주택의 현관에 관한 설명으로 옳지 않은 것은?
① 복도나 계단실 같은 연결 통로에 근접시켜 배치한다.
② 거실이나 침실의 내부와 직접 접하여 연결되도록 배치한다.
③ 현관의 위치는 도로와의 관계, 대지의 형태 등에 의해 결정된다.
④ 바닥 마감재로는 내수성이 강한 석재, 타일, 인조석 등이 바람직하다.

11 간접 조명에 관한 설명 중 옳지 않은 것은?
① 조도가 균일하다.
② 조명 효율이 높다.
③ 부드러운 분위기를 만들 수 있다.
④ 반사면의 재료, 색채, 질감 등에 영향을 받는다.

12 디자인의 원리 중 대비에 관한 설명으로 가장 알맞은 것은?
① 제반 요소를 단순화하여 실내를 조화롭게 하는 것이다.
② 저울의 원리와 같이 중심에서 양측에 물리적 법칙으로 힘의 안정을 구하는 현상이다.
③ 모든 시각적 요소에 대하여 극적 분위기를 주는 상반된 성격의 결합에서 이루어진다.
④ 디자인 대상의 전체에 미적 질서를 부여하는 것으로 모든 형식의 출발점이며 구심점이다.

13 2인용 침대 대신에 1인용 침대를 2개 배치한 것을 무엇이라 하는가?
① 싱글 ② 더블
③ 트윈 ④ 롱킹

14 좋은 디자인을 판단하는 척도 중 우선순위가 가장 낮은 것은?
① 유행성 ② 기능성
③ 심미성 ④ 경제성

15 실내디자인 요소 중 점에 관한 설명으로 옳지 않은 것은?

① 점이 많은 경우에는 선이나 면으로 지각된다.
② 공간에 하나의 점이 놓여지면 주의력이 집중되는 효과가 있다.
③ 점의 연속이 점진적으로 축소 또는 팽창 나열되면 원근감이 생긴다.
④ 동일한 크기의 점인 경우 밝은 점은 작고 좁게, 어두운 점은 크고 넓게 지각된다.

16 좋은 빛의 환경을 위한 조건과 가장 거리가 먼 것은?
① 적절한 조도
② 눈부심의 방지
③ 글레어(glare)의 강조
④ 적절한 일광조절장치의 사용

17 다음의 자연환기에 관한 설명 중 ( ) 안에 알맞은 용어는?

> 자연환기는 실내외의 온도차에 의한 공기의 밀도차가 원동력이 되는 (㉠)와 건물의 외벽면에 가해지는 풍압이 원동력이 되는 (㉡)로 대별된다.

① ㉠ 중력환기, ㉡ 동력환기
② ㉠ 중력환기, ㉡ 풍력환기
③ ㉠ 동력환기, ㉡ 풍력환기
④ ㉠ 동력환기, ㉡ 중력환기

18 점광원으로부터 수조면의 거리가 4배로 증가할 경우 조도는 어떻게 변화하는가?
① 2배로 증가한다.
② 4배로 증가한다.
③ 1/4로 감소한다.
④ 1/16로 감소한다.

19 건축물의 단열을 위한 조치 사항으로 옳지 않은 것은?
① 외벽 부위는 외단열로 시공한다.
② 건물의 창호는 가능한 한 크게 설계한다.
③ 건물 옥상에는 조경을 하여 최상층 지붕의 열저항을 높인다.
④ 외피의 모서리 부분은 열교가 발생하지 않도록 단열재를 연속적으로 설치한다.

20 표면결로의 발생 방지 방법에 관한 설명으로 옳지 않은 것은?
① 단열 강화에 의해 표면온도를 상승시킨다.
② 직접가열이나 기류촉진에 의해 표면온도를 상승시킨다.
③ 수증기 발생이 많은 부엌이나 화장실에 배기구나 배기팬을 설치한다.
④ 높은 온도로 난방시간을 짧게 하는 것이 낮은 온도로 난방시간을 길게 하는 것보다 결로 발생 방지에 효과적이다.

21 합성섬유 중 폴리에스테르 섬유의 특징에 관한 설명으로 옳지 않은 것은?
① 강도와 신도를 제조공정상에서 조절할 수 있다.
② 영 계수가 커서 주름이 생기지 않는다.
③ 다른 섬유와 혼방성이 풍부하다.
④ 유연하고 울에 가까운 감촉이다.

22 아스팔트 방수공사에서 방수층 1층에 사용되는 것은?
① 아스팔트 펠트
② 스트레치 루핑
③ 아스팔트 루핑
④ 아스팔트 프라이머

23 목재에 주입시켜 인화점을 높이는 방화제와 가장 거리가 먼 것은?
① 물 유리
② 붕산암모늄
③ 인산나트륨
④ 인산암모늄

24 목재의 치수에 관한 설명 중 옳지 않은 것은?
① 가구재의 치수는 보통 마무리치수로 한다.
② 제재치수란 제재된 목재의 실제 치수를 말한다.
③ 제재치수는 창호재의 치수에 사용되며 마감치수라고도 한다.
④ 마무리치수란 제재목을 치수에 맞추어 깎고 다듬어 대패질로 마무리한 치수를 말한다.

25 다음 중 실내바닥 마감재료로 사용이 가장 곤란한 것은?
① 비닐시트
② 플로어링 보드
③ 파키트 보드
④ 코펜하겐 리브

26 조이너(joiner)에 대한 설명으로 옳은 것은?
① 금속재의 콘크리트용 거푸집으로서 치장 콘크리트에 사용된다.
② 계단의 디딤판 끝에 대어 오르내릴 때 미끄러지지 않도록 하는 철물이다.
③ 구조부재 접합에서 2개의 부재접합에 끼워 볼트와 같이 사용하여 전단에 견디도록 한다.
④ 천장, 벽 등에 보드류를 붙이고 그 이음새를 감추고 덮어 고정하고 장식이 되도록 하는 좋은 졸대형 철물이다.

27 벽체 초벌미장에 대한 검측 내용으로 옳지 않은 것은?
① 하절기에는 초벌미장 후 살수양생을 검토한다.
② 벽체의 선형 및 평활도를 위하여 규준점을 설치한다.
③ 면 잡은 후 쇠빗 등으로 가늘고 고르게 긁어준다.
④ 신속한 건조를 위하여 통풍이 잘 되도록 조치한다.

28 1종 점토벽돌의 압축강도는 최소 얼마 이상인가?
① 8.87MPa
② 10.78MPa
③ 20.59MPa
④ 24.50MPa

29 레디믹스트 콘크리트에 대한 설명으로 옳지 않은 것은?
① 품질이 균일한 콘크리트를 얻을 수 있다.
② 협소한 장소에서도 대량의 콘크리트를 얻을 수 있다.
③ 슬럼프가 적더라도 단순히 물을 첨가하여 보정하는 것은 피하도록 한다.
④ 현장에서 배합, 설계된 콘크리트로 운반 중 재료분리의 염려가 없다.

30 콘크리트의 크리프에 관한 설명으로 옳지 않은 것은?
① 재하 초기에 증가가 현저하다.
② 작용 응력이 클수록 크리프가 크다.
③ 물시멘트비가 클수록 크리프가 크다.
④ 시멘트 페이스트가 많을수록 크리프는 작다.

31 주로 수량의 다소에 의해 좌우되는 굳지 않은 콘크리트의 변형 또는 유동에 대한 저항성을 무엇이라 하는가?
① 컨시스턴시 ② 피니셔빌리티
③ 워커빌리티 ④ 펌퍼빌리티

32 목재의 부패에 관한 설명 중 옳지 않은 것은?
① 부패 발생 시 목재의 내구성이 감소된다.
② 목재 함수율이 15%일 때 부패균 번식이 가장 왕성하다.
③ 부패균의 작용에 의해 변재부가 청색으로 변하는 것을 청부라고 한다.
④ 부패 초기에는 단순히 변색되는 정도이지만 진행되어감에 따라 재질이 현저히 저하된다.

33 표면건조포화상태의 잔골재 500g을 건조시켜 기건상태에서 측정한 결과 460g, 절대건조상태에서 측정한 결과 440g이었다. 잔골재의 흡수율은?
① 8% ② 8.7%
③ 12% ④ 13.6%

34 탄소량에 따른 강의 특성에 관한 설명으로 옳지 않은 것은?
① 신도는 탄소량의 증가에 따라 감소한다.
② 일반적으로 탄소량이 적은 것은 경질이다.
③ 인장강도는 탄소량 0.85% 정도에서 최대이다.
④ 경도는 탄소량 0.9%까지는 탄소량의 증가에 따라 커진다.

35 석회석을 900~1200℃로 소성하면 생성되는 것은?
① 돌로마이트 석회
② 생석회
③ 회반죽
④ 소석회

36 시멘트의 저장에 관한 설명으로 옳지 않은 것은?
① 포대시멘트의 쌓아올리는 높이는 13포대 이하로 한다.
② 시멘트는 방습적인 구조로 된 사일로나 창고에 저장한다.
③ 저장 중에 약간이라도 굳은 시멘트는 공사에 사용하지 않는다.
④ 포대시멘트를 목조창고에 보관하는 경우, 바닥과 지면 사이에 최소 0.1m 이상의 거리를 유지하여야 한다.

37 물·기름·기타 용제에 녹지 않는 착색분말로서 도료를 착색하고 유색의 불투명한 도약을 만듦과 동시에 도막의 기계적 성질을 보강하는 도료의 구성 요소는?
① 용제 ② 안료
③ 희석제 ④ 유지

38 다음 석재 중 박판으로 채취할 수 있어 슬레이트 등에 사용되는 것은?
① 응회암 ② 점판암
③ 사문암 ④ 트래버틴

39 발코니 확장을 하는 공동주택이나 창호면적이 큰 건물에서 단열을 통한 에너지절약을 위해 권장되는 유리의 종류는?

① 강화 유리　② 접합 유리
③ 로이 유리　④ 스팬드럴 유리

40 방사선 차단용으로 사용되는 시멘트 모르타르는?
① 질석 모르타르
② 아스팔트 모르타르
③ 바라이트 모르타르
④ 활석면 모르타르

41 조적식 구조의 설계에 적용되는 기준으로 옳지 않은 것은?
① 조적식 구조인 각 층의 벽은 편심하중이 작용하지 아니하도록 설계하여야 한다.
② 조적식 구조인 건축물 중 2층 건축물에 있어서 2층 내력벽의 높이는 4m를 넘을 수 없다.
③ 조적식 구조인 내력벽으로 둘러싸인 부분의 바닥면적은 80m²를 넘을 수 없다.
④ 조적식 구조인 내력벽의 길이는 8m를 넘을 수 없다.

42 투시도 작도에서 수평면과 화면이 교차되는 선은?
① 화면선　② 수평선
③ 기선　　④ 시선

43 경량 형강의 특성으로 옳지 않은 것은?
① 가공이 용이하다.
② 볼트, 리벳, 용접 등의 다양한 방법을 적용할 수 있다.
③ 주요 구조부는 대칭되게 조립해야 한다.
④ 두께에 비해 단면치수가 작아 2차 모멘트가 작은 편이다.

44 철골보와 콘크리트 바닥판을 일체화시키기 위한 목적으로 활용되는 것은?
① 시어 커넥터　② 사이드 앵글
③ 필러 플레이트　④ 리브 플레이트

45 목구조에 대한 설명으로 옳지 않은 것은?
① 부재에 홈이 있는 부분은 가급적 압축력이 작용하는 곳에 두는 것이 유리하다.
② 목재의 이음 및 맞춤은 응력이 작은 곳에서 적합하다.
③ 큰 압축력이 작용하는 부재에는 맞댄이음이 적합하다.
④ 토대는 크기가 기둥과 같거나 다소 작은 것을 사용한다.

46 물체의 중심선, 절단선, 기준선 등을 표시하는 선의 종류는?
① 파선　　② 일점쇄선
③ 이점쇄선　④ 실선

47 슬래브 배근에서 가장 하단에 위치하는 철근은?
① 장변 단부 하부 배력근
② 단변 하부 주근
③ 장변 중앙 하부 배력근
④ 장변 중앙 굽힘철근

48 벽돌조에서 벽량이란 바닥면적과 벽의 무엇에 대한 비를 말하는가?
① 벽의 전체면적
② 개구부를 제외한 면적

③ 내력벽의 길이
④ 벽의 두께

49 주택의 평면도에서 표시되어야 할 사항이 아닌 것은?
① 가구의 높이
② 기준선
③ 벽, 기둥, 창호
④ 실의 배치와 넓이

50 도면을 축척 1/250로 그릴 때, 삼각 스케일의 어느 축척으로 사용하면 가장 편리한가?
① 1/100
② 1/200
③ 1/400
④ 1/500

51 와이어로프(wire rope) 또는 PS 와이어 등을 사용하여 주로 인장재가 힘을 받도록 설계된 철골 주조는?
① 경량 철골 구조
② 현수 구조
③ 철골철근콘크리트 구조
④ 강관 구조

52 다음의 건축제도 평면 표시기호 중 미들창을 나타내는 것은?

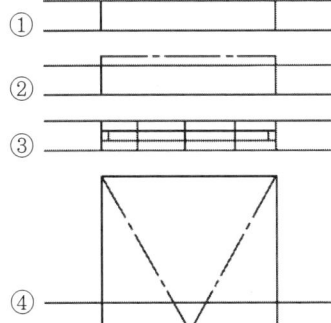

53 벽돌쌓기 방법 중 영식 쌓기의 설명으로 옳은 것은?
① 내력벽을 만들 때에 많이 이용한다.
② 공간 쌓기에 주로 이용한다.
③ 외관이 아름답다.
④ 통줄눈이 생긴다.

54 설계도면의 종류 중 계획설계도에 포함되지 않는 것은?
① 전개도
② 조직도
③ 동선도
④ 구상도

55 제도 시 선을 긋는 방법에 대한 설명 중 옳지 않은 것은?
① 수직선은 위에서 아래로 긋는다.
② 필기구는 선을 긋는 방향으로 약간 기울인다.
③ T자는 몸체와 머리가 직각이 되어 흔들리지 않도록 제도판에 밀착시켜 사용한다.
④ 일정한 힘을 가하여 일정한 속도로 긋는다.

56 기초판의 형식에 의한 분류 중 벽 또는 일렬의 기둥을 받치는 기초는?
① 줄기초
② 독립기초
③ 온통기초
④ 복합기초

57 조립구조의 일종으로 기둥, 보 등의 골조를 구성하고 바닥, 벽, 천장, 지붕 등을 일정한 형태와 치수로 만든 판으로 구성하는 구조법은?
① 셸 구조
② 프리스트레스트 콘크리트 구조
③ 커튼월 구조

④ 패널 구조

58 설계도에 나타내기 어려운 시공 내용을 문장으로 표현한 것은?
① 시방서   ② 견적서
③ 설명서   ④ 계획서

59 다음 중 불완전 용접에 속하지 않는 것은?
① 언더컷(undercut)
② 오버랩(overlap)
③ 피트(pit)
④ 피치(pitch)

60 다음 중 가장 큰 원을 그릴 수 있는 컴퍼스는?
① 스프링 컴퍼스   ② 빔 컴퍼스
③ 드롭 컴퍼스   ④ 중형 컴퍼스

01 CBT/복/원/문/제

2024년 제1회

● 실/내/건/축/기/능사

01 조명의 연출기법 중 수직면과 평행한 광선을 벽에 비추어 벽면의 재질감을 강조하며 광선에 의해 벽면에 조개무늬가 형성되는 것은?
① 스파클(sparkle) 기법
② 글레이징(glazing) 기법
③ 실루엣(silhouette) 기법
④ 빔 플레이(beam play) 기법

02 다음 설명에 알맞은 상점의 진열 및 판매대 배치 유형은?

- 판매대가 입구에서 내부방향으로 향하여 직선적인 형태로 배치되는 형식이다.
- 통로가 직선적이어서 고객의 흐름이 빠르다.

① 굴절배치형　② 직렬배치형
③ 환상배치형　④ 복합배치형

03 상점의 기본 계획 시 상점구성의 방법(AIDMA 법칙)의 내용으로 옳지 않은 것은?
① A : Attention(주의)
② I : Interest(흥미)
③ D : Desire(욕망)
④ M : Money(금전)

04 다음 중 질감 선택 시 고려할 사항과 가장 거리가 먼 것은?
① 촉감
② 스케일
③ 공간의 방향성
④ 빛의 반사와 흡수

05 양식주택과 비교한 한식주택의 특징에 관한 설명으로 옳지 않은 것은?
① 공간의 융통성이 낮다.
② 가구는 부수적인 내용물이다.
③ 평면은 실의 위치별 분화이다.
④ 각 실의 프라이버시가 약하다.

06 실내공간을 형성하는 주요 기본 구성요소로 인간의 감각 중 촉각적 관계가 가장 밀접한 것은?
① 벽　② 바닥
③ 천장　④ 기둥

07 주택의 부엌에서 작업삼각형(work triangle) 의 구성에 속하지 않는 것은?
① 냉장고　② 배선대
③ 가열대　④ 개수대

08 일반적으로 규칙적인 요소들의 반복으로 디자인에 시각적인 질서를 부여하는 통제된 운동감각을 의미하는 실내디자인의 구성 원리는?

① 조화　② 균형
③ 리듬　④ 강조

09 스툴의 일종으로 더 편안한 휴식을 위해 발을 올려놓는 데도 사용되는 것은?
① 세티　② 오토만
③ 카우치　④ 이지체어

10 디자인의 원리 중 조화(harmony)에 관한 설명으로 가장 적합한 것은?
① 인간의 주의력에 의해 감지되는 시각적 무게의 평형상태를 의미한다.
② 디자인 요소들의 규칙적인 순환으로 나타나는 통제된 운동감을 의미한다.
③ 전체적인 구성 방법이 질적, 양적으로 모순 없이 질서를 이루는 것이다.
④ 중심점으로부터 확산되거나 집중된 양상을 구성하여 리듬을 이루는 것이다.

11 형태의 지각심리에서 공동운명의 법칙이라고도 하며 유사한 배열이 하나의 묶음이 되어 선이나 형으로 지각되는 것은?
① 근접성의 원리　② 유사성의 원리
③ 폐쇄성의 원리　④ 연속성의 원리

12 실내공간을 실제 크기보다 넓어 보이게 하려는 방법으로 옳지 않은 것은?
① 창이나 문 등을 크게 한다.
② 벽지는 무늬가 큰 것을 선택한다.
③ 큰 가구는 벽에 부착시켜 배치한다.
④ 질감이 거친 것보다 고운 마감재료를 선택한다.

13 점과 선의 조형 효과에 관한 설명으로 옳지 않은 것은?
① 점은 선과 달리 공간적 착시 효과를 이끌어낼 수 없다.
② 선은 여러 개의 선을 이용하여 움직임, 속도감 등을 시각적으로 표현할 수 있다.
③ 배경의 중심에 있는 하나의 점은 점에 시선을 집중시키고 정지의 효과를 느끼게 한다.
④ 반복되는 선의 굵기와 간격, 방향을 변화시키면 2차원에서 부피와 깊이를 느끼게 표현할 수 있다.

14 주택설계의 방향에 대한 설명 중 옳지 않은 것은?
① 입식과 좌식을 혼용한다.
② 가사노동이 경감되도록 한다.
③ 생활의 쾌적함이 증대되도록 한다.
④ 가장 중심의 주거가 되도록 한다.

15 LDK형 단위 주거에서 D가 의미하는 것은?
① 거실　② 식당
③ 부엌　④ 화장실

16 유효온도에 고려되지 않는 요소는?
① 기온　② 습도
③ 기류　④ 복사열

17 측창채광에 관한 설명으로 옳지 않은 것은?
① 통풍 및 차열에 유리하다.
② 시공이 용이하며 비막이에 유리하다.
③ 투명부분을 설치하면 해방감이 있다.
④ 편측채광의 경우 실내의 조도분포가 균

일하다.

18 열의 이동방법 중 어떤 물체에 발생하는 열에너지가 전달 매개체가 없이 직접 다른 물체에 도달하는 현상은?
① 전도
② 대류
③ 복사
④ 열관류

19 2가지 음이 동시에 귀에 들어와서 한쪽의 음 때문에 다른 쪽의 음이 작게 들리는 현상은?
① 공명 효과
② 일치 효과
③ 마스킹 효과
④ 플러터 에코 효과

20 결로 방지 방법으로 적합하지 않은 것은?
① 단열능력을 높여서 실내측 표면온도를 상승시킨다.
② 환기를 자주 한다.
③ 수증기 발생이 많은 부엌이나 욕실에 배기구나 배기팬을 설치한다.
④ 높은 온도로 짧게 난방하는 것이 낮은 온도로 오래 난방하는 것보다 효과적이다.

21 미장재료에 대한 설명 중 옳지 않은 것은?
① 석고플라스터는 내화성이 우수하다.
② 돌로마이트 플라스터는 건조 수축이 크기 때문에 수축균열이 발생한다.
③ 킨즈시멘트는 고온소성의 무수석고를 특별한 화학처리를 한 것으로 경화 후 아주 단단하다.
④ 회반죽은 소석고에 모래, 해초물, 여물 등을 혼합하여 바르는 미장재료로서 건조 수축이 거의 없다.

22 다음 중 구조재료에 요구되는 성질과 가장 관계가 먼 것은?
① 외관이 좋은 것이어야 한다.
② 가공이 용이한 것이어야 한다.
③ 내화, 내구성이 큰 것이어야 한다.
④ 재질이 균일하고 강도가 큰 것이어야 한다.

23 인조석 갈기 및 테라조 현장갈기 등에 사용되는 줄눈철물의 명칭은?
① 인서트(insert)
② 앵커볼트(anchor bolt)
③ 펀칭메탈(punching metal)
④ 줄눈대(metallic joiner)

24 목재 집성재에 대한 설명 중 옳지 않은 것은?
① 요구된 치수, 형태의 재료를 비교적 용이하게 제조할 수 있다.
② 충분히 건조된 건조재를 사용할 경우 비틀림, 변형 등이 생기지 않는다.
③ 제재판재 또는 소각재를 3, 5, 7장 등과 같이 정확하게 홀수로 접착시켜야 한다.
④ 제재품이 갖는 옹이, 할열 등의 결함을 제거, 분산시킬 수 있으므로 강도의 편차가 적다.

25 도막 방수재, 실링재로 사용되는 열경화성 수지는?
① 아크릴 수지
② 염화비닐 수지
③ 폴리스티렌 수지
④ 폴리우레탄 수지

26 투명도가 매우 높은 것으로 항공기의 방풍유리에 사용되며 유기유리라고도 불리는 합성수지는?
① 염화비닐 수지
② 폴리에틸렌 수지
③ 메타크릴 수지
④ 에폭시 수지

27 굳지 않은 콘크리트의 워커빌리티 측정방법에 속하지 않는 것은?
① 비비 시험　　② 슬럼프 시험
③ 비카트 시험　④ 다짐계수 시험

28 점토제품 중 흡수율이 1% 이하로 흡수율이 가장 작은 제품은?
① 토기　　　② 도기
③ 석기　　　④ 자기

29 비철금속 중 구리에 관한 설명으로 옳지 않은 것은?
① 연성이고 가공성이 풍부하다.
② 비자성체이며 전기전도율이 크다.
③ 내알칼리성이 크므로 시멘트 등에 접하는 곳에 사용하더라도 부식되지 않는다.
④ 건조한 공기 중에서는 산화하지 않으나, 습기가 있거나 탄산가스가 있으면 녹이 발생한다.

30 수화열이 낮아 댐과 같은 매스 콘크리트 구조물에 사용되는 시멘트는?
① 보통포틀랜드시멘트
② 조강포틀랜드시멘트
③ 중용열포틀랜드시멘트
④ 내황산염포틀랜드시멘트

31 다음 중 창호 철물의 사용 용도가 잘못 연결된 것은?
① 여닫이문 : 경첩, 함자물쇠
② 오르내리창 : 크레센트
③ 미서기문 : 도어체크
④ 자재문 : 플로어 힌지

32 천연 아스팔트에 속하지 않는 것은?
① 아스팔타이트
② 로크 아스팔트
③ 레이크 아스팔트
④ 스트레이트 아스팔트

33 목재의 유용성 방부제로서 자극적인 냄새 등으로 인체에 피해를 주기도 하여 사용이 규제되고 있는 것은?
① PCP 방부제
② 크레오소트유
③ 아스팔트
④ 불화소다 2% 용액

34 콘크리트가 시일이 경과함에 따라 공기 중의 탄산가스 작용을 받아 알칼리성을 잃어가는 현상은?
① 건조수축　　② 동결융해
③ 중성화　　　④ 크리프

35 목재를 절삭 또는 파쇄하여 작은 조각으로 만들어 접착제를 섞어 고온, 고압으로 성형한 판재는?
① 합판　　　　② 섬유판

③ 집성목재　　④ 파티클 보드

36 블론 아스팔트를 용제에 녹인 것으로 액상을 하고 있으며 아스팔트 방수의 바탕처리재로 이용되는 것은?
① 아스팔트 펠트
② 아스팔트 루핑
③ 아스팔트 프라이머
④ 아스팔트 컴파운드

37 콘크리트 혼화제 중 작업성능이나 동결융해 저항성능의 향상을 목적으로 사용하는 것은?
① AE제　　② 증점제
③ 기포제　　④ 유동화제

38 건축재료를 화학조성에 의해 분류할 경우, 다음 중 무기재료에 속하지 않는 것은?
① 석재　　② 도자기
③ 알루미늄　　④ 아스팔트

39 소다석회 유리에 관한 설명으로 옳지 않은 것은?
① 용융하기 쉽다.
② 풍화되기 쉽다.
③ 산에는 강하나 알칼리에는 약하다.
④ 건축물의 창유리로는 사용할 수 없다.

40 콘크리트가 타설된 후 비교적 가벼운 물이나 미세한 물질 등이 상승하고, 무거운 골재나 시멘트는 침하하는 현상은?
① 쿨링　　② 블리딩
③ 레이턴스　　④ 콜드 조인트

41 경첩 등을 축으로 개폐되는 창호를 말하며, 열고 닫을 때 실내의 유효면적을 감소시키는 단점이 있는 창호는?
① 미닫이 창호　　② 미서기 창호
③ 여닫이 창호　　④ 붙박이 창호

42 철근콘크리트 구조에서 나선철근으로 둘러싸인 원형단면 기둥 주근의 최소 개수는?
① 3개　　② 4개
③ 6개　　④ 8개

43 혼화재료인 플라이애시(fly ash)의 성능에 대한 설명으로 옳지 않은 것은?
① 유동성 개선　　② 단위수량 감소
③ 재료분리 증가　　④ 장기강도 증대

44 일반적인 삼각 스케일에 표시되어 있지 않은 축척은?
① 1/100　　② 1/300
③ 1/500　　④ 1/700

45 다음 중 창문틀 옆에 사용되는 블록은?
① 창쌤블록　　② 창대블록
③ 인방블록　　④ 양마구리블록

46 도면 표시기호 중 두께를 표시하는 기호는?
① THK　　② A
③ V　　④ H

47 주택의 평면도에 표시되어야 할 사항이 아닌 것은?
① 가구의 높이

② 기준선
③ 벽, 기둥, 창호
④ 실의 배치와 넓이

48 이오토막으로 마름질한 벽돌의 크기로 옳은 것은?
① 온장의 1/4　② 온장의 1/3
③ 온장의 1/2　④ 온장의 3/4

49 고력볼트접합이 힘을 전달하는 방식은?
① 인장력　② 모멘트
③ 전단력　④ 마찰력

50 목구조에서 2층 이상의 기둥 전체를 하나의 단일재로 사용하는 기둥은?
① 통재기둥　② 평기둥
③ 샛기둥　④ 배흘림기둥

51 철근콘크리트보에서 늑근을 사용하는 가장 중요한 이유는?
① 주근의 위치 고정
② 휨모멘트에 대한 보강
③ 축력에 대한 보강
④ 전단력에 의한 균열방지

52 다음 중 선의 굵기가 가장 굵어야 하는 것은?
① 절단선　② 지시선
③ 외형선　④ 경계선

53 건축시공 과정에 의한 분류 중 하나로 현장에서 물을 거의 쓰지 않으며 규격화된 기성재를 짜맞추어 구성하는 구조는?
① 습식 구조　② 건식 구조
③ 조립식 구조　④ 일체식 구조

54 각 건축구조의 특성에 대한 설명으로 틀린 것은?
① 벽돌구조는 횡력 및 지진에 강하다.
② 철근콘크리트구조는 철골구조에 비해 내화성이 우수하다.
③ 철골구조의 공사는 철근콘크리트구조 공사에 비해 동절기 기후에 영향을 덜 받는다.
④ 목구조는 소규모 건축에 많이 쓰이며 화재에 취약하다.

55 철골보에 대한 설명 중 옳지 않은 것은?
① 형강보는 주로 I형강과 H형강이 사용된다.
② 허니콤 보는 H형강의 웨브를 절단하여 6각형의 구멍이 생기도록 하여 다시 용접한 것이다.
③ 커버플레이트의 크기는 전단력에 따라 결정된다.
④ 웨브플레이트의 좌굴을 방지하기 위하여 스티프너를 설치한다.

56 그림과 같은 트러스의 명칭은?

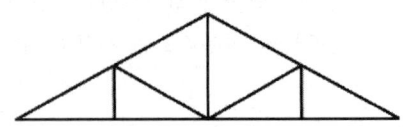

① 워렌(warren) 트러스
② 비렌딜(vierendeel) 트러스
③ 하우(howe) 트러스
④ 핑크(pink) 트러스

57 벽돌쌓기법에 대한 설명 중 옳지 않은 것은?
① 영식쌓기는 처음 한 켜는 마구리쌓기, 다음 한 켜는 길이쌓기를 교대로 쌓는 것으로 통줄눈이 생기지 않는다.
② 네덜란드식 쌓기는 영국식과 같으나 모서리 끝에 칠오토막을 사용하지 않고 이오토막을 사용한다.
③ 프랑스식 쌓기는 부분적으로 통줄눈이 생기므로 구조벽체로는 부적합하다.
④ 영롱쌓기는 벽돌벽 등에 장식적으로 구멍을 내어 쌓는 것이다.

58 이형 철근의 마디, 리브와 관련이 있는 힘의 종류는?
① 인장력
② 압축력
③ 전단력
④ 부착력

59 교량과 같은 장스팬에서 무거운 하중을 부담할 수 있는 부재를 만들기 위하여 도입된 구조는?
① 가구조립식 구조
② 판조립식 구조
③ 상자조립식 구조
④ 프리스트레스트 콘크리트구조

60 건축물의 투시도법에 쓰이는 용어에 대한 설명 중 옳지 않은 것은?
① 화면(P.P : Picture Plane)은 물체와 시점 사이에 기면과 수직한 직립 평면이다.
② 수평면(H.P : Horizontal Plane)은 기선에 수평한 면이다.
③ 수평선(H.L : Horizontal Line)은 수평면과 화면의 교차선이다.
④ 시점(E.P : Eye Point)은 보는 사람의 눈 위치이다.

01 CBT/복/원/문/제

실/내/건/축/기/능/사

2024년 제2회

01 디자인 요소 중 점에 관한 설명으로 옳은 것은?
① 면의 한계, 면들의 교차에서 나타난다.
② 기하학적으로 크기가 없고 위치만 있다.
③ 두 점의 크기가 같을 때 주의력은 한 점에만 작용한다.
④ 배경의 중심에 있는 점은 동적인 효과를 느끼게 한다.

02 다음 중 측면판매형식의 적용이 가장 곤란한 상품은?
① 서적 ② 침구
③ 의류 ④ 귀금속

03 다음 중 실내디자인의 개념과 가장 거리가 먼 것은?
① 실내공간을 아름답고 능률적이며 쾌적한 환경으로 창조하는 것이다.
② 내부공간을 사용하고자 하는 목적과 요구기능을 충족시키는 것이다.
③ 개성있고 아름다운 공간을 연출하는 디자인 행위이다.
④ 공간과 형태는 고려하지 않고 조명, 텍스처(texture), 색채 등과 같은 요소를 의식적으로 조정하는 것이다.

04 주거공간은 주행동에 의해 개인공간, 사회공간, 가사노동공간 등으로 구분할 수 있다. 다음 중 사회공간에 속하는 것은?
① 식당 ② 침실
③ 서재 ④ 부엌

05 다음 중 실용적 장식품에 속하지 않는 것은?
① 조각상 ② 벽시계
③ 스탠드 램프 ④ 스크린

06 다음 중 식탁 밑에 부분 카펫이나 러그를 깔았을 경우 얻을 수 있는 효과와 가장 거리가 먼 것은?
① 소음 방지 ② 공간 확대
③ 영역 구분 ④ 바닥 긁힘 방지

07 공간의 구성 요소 중 일반적으로 가장 먼저 인지되는 요소로, 시각적 대상물이 되거나 공간에 초점적 요소가 되기도 하는 것은?
① 천장 ② 바닥
③ 벽 ④ 보

08 다음과 같은 조형 효과를 갖는 선의 종류는?

지각적으로는 구조적 높이감을 주며, 심리적으로 상승감, 존엄성, 엄숙함, 위엄 등의 느낌을 준다.

① 수직선 ② 수평선

③ 사선 　　　　④ 곡선

09 상점에서 쇼윈도, 출입구 및 홀의 입구 부분을 포함한 평면적인 구성 요소와 아케이드, 광고판, 사인, 외부장치를 포함한 입체적인 구성 요소의 총체를 의미하는 것은?
① 파사드　　　② 스크린
③ AIDMA　　　④ 디스플레이

10 주방 작업대의 배치 유형 중 ㄷ자형에 관한 설명으로 옳은 것은?
① 인접한 세 벽면에 작업대를 붙여 배치한 형태이다.
② 두 벽면을 따라 작업이 전개되는 전통적인 형태이다.
③ 좁은 면적 이용에 효과적이므로 소규모 부엌에 주로 이용된다.
④ 작업동선이 길고 조리면적은 좁지만 다수의 인원이 함께 작업할 수 있다.

11 다음의 건축화 조명방식 중 벽면 조명에 속하지 않는 것은?
① 커튼 조명　　② 코퍼 조명
③ 코니스 조명　④ 밸런스 조명

12 다음 중 프라이버시에 대한 설명으로 옳지 않은 것은?
① 주거공간은 가족생활의 프라이버시는 물론, 거주하는 개인의 프라이버시가 유지되도록 계획되어야 한다.
② 프라이버시란 개인이나 집단이 타인과의 상호작용을 선택적으로 통제하거나 조절하는 것을 말한다.
③ 가족 수가 많은 경우 주거공간을 개방형 공간계획으로 하는 것이 프라이버시를 유지하기에 좋다.
④ 주거공간의 프라이버시는 공간의 구성, 벽이나 천장의 구조와 재료, 창이나 문의 종류와 위치 등에 의해 많은 영향을 받는다.

13 붙박이 가구(built in furniture)에 관한 설명으로 옳지 않은 것은?
① 공간의 효율성을 높일 수 있다.
② 건축물과 일체화하여 설치하는 가구이다.
③ 필요에 따라 설치 장소를 자유롭게 움직일 수 있다.
④ 설치 시 실내 마감재와의 조화 등을 고려하여야 한다.

14 균형의 유형 중 대칭적 균형에 관한 설명으로 옳은 것은?
① 완고하거나 여유, 변화가 없어 엄격, 경직될 수도 있다.
② 가장 완전한 균형의 상태로 공간에 질서를 주기가 어렵다.
③ 자연스러우며 풍부한 개성을 표현할 수 있어 능동의 균형이라고도 한다.
④ 물리적으로 불균형이지만 시각상 힘의 정도에 의해 균형을 이루는 것을 말한다.

15 다음 설명에 알맞은 창의 종류는?

- 크기와 형태가 제약없이 자유로이 디자인할 수 있다.
- 창을 통한 환기가 불가능하다.

① 고정창　　　② 미닫이창

③ 여닫이창 ④ 오르내리창

16 다음 중 잔향시간에 대한 설명으로 옳은 것은?
① 잔향시간은 실의 용적에 반비례한다.
② 잔향시간은 실의 형태에 크게 영향을 받는다.
③ 잔향시간은 실의 흡음력에 반비례한다.
④ 잔향시간이 없으면 음량이 많아져서 음을 듣기 어렵게 된다.

17 자연환기량에 관한 설명으로 옳은 것은?
① 풍속이 높을수록 적어진다.
② 실내외의 압력차가 클수록 적어진다.
③ 실내외의 온도차가 작을수록 많아진다.
④ 공기유입구와 유출구의 높이의 차이가 클수록 많아진다.

18 다음 설명에 알맞은 조명 관련 용어는?

태양광(주광)을 기준으로 하여 어느 정도 주광과 비슷한 색상을 연출할 수 있는지를 나타내는 지표

① 광도 ② 휘도
③ 조명률 ④ 연색성

19 공기가 포화상태(습도 100%)가 될 때의 온도를 그 공기의 무엇이라 하는가?
① 절대온도 ② 습구온도
③ 건구온도 ④ 노점온도

20 다음 중 음의 고저 감각에 가장 주된 영향을 주는 요소는?
① 음색 ② 음의 크기
③ 음의 주파수 ④ 음의 전파속도

21 다음 중 구리(Cu)를 포함하고 있지 않는 것은?
① 청동 ② 양은
③ 포금 ④ 함석판

22 다음 중 목재 제품과 용도의 연결이 옳지 않은 것은?
① 집성목재 : 목구조의 기둥, 보, 아치 등의 구조재
② 플로어링판 : 주택의 마루재
③ 코르크판 : 천장, 안벽의 흡음판
④ 코펜하겐 리브판 : 건축물의 외장재

23 다음 석재 중 평균 내구연한이 가장 작은 것은?
① 화강석 ② 석회암
③ 백운석 ④ 사암조립

24 결합재로 폴리머를 사용한 콘크리트로서 경화제를 가한 액상수지를 골재와 배합하여 제조한 것은?
① 수밀 콘크리트
② 프리팩트 콘크리트
③ 레진 콘크리트
④ 서중 콘크리트

25 석고 플라스터 미장재료에 관한 설명으로 옳지 않은 것은?
① 내화성이 우수하다.
② 수경성 미장재료이다.
③ 회반죽보다 건조 수축이 크다.
④ 원칙적으로 해초 또는 풀즙을 사용하지 않는다.

26 복층유리에 대한 설명으로 옳지 않은 것은?
① 단열성이 좋다.
② 방음성이 좋다.
③ 현장 절단이 용이하다.
④ 결로방지용으로 우수하다.

27 다음 중 내알칼리성이 가장 우수한 도료는?
① 에폭시 도료
② 유성페인트
③ 유성바니시
④ 프탈산 수지 에나멜

28 다음 중 콘크리트용 골재로서 요구되는 성질이 아닌 것은?
① 잔골재의 염분허용한도는 0.1% 이하일 것
② 골재의 입형은 가능한 한 편평, 세장하지 않을 것
③ 입도는 조립에서 세립까지 연속적으로 균등히 혼합되어 있을 것
④ 골재의 강도는 콘크리트 중의 경화시멘트 페이스트의 강도 이상일 것

29 인서트(insert)의 재질로 가장 적합한 것은?
① 주철   ② 알루미늄
③ 목재   ④ 구리

30 내화도가 낮아 고열을 받는 곳에는 적당하지 않지만, 견고하고 대형재의 생산이 가능하며 바탕색과 반점이 미려하고 구조재, 내·외장재로 많이 사용되는 것은?
① 화강암   ② 응회암
③ 석회암   ④ 안산암

31 다음 설명에 알맞은 재료의 역학적 성질은?

재료에 외력이 작용하면 순간적으로 변형이 생기나 외력을 제거하면 순간적으로 원래의 형태로 회복되는 성질을 말한다.

① 소성   ② 점성
③ 탄성   ④ 인성

32 다음 중 열가소성 수지가 아닌 것은?
① 아크릴 수지   ② 염화비닐 수지
③ 폴리스티렌 수지 ④ 페놀 수지

33 다음 중 목재의 일반적인 성질에 관한 설명으로 옳은 것은?
① 목재의 기건함수율은 계절, 장소, 기후와 상관없이 항상 동일하다.
② 섬유포화점 이상의 함수상태에서는 함수율의 증감에 거의 비례하여 신축을 일으킨다.
③ 열전도도가 낮아 여러 가지 보온 재료로 사용된다.
④ 섬유포화점 이상의 함수상태에서는 함수율의 증가에 따라 강도는 현저히 감소한다.

34 다음 중 콘크리트의 시공연도(Workability)에 영향을 주는 요소와 가장 거리가 먼 것은?
① 혼화재료   ② 물의 염도
③ 단위시멘트량   ④ 골재의 입도

35 고로시멘트에 대한 설명으로 옳은 것은?
① 수화열량이 크다.
② 매스콘크리트용으로 사용할 수 있다.
③ 초기 강도가 크고 장기 강도가 낮다.

④ 경화건조수축이 없으며 해수 등에 대한 내식성이 작다.

36 시멘트가 경화될 때 용적이 팽창되는 정도를 의미하는 용어는?
① 응결   ② 풍화
③ 중성화   ④ 안정성

37 집성목재의 장점이 아닌 것은?
① 목재의 강도를 인공적으로 조절할 수 있다.
② 응력에 따라 필요한 단면을 만들 수 있다.
③ 톱밥, 대팻밥, 나무부스러기를 이용하므로 경제적이다.
④ 길고 단면이 큰 부재를 만들 수 있다.

38 보통포틀랜드시멘트보다 C_3S나 석고가 많고, 더욱 분말도를 크게 하여 초기에 고강도를 발생하게 하는 시멘트는?
① 저열포틀랜드시멘트
② 조강포틀랜드시멘트
③ 백색포틀랜드시멘트
④ 중용열포틀랜드시멘트

39 탄소량에 따른 탄소강의 성질 변화에 대한 설명 중 옳지 않은 것은?
① 탄소량이 증가할수록 탄소강의 열전도도는 커진다.
② 탄소량이 증가할수록 탄소강의 열팽창계수는 감소한다.
③ 탄소량이 증가할수록 탄소강의 비열은 커진다.
④ 탄소량이 증가할수록 탄소강의 전기저항은 커진다.

40 금속부식을 방지하기 위한 방법 중 옳은 것은?
① 큰 변형을 받은 금속은 불림하여 사용한다.
② 표면은 가급적 포습된 상태로 사용한다.
③ 이종금속의 인접 또는 접촉 사용을 금한다.
④ 부분적인 녹은 제거하지 않고 사용해도 좋다.

41 2층 마루틀 중 보를 쓰지 않고 장선을 사용하여 마루널을 깐 것은?
① 홑마루틀   ② 보마루틀
③ 짠마루틀   ④ 납작마루틀

42 다음 중 건축설계 도면에서 중심선, 절단선, 경계선 등으로 사용되는 선은?
① 실선   ② 일점쇄선
③ 이점쇄선   ④ 파선

43 트레이싱지에 대한 설명 중 옳은 것은?
① 불투명한 제도용지이다.
② 연질이어서 쉽게 찢어진다.
③ 습기에 약하다.
④ 오래 보관되어야 할 도면의 제도에 쓰인다.

44 건축도면의 치수에 대한 설명으로 틀린 것은?
① 치수는 특별히 명시하지 않는 한 마무리 치수로 표시한다.

② 치수 기입은 치수선 중앙 윗부분에 기입하는 것이 원칙이다.
③ 치수선의 양 끝 표시는 화살 또는 점으로 표시할 수 있으며, 같은 도면에서 2종을 혼용할 수 있다.
④ 협소한 간격이 연속될 때에는 인출선을 사용하여 치수를 쓴다.

45 목구조의 맞춤방법 중 걸침턱맞춤이 사용되는 목구조의 접합부분은?
① 왕대공 지붕틀의 ㅅ자보와 평보
② 왕대공 지붕틀의 평보와 왕대공
③ 목조마루틀의 멍에와 장선
④ 목조벽체의 기둥과 가새

46 다음 각 도면에 관한 설명으로 옳지 않은 것은?
① 평면도에서는 실의 배치와 넓이, 개구부의 위치나 크기 등을 표시한다.
② 천장 평면도는 절단하지 않고 단순히 건물을 위에서 내려다 본 도면이다.
③ 단면도는 건물을 수직으로 절단한 후, 그 앞면을 제거하고 건물을 수평방향으로 본 도면이다.
④ 입면도는 건물의 외형을 각 면에 대하여 직각으로 투사한 도면이다.

47 다음 중 기둥의 띠철근 수직간격 기준으로 옳은 것은?
① 철선 지름의 25배 이하
② 띠철근 지름의 16배 이하
③ 축방향 철근 지름의 36배 이하
④ 기둥 단면의 최소 치수 이하

48 철골공사의 가공 작업 순서로 옳은 것은?
① 원척도 – 본뜨기 – 금긋기 – 절단 – 구멍뚫기 – 가조립
② 원척도 – 금긋기 – 본뜨기 – 구멍뚫기 – 절단 – 가조립
③ 원척도 – 절단 – 금긋기 – 본뜨기 – 구멍뚫기 – 가조립
④ 원척도 – 구멍뚫기 – 금긋기 – 절단 – 본뜨기 – 가조립

49 목구조 벽체의 수평력에 대한 보강 부재로 가장 유효한 것은?
① 가새   ② 토대
③ 통재기둥   ④ 샛기둥

50 다음 중 선긋기의 유의사항으로 옳은 것은?
① 모든 종류의 선은 일목요연하게 같은 굵기로 긋는다.
② 축척과 도면의 크기에 따라 선의 굵기를 다르게 한다.
③ 한번 그은 선은 중복해서 여러 번 긋는다.
④ 가는 선일수록 선의 농도를 낮게 조정한다.

51 제도용구 중 치수를 옮기거나 선과 원주를 같은 길이로 나눌 때 사용하는 것은?
① 컴퍼스   ② 디바이더
③ 삼각스케일   ④ 운형자

52 다음 중 목재의 이음의 종류에 대한 설명으로 옳지 않은 것은?
① 맞댄 이음 : 한 재의 끝을 주먹모양으로 만들어 딴 재에 파들어가게 한 것
② 겹친 이음 : 2개의 부재를 단순 겹쳐대고

큰 못, 볼트 등으로 보강한 것
③ 덧판 이음 : 두 재의 이음새의 양옆에 덧판을 대고 못질 또는 볼트조임한 것
④ 엇걸이 이음 : 이음위치에서 산지 등을 박아서 더욱 튼튼하게 한 것

53 플랫 슬래브(flat slab) 구조에 관한 설명 중 틀린 것은?
① 내부에는 보가 없이 바닥판을 기둥이 직접 지지하는 슬래브를 말한다.
② 실내공간의 이용도가 좋다.
③ 층높이를 낮게 할 수 있다.
④ 고정하중이 적고 뼈대의 강성이 우수하다.

54 다음 중 철골조와 비교한 철근콘크리트 구조의 단점이 아닌 것은?
① 내화성이 떨어진다.
② 구조물 완성 후 내부 결함의 유무를 검사하기 어렵다.
③ 중량이 크다.
④ 균열이 쉽게 발생한다.

55 건축설계도 중 계획설계도에 해당되지 않는 것은?
① 구상도   ② 조직도
③ 동선도   ④ 배치도

56 강재나 목재를 삼각형을 기본으로 짜서 하중을 지지하는 것으로 절점을 중심으로 자유롭게 회전하며 부재는 인장과 압축력만 받도록 한 구조는?
① 트러스 구조   ② 내력벽 구조
③ 라멘 구조   ④ 아치 구조

57 그림과 같은 단면용 재료 표시 기호가 의미하는 것은?

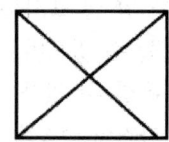

① 목재(구조재)   ② 석재
③ 인조석   ④ 지반

58 콘크리트에서의 최소피복두께의 목적에 해당되지 않는 것은?
① 철근의 부식 방지
② 철근의 연성 감소
③ 철근의 내화
④ 철근의 부착

59 벽돌쌓기 중 벽돌면에 구멍을 내어 쌓는 방식으로 장막벽이며 장식적인 효과가 우수한 쌓기 방식은?
① 엇모쌓기   ② 영롱쌓기
③ 영식쌓기   ④ 무늬쌓기

60 다음 중 척도에 대한 설명으로 옳은 것은?
① 척도는 배척, 실척, 축척 3종류가 있다.
② 배척은 실물과 같은 크기로 그리는 것이다.
③ 축척은 일정한 비율로 확대하는 것이다.
④ 축척은 1/1, 1/15, 1/150, 1/250, 1/350 이 주로 사용된다.

01 다음 중 공간이 지나치게 넓은 경우 공간을 아늑하고 안정감 있게 보이게 하는 방법으로 가장 알맞은 것은?
① 키가 큰 가구를 이용하여 공간을 분할한다.
② 창이나 문 등의 개구부를 크게 한다.
③ 유리나 플라스틱으로 된 가구를 이용하여 시선이 차단되지 않게 한다.
④ 난색보다는 한색을 사용하고, 조명으로 천장이나 바닥부분을 밝게 한다.

02 다음 중 디자인에 있어 대중적이거나 저속하다는 의미를 나타내는 용어는?
① 키치(Kitsch)
② 퓨전(Fusion)
③ 미니멀(Minimal)
④ 데지그나레(Designare)

03 창문 전체를 커튼으로 처리하지 않고 반 정도만 친 형태를 갖는 커튼의 종류는?
① 글라스 커튼
② 새시 커튼
③ 드레이퍼리 커튼
④ 드로우 커튼

04 벽에 관한 설명으로 옳지 않은 것은?
① 공간을 둘러싸는 수직적 요소이다.
② 공간의 형태와 크기를 결정하는 요소이다.
③ 벽의 높이가 600mm 정도이면 공간을 시각적으로 차단하는 기능을 한다.
④ 공간과 공간을 구분하고 분리함으로써 시각적, 청각적 프라이버시를 제공할 수 있다.

05 촉각 또는 시각으로 지각할 수 있는 어떤 물체 표면상의 특징을 의미하는 것은?
① 색채
② 채도
③ 질감
④ 패턴

06 상점계획에서 파사드 구조에 요구되는 소비자 구매심리 5단계에 속하지 않는 것은?
① 주의(Attention)
② 욕망(Desire)
③ 기억(Memory)
④ 유인(Attraction)

07 주택계획에 관한 설명으로 옳지 않은 것은?
① 침실의 위치는 소음원이 있는 쪽은 피하고, 정원 등의 공지에 면하도록 하는 것이 좋다.
② 부엌의 위치는 항상 쾌적하고, 일광에 의한 건조 소독을 할 수 있는 남쪽 또는 동쪽이 좋다.

③ 리빙 다이닝 키친(LDK)은 대규모 주택에서 주로 채용되며 작업 동선이 길어지는 단점이 있다.
④ 거실의 형태는 일반적으로 정사각형의 형태가 직사각형의 형태보다 가구의 배치나 실의 활용에 불리하다.

08 다음의 내용은 무엇에 대한 설명인가?

- 거리의 예술이라 부른다.
- 랜드마크의 기능이 있다.
- 환경 그래픽, 스페이스 그래픽이라고도 한다.

① POP(Point of purchase)
② 슈퍼그래픽(Super graphic)
③ 일러스트레이션(Illustration)
④ 레터링(Lettering)

09 거실의 가구배치방식 중 중앙의 테이블을 중심으로 좌석이 마주 보도록 배치하는 방식은?

① 코너형   ② 직선형
③ 대면형   ④ 자유형

10 같은 층에서 바닥에 높이차를 둘 경우에 대한 설명으로 옳지 않은 것은?

① 칸막이 없이 공간 구분을 할 수 있다.
② 심리적인 구분감과 변화감을 준다.
③ 안전에 유념해야 한다.
④ 연속성을 주어 실내를 더 넓어 보이게 한다.

11 다음과 같은 특징을 갖는 부엌의 유형은?

- 다른 유형에 비해 부엌의 기능성과 청결감을 크게 할 수 있다.
- 음식을 식탁까지 운반해야 하는 불편이 있으며 주부가 작업할 때 가족 간의 대화가 단절되기 쉽다.

① 오픈 키친   ② 독립형 부엌
③ 다이닝 키친   ④ 반독립형 부엌

12 개구부(창과 문)의 역할에 관한 설명으로 옳지 않은 것은?

① 창은 조망을 가능하게 한다.
② 창은 통풍과 채광을 가능하게 한다.
③ 문은 공간과 다른 공간을 연결시킨다.
④ 창은 가구, 조명 등 실내에 놓여지는 설치물에 대한 배경이 된다.

13 점의 조형 효과로 옳지 않은 것은?

① 한 점이 공간의 중심에 위치하면 집중 효과가 생긴다.
② 두 점의 크기가 같을 때 주의력은 균등하게 작용한다.
③ 근접되어 있는 많은 점은 면으로도 지각된다.
④ 크기가 다른 점들의 모임은 정적인 느낌을 준다.

14 상점의 판매형식에 관한 설명으로 옳지 않은 것은?

① 대면판매는 종업원의 정위치를 정하기가 용이하다.
② 측면판매는 상품에 대한 설명이나 포장작업이 용이하다.
③ 측면판매는 고객의 충동적 구매를 유도하는 경우가 많다.

④ 대면판매를 하는 상품은 일반적으로 시계, 귀금속, 안경 등 소형 고가품이다.

15 다음 설명에 알맞은 블라인드의 종류는?

- 셰이드 블라인드라고도 한다.
- 천을 감아 올려 높이 조절이 가능하며, 칸막이나 스크린의 효과도 얻을 수 있다.

① 롤 블라인드
② 로만 블라인드
③ 버티컬 블라인드
④ 베니션 블라인드

16 건축물의 에너지절약 설계기준에 따라 권장되는 외벽 부위의 단열시공방법은?

① 외단열 ② 내단열
③ 중단열 ④ 양측단열

17 다음 설명에 알맞은 음과 관련된 현상은?

- 매질 중의 음의 속도가 공간적으로 변동함으로써 음이 전파하는 방향이 바뀌어지는 과정이다.
- 주간에 들리지 않던 소리가 야간에 잘 들린다.

① 반사 ② 간섭
③ 회절 ④ 굴절

18 벽과 같은 고체를 통하여 유체에서 유체로 열이 전해지는 현상을 의미하는 것은?

① 열관류 ② 열전도
③ 복사   ④ 대류

19 실내공기오염을 나타내는 종합적 지표로서의 오염물질은?

① O_2 ② O_3
③ CO ④ CO_2

20 간접조명에 관한 설명으로 옳지 않은 것은?

① 조명률이 낮다.
② 실내 반사율의 영향이 크다.
③ 높은 조도가 요구되는 전반조명에는 적합하지 않다.
④ 그림자가 거의 형성되지 않으며 국부조명에 적합하다.

21 수장 및 장식용 금속제품으로 천장, 벽 등에 보드를 붙이고 그 이음새를 감추는 데 사용하는 것은?

① 코너 비드 ② 조이너
③ 펀칭 메탈 ④ 스팬드럴 패널

22 단열유리라고도 하고 철, 니켈, 크롬 등이 들어있는 유리로서 담청색을 띠고 있으며 서향일광을 받는 창에 주로 사용되는 것은?

① 열선흡수유리 ② 강화유리
③ 열선반사유리 ④ 자외선투과유리

23 콘크리트용 혼화제 중 점성 등을 향상시켜 재료분리를 억제하기 위해 사용되는 것은?

① AE제   ② 방청제
③ 증점제 ④ 유동화제

24 아스팔트의 경도를 표시하는 것으로 규정된 조건에서 규정된 침이 시료 중에 진입된 길이를 환산하여 나타낸 것은?

① 신율 ② 침입도

③ 연화점　　　　④ 인화점

25 콘크리트용 골재의 입도를 수치적으로 나타내는 지표로 이용되는 것은?
① 분말도　　　　② 조립률
③ 팽창도　　　　④ 강열감량

26 콘크리트 작업 중 재료분리를 줄이기 위한 방법으로 옳지 않은 것은?
① 잔골재율을 크게 한다.
② 물시멘트비를 크게 한다.
③ AE제를 사용한다.
④ 플라스티시티(plasticity)를 증가시킨다.

27 다음 설명에 알맞은 유리의 종류는?

> • 단열성이 뛰어난 고기능성 유리의 일종이다.
> • 동절기에는 실내의 난방기구에서 발생되는 열을 반사하여 실내로 되돌려 보내고, 하절기에는 실외의 태양열이 실내로 들어오는 것을 차단한다.

① 배강도 유리
② 스팬드럴 유리
③ 스테인드글라스
④ 저방사(Low-E) 유리

28 시멘트의 발열량을 저감시킬 목적으로 제조한 시멘트로 매스콘크리트용으로 사용되며, 건조수축이 적고 화학저항성이 큰 것은?
① 중용열 포틀랜드 시멘트
② 조강 포틀랜드 시멘트
③ 실리카 시멘트
④ 알루미나 시멘트

29 다음 중 인공골재에 속하지 않는 것은?
① 팽창 혈암
② 강자갈
③ 펄라이트
④ 암석을 부수어 만든 모래

30 폴리스티렌 수지의 일반적 용도로 알맞은 것은?
① 단열재　　　　② 대용 유리
③ 섬유제품　　　④ 방수시트

31 기계적 강도, 전기적 성질이 우수하여 카운터나 조리대 등을 만드는 데 사용되는 열경화성 수지는?
① 염화비닐 수지
② 아크릴 수지
③ 멜라민 수지
④ 폴리스티렌 수지

32 쇄석을 종석으로 하여 시멘트에 안료를 섞어 진동기로 다진 후 판상으로 성형한 것으로서 자연석과 유사하게 만든 수장재료는?
① 석면 시멘트판　② 목모 시멘트판
③ 인조석판　　　④ 대리석판

33 비교적 굵은 철선을 격자형으로 용접한 것으로 콘크리트 보관용으로 사용되는 금속제품은?
① 펀칭 메탈(punching metal)
② 와이어 로프(wire rope)
③ 와이어 메시(wire mesh)
④ 메탈 폼(metal form)

34 한국산업표준(KS)에 따른 포틀랜드 시멘트의 종류에 속하지 않는 것은?
① AE 포틀랜드 시멘트
② 조강 포틀랜드 시멘트
③ 보통 포틀랜드 시멘트
④ 중용열 포틀랜드 시멘트

35 석회암이 변성된 것으로 강도가 높고 색채와 결이 아름다우나, 풍화하기 쉬우므로 주로 내장재로 사용되는 것은?
① 화강암　　② 안산암
③ 응회암　　④ 대리석

36 분말도가 큰 시멘트에 대한 설명으로 옳지 않은 것은?
① 지나치게 크면 풍화되기 쉽다.
② 건조수축이 커져서 균열이 발생하기 쉽다.
③ 강도의 발현속도가 빠르다.
④ 수화작용이 느리므로 매스콘크리트에 주로 사용된다.

37 점토의 성질에 관한 설명으로 옳지 않은 것은?
① 주성분은 실리카와 알루미나이다.
② 인장강도는 압축강도의 약 5배이다.
③ 비중은 일반적으로 2.5~2.6 정도이다.
④ 양질의 점토는 습윤 상태에서 현저한 가소성을 나타낸다.

38 다음 중 목재의 건조 목적과 가장 거리가 먼 것은?
① 충해 방지
② 목재강도의 증가
③ 목재수축에 의한 손상 방지
④ 가공성의 증가

39 멤브레인 방수에 속하지 않는 것은?
① 도막 방수
② 아스팔트 방수
③ 시멘트 모르타르 방수
④ 합성고분자 시트 방수

40 다음 미장재료 중 공기 중의 탄산가스와 반응하여 화학변화를 일으켜 경화하는 것은?
① 소석회
② 시멘트 모르타르
③ 혼합석고 플라스터
④ 경석고 플라스터

41 다음 중 조립식 구조의 특성이 아닌 것은?
① 공장생산에 의한 대량 생산이 가능하다.
② 기계화 시공에 의한 공기단축이 가능하다.
③ 각 부품과의 접합부가 일체화되어 응력상 유리하다.
④ 정밀도가 높고 강도가 큰 콘크리트 부재를 쓸 수 있다.

42 설계도면의 종류 중 기본설계도에 해당되는 것은?
① 구상도　　② 조직도
③ 배치도　　④ 동선도

43 다음 중 석재 표면의 마무리 순서로 옳은 것은?
① 정다듬 – 메다듬 – 잔다듬 – 도드락다듬 – 물갈기

② 메다듬 – 정다듬 – 도드락다듬 – 잔다듬
 – 물갈기
③ 잔다듬 – 메다듬 – 도드락다듬 – 물갈기
 – 정다듬
④ 정다듬 – 잔다듬 – 메다듬 – 도드락다듬
 – 물갈기

44 목구조에서 가로재와 세로재가 직교하는 모서리 부분에 직각이 변하지 않도록 보강하는 철물은?
① 감잡이쇠 ② ㄱ자쇠
③ 띠쇠 ④ 안장쇠

45 I형강의 웨브를 절단하여 6각형 구멍이 줄지어 생기도록 용접하여 춤을 높인 것은?
① 허니콤보 ② 플레이트보
③ 트러스보 ④ 래티스보

46 철골 용접 시 발생하는 용접 결함 중 언더컷에 대한 설명으로 적합한 것은?
① 용접부분 안에 생기는 기포
② 용착금속이 모재에 완전히 붙지 않고 겹쳐 있는 것
③ 용착금속이 홈에 차지 않고 홈 가장자리가 남아 있는 것
④ 용접부분 표면에 생기는 작은 구멍

47 삼각자 1조로 만들 수 없는 각도는?
① 15° ② 25°
③ 105° ④ 150°

48 콘크리트 충전 강관구조(CFT)에 대한 설명으로 옳지 않은 것은?

① 기둥 시공 시 별도의 특수 거푸집이 필요하다.
② 원형 또는 각형 강관이 주로 사용된다.
③ 일종의 합성구조이다.
④ 에너지 흡수능력이 뛰어나 초고층 구조물에 적용 가능하다.

49 실제 16m의 거리는 축척 1/200인 도면에서 얼마의 길이로 표현할 수 있는가?
① 80mm ② 60mm
③ 40mm ④ 20mm

50 블록의 빈 속에 철근을 배근하고 콘크리트를 부어 넣어 수직 하중과 수평 하중에 안전하게 견딜 수 있도록 보강한 것으로 가장 이상적인 블록 구조는?
① 보강 블록조
② 조적식 블록조
③ 블록 장막벽
④ 거푸집 블록구조

51 철근콘크리트 구조에서 스팬이 긴 경우에 보의 단부에 발생하는 휨모멘트와 전단력에 대한 보강으로 보 단부의 춤을 크게 한 것을 무엇이라 하는가?
① 드롭패널 ② 플랫 슬래브
③ 헌치 ④ 주두

52 건축물의 밑바닥 전부를 일체화하여 두꺼운 기초판으로 구축한 기초의 명칭은?
① 온통기초 ② 연속기초
③ 복합기초 ④ 독립기초

53 실 내부의 벽 하부를 보호하기 위하여 높이 1~1.5m 정도로 널을 댄 벽을 무엇이라 하는가?
① 코펜하겐 리브 ② 걸레받이
③ 커튼월 ④ 징두리 판벽

54 건축도면 작성 시 도면의 방향에 대해 옳게 설명한 것은?
① 평면도는 동측을 위로 하여 작도함을 원칙으로 한다.
② 배치도는 남측을 위로 하여 작도함을 원칙으로 한다.
③ 입면도는 위, 아래 방향을 도면지의 위, 아래와 반대로 하는 것을 원칙으로 한다.
④ 단면도는 위, 아래 방향을 도면지의 위, 아래와 일치시키는 것을 원칙으로 한다.

55 목재의 접합에 관한 설명으로 옳지 않은 것은?
① 한 부재가 직각 또는 경사지어 맞추어지는 자리 또는 그 맞추는 방법을 이음이라 한다.
② 목재의 널 등을 모아대어 넓게 붙여댄 것을 쪽매라 한다.
③ 접합은 응력이 작은 위치에서 한다.
④ 접합에는 공작이 간단한 것을 쓰고 모양에 치중하지 않도록 한다.

56 투시도법의 종류 중 평행 투시도법이라고 불리며 일반적으로 실내투시 작성 시 사용되는 것은?
① 1소점 투시도법
② 2소점 투시도법
③ 3소점 투시도법
④ 유각 투시도법

57 건축제도 시 선긋기에 관한 설명 중 옳지 않은 것은?
① 수평선은 왼쪽에서 오른쪽으로 긋는다.
② 시작부터 끝까지 굵기가 일정하게 한다.
③ 연필은 진행되는 방향으로 약간 기울여서 그린다.
④ 삼각자의 왼쪽 옆면을 이용하여 수직선을 그을 때는 위쪽에서 아래 방향으로 긋는다.

58 표준형 벽돌에서 칠오토막의 크기로 옳은 것은?
① 벽돌 한 장 길이의 1/4 토막
② 벽돌 한 장 길이의 1/3 토막
③ 벽돌 한 장 길이의 1/2 토막
④ 벽돌 한 장 길이의 3/4 토막

59 아래 표시 기호의 명칭은 무엇인가?

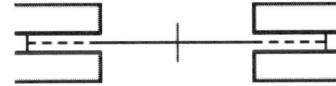

① 붙박이문
② 쌍미닫이문
③ 쌍여닫이문
④ 두짝 미서기문

60 원호 이외의 곡선을 그을 때 사용하는 제도 용구는?
① 운형자 ② 템플릿
③ 컴퍼스 ④ 디바이더

01 CBT/복/원/문/제

2024년 제4회

● 실/내/건/축/기/능사

01 다음 설명에 알맞은 건축화 조명의 종류는?

- 사용자의 얼굴에 적당한 조도를 분배하기 위해 벽면이나 천장면의 일부를 돌출시켜 조명을 설치하고 아래로 비춘다.
- 주로 카운터 상부, 욕실의 세면대 상부 등에 설치된다.

① 광창 조명　② 코브 조명
③ 광천장 조명　④ 캐노피 조명

02 건축계획 시 함께 계획하면 건축물과 일체화하여 설치하는 가구로서 가구배치의 혼란감을 없애고 공간을 최대한 활용, 효율성을 높일 수 있는 가구는?

① 이동식 가구　② 가동식 가구
③ 붙박이 가구　④ 조립식 가구

03 채광량을 조절하는 장치가 아닌 것은?

① 루버(louver)
② 커튼(curtain)
③ 컨벡터(convector)
④ 블라인드(blind)

04 다음 중 문의 위치를 결정할 때 고려해야 할 사항과 가장 거리가 먼 것은?

① 출입동선
② 가구를 배치할 공간
③ 통행을 위한 공간
④ 재료 및 문의 종류

05 다음 중 상징적 경계에 관한 설명으로 가장 알맞은 것은?

① 슈퍼그래픽을 말한다.
② 경계를 만들지 않는 것이다.
③ 담을 쌓은 후 상징물을 설치하는 것이다.
④ 물리적 성격이 약화된 시각적 영역표시를 말한다.

06 다음의 주택계획에 대한 설명 중 옳지 않은 것은?

① 거실의 형태는 일반적으로 직사각형의 형태가 정사각형의 형태보다 가구의 배치나 실의 활용에 유리하다.
② 리빙 다이닝 키친(LDK)의 형태는 대규모 주택에서 많이 나타나는 형태로 작업 동선이 길어지는 단점이 있다.
③ 침실의 위치는 소음원이 있는 쪽은 피하고, 정원 등의 공지에 면하도록 하는 것이 좋다.
④ 부엌의 위치는 항상 쾌적하고, 일광에 의한 건조 소독을 할 수 있는 남쪽 또는 동쪽이 좋다.

07 대칭적 균형에 대한 설명 중 옳지 않은 것은?

① 가장 완전한 균형의 상태이다.

② 공간에 질서를 주기에 용이하다.
③ 좌우대칭 및 방사대칭이 대칭적 균형의 종류에 속한다.
④ 자연스러우며 풍부한 개성을 표현할 수 있어 능동의 균형이라고도 한다.

08 실내디자이너가 갖추어야 할 능력과 가장 거리가 먼 것은?
① 인간의 욕구를 지각하는 능력과, 분석하여 이해하는 능력을 갖추어야 한다.
② 실내구조를 강조한 구조 전반에 관한 지식, 건축의 체계 설비시설, 구성요소에 관한 지식을 갖추어야 한다.
③ 기초디자인 이론, 미학역사, 계획대상에 대한 조사 분석, 공간계획과 프로그래밍에 관한 지식을 갖추어야 한다.
④ 실내디자이너에게는 미적 감각이 가장 중요하며, 문제분석 능력이나 경영능력, 심리학적인 안목은 필요하지 않다.

09 쇼 윈도우의 반사에 따른 눈부심을 방지하기 위한 방법으로 옳지 않은 것은?
① 쇼 윈도우에 곡면유리를 사용한다.
② 쇼 윈도우의 유리가 수직이 되도록 한다.
③ 쇼 윈도우의 내부 조도를 외부보다 높게 처리한다.
④ 차양을 설치하여 쇼 윈도우 외부에 그늘을 조성한다.

10 주거공간을 주 행동에 따라 개인 공간, 사회 공간, 노동 공간, 보건·위생 공간으로 구분할 때, 다음 중 사회 공간으로만 구성된 것은?
① 침실, 공부방, 서재
② 부엌, 세탁실, 다용도실
③ 식당, 거실, 응접실
④ 화장실, 세면실, 욕실

11 우리나라의 전통가구 중 장과 더불어 가장 일반적으로 쓰이던 수납용 가구로 몸통이 2층 또는 3층으로 분리되어 상자 형태로 포개 놓아 사용된 것은?
① 농 ② 소반
③ 함 ④ 궤

12 조선시대 주택구조에 대한 설명 중 옳지 않은 것은?
① 주택공간이 성(性)에 의해 구분되었다.
② 주택은 크게 행랑채, 사랑채, 안채, 바깥채의 4개의 공간으로 구분되었다.
③ 사랑채는 남자 손님들의 응접공간으로 사용되었다.
④ 안채는 모든 가정살림의 중추적인 역할을 하던 곳이다.

13 설계나 생산에 쓰이는 치수 단위 또는 체계를 모듈이라고 하는데, 인체척도를 근거로 하는 모듈을 주장한 사람은?
① 프랭크 로이드 라이트
② 르 코르뷔지에
③ 미스 반 데어 로에
④ 월터 그로피우스

14 각종 의자에 관한 설명으로 옳지 않은 것은?
① 스툴은 등받이와 팔걸이가 없는 형태의 보조의자이다.
② 풀업 체어는 필요에 따라 이동시켜 사용할 수 있는 간이 의자이다.

③ 이지 체어는 편안한 휴식을 위해 발을 올려놓는 데 사용되는 스툴의 종류이다.
④ 라운지 체어는 비교적 큰 크기의 의자로 편하게 휴식을 취할 수 있도록 구성되어 있다.

15 모든 시각적 요소에 대하여 상반된 성격의 결합에서 이루어지므로 극적인 분위기를 연출하는데 효과적인 디자인 원리는?
① 비례   ② 대비
③ 통일   ④ 연속

16 환기에 관한 설명으로 옳지 않은 것은?
① 실내환경의 쾌적성을 유지하기 위한 외기량을 필요환기량이라 한다.
② 1인당 차지하는 공간체적이 클수록 필요환기량은 증가한다.
③ 실내가 실외에 비해 온도가 높을 경우 실내의 공기밀도는 실외보다 낮다.
④ 중력환기는 실내외 온도차에 의한 공기의 밀도차에 의하여 발생한다.

17 다음의 열의 이동에 관한 설명 중 옳은 것은?
① 열은 온도차가 있을 때 온도가 낮은 곳에서 높은 곳으로 이동한다.
② 열관류가 잘 안되는 재료일수록 단열성능이 좋다.
③ 전도는 어떤 물체에 발생하는 열에너지가 전달매개체가 없이 직접 다른 물체에 도달하는 것이다.
④ 건축물에서 열의 이동은 전도와 대류에 의해서만 이루어진다.

18 잔향시간에 관한 설명으로 옳지 않은 것은?
① 잔향시간이 길면 명료성이 떨어진다.
② 잔향시간은 실의 형태와 깊은 관련이 있다.
③ 잔향시간은 너무 짧으면 음악의 풍부성이 저하된다.
④ 잔향시간은 실의 용적에 비례하고 흡음력에 반비례한다.

19 측창 채광에 대한 설명 중 옳지 않은 것은?
① 천창 채광보다 시공 및 관리가 어렵고 빗물이 새기 쉽다.
② 벽의 한 면에만 채광하는 것을 편측창 채광이라 한다.
③ 측창 채광은 천창 채광에 비해 개방감이 좋고 통풍에 유리하다.
④ 편측창 채광은 조명도가 균일하지 못하다.

20 물체 표면 간의 복사열전달량을 계산함에 있어 이와 가장 밀접한 재료의 성질은?
① 방사율   ② 신장률
③ 투과율   ④ 굴절률

21 FRP, 욕조, 물탱크 등에 사용되는 내후성과 내약품성이 뛰어난 열경화성 수지는?
① 불소 수지
② 불포화 폴리에스테르 수지
③ 초산 비닐 수지
④ 폴리우레탄 수지

22 다음 중 강의 조직을 개선하고 결정을 미세화하기 위해 800~1000℃로 가열하여 소정의 시간까지 유지한 후에 대기 중에서 냉각하는 열처리법은?

① 풀림 ② 불림
③ 담금질 ④ 뜨임질

③ 아스팔트 싱글 ④ 아스팔트 펠트

27 MDF에 대한 설명으로 틀린 것은?
① 톱밥을 압축가공해서 목재가 가진 리그닌 단백질을 이용하여 목재섬유를 고착시켜 만든 인조목재판이다.
② 일반 고정 못으로 시공이 용이하여 한 번 고정철물을 사용한 곳도 쉽게 재시공할 수 있다.
③ 인테리어 공사 시 합판 대용으로 시공이 용이하고 마감이 깔끔하다.
④ 습기에 약하며 무게가 많이 나간다.

23 콘크리트용 골재에 요구되는 성질로 맞지 않는 것은?
① 골재의 강도는 콘크리트 중의 경화시멘트 페이스트의 강도 이상일 것
② 골재의 입형은 편평, 세장하고, 표면은 거칠지 않을 것
③ 입도는 조립에서 세립까지 연속적으로 균등히 혼합되어 있을 것
④ 유해량의 먼지, 흙, 유기불순물 등을 포함하지 않을 것

28 내열성, 내한성이 우수한 수지로 -60~260℃의 범위에서는 안정하고 탄성을 가지며 내후성 및 내화학성 등이 아주 우수하기 때문에 접착제, 도료로서 주로 사용되는 수지는?
① 페놀 수지 ② 멜라민 수지
③ 실리콘 수지 ④ 염화비닐 수지

24 다음 중 방음, 방서, 단열 효과가 크고 결로 방지용으로도 우수한 유리제품은?
① 복층유리 ② 망입유리
③ 스테인드글라스 ④ 반사유리

25 ALC(autoclaved lightweight concrete) 제품에 관한 설명으로 옳지 않은 것은?
① 주원료는 백색 포틀랜드 시멘트이다.
② 보통콘크리트에 비해 다공질이고 열전도율이 낮다.
③ 물에 노출되지 않는 곳에서 사용해야 한다.
④ 경량재이므로 인력에 의한 취급이 가능하고 현장가공 등 시공성이 우수하다.

29 굳지 않은 콘크리트에 요구되는 성질이 아닌 것은?
① 거푸집 구석구석까지 잘 채워질 수 있어야 한다.
② 다지기 및 마무리가 용이하여야 한다.
③ 거푸집에 부어 넣은 후, 블리딩이 많이 발생하여야 한다.
④ 시공 시 및 그 전후에 재료분리가 적어야 한다.

26 목면·마사·양모·폐지 등을 원료로 만든 원지에 스트레이트 아스팔트를 침투시켜 롤러로 압착하여 만든 것으로 아스팔트방수 중간층재로 이용되는 아스팔트 제품은?
① 아스팔트 루핑 ② 블론 아스팔트

30 각종 유리의 성질에 관한 설명으로 옳지 않은 것은?
① 유리블록은 실내의 냉·난방에 효과가

있으며 보통 유리창보다 균일한 확산광을 얻을 수 있다.
② 열선반사유리는 단열유리라고도 불리우며 태양광선 중 장파부분을 흡수한다.
③ 자외선차단유리는 자외선의 화학작용을 방지할 목적으로 의류품의 진열창, 식품이나 약품의 창고 등에 쓴다.
④ 내열유리는 규산분이 많은 유리로서 성분은 석영유리에 가깝다.

31 금속의 방식법에 대한 설명 중 옳지 않은 것은?
① 가능한 한 이종금속과 인접하거나 접촉하여 사용하도록 한다.
② 균질한 것을 사용하고 사용 시 큰 변형을 주지 않는다.
③ 표면을 평활하고 깨끗하게 하며, 건조상태를 유지하도록 한다.
④ 부분적으로 녹이 나면 즉시 제거하도록 한다.

32 내화도가 낮아 고열을 받는 곳에는 적당하지 않지만, 견고하고 대형재의 생산이 가능하며 바탕색과 반점이 미려하여 구조재, 내외장재로 많이 사용되는 것은?
① 화강암   ② 응회암
③ 석회암   ④ 안산암

33 다음의 석고 플라스터에 대한 설명 중 틀린 것은?
① 원칙적으로 해초 또는 풀즙을 사용하지 않는다.
② 경석고 플라스터는 고온소성의 무수석고를 특별한 화학처리를 한 것으로 경화 후 아주 단단하다.
③ 경화·건조 시 치수 안전성이 뛰어나 균열이 없는 마감을 실현할 수 있다.
④ 석고 플라스터 중에서 가장 많이 사용하는 것은 크림용 석고 플라스터이다.

34 다음 중 AE제의 사용 목적과 가장 관계가 먼 것은?
① 블리딩을 감소시킨다.
② 강도를 증가시킨다.
③ 동결융해작용에 대하여 내구성을 지닌다.
④ 굳지 않은 콘크리트의 워커빌리티를 개선시킨다.

35 아연에 대한 설명 중 옳지 않은 것은?
① 공기 중에서 대부분 산화한다.
② 비철금속으로 연성이 우수하다.
③ 철강의 방식용 피복재로 사용된다.
④ 황동은 구리와 아연을 주체로 한 합금이다.

36 집성목재에 대한 설명으로 옳지 않은 것은?
① 요구된 치수, 형태의 재료를 비교적 용이하게 제조할 수 있다.
② 제재판매 또는 소각재 등의 부재를 섬유방향이 직교하도록 접착제로 겹쳐 붙여 만든 것이다.
③ 옹이, 균열 등의 결함을 제거, 분산시킬 수 있으므로 강도의 편차가 적다.
④ 충분히 건조된 건조재를 사용하므로 비틀림, 변형 등을 피할 수 있다.

37 유성페인트에 관한 설명으로 옳은 것은?

① 보일유에 안료를 혼합시킨 도료이다.
② 안료를 적은 양의 물로 용해하여 수용성 교착제와 혼합한 분말상태의 도료이다.
③ 천연수지 또는 합성수지 등을 건성유와 같이 가열·융합시켜 건조제를 넣고 용제로 녹인 도료이다.
④ 니트로셀룰로오스와 같은 용제에 용해시킨 섬유계 유도체를 주성분으로 하여 여기에 합성수지, 가소제와 안료를 첨가한 도료이다.

38 다음 래커의 특성에 관한 설명 중 틀린 것은?
① 건조가 매우 빠르다.
② 광택이 좋다.
③ 도막이 두껍고 부착력이 좋다.
④ 백화현상이 일어날 수 있다.

39 고강도의 강재나 피아노선을 사용하여 재축방향으로 콘크리트에 미리 압축력을 준 콘크리트는?
① 섬유보강 콘크리트
② 프래팩트 콘크리트
③ 폴리머 콘크리트
④ PS 콘크리트

40 강화유리에 관한 설명으로 옳지 않은 것은?
① 보통 판유리를 600℃ 정도 가열했다가 급랭시켜 만든 것이다.
② 강도는 보통 판유리의 3~5배 정도이고 파괴 시 둔각파편으로 파괴되어 위험이 방지된다.
③ 온도에 대한 저항성이 매우 약하므로 적당한 완충제를 사용하여 튼튼한 상자에 포장한다.
④ 가공 후 절단이 불가하므로 소요치수대로 주문 제작한다.

41 철골구조에 관한 설명으로 옳지 않은 것은?
① 수평력에 약하며 공사비가 저렴한 편이다.
② 철근콘크리트 구조에 비해 내화성이 부족하다.
③ 고층 및 장스팬 건물에 적합하다.
④ 철근콘크리트 구조물에 비하여 중량이 가볍다.

42 트러스를 종횡으로 배치하여 입체적으로 구성한 구조로서 형강이나 강관을 사용하여 넓은 공간을 구성하는 데 이용되는 것은?
① 막구조
② 스페이스 프레임
③ 절판구조
④ 돔구조

43 다음 중 기둥과 기둥 사이의 간격을 나타내는 용어는?
① 좌굴   ② 스팬
③ 면내력   ④ 접합부

44 너트를 강하게 죄어 볼트에 인장력이 생기게 하고 접합된 판 사이에 강한 압력이 작용하여 이에 의한 접합재 간의 마찰저항에 의하여 힘을 전달하는 접합방식은?
① 납접합   ② 고력볼트접합
③ 핀접합   ④ 용접접합

45 표준형 벽돌로 구성한 벽체를 내력벽 2.5B로 할 때 벽두께로 옳은 것은?

① 290mm　② 390mm
③ 490mm　④ 580mm

46 다음 중 기초 도면 작성 시 가장 먼저 해야 할 사항은?
① 테두리선을 긋는다.
② 지반선과 벽체 중심선을 긋는다.
③ 재료의 단면표시를 한다.
④ 기초 크기에 알맞게 축척을 정한다.

47 다음 중 배치도에 명시되어야 하는 것은?
① 대지 내 건물의 위치와 방위
② 기둥, 벽, 창문 등의 위치
③ 건물의 높이
④ 승강기의 위치

48 다음의 투시도에 대한 설명 중 옳은 것은?
① 대상 물체가 관찰자의 시선으로부터 90° 이내이면 자연스럽게 그려진다.
② 관찰자와 공간과의 거리가 가까우면 자연스럽게 보인다.
③ 같은 공간이라도 관찰자의 위치, 눈높이, 시선의 각도에 따라 다르게 표현된다.
④ 1소점 투시도에는 실내공간의 2면과 바닥, 천장만이 그려진다.

49 처마홈통에 모인 빗물을 지상으로 유도하는 홈통으로서 원형 또는 각형으로 만든 수직관을 홈통걸이 철물로써 약 1.2m 간격으로 벽 또는 기둥에 고정시킨 것은?
① 깔때기 홈통　② 선 홈통
③ 지붕골 홈통　④ 흘러내림 홈통

50 철근콘크리트 구조의 철근 피복에 관한 설명으로 옳지 않은 것은? (단, 철근콘크리트 보로서 주근과 늑근이 정상 설치된 경우)
① 철근콘크리트 보의 피복두께는 주근의 표면과 이를 피복하는 콘크리트 표면까지의 최단거리이다.
② 피복두께는 내화성·내구성 및 부착력을 고려하여 정하는 것이다.
③ 동일한 부재의 단면에서 피복두께가 클수록 구조적으로 불리하다.
④ 콘크리트의 중성화에 따른 철근의 부식을 방지한다.

51 도면 표시기호 중 면적과 너비의 표시가 옳게 짝지어진 것은?
① A-W　② V-H
③ A-L　④ THK-W

52 도면에 선을 그을 때의 유의사항 중 옳지 않은 것은?
① 일정한 힘을 가하여 일정한 속도로 긋는다.
② 필기구는 선을 긋는 방향으로 약간 기울인다.
③ 일점쇄선과 파선은 간격이 일정하게 한다.
④ 제도용 삼각자는 정확성을 위해 눈금이 있는 것을 사용한다.

53 다음 중 견치돌을 옳게 설명한 것은?
① 지름 200mm 정도로 깨어 낸 막생긴 돌로서 지정, 잡석다짐 등에 사용된다.
② 구들장으로 사용되며, 구들 아랫목에 놓는 것을 함실장이라 한다.
③ 한 변이 300mm 정도인 네모뿔형의 돌로서 석축에 사용된다.

④ 두께에 비하여 너비가 큰 돌을 말하며 길이가 1000mm 정도가 주로 쓰인다.

54 다음 중 건축제도의 치수기입에 관한 설명으로 옳지 않은 것은?
① 협소한 간격이 연속될 때에는 인출선을 사용하여 치수를 쓴다.
② 치수는 특별히 명시하지 않는 한 마무리 치수로 표시한다.
③ 치수기입은 치수선에 평행하게 도면의 왼쪽에서 오른쪽으로, 아래로부터 위로 읽을 수 있도록 기입한다.
④ 치수기입은 항상 치수선 중앙 아랫부분에 기입하는 것이 원칙이다.

55 철골구조 보에서 L형강과 강판을 접합하여 I형 모양으로 조립한 보는?
① 형강 보
② 플레이트 보
③ 허니콤 보
④ 상자형 보

56 구성 방식에 따른 건축구조의 분류에서 일반적으로 가구식 구조에 속하는 것은?
① 철골구조, 철근콘크리트구조
② 벽돌구조, 석구조
③ 목구조, 블록구조
④ 철골구조, 목구조

57 도면의 치수 표현에 있어 치수 단위의 원칙은?
① mm
② cm
③ m
④ inch

58 다음 중 실내건축 투시도 그리기에서 가장 마지막으로 하여야 할 작업은?

① 서 있는 위치 결정
② 눈높이 결정
③ 입면상태의 가구 설정
④ 질감의 표현

59 철골구조에서 스티프너를 사용하는 가장 중요한 목적은?
① 보의 휨내력 보강
② 웨브 플레이트의 좌굴 방지
③ 보의 처짐 보강
④ 플랜지 앵글의 단면 보강

60 부재의 응력에 관한 설명으로 옳은 것은?
① 인장응력은 부재를 누를 때에 생기는 응력이다.
② 전단응력은 부재를 잡아당길 때에 생기는 응력이다.
③ 압축응력은 부재를 직각으로 자를 때 생기는 응력이다.
④ 휨응력은 부재가 휘어질 때 단면상에 생기는 수직응력이다.

memo

제6편

출제예상 모의고사 해설 및 정답

출제예상 모의고사 해설 및 정답

실내건축기능사

제1회

01 ③
회전문
문이 회전하면서 양방향으로 들어오고 나가는 동선이 분리되며, 문의 개방시간이 짧기 때문에 방풍 및 방온효과가 있다.

02 ②
휴먼스케일은 인체를 기준으로 하여 측정되는 척도이다.

03 ③
상업공간의 고객동선은 길게 하여 고객의 구매욕구와 구매기회를 증가시킨다.

04 ②
펜던트 조명
와이어, 파이프 등으로 천장에 매달아 내린 조명

05 ②
열환경 요소 중 기후적인 조건을 좌우하는 가장 큰 요소는 기온이다.

06 ②
골든 스페이스(golden space)
고객의 시선이 가장 편하게 머물고 손으로 잡기에도 가장 편안한 높이로, 850~1250mm 높이이다.

07 ①
어두운 색이 밝은 색보다 시각적 중량감이 크다.

08 ②

세면기 높이는 750mm 정도가 적당하다.

09 ①
고정창
• 열리지 않으며 빛을 유입시키는 것을 목적
• 상점의 창문이나 밀폐된 냉방공간과 같이 여는 기능이 필요 없을 때 사용된다.

10 ②
반전도형
• 도형과 배경 양쪽이 교대로 도형과 배경처럼 지각되는 도형
• 둘 중 하나가 도형으로 지각되면 나머지 하나는 반드시 배경으로 지각된다.
• 명도가 높은 것이 도형으로, 낮은 것이 배경으로 인식되기 쉽다.

11 ②
뮐러-라이어의 착시
같은 각도 또는 같은 길이라 해도 대비되는 도형의 차이로 인해 다르게 보인다.

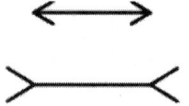

12 ①
상점의 진열장 배치는 동선의 흐름을 우선적으로 고려하여 결정한다.

13 ④
욕실은 기능에 따라 욕조, 변기, 세면기를 분리하여 설치할 수도 있다.

14 ④

- 세티(Settee) : 동일한 두 개의 의자를 나란히 합해 2인이 앉을 수 있도록 한 의자이다.
- 카우치(Couch) : 고대 로마시대에 음식을 먹거나 취침을 위해 사용한 긴 의자에서 유래된 것으로, 한쪽만 팔걸이가 있고 등받이가 낮은 소파 또는 좌판 한쪽을 올려 몸을 기대거나 침대로 겸용할 수 있는 의자를 뜻한다.

15 ③

① 실루엣 기법 : 물체의 형상만을 강조하는 기법으로 눈부심이 없지만 물체의 세밀한 묘사는 할 수 없다. 광원 앞에 있는 사람의 행위가 실루엣으로 나타나므로 시각적으로 인간이 공간과 환경에 종속되는 효과를 준다.
② 글레이징 기법 : 빛의 각도를 이용하는 방법으로 수직면과 평행한 광선을 벽에 비춘다. 벽면 마감 재료의 재질감을 강조시키며 벽면을 분할하여 천장이 낮아 보인다. 글레이징 효과를 내기 위해 매입등은 천장 끝에서 150~300mm 정도 거리를 두고 설치한다.
③ 월 워싱 : 수직벽면을 빛으로 쓸어내리는 듯한 효과를 주기 위해 수직벽면에 균일한 조도로 빛을 비추는 기법이다.
④ 그림자 연출 기법 : 빛과 그림자의 효과를 이용해 공간의 질감과 깊이를 느끼게 하는 기법이다.

16 ②

르 코르뷔지에의 모듈러(Le modulor)
인체의 수직 치수를 기본으로 해서 황금비를 적용, 전개하고 여기서 등차적 배수를 더한 것으로서 인체 각 부위의 비례에 바탕을 둔 치수 계열이다. 코르뷔지에가 모듈러를 설정하고 적용한 첫 건축물은 마르세이유의 주택 단지이다.

17 ②

조선시대 주택의 공간
행랑채, 사랑채, 안채, 바깥채, 별당채, 곳간채의 5개의 공간으로 구분되었다.

18 ④

측창채광
- 창의 면이 수직의 벽에 붙어 있는 형태의 창문을 말한다.
- 통풍과 실내온도의 조절, 개폐와 조작, 청소 및 관리가 용이
- 측창채광에 의한 주광은 실내에서 수평으로 흐름
- 천창채광에 비해 조도분포가 불균일하고, 근린의 상황에 의해 채광을 방해받을 수 있다.

19 ③

주광률은 옥외 전천공 수평면 조도에 대한 실내 한 지점 조도의 백분율(%)로 정의한다.

주광률 = $\dfrac{200\mathrm{lx}}{20000\mathrm{lx}} \times 100(\%) = 1\%$

20 ③

수정 유효온도(CET)
글로브 온도를 건구 온도 대신에 사용하고 상당 습구온도를 습구온도 대신에 사용한 쾌적지표. 기온, 습도, 기류 및 복사열의 영향을 고려하였다.

21 ①

다공질 벽돌
- 톱밥이나 겨를 혼합하여 소성한 것으로 연소 후 많은 공극이 내부에 생겨 가벼워진다.
- 절단, 못치기 등의 가공이 용이해지며 보온과 흡음성이 있어 방음 및 단열용으로 사용된다.
- 강도가 약해서 구조용으로는 부적합하다.

22 ④

- KS 1종 : 보통 포틀랜드 시멘트
- KS 2종 : 중용열 포틀랜드 시멘트
- KS 3종 : 조강 포틀랜드 시멘트
- KS 4종 : 저열 포틀랜드 시멘트
- KS 5종 : 내황산염 포틀랜드 시멘트

23 ③

타일의 흡수율(KS 기준)
자기질 3%, 석기질 5%, 도기질 18%, 클링커타일 8% 이하

24 ②

우리나라의 경우 시멘트 1포는 보통 40kg이다.

25 ④

청동
- 구리와 주석(약 4~12%)의 합금
- 내식성이 크고 주조가 쉬우며 표면의 청록색이 아름다워 장식 철물 및 공예품으로 많이 쓰인다.

26 ②
공기량 1% 증가 시 압축강도는 4~6% 감소한다.

27 ②
전수축률
$= \dfrac{\text{수축 길이}}{\text{생나무 길이}} \times 100(\%) = \dfrac{0.08m}{4m} \times 100(\%) = 2\%$

28 ③
역청 재료
천연산 또는 원유의 건류·증류에 의해서 얻어지는 유기화합물. 대표적으로 아스팔트, 타르, 피치 등이 있다. 방수, 방부, 포장 등에 사용된다.

29 ①
트래버틴은 대리석의 일종으로 암갈색을 띠는 다공질의 변성암이다.

30 ①
파티클 보드는 합판에 비해 휨강도는 떨어지지만, 면내 강성은 우수하다.

31 ④
납은 비중이 매우 크고, 주조, 단조 등의 가공성이 풍부하며 방사선 투과도가 낮다.

32 ③
강의 열처리방법

구분	열처리방법	특성
풀림	800~1000℃에서 가열 성형 후 노 속에서 서냉	강의 연화 내부 응력 제거
불림	800~1000℃에서 가열 성형 후 대기 중에서 냉각	결정립 미세화, 조직 균일화
담금질	가열한 강을 물 또는 기름 등에 담가 급속 냉각	경도 증대, 내마모성 증가
뜨임질	담금질한 강을 다시 가열(200~600℃)한 후 서냉(대기, 노 속)	강성, 인성, 연성 증가

33 ④
① 경량 콘크리트에 대한 설명
② 중량 콘크리트에 대한 설명
③ 폴리머 콘크리트에 대한 설명

34 ①
석고 플라스터는 미장재료 중 가장 점성이 크고, 응결이 빠르다.

35 ④
아크릴 수지
- 유기유리라고도 하며 광선 및 자외선의 투과성이 좋고, 투명성, 유연성, 내후성, 내화학 약품성이 우수하다.
- 착색이 자유롭지만 마모가 쉽게 발생한다.
- 채광판, 칸막이판, 창유리, 문짝, 조명기구 등으로 사용한다.

36 ③
- 합성수지 모르타르 : 광택용
- 바라이트 모르타르 : 방사선 차단용
- 아스팔트 모르타르 : 내산성 바닥용
- 질석 모르타르 : 경량 구조용
- 석면 모르타르 : 단열, 균열 방지용

37 ③
- 수경성 미장재료 : 석고 플라스터, 시멘트 모르타르, 인조석 바름, 테라조 바름
- 기경성 미장재료 : 진흙, 회반죽, 돌로마이트 플라스터

38 ①
강화유리
- 500~600℃에서 가열 후 특수장치를 이용, 균등하게 급랭시킨 유리
- 강도는 보통 유리보다 3~5배 크고 충격강도는 7배나 된다.
- 파손 시 가루처럼 산란하여 파편에 의한 위험이 적다.
- 열처리 후에는 가공 및 절단이 불가능하다.
※ ①은 접합유리에 대한 설명이다.

39 ②

화강암
- 석영, 장석, 운모, 각섬석 등의 광물질이 포함되어 백색, 흑색, 홍색, 청색 등 다양한 무늬와 색을 띠는 수려한 외관의 석재
- 압축강도가 높아서 구조재로도 쓰이며 내장재나 콘크리트의 골재로도 쓰인다.
- 함유광물의 열팽창계수가 달라 내화도가 낮고 세밀한 가공이 어려운 것이 단점이다.

40 ③

펀칭 메탈
금속판에 여러 가지 무늬의 구멍을 펀칭한 철물제품으로 환기구, 라디에이터 커버 등으로 사용한다.

41 ③
① 계단멍에 : 계단 디딤면 혹은 챌면을 좌우의 단부에서 지지하는 계단 측벽의 가로부 받침대나 계단 너비의 뒷면 중앙에서 지지하는 받침대
② 두겁대 : 계단 난간 상부의 손스침이 되는 부분의 명칭
③ 엄지기둥 : 계단 시작과 끝의 가장 굵은 난간동자
④ 디딤판 : 계단의 발디딤이 되는 판

42 ③
스터럽(늑근)의 간격은 최대 600mm 이하로 한다.

43 ②
- 철골조 판보의 춤 : 간사이의 1/15~1/18
- 철근콘크리트 보의 춤 : 간사이의 1/10~1/15

44 ②
① 지도리 : 돌쩌귀, 문장부 등의 통칭으로 회전문 등에 사용되는 철물이다.
② 풍소란 : 창호가 닫혔을 때 틈새로 바람이 들어오지 않도록 서로 턱솔 또는 판혀 등으로 맞물리게 하는 것
③ 접문 : 여러 쪽의 좁은 문짝을 경첩 등으로 연결하여 접어서 여닫는 문
④ 문선 : 문꼴을 보기 좋게 만들고 주위 벽의 마무리를 좋게 하도록 하는 누름대

45 ④
철근콘크리트 기둥 띠철근의 간격
기둥 단면의 최소 치수 이하, 종방향 철근지름의 16배 이하, 띠철근 지름의 48배 이하, 30cm 이하 중 최솟값

46 ①
건물의 간사이가 크면 적설하중에 대한 부담도 지므로 물매가 커야 한다.

47 ④
평면도
- 바닥에서 1.2~1.5m 정도 높이에서 절단한 것으로 가정하여 내부를 위에서 내려다본 모습을 그린 도면이다.
- 평면도를 통해서 동선, 규모 등 생활공간의 구성을 가장 잘 볼 수 있다.

48 ④
배치도 및 평면도 등의 도면은 북쪽을 위로 하여 작도하는 것을 기본 원칙으로 한다.

49 ②
해칭선
단면도의 절단면을 나타내는 선으로 중심선에 대하여 45도 경사지게 일정한 간격으로 빗선을 긋는다.

50 ①
①은 민줄눈이다.

51 ④
창문의 너비가 1.8m 이상일 때에는 상부에 철근콘크리트 인방보를 설치해야 한다.

52 ③
개구부 간의 수직거리는 최소 60cm 이상으로 한다.

53 ③
그립(grip)
- 리벳, 볼트로 접합하는 판의 총 두께
- 리벳 지름의 5배 두께 이하

54 ②
운형자는 컴퍼스로 그리기 힘든 원이나 곡선을 그

릴 때 사용한다.

55 ②

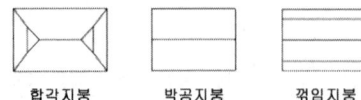
합각지붕 　 박공지붕 　 꺾임지붕

56 ④
철근콘크리트 구조는 철거가 매우 어렵다.

57 ③
부동침하(부등침하(不等沈下))
건축물의 침하가 전체적으로 균등하면 구조물에 파괴나 변형을 일으키는 일은 드물다. 그러나 침하가 상이하면 경사지거나 변형하게 되어 균열이 생기기 쉽다. 연약지반 위에 구조물을 만들 경우에는, 기초지반의 압밀침하(壓密沈下)에 따르는 부동침하를 충분히 고려해야 한다.
※ 부동침하의 원인 : 연약층, 경사지반, 지하수위 변경, 이질지층, 지하구멍, 무리한 증축, 이질지정 및 일부지정 등

58 ③
영식 쌓기
입면상으로 한 켜는 길이쌓기, 한 켜는 마구리쌓기를 한 것으로 벽의 모서리에 이오토막 혹은 반절을 사용하여 통줄눈이 생기는 것을 방지한다. 가장 튼튼한 쌓기법이다.

59 ②
귀잡이
보, 도리 등의 가로재가 수평으로 맞추어지는 귀부분을 보강하기 위하여 대는 빗재로 가새로 보강하기 어려운 곳에 사용된다.

60 ②
통재기둥
1층과 2층의 기둥이 하나의 부재로 이어진 것으로 중요한 모서리나 중간에 5~7m 길이로 배치한다. 단층 목조 건축물에서는 일반적으로 사용되지 않는다.

제2회

01 ④
환기 방식

구분	설치 방법	용도
제1종 환기 (병용식)	급기팬+배기팬	병원, 극장, 변전실
제2종 환기 (압입식)	급기팬+자연배기	클린룸, 무균실, 반도체 공장
제3종 환기 (흡출식)	자연급기+배기팬	화장실, 욕실, 주방, 흡연실

㉠ 제1종 환기 : 설비비, 운전비가 비싸지만 실내외의 압력을 조정할 수 있어 가장 좋은 방식이다.
㉡ 제2종 환기 : 실내압력이 정압(+)이 된다. 다른 실에서의 공기 침입이 없어야 하는 곳에 사용한다.
㉢ 제3종 환기 : 실내압력이 부압(-)이 된다. 실내의 냄새나 유해 물질을 다른 실로 흘려보내지 않는다.
㉣ 제4종 환기 : 자연환기 방식(중력·풍력환기)

02 ④
포겐도르프 착시(Poggendorf illusion)
평행하는 두 선분에 다른 선분(사선)을 엇갈리게 교차시킨 다음 평행선 안쪽의 사선 부분을 제거하면 평행선 바깥의 두 사선 부분이 어긋난(동일선상에 있지 않은) 것처럼 보이는 착시. 창문 밖의 전선이 블라인드에 가려져 있을 때, 전선의 조각들이 어긋나 보이는 데에서 비슷한 효과를 볼 수 있다.

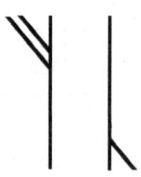

03 ①
차폐계수
• 일사 차폐물에 의해 차폐된 후의 실내에 침입하는 일사열의 비율을 말한다.
• 흡열성능이 있는 유리는 모두 기준이 되는 3mm

두께의 보통유리보다 차폐계수가 낮아진다.

04 ④
① 천장은 수평적 요소이다.
② 천장은 바닥이나 벽에 비해 접촉빈도가 거의 없는 편이다.
③ 천장은 시대와 양식에 의한 변화가 현저한 데 비해 바닥은 매우 고정적이다.

05 ③
① 실루엣(silhouette) 기법 : 물체의 형상만을 강조하는 기법으로 눈부심이 없지만 물체의 세밀한 묘사는 할 수 없다. 광원 앞에 있는 사람의 행위가 실루엣으로 나타나므로 시각적으로 인간이 공간과 환경에 종속되는 효과를 준다. 이러한 공간은 친근하고 시적인 분위기를 자아낸다.
② 스파클(sparkle) 기법 : 어두운 배경에서 광원 자체를 이용해 흥미로운 반짝임(스파클)을 연출하는 기법이다.
③ 글레이징(galzing) 기법 : 빛의 각도를 이용하는 방법으로 수직면과 평행한 광선을 벽에 비춘다. 벽면 마감재의 재질감을 강조시키며 벽면을 분할하여 천장이 낮아 보인다. 글레이징 효과를 내기 위해 매입등은 천장 끝에서 150~300mm 정도 거리를 두고 설치한다.
④ 빔 플레이(Beam play) 기법 : 강조하고자 하는 물체에 의도적인 광선을 조사함으로써 광선 그 자체에 시각적인 특성을 지니게 하는 기법이다.

06 ②
가전제품류, 조명기구, 스크린(병풍) 등은 생활에 필요한 실용적 기능과 장식적 효과가 모두 고려되는 실내장식물이다.

07 ③
개구부는 건축구조 요소로 활용될 수 없으며 하중의 영향을 받지 않아야 한다.

08 ①
파사드(facade)
• 건물의 정면을 의미함과 동시에 디자인에 있어서 건축물의 출입구 및 홀의 입구, 벽 마감재, 쇼윈도, 간판, 광고판, 광고탑, 네온사인 등을 포함한 건축물 또는 점포 전체의 얼굴로서 공간의 첫 인상을 정하는 부분을 말한다.
• 기업 이미지 또는 상점의 상품에 대한 첫 인상을 주는 부분이므로 강인한 이미지를 줄 수 있도록 계획한다.

09 ④
음악감상을 주로 하는 실은 대화를 주로 하는 실보다 잔향시간을 길게 하는 것이 좋다.

10 ③
내부 조도를 외부 도로면의 조도보다 밝게 처리해야 한다.

11 ①
• 스툴 : 팔걸이, 등받이는 없고 좌판과 다리만 있는 형태의 의자로서 가벼운 작업이나 잠시 휴식을 취할 시 유용하다.
• 오토만 : 스툴의 일종이며 발을 올려놓기 위한 목적으로 소파에 부속된 의자를 말한다.

12 ③
먼셀 표색계의 기본 5색상
빨강(R), 노랑(Y), 녹색(G), 파랑(B), 보라(P)

13 ④
홀형(계단실형) 아파트
계단실을 두 가구만 접하고 있으므로 타 형식에 비해 통행부 면적이 작아서 가장 소음이 적고 프라이버시가 양호하며 양 방향의 창을 자유롭게 개폐할 수 있어서 채광 및 통풍 또한 유리한 형식이다. 반면 엘리베이터 이용률은 가장 낮다.

14 ②
① 바실리 의자 : 마르셀 브로이어에 의해 디자인된 것으로, 스틸 파이프를 휘어서 골조를 만들고 좌판, 등받이, 팔걸이는 가죽으로 하였다. 바우하우스의 교수였던 바실리 칸딘스키를 위해 만들었다.
② 파이미오 의자 : 핀란드 건축가 알바 알토에 의해 디자인된 것으로 자작나무 합판을 성형하여 만들었으며 접합부위가 없고 목재가 지닌 재료의 단순성을 최대로 살린 의자이다.

③ 레드 블루 의자 : 1918년 게릿 리트펠트가 디자인한 의자로 데 스틸 건축의 대표작인 슈뢰더 하우스에 비치되었다. 뼈대만 앙상하게 남은 형태와 빨강과 파랑의 조합이 특징이다.

④ 바르셀로나 의자(Barcelona Chair) : 1929년 바르셀로나 국제 전시회인 독일 전시장에 비치된 의자로 건축가 미스 반 데어 로에가 디자인했다. 스틸 소재의 X자 다리가 인상적이다.

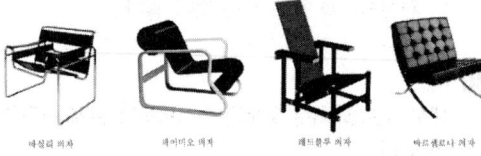

15 ①

- 대면판매 : 쇼케이스를 가운데 두고 점원이 고객을 마주보며 판매하는 형식. 상품 설명이 용이하고 점원위치가 고정이 된다. 진열면적이 작은 고가, 소형 상품 매장에 적합하며 쇼케이스가 넓어지면 상점 분위기가 부드럽지 못하게 된다.
- 측면판매형식 : 점원과 고객이 진열상품을 같은 방향으로 보며 판매하는 형식. 상품을 쉽게 만질 수 있어서 충동적 구매 및 선택이 용이하다. 진열면적이 넓은 상점에 적합하고 점원의 위치 고정이 어려우며, 상품의 설명 및 포장은 다소 불편하다.

16 ①

② 시스템 가구는 모듈러 계획의 일종으로 대량생산이 용이하고 시공 기간 단축 및 공사비 절감의 효과를 가질 수 있다.

③ 시스템 키친은 주부의 동선을 고려하여 가구의 크기 및 형태 등이 통합된 주방을 말한다.

④ 서비스 코어 시스템은 주방, 화장실, 욕실 등의 배관을 한곳에 집중 배치하여 코어로 만드는 시스템으로 설비비가 절약된다.

17 ③

일자형은 가장 면적을 적게 차지하는 배치 유형이다.

18 ④

㉠ 현실적 형태 : 우리의 주변에서 우리가 지각하여 얻는 형태를 말하며 자연적, 인위적 형태 모두를 포함한다.

- 자연적 형태 : 자연물과 같이 불변의 상태에 머물러 있지 않고 항상 변화하며 운동하고 있는 형태
- 인위적 형태 : 사용자의 요구로 형성된 타율적·인공적 형태로 그것이 속한 시대성을 가지며 재료와 함께 이것을 처리하는 기술이 요구된다.

㉡ 이념적 형태 : 인간의 지각, 즉 시각과 촉각 등으로 직접 느낄 수 없고 개념적으로만 제시될 수 있는 형태로서 순수형태와 추상형태로 나뉜다.

- 순수형태 : 순수형태는 현실형태와 대립하는 동시에 모든 형태의 기본이 되는 기초이다. 즉 순수형태의 기본형식은 기하학에 있어서와 같이 점, 선, 면, 입체를 말하며 현실형태를 구성하는 원소로 표현하는 기반이다.
- 추상적 형태 : 구체적인 형태를 생략하거나 과장된 표현으로 재구성된 형태이다. 이렇게 재구성된 형태는 원형을 알아보거나 유추하기가 어렵게 된다.

19 ①

외벽 부위는 외단열로 하는 것이 에너지절약에 효과적이다.

20 ①

엔탈피
- 0℃의 건조공기와 0℃의 물을 기준으로 하여 측정한 습공기가 갖는 열량
- 공기의 온도나 습도가 증가하면 엔탈피도 함께 증가한다.

21 ②

폴리우레탄폼
- 폴리올(Polyol)과 이소시아네이트(Isocyanate)가 주재료이다.
- 발포제, 촉매제, 안정제, 난연제 등을 혼합시켜 얻어지는 발포 생성물로서 단열성이 크고 공사현장에서 발포시공이 가능하며 화학약품에 대하여 안전한 재료이다.
- 사용시간이 경과함에 따라 부피가 줄어들고 점차 열전도율이 높아지는 단점이 있다.
- 내열성은 높지 않으나 우수한 단열성 때문에 냉동기기에 많이 사용되는 단열재이다.

22 ④
- 유기질 단열재 : 셀룰로오스 섬유판, 연질 섬유판, 발포폴리스티렌, 폴리우레탄폼, 코르크판 등
- 무기질 단열재 : 유리섬유, 암면, 세라믹 파이버, 펄라이트판, 규산칼슘판, ALC, 기포유리, 질석, 광재면 등

23 ③
콘크리트의 수밀성
골재 최대 치수가 작을수록, 물시멘트비가 작을수록(55% 이하), 다짐이 충분할수록, 습윤양생이 충분할수록 커진다.

24 ②
유효흡수율
$$= \frac{흡수량 - 기건함수량}{절건중량}$$
$$= \frac{2124g - 2066g}{2000g} = 0.029 = 2.9\%$$

25 ④
쇄석콘크리트
- 안산암, 현무암, 석회암, 하천옥석 등을 분쇄하여 만든 쇄석자갈을 조골재로 한 콘크리트
- 보통 콘크리트에 비해 모난 골재가 서로 엉켜 유동성이 적고 가공성과 시공연도가 나쁘지만, 이런 점을 주의하여 작업하면 오히려 강도는 커진다.
- 조합 시 보통 콘크리트보다 조골재의 양을 줄이고 모래의 양과 단위수량을 늘려 주면 된다. 또한, AE제, 플라이애시 등을 적절히 섞어서 시공연도를 개선할 수도 있다.
- 콘크리트를 되도록 되게 반죽하여 재료분리를 막고 잘 다져서 빈틈이 생기지 않도록 해야 한다.

26 ②
일반적으로 합성수지는 고온에서 쉽게 연화 또는 연소되며 유독기체를 발생시키므로 목재의 방염제로는 부적합하다.

27 ②
시유 : 점토제품의 소성 전 유약을 바르는 것
※ 점토제품의 제조 공정 : 원료조합 → 반죽 → 숙성 → 건조 → 성형 → 시유 → 소성

28 ④
폴리머 콘크리트
- 합성수지 계통인 폴리머를 결합한 콘크리트로 시멘트와 함께 쓰는 것은 폴리머 시멘트 콘크리트라 하고, 시멘트를 쓰지 않고 폴리머에 중탄산칼슘이나 플라이애시 등을 혼합한 것은 폴리머 콘크리트 또는 레진 콘크리트라고도 한다.
- 수밀성, 내화학성, 내염성이 우수하여 기존의 시멘트 콘크리트에 비하여 내구성이 좋으나 내화성은 다소 부족하다.
- 해양구조물, 각종 수로, 공장배수시설 등에 사용

29 ①
외력의 크기가 탄성한계를 넘어서면 외력을 제거해도 강재는 원상회복되지 않는다.

30 ④
① 펠트의 양면에 블론 아스팔트 또는 아스팔트 컴파운드를 피복한 것이다.
② 아스팔트 프라이머에 대한 설명이다.
③ 석유 아스팔트에 대한 설명이다.

31 ③
고강도 콘크리트
설계 기준 강도가 보통 콘크리트에서 40MPa 이상, 경량 콘크리트에서 27MPa 이상인 고품질 콘크리트를 말한다.

32 ④
ALC(autoclaved light weight concrete)
- 실리카분이 풍부한 모래와 생석회를 주원료로 하여 발포·팽창시켜 제조한 성형품이다.
- 주로 단열 및 방음재로 쓰이며 소규모 주택의 재료로도 많이 활용된다.
- 다공질로 습기에 취약하고 강도가 낮은 편이다.

33 ②
여물
- 미장재료의 균열을 방지를 위해 사용하는 것으로, 흙이나 회반죽 등에 주로 쓰인다.
- 여물로 쓰이는 재료는 질기며 가늘고 긴 것이 좋고, 부드러우면서 흰색을 띠며 여물로서의 가치가 높다.

- 삼여물, 흰털 여물, 종이 여물, 짚여물 등이 있다.

34 ③
공극을 포함하지 않는 목재의 실제 부분 비중을 진비중이라 하며, 수종 및 수령에 관계없이 약 1.54 정도이다.

35 ①
알키드 수지
- 프탈산과 글리세린 수지를 변성시킨 포화폴리에스테르 수지
- 알코올의 al과 acid(산)의 cid를 결합한 alcid를 어원으로 하여 alkyd라고 명명되었다.
- 3가 이상의 알코올 성분과 건성유를 함유하므로 칠할 때까지는 선상 고분자이지만, 칠한 다음에는 에나멜링 조작이나 공기의 작용으로 다리결합을 갖는 3차원 고분자가 되어, 내수성·내약품성이 강해진다.
- 따라서 그대로 도료로 사용하거나 요소수지·멜라민 등과 혼합하여 사용되고 있다.
- 내후성, 접착성이 우수하며 도료 및 접착제 등으로 널리 사용된다.
- 단점으로는, 건조 초기 내수성이 다소 약하고 내알칼리성도 나쁜 편이다.

36 ③
① 과소품벽돌은 아주 높은 온도로 소성하여 견고하고 두드리면 청음이 나는 벽돌이다. 흡수율은 낮으나 형상이 다소 불규칙하여 구조용으로는 부적당하다. 주로 장식용이나 기초 조적재 등으로 쓰인다.
② 건축용 내화벽돌의 내화도는 최소 SK26(1580℃) 이상이어야 한다.
④ 포도벽돌은 도로나 바닥용으로 제조한 두꺼운 벽돌이다. 연화토나 도토를 사용하며 경질이고 흡수성이 작으며 내마모성과 내구성이 크다. 제조 시 색소를 넣기도 한다.

37 ④
방청도료
금속재 표면의 부식방지를 목적으로 도장하는 재료로서 광명단, 징크로메이트, 알루미늄도료, 크롬산아연 등이 사용된다.

※ 오일스테인 : 목질 바탕에 무늬를 드러나 보이게 하기 위해 칠하는 유성 착색제로, 침투율이 높고 퇴색이 적어서 목재 투명 마감 등에 사용한다.

38 ①
KS F 2503에 따른 흡수율 산정식

$$Q = \frac{B-A}{A} \times 100(\%)$$

- Q : 흡수율
- B : 표면건조포화상태 시료의 질량(g)
- A : 절대건조상태 시료의 질량(g)

39 ③
레디믹스트 콘크리트 운반 방식
① 센트럴 믹스 : 10분 내 단거리 운송방식. 현장이 가까우므로 교반이 거의 완료된 콘크리트를 트럭믹서에 넣고 운반한다.
② 슈링크 믹스 : 20~30분 거리의 운송방식. 출발 후 교반을 시작하여 운반 중 교반을 마무리한다.
③ 트랜싯 믹스 : 1시간 이상 장거리 운송방식. 시멘트는 가수 후 1시간이 지나면 응결이 시작되므로 미리 물을 섞지 않고 트럭믹서에는 건비빔 재료만 넣고 별도의 물탱크를 장착하여 출발 후, 적정한 시간에 급수하여 교반을 하는 방식이다.

40 ④
목재의 자연건조
- 직사광선과 비를 피하고, 통풍이 잘 되는 곳에서 건조시킨다.
- 2~3개월에 한 번씩 뒤집어 쌓아줌으로써 균일하게 건조가 되도록 한다.
- 나무 마구리에는 페인트를 칠해서 부분적인 급속 건조를 막는다.
- 목재 간의 간격을 유지하고, 지면에 닿지 않도록 굄목을 받친다.

41 ③
전단벽
- 아파트, 호텔처럼 일정한 면적과 형태로 공간이 분할 구획되는 건축물의 벽체를 수직과 수평하중 모두 지지하도록 한 것을 말한다.
- 벽체의 압축응력은 벽체의 간격, 건물 높이, 개구부의 배치에 따라 달라지므로 응력이 집중되지 않도록 계획되어야 한다.

- 특히 전단벽은 개구부와 같은 불연속부분에 의해 강성이 약해지므로 연결보 등의 사용으로 휨 강성에 대한 보강을 해야 한다.
※ 장막벽, 칸막이벽, 커튼월은 모두 상부 하중을 지지하지 않는 비내력벽이다.

42 ③

대린벽으로 구획된 벽에서 개구부의 너비의 합계는 벽길이의 1/2 이하로 하고, 개구부 간의 수직거리는 60cm 이상으로 한다. 개구부 상호 간 또는 벽 중심과 개구부와의 수평거리는 벽두께의 2배 이상으로 하고 문꼴 너비가 1.8m 이상일 경우 철근콘크리트로 윗인방을 설치한다.

43 ④
① 트러스의 절점은 회전접합으로 이루어진다.
② 풍하중과 적설하중을 충분히 고려한다.
③ 트러스는 부재에 휨 모멘트 및 전단력이 발생하지 않도록 계획한다.

44 ③

수직방향의 치수선에서 치수 기입은 왼쪽이 위가 되도록 기입한다.

45 ②

원형철근의 지름은 φ, 이형철근의 지름은 D로 표시하며 배근 간격의 앞에는 @를 붙인다.

46 ③

부지경계선은 배치도에서 표시된다.

47 ①
① 가구식 구조 : 가늘고 긴 재료를 접합하여 구성한 구조로 뼈대를 삼각형으로 짜 맞추면 안정적인 구조체가 된다. 목조와 철골조가 해당된다.
② 캔틸레버 구조 : 한쪽 끝은 기둥이나 벽에 고정되고 다른 끝은 받쳐지지 않은 상태로 되어 있는 형태를 뜻한다. 내민보 또는 외팔보라고도 하며 경쾌한 외관 구성이 되지만 같은 길이의 보통 보에 비해 4배의 휨 모멘트를 받아 변형되기 쉬우므로 설계에 주의를 요한다. 주로 건물의 처마 끝, 현관의 차양, 발코니 등에 많이 사용된다.
③ 조적식 구조 : 벽돌, 돌과 같은 재료를 쌓아올려 만든 구조
④ 습식 구조 : 구조체 시공과정에서 물이 사용되는 구조. 철근콘크리트구조가 대표적이다.

48 ①

중층건물의 상·하층 기둥이 길게 한 재로 된 것을 통재기둥이라 한다.

49 ③

격자기둥
앵글·채널 등으로 대판을 플랜지에 직각으로 접합한 것으로 띠판 기둥이라고도 한다.

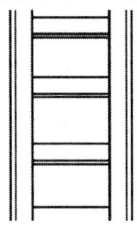

50 ①

활하중(live load)
- 건축물 자체의 고정하중이 아닌, 가구나 기타 비품 및 거주하는 사람의 하중을 합친 것을 말한다.
- 건축물에 부하되는 하중은 건축물 자체의 중량에 따른 고정하중, 바람·눈·지진 등의 외력에 의한 하중, 활하중의 3가지로 대별된다.
- 활하중의 경우 사람에 의한 하중은 장소나 때에 따라 변화하지만 물건과 같이 취급한다.
- 건축물의 용도에 따라 하중은 다르며 주택의 경우에는 일반적으로 1m²당 180kg, 사무실은 300kg 정도로 산정한다.

51 ③

투시도 용어
㉠ 기면(G.P, Ground Plane) : 사람이 서 있는 면
㉡ 기선(G.L, Ground Line) : 기면과 화면의 교차선
㉢ 화면(P.P, Picture Plane) : 물체와 시점 사이에 기면과 수직한 평면
㉣ 수평면(H.P, Horizontal Plane) : 눈높이에 수평한 면
㉤ 수평선(H.L, Horizontal Line) : 수평면과 화면의 교차선

  ㉥ 정점(S.P, Standing Point) : 사람이 서 있는 곳
  ㉦ 시점(E.P, Eye point) : 보는 눈의 위치
  ㉧ 소점(V.P, Vanishing point) : 수평선상에 존재하며 원근법을 표현하는 초점
  ㉨ 시선축(Axis of vision) : 시점에서 화면에 수직하게 통하는 투사선

52 ②

방안지
- 같은 간격의 직교된 선을 그은 도면이나 통계용 용지로 모눈종이 또는 섹션 페이퍼라고도 한다.
- 선의 간격에 따라 1밀리 방안, 5밀리 방안 등 여러 가지 종류가 있다. 선의 빛깔은 엷은 파랑 또는 엷은 자색이 대부분이다.

53 ②

① 턴버클 : 지지 막대나 지지 와이어 로프 등의 길이를 조절하기 위한 기구. 철골 구조나 목조의 현장 조립 등에서 다시 세우기나 철근 가새 등에 사용한다.
② 동바리 : 거푸집을 고정 또는 지지하기 위한 지주를 칭하거나 비계의 기둥·지보공의 지주 밑에 설치하여 비계기둥 또는 지주의 간격을 유지하고 기둥 밑의 움직임을 방지하는 목적의 수평 연결재를 뜻하기도 한다.
③ 세퍼레이터 : 거푸집의 상호 간격을 유지하는 철물
④ 스페이서 : 철근 콘크리트의 기둥·보 등의 철근에 대한 콘크리트의 피복 두께를 정확하게 유지하기 위한 받침

54 ②

- 큰보(Girder) : 기둥과 기둥 사이에 설치되는 보
- 작은보(Beam) : 간사이가 커서 큰보의 길이가 길어질 때 큰보 사이에 설치하여 처짐을 방지한다.

55 ③

190mm+10mm+90mm=290mm

56 ②

배경은 되도록 단순하고 간략하게 표현하여 건물이 돋보이도록 한다.

57 ③

건축 도면에 사람을 그려 넣는 것은 공간의 용도나 스케일감을 나타내기 위함이다.

58 ③

한국산업표준(KS) 건축제도 통칙의 척도 규정
5/1, 2/1, 1/1, 1/2, 1/3, 1/4, 1/5, 1/10, 1/20, 1/25, 1/30, 1/40, 1/50, 1/100, 1/200, 1/250(1/300), 1/500, 1/600, 1/1000, 1/1200, 1/2000, 1/2500 (1/3000), 1/5000, 1/6000

59 ②

도면 표기기호
- A : 면적
- V : 부피
- L : 길이
- R : 반지름
- W : 폭
- H : 높이
- THK : 두께

60 ④

띠철근 기둥의 단면적은 최소 600cm² 이상, 단면 치수는 최소 20cm 이상으로 한다.

제3회

01 ②

리듬
- 규칙적인 요소들의 반복으로 디자인에 시각적인 질서를 부여하는 통제된 운동감각을 말한다.
- 리듬은 공간에 규칙이 있는 흐름을 주어 경쾌하고 활기찬 인상을 준다.
- 리듬의 원리로는 반복, 점층, 대립, 변이, 방사 등이 사용된다.

02 ④

실내디자인은 디자이너의 주관적 창의성보다 사용자의 편의성이 먼저 고려되어야 한다.

03 ②

VMD(Visual MerchanDising)
상품과 고객 사이에서 치밀하게 계획된 정보 전달 수단으로 장식된 시각과 통신을 꾀하고자 하는 디스플레이의 기법이 VMD이다. 즉, 상품계획, 상점계획, 판촉 등을 시각화시켜 상점 이미지를 고객에게 인식시키는 판매 전략을 뜻한다.

※ VMD의 구성

구분	주역할	위치
IP(item presentation)	기본 상품의 분류정리	제반집기(선반, 행거)
PP(point of sale presentation)	한 유닛의 대표 상품 진열	벽면상단 및 집기 상단, 디스플레이 테이블
VP(visual presentation)	상점의 이미지, 패션테마의 종합적인 표현	파사드, 쇼윈도

04 ②

상반된 요소가 밀접하게 접근할수록 대비의 효과는 더 커진다.

05 ③

① 롤 블라인드 : 상하로 줄을 조절하여 돌돌 말았다 펼 수 있는 형식의 블라인드
② 로만 블라인드 : 접혀지거나 겹쳐지며 올렸다 펼 수 있는 형식의 블라인드
③ 베니션 블라인드 : 얇은 수평 띠나 루버로 이루어져 있고 직물 테이프나 끈으로 엮어서 잡아당겨 작동시킨다. 반사광, 공기의 흐름, 프라이버시를 조절하기 위해 각도를 기울일 수 있는 장치가 되어 있다. 수평 띠에 먼지가 쌓이기 쉽고 청결 유지가 곤란한 단점이 있다.
④ 버티컬 블라인드 : 천장이나 벽에 수직으로 매달리며 도르래가 달리거나 트랙을 타고 움직인다. 외부경관을 더 많이 보고 내부로 많은 빛을 유입시키기 위해 돌릴 수 있다.

06 ②

일렬형 주방 작업대의 전체의 길이는 최대 3000mm를 넘지 않아야 하며, 2700mm 이내가 적합하다.

07 ③

쇼룸(show room)
- 진열매장, 전시실, 회사 내, 혹은 전시·기획 컨벤션 홀 등의 일정한 스페이스에 영구적 또는 일정 기간 기업의 PR이나 판매촉진을 목적으로 각종 소재나 상품, 제조공정 등을 전시해서 일반대중에게 공개하는 장소 혹은 전시행위를 말한다.
- 메이커의 쇼룸은 상품을 전시하고 그 품질, 성능, 효용 등에 관해 소비자의 이해를 용이하게 하고 구매의욕을 촉진시키는 데 목적이 있다.
※ 쇼룸의 동선계획 시 관람의 흐름이 막히지 않아야 하므로, 관람자가 한번 지났던 곳은 다시 지나지 않도록 한다.

08 ③

천창채광
- 자동차 선루프와 같이 창의 면이 천장의 위치에서 지면과 수평을 이루는 형태의 창이다.
- 조도분포가 균일해지며 많은 빛을 받아들일 수 있다(측창 채광량의 3배 정도).
- 근린 환경이나 인접 건물의 영향을 받지 않고 채광을 할 수 있다.
- 통풍과 열의 조절, 빗물 차단에 불리하고 조작 및 유지가 어렵다.
- 비개방적이고 폐쇄적인 느낌이 들어 실내가 좁아 보인다.
- 창 이외의 천장부분과 휘도대비가 크게 일어날 우려가 있다.

09 ③

미스 반 데어 로에(Mies Van der Rohe)
- 현대 건축의 대표적인 철과 유리를 주재료로 하여 커튼월공법과 강철구조를 건축의 기본형식으로 이용하였다.
- "적을수록 풍부하다.(Less is More)"라는 주장대로 철과 유리라는 단순하고 제한적인 재료에 의해 다양한 건축적 언어를 구사하였다.
- 특히 철골구조의 가능성을 추구한 건축가로 유니버설 스페이스(Universal Space, 보편적 공간) 개념을 주장한 건축가이다.
- 대표작품 : 바르셀로나 박람회 독일관(1929), IIT 공대 크라운 홀(1956), 시그램 빌딩(1958)

10 ④
① 스툴 체어(stool chairs) : 등받이는 없고 좌판과 다리만 있는 형태의 의자로서 가벼운 작업이나 잠시 휴식을 취할 시 유용하다.
② 카우치(couch) : 천을 씌운 긴 의자로 한쪽만 팔걸이가 있고 기댈 수 있는 낮은 등받이가 있는 소파
③ 풀업 체어(pull-up chairs) : 이동하기 쉽고 잡기 편하며 여러 개를 겹쳐 들고 운반하기 쉬운 간이 의자이다.
④ 체스터필드(chesterfield) : 소파의 골격에 쿠션성이 좋도록 솜, 스폰지 등의 속을 많이 채워 넣고 천으로 감싼 소파로, 구조, 형태뿐만 아니라 사용에 있어서도 안락성이 매우 큰 소파를 말한다.

11 ③

차단적 구획	칸막이에 의해 내부공간을 수평, 수직으로 구획해서 몇 개의 실로 구분하는 것이다. (칸막이는 고정벽, 이동벽, 커튼, 블라인드, 유리창, 열주, 수납장 등이 쓰인다.)
심리, 도덕적 구획	완전히 공간을 분할하는 것은 아니며 낮은 칸막이, 가구, 기둥, 벽난로, 식물, 조각 등과 같은 구성요소 또는 바닥, 천장면의 단차의 변화로 인해 구획하는 것이다.
지각적 구획	조명을 사용하거나 마감재의 변화, 통로나 복도, 공간형태의 변화, 앨코브(alcove)공간을 만들어 하나의 실에서 양분되는 이미지를 가지고 구획하는 것이다.

12 ④

- 기능적 조건 : 공간의 규모, 동선, 배치
- 물리·환경적 조건 : 기후, 기상, 일조
- 정서적 조건 : 심리적 만족, 예술성

13 ③

인체지지용 가구 (인체계가구)	인체와 밀접하게 관계되는 가구로서 직접 인체를 지지한다. 작업의자, 휴식의자, 소파, 침대 등이 이에 속한다.
작업용 가구 (준인체계가구)	간접적으로 인간에 관계하고, 인간 동작에 보조가 되는 가구로서 테이블, 식탁, 주방작업대, 책상 등이 이에 속한다.
정리수납용 가구 (건축계가구)	수납의 크기, 수량, 중량 등과 관계하며 실내 기둥 간의 치수 벽의 길이, 천장의 높이 등의 조건에 지배되는 것이다. 벽장, 서랍, 선반, 칸막이 등이 이에 속한다.

14 ③

조명의 4요소(가시성 결정 요소)
- 대상물의 밝기
- 배경과의 대비
- 대상물의 크기
- 대상물의 움직임(노출시간)

15 ④

조화
한 공간에 표현된 두 개 이상의 요소 또는 부분적인 상호관계에서 이들이 서로 배척 없이 서로 어울리면서 전체적으로 미적, 감각적인 효과를 극대화시키며 발휘하는 상태를 말한다.

16 ①

거실의 위치는 남향으로 하고 햇빛과 통풍이 좋아야 하며 주택 내 다른 실의 중심적 위치가 좋다. 단, 거실 공간 자체가 통로화되면 휴식, TV시청, 담소와 같은 거실 본연의 기능에 지장을 주므로 금지해야 한다.

17 ②

직렬배치형
- 진열대가 매장 내에서 직선적으로 구성된 형식으로 고객의 흐름이 가장 빠르며 부문별 상품진열이 용이한 배치유형이다.
- 전체적으로 고객의 이동은 원활한 편이지만 기획상품이나 특별 할인 등으로 특정 구간에 고객이 몰려 혼잡하게 되어도 부분적으로 통로 폭을 조절하기는 어렵다.

- 식품, 침구, 가전제품, 식기, 서적 등 상품이 큰 측면판매의 업종에서 많이 볼 수 있다.

18 ②

루빈의 항아리
다의도형(반전도형)의 대표적인 예시. 그림은 보기에 따라 항아리처럼 보이기도 하고 두 얼굴을 맞대고 있는 그림으로 보이기도 한다. 그러나 둘 중 하나가 그림으로 인지되면 다른 부분은 배경으로 인지된다. 즉, 동시에 두 그림이 인지될 수는 없다.

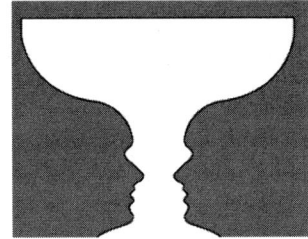

19 ④

불쾌 글레어(discomport glare)
신경 쓰이거나 불쾌한 느낌을 주는 눈부심
※ 주요 원인
- 휘도가 높은 광원
- 시선 부근에 노출된 광원
- 눈에 입사하는 광속의 과다
- 물체와 그 주위 사이의 고휘도 대비

20 ④

① 실내 습도는 유효온도의 주요 영향요인이다.
② 실내의 기온, 기류, 습도에 영향을 받는 지표이다.
③ 유효온도에서 복사열의 영향은 고려되지 않는다.

21 ②

콘크리트의 건조수축
- 단위시멘트량과 단위수량이 많을수록 건조수축은 증가한다.
- 온도는 높을수록, 습도는 낮을수록 증가한다.
- 골재가 경질이고 탄성계수가 클수록 건조수축은 감소한다.
- 콘크리트 부재 치수가 클수록 건조가 진행되지 않으므로 건조수축은 감소한다.
- 골재 중 포함된 미립분, 점토, 실트가 많을수록 건조수축은 증가한다.

- 공기량이 많으면 공극으로 인해 건조수축은 증가한다.
- 습윤양생기간은 건조수축과 직접적 연관이 적다.

22 ①

아연화는 흰색을 내는 안료로 사용된다.

23 ①

질석 모르타르
- 시멘트에 다공질인 질석을 혼합한 모르타르
- 단열 및 방음용으로 사용

24 ③

알루미늄의 열팽창계수는 철의 2배 정도로 크다.

25 ③

백화현상의 주요인
모르타르 중의 석회분이 공기 중 탄산가스와 반응하여 탄산석회를 생성하는 것이므로, 단위시멘트량이 높아지면 백화현상도 증가하게 된다. 따라서 조립률이 큰 모래를 사용하여 단위시멘트량을 감소시키는 것이 좋다.

26 ④

- 1종 점토벽돌 : 압축강도 24.50N/mm² 이상, 흡수율 10% 이하
- 2종 점토벽돌 : 압축강도 14.70N/mm² 이상, 흡수율 15% 이하

27 ④

보통유리는 산화철이 함유되어 있어 UV-A(315~400nm)를 제외한 대부분의 자외선을 차단시킨다.

28 ①

② 점토의 가소성은 입자가 가늘수록 좋다.
③ 기공률은 약 30~90%로 보통상태에서 50% 내외이다.
④ 철산화물이 많으면 붉은색을 띠게 되고, 석회물질이 많으면 황색을 띠게 된다.

29 ③

본드 브레이커(Bond braker)
- U자형 줄눈에 충전하는 실링재를 줄눈 밑면에 접

착시키지 않기 위해 붙이는 테이프
- 3면 접착에 의한 파단을 방지하기 위해 사용하며, 백업재는 본드 브레이커를 겸용한다.

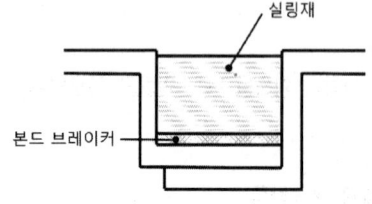

30 ③

비중
- 어떤 물체의 단위 체적의 질량을 뜻하며 같은 부피의 표준물질 질량과의 비율로 나타낸다.
- 보통 표준물질로서 4℃의 순수한 물을 비중 1로 하여 비교한다.
- 물의 밀도가 1g/cm³이면 부피가 1m³일 때의 무게는 1000kg이 된다. 따라서 어느 물체의 밀도가 1kg/m³라면 물체의 비중은 $\frac{1kg}{1000kg}=0.001$이다.

31 ④

일반적으로 석재는 압축강도가 가장 크고, 인장·휨·전단강도는 압축강도에 비해 매우 작은 편이다.

32 ④

중밀도 섬유판
(MDF : Medium Density Fiberboard)
- 목재의 톱밥, 섬유질 등을 압축가공해서 목재가 가진 리그닌 단백질을 이용, 목재섬유를 고착시켜 만든 것이다.
- 비중은 0.4~0.8 정도이며, 천연목재보다 재질이 균일하면서 강도는 크고 변형이 적다.
- 습기에 약하고 무게가 많이 나가는 것이 단점이나 마감이 깔끔하여 많이 쓰인다.
- 밀도가 균일하기 때문에 측면의 가공성이 매우 좋고 표면에 무늬인쇄가 가능하여 인테리어용으로 많이 사용된다.

33 ④

수피(樹皮)
- 나무줄기의 코르크 형성층보다 바깥에 위치한 조직을 말한다.
- 넓은 의미로는 수목 형성층의 바깥에 있는 모든 조직을 말하고, 좁은 의미로는 현재 기능을 영위하고 있는 체관부보다 바깥 부분을 말한다.
- 보통 수목이 비대해지면, 처음 피층에 코르크층이 생기고 그 후 새로운 코르크층의 형성이 체관부의 안쪽까지 미치게 되어 그 바깥쪽으로 격리된 체관부 등의 조직세포는 죽게 된다. 이러한 죽은 조직과 코르크층의 호층을 수피라 한다.
- 수피에는 체내외의 통기작용을 하는 피목이라는 조직이 있다.

34 ③

㉠ 콘크리트의 배합은 각 구성재료의 단위용적의 합이 1m³가 되는 것을 기준으로 한다.
㉡ 용적배합 : 콘크리트 1m³ 배합에 소요되는 각 재료량을 용적(m³)으로 표시한 배합이며 다음과 같이 구분된다.
- 절대용적배합 : 콘크리트 1m³ 배합에 소요되는 각 재료량을 절대용적(m³)으로 표시한 배합
- 표준계량용적배합 : 콘크리트 1m³ 배합에 소요되는 각 재료량을 표준계량용적으로 표시한 배합이며, 이 경우 시멘트 1500kg을 1m³로 계산한다.
- 현장계량용적배합 : 콘크리트 1m³ 배합에 소요되는 각 재료 중 시멘트는 포대, 골재는 현장계량용적(m³)으로 표시한 배합이다. 시멘트 : 모래 : 자갈은 1 : 2 : 4 또는 1 : 3 : 6으로 한다.

35 ③

공극률(%)
$= \left(1 - \frac{절대건조비중}{1.54}\right) \times 100(\%)$
$= \left(1 - \frac{0.75}{1.54}\right) \times 100\% ≒ 약\ 51.3\%$

36 ③

석고는 콘크리트 배합 시 응결지연제 역할을 한다.

37 ①

고무(화) 아스팔트(rubberized asphalt)
- 합성고무를 분말 액상 또는 세편상으로 혼합 용해한 아스팔트

- 아스팔트에 미리 첨가하는 것과 혼합물 혼입 시 골재 등과 동시에 첨가하는 것이 있다.
- 고무 아스팔트는 스트레이트 아스팔트에 비해 탄성·인성·내충격성이 크고, 감온성은 적어지며 골재와의 접착성은 좋아진다.

38 ④

목재의 함수율

$= \dfrac{\text{건조 전 중량} - \text{전건 재중량}}{\text{전건 재중량}} \times 100(\%)$

$= \dfrac{25\text{kg} - 20\text{kg}}{20\text{kg}} \times 100(\%) = 25\%$

※ 건조 전후의 중량이 모두 제시되어 있으므로, 목재 치수는 계산에 필요하지 않다.

39 ①

19세기 초 영국의 애습딘이 포틀랜드 시멘트를 발명하고, 19세기 중엽 프랑스의 모니에가 철근콘크리트의 이용법을 개발했다.

40 ②

시멘트 화합물의 분류
① C_3S, 규산 3석회 : 28일 이전의 조기강도에 기여하는 성분으로 조강 포틀랜드 시멘트에 많이 포함된다. 수화열이 크며 경화속도가 빠르다.
② C_2S, 규산 2석회 : 28일 이후의 장기강도에 기여하는 성분으로 중용열 포틀랜드 시멘트에 많이 포함된다.
③ C_3A, 알루민산 3석회 : 1일에서 1주 이내 수화에 영향을 주며 높은 수화열이 발생하며 응결이 빠르므로 석고로 조절한다. 이 성분은 시멘트 내에서 황산염과 반응하여 체적변화를 일으키므로 사용에 주의해야 한다.
④ C_4AF, 알루민산철 4석회 : 산화철을 포함하여 콘크리트의 색에 영향을 주며 황산염에 대한 저항력이 뛰어나다.

41 ①

① 평고대 : 처마 끝의 서까래와 지붕널의 부패를 방지하고 구조적으로도 튼튼하게 하기 위해 대는 부재
② 처마돌림 : 처마 끝의 보강과 의장 효과를 위해 설치하는 부재
③ 당골막이널 : 서까래와 서까래 사이 또는 보 사이를 막는 부재를 뜻하거나 기왓골이 용마루에 닿는 부분을 정리한 부재를 뜻한다.
④ 박공널 : 지붕의 박공 부분으로, 중도리의 마구리에 산형으로 부착하는 폭넓은 판

42 ①

철근 피복 두께는 콘크리트 표면에서 가장 근접한 철근까지의 거리이다.

43 ③

글자체는 수직 또는 15° 경사의 고딕체로 쓰는 것을 원칙으로 한다.

44 ③

NS(None Scale)는 축척에 비례하지 않는다는 뜻으로, 주로 투시도에 쓰인다.

45 ④

절충식 지붕틀은 왕대공 지붕틀에 비해 구조가 간단하며 소규모 건물에 적합한 형식이다.

46 ①

① 대린벽 : 서로 직각으로 교차되는 벽
② 중공벽 : 벽돌조의 공간쌓기와 같이 벽 내부에 단열층을 위한 공간이 있는 벽체를 말한다.
③ 장막벽 : 상부 하중을 받지 않는 벽체로 비내력 벽이라 한다.
④ 칸막이벽 : 공간과 공간을 나누기 위한 벽체로 보통 장막벽이 쓰인다.

47 ①

① 층두리 아치 : 아치의 거리가 넓을 때 반 장별로 층을 지어 2중으로 겹쳐 쌓는 아치
② 거친 아치 : 장방형 벽돌을 그대로 아치에 사용하여 아치줄눈의 모양이 쐐기형이 되는 아치
③ 본 아치 : 아치줄눈이 일자가 되도록 사다리꼴 벽돌을 주문하여 쌓은 아치
④ 막만든 아치 : 현장에서 장방형 벽돌을 사다리꼴 형태로 절단하여 쌓은 아치

48 ③

A에서 보는 사람을 기준으로 C는 좌측면도, D는 우측면도, E는 배면도가 된다.

※ 저면도 : 구조물의 바닥 부분을 절단하여 위에서 보고 그린 도면. 특별히 필요한 경우에만 그린다.

49 ②
건축허가신청에 필요한 설계도서 중 배치도에 표시하여야 할 사항
- 축척 및 방위
- 대지에 접한 도로의 길이 및 너비
- 대지의 종·횡단면도
- 건축선 및 대지경계선으로부터 건축물까지의 거리
- 주차동선 및 옥외주차계획
- 공개공지 및 조경계획

50 ④
- 삼각 스케일에는 1/100, 1/200, 1/300, 1/400, 1/500, 1/600의 축척이 표시되어 있다.
- 1/250을 표현할 때는 1/500을 사용하여 두 배로 환산 후 표시하는 것이 용이하다.

51 ①
$0.4m \times 0.6m \times 9m \times 2400kg/m^3 = 5184kg$

52 ④
라는 반자틀받이이다.

53 ③
행거도어는 대형 호차(쇠바퀴)를 레일 위와 문의 양 옆에 부착한다.

54 ①
등각투상도(isometric view)
물체의 옆면 모서리가 수평선과 30°가 되도록 회전시켜서 세 모서리가 이루는 각이 모두 120°가 되도록 그린 투상도를 말한다. 등각을 이루는 세 개의 모서리를 등각축(isometric axis)이라 한다.

55 ③
트레이싱지
- 원도를 투사하기 위해서나 도면작도를 위해 사용되는 투명성이 약하게 있는 종이
- 비교적 질긴 편이나 습기에 취약하므로 장기보관에는 적합하지 않다.

56 ④
묘사도구의 종류 및 특징
① 연필
- 9H부터 6B까지 15종에 F와 HB를 포함하여 17단계로 구분한다.
- 폭넓은 명암을 표현할 수 있으며 다양한 질감의 표현이 가능하다.
- 지울 수 있는 장점이 있으나 번지거나 더러워지기 쉽다.

② 물감
- 수채화 물감은 투명하고 신선한 느낌을 주며 부드럽고 밝게 표현된다.
- 불투명 물감은 포스터 감을 주로 사용하며 사실적이고 재료의 질감표현에 용이하다.

③ 색연필
- 간단하게 도면을 채색하여 실물의 느낌을 표현하는 데 사용한다.
- 실내건축물의 간단한 마감재료를 그리는 데 사용한다.

④ 잉크
- 농도를 정확하게 나타낼 수 있고 다양한 묘사가 가능하다.
- 선명하게 보이므로 도면이 깨끗하다.

57 ③
부동침하(부등침하(不等沈下))
침하가 건축물 전체적으로 균등하면 구조물에 파괴나 변형을 일으키는 일은 드물다. 그러나 침하가 상이하면 경사지거나 변형하게 되어 균열이 생기기 쉽다. 연약지반 위에 구조물을 만들 경우에는, 기초지반의 압밀침하에 따르는 부동침하를 충분히 고려해야 한다. 특히, 연약층후(軟弱層厚)가 갑작스레 변화하는 곳에서는 커다란 부동침하를 일으킬 우려가 있다. 또, 이종(異種)의 기초, 특히 지지조건이 다른 기초를 병용하였기 때문에 부동침하여 피해를 입은 예도 많다.
※ 부동침하 방지대책
- 구조물은 가볍게, 건물의 길이는 가급적 짧게 한다.
- 기초에 작용하는 하중을 균등하게 배분한다.
- 구조물의 수평방향 강성을 크게 하고 지하실을 강성체로 설치한다.
- 지반개량 및 침하를 억제한다.
- 적당한 부위에 신축 이음새를 설치한다.

58 ④
벽돌조 내력벽의 두께는 당해 벽높이의 1/20 이상으로 한다.

59 ④
크기가 같으면 굵은 선의 도형은 진출해 보이고 가는 선의 도형은 후퇴되어 보인다.

60 ④
① 단선에 의한 묘사방법 : 윤곽선을 강하게 묘사하여 공간상의 입체를 돋보이게 하는 표현한다.
② 명암 처리만의 묘사방법 : 명암의 농도변화로 면, 입체를 표현한다.
③ 여러 선에 의한 묘사방법 : 선의 간격을 달리함으로써 면과 입체를 결정하는 방법. 평면은 같은 간격의 선으로, 곡면은 선의 간격을 달리하여 표현하며 선의 방향은 면이나 입체의 수직·수평의 방위에 맞추어 그린다.

제4회

01 ③
① 동선의 속도가 빠른 경우 보행자의 안전과 편의를 위해 단차이나 계단을 두지 않는 것이 좋다.
② 동선의 빈도가 높은 경우 거리를 줄이고 직선으로 처리한다.
④ 동선의 하중이 큰 경우 폭을 넓게 한다.

02 ①
시스템 가구
- 원하는 형태로 분해, 조립이 용이하게 만든 가변적 가구를 뜻한다.
- 규격화된 단위 구성재의 결합으로 가구의 통일과 조화를 도모할 수 있다.
- 기능에 따라 다양한 배치가 가능하고 가구배치계획에 합리성을 부여한다.
- 동선흐름에 근거하여 배치함으로써 명확한 공간 구분이 가능하다.
- 모듈화된 단위 구성재를 대량생산할 수 있다.

03 ①
대칭적 균형
- 대칭은 균형에서 가장 정형의 구성 요소이다. 따라서 질서를 주는 방법이 용이하며 통일감을 얻기 쉬우나, 엄격하고 딱딱한 느낌을 주기도 한다.
- 대칭의 유형은 좌우 대칭과 방사 대칭이 있다.
- 또한 역대칭은 변화가 큰 대칭으로 착시적 이미지를 줄 수 있다. 대표적인 예로 인간의 얼굴처럼 대칭을 가지는 조형을 쉽게 볼 수 있다.

04 ②
먼셀 표기법에 따른 물체색의 3속성
㉠ 색상(Hue) : 원의 형태로 무채색을 중심으로 배열된다.
- 기본색 : 빨강(R), 노랑(Y), 녹색(G), 파랑(B), 보라(P)

㉡ 명도(Value) : 수직선 방향으로 아래에서 위로 갈수록 명도가 높아진다.
㉢ 채도(Chroma) : 방사형의 형태로 안쪽에서 밖으로 나올수록 높아진다.

05 ④
① 풍속이 높을수록 환기량은 증가한다.
② 실내외의 압력차가 클수록 환기량은 증가한다.
③ 실내외의 온도차가 작을수록 환기량은 감소한다.

06 ④
① 코브 조명 : 천장 또는 벽면 상부를 비춘 반사광으로 간접 조명한다. 부드럽고 균등하며 눈부심이 없는 빛을 제공하여 보조조명으로 중요하게 쓰인다.
② 광창 조명 : 광천장과 같은 방식으로 광원을 넓은 면적의 벽면에 매입, 시선에 안락한 배경으로 작용한다. 지하철 광고판 등에서 사용한다.
③ 광천장 조명 : 천장에 조명기구를 설치하고 그 밑에 창호지나 반투명 아크릴과 같은 확산성 재료를 이용해서 마감 처리하여 마치 넓은 천장 표면 자체가 조명인 것처럼 연출한다.
④ 밸런스 조명 : 코브 조명의 상향 조명과 코니스 조명의 하향 조명을 혼합한 형태

07 ③
아트리움(Atrium)
고대 로마 건축에서 지붕이 개방되어 빗물이나 물을 받기 위한 사각 웅덩이가 있는 중정을 의미한다. 초기 기독교 교회 정면에서 이어진 주랑이 사면에 있고 중앙에 세정식을 위한 분수가 있는 앞마당을 뜻하는데 근래에 와서는 최근에 지어진 호텔, 사무실 건축물, 또는 기타 대형 건축물 등에서 볼 수 있는 유리로 지붕이 덮여진 실내공간을 일컫는 용어로 사용되고 있다. 사무소 건축의 거대화는 상대적으로 공적 공간의 확대를 도모하게 되고 이로 인해 특별한 공간적 표현이 가능하게 되었는데, 이러한 대공간에 자연광을 유입하여 여러 환경적 이점을 갖게 하는 공간구성기법으로 아트리움이 사용되고 있다.

08 ④
④는 선에 대한 설명이다.

09 ④
실내디자인의 계획 조건
㉠ 외부적 조건
 • 입지적 조건 : 프로젝트 대상 지역에 대한 교통수단, 도로관계, 상권 등 지역의 규모와 배후지에 대한 입지조건을 비롯하여 방위, 기후, 일조 조건 등의 자연적 조건도 이에 포함된다.
 • 건축적 조건 : 공간의 형태, 규모, 주출입구, 개구부 현황과 채광, 방음, 파사드 등을 파악해야 한다.
 • 설비적 조건 : 위생설비, 배관위치, 급배수설비, 상하수도시설, 환기시설, 냉난방설비, 소방설비, 전기설비 등을 파악한다.
 • 기타 조건 : 건물주의 요구사항, 임차계약상황, 건물 등기 등이 해당된다.
㉡ 내부적 조건
 • 계획의 목적, 실의 개수와 규모, 의뢰자의 예산 및 요구사항, 공간사용자의 행위 등을 파악해야 한다.
 • 공간 사용자의 수, 행위의 흐름, 빈도, 사용시간 등을 분석하여 동선, 규모, 기능에 반영한다.

10 ①
아일랜드 키친
• 취사용 작업대가 하나의 섬처럼 실내에 설치되어 있고, 식당이나 거실 등으로 개방된 형태의 부엌이다.
• 개방성이 크며 부엌의 청결과 유지관리가 중요하다.
• 여러 사람이 부엌일에 참여할 수 있다.
• 대저택이나 별장 등 넓은 주택에 적합하다.

11 ④
① 광창 조명 : 벽면에 광원을 설치하고 전면을 반투명 확산재료로 가려서 눈부심을 줄이는 조명 방식. 지하철 광고판 등에서 볼 수 있다.
② 코퍼 조명 : 천장을 원형이나 4각형으로 파내고 내부에 광원을 매립한 조명. 단조로운 천장면에 포인트를 줄 수 있다.
③ 코니스 조명 : 천장 또는 천장 가까이에 장착되고 옆면을 가려 빛은 아래를 향해서만 떨어진다. 재질감 있는 벽면의 드라마틱한 특성을 강조해 주거나 재미있는 조명효과를 준다.
④ 밸런스 조명 : 코브와 코니스를 혼합한 형태로 천장 방향과 바닥 방향 양쪽으로 빛을 비춘다.

12 ②
다이밴(Divan)

헤드보드와 풋보드가 없는 침대, 혹은 팔걸이와 등받이가 없이 긴 소파의 형태

13 ③
작업면이 가장 넓은 형식은 U자형이다.

14 ④
유닛 가구(unit furniture)
- 조립, 분해가 가능하며, 필요에 따라 가구의 형태를 고정, 이동으로 변경이 가능한 가구이다.
- 규격화된 단일가구를 원하는 형태로 조합하여 사용할 수 있다.

15 ①
조밀성의 변화를 통해 깊이를 느끼게 함으로써 계단처럼 보이게 된다.

16 ④
현관은 연면적 7% 이내로 계획하는 것이 바람직하다.

17 ①
분트의 착시
같은 길이라도 수직선이 수평선보다 길어 보인다.

18 ②
① 티 테이블 : 차를 마실 때 이용되는 테이블. 소파나 의자 앞에 놓여진다.
② 엔드 테이블 : 소파나 의자 옆에 두고 손이 쉽게 닿는 범위 내에 전화기 등 필요한 물품을 올려놓는다.
③ 나이트 테이블 : 침대 밑에 스탠드, 자명종, 전화 등을 올려두는 보조 테이블
④ 익스텐션 테이블 : 크기 및 형상 조절이 가능한 테이블

19 ①
벽(壁)
- 벽은 공간을 둘러싸는 수직적 요소로 수평 요소인 바닥이나 천장과 함께 공간을 형성하는 기능을 갖는다.
- 벽이 눈보다 높으면 공간이 폐쇄적으로 되어 공간을 둘로 나누며, 눈높이보다 낮으면 시각적으로 개방적 공간이 되어 에워싸는 느낌을 준다.

20 ②
① 독창성 : 모방을 배제하고 디자이너의 능력과 개성에 의거하여 새로운 것을 창조해내는 것
③ 심미성 : 제품이나 공간이 가지는 색상이나 디자인, 외관의 미적 기능
④ 합목적성 : 제품이나 공간이 특정 목적에 맞게 만들어지고 사용되는 것

21 ④
- 훈소와 : 가마에 넣고 장작이나 솔잎 등을 태워 그을린 기와. 주로 회흑색을 띄며 방수성이 있고 강도가 좋다.
- 소소와 : 저급점토를 원료로 하여 900~1000℃로 소소하여 만든 기와로 흡수율이 큰 편이다.
- 시유 : 소소와에 유약을 발라 재소성한 기와. 경질 표면이며 광택이 나고 방수성이 높다. 다양한 색을 낼 수 있어 고급 지붕재로 사용한다.
- 오지기와 : 기와 소성이 끝날 무렵 연소실에 식염을 넣어 식염증기를 발생시키면 이 증기가 응축된다. 이런 과정에 의해 광택이 나고 표면이 매끈하며 견고한 기와를 오지기와라 한다.

22 ④
에나멜 페인트
- 유성바니시에 안료를 혼합한 유색 불투명 도료로서 유성페인트와 유성바니시의 중간제품이다.
- 건조가 늦지만 유성페인트보다 광택 및 경도가 우수하다.
- 내알칼리성은 유성페인트처럼 양호한 편이 아니므로 콘크리트면 도장에 부적합하다.

23 ②
① 보통 판유리의 비중은 2.5 정도이다.
③ 창유리의 강도는 일반적으로 휨강도를 말한다.
④ 강화유리 현장 가공이 불가능하다.

24 ④
석재의 내구연한

- 화강암 : 75~200년
- 대리석 : 60~100년
- 백운석 : 30~500년
- 석회암 : 20~40년
- 사암(조립) : 5~15년
- 사암(세립) : 20~50년

25 ③
치장 벽돌(face brick, dressed brick)
- 색이나 형태 및 질감 등 원하는 효과를 내기 위한 목적으로 특수 제작한 벽돌
- 건축물의 내외장, 담, 화단 등의 마감재로 쓰인다.
- 보통 벽돌을 다소 곱게 구워 만들기도 하고 유약을 바르는 대신 착색제를 쓰는 등 다양한 방법으로 제조한다.

26 ③
합성수지 페인트
- 합성수지에 안료와 휘발성 용제를 혼합하여 만든다.
- 유성페인트나 바니시에 비해 건조가 빠르고 도막이 단단하다.
- 내수성 및 방화성이 높다.
- 내산성, 내알칼리성이 있어 콘크리트, 모르타르면에 바를 수 있다.
- 투명한 합성수지를 사용하면 더욱 선명한 색을 낼 수 있다.

27 ②
실링재(sealing material)
- 사용 시 유동성이 있는 상태이나 공기 중에서 시간 경과와 함께 탄성이 풍부한 고무상태의 물체가 된다.
- 접착력이 크고 기밀성·수밀성이 풍부하여 커튼월이나 프리패브재의 접합부, 새시 부착 등의 충전재로 널리 쓰인다.
- 코킹재와 구별하기 위하여 실링재라 하고 있다.
- 유성 코킹재, 퍼티, 2액형 실링재 등으로 사용된다.

28 ④
할렬
어떤 재료가 외력에 의해 축방향(목재는 결방향)으로 쪼개지는 것을 말한다.
할렬 인장강도는 다음과 같이 구한다.

$$T = \frac{2P}{\pi l d} = \frac{2 \times 120 \text{kN}}{\pi \times 100 \text{mm} \times 200 \text{mm}}$$

$$= \frac{240000 \text{N}}{62800 \text{mm}^2} = 3.82 \text{N/mm}^2 (\text{MPa})$$

P : 최대 재하하중 l : 공시체 길이
d : 공시체 지름

29 ③
피로파괴
- 빗물이 계속 떨어져서 돌에 구멍이 뚫리듯, 고체 재료에 반복 응력을 연속해서 가하면 인장강도보다 훨씬 낮은 응력에서 재료가 파괴되는 것을 말한다.
- 기계나 구조물에 있어서 실제로 일어나는 파괴에는 재료의 피로에 의한 파괴가 많으며, 재료의 강도를 파악하는데 정하중이나 충격하중 이상으로 필요한 경우가 많다.

30 ④
마그네시아 시멘트(magnesia cement)
마그네시아가 주성분인 백색 또는 담황색의 시멘트로 1000℃ 이하에서 소성한 경소(輕燒) 마그네시아를 간수(MgCl$_2$)로 반죽하여 사용한다.

31 ④
① 시멘트가 풍화하면 응결이 늦어진다.
② 시멘트 응결은 첨가된 석고에 의해 느려진다.
③ 시멘트의 분말도가 크고 온도가 높을수록 응결은 빨라진다.

32 ③
에폭시수지 접착제
- 급경성의 접착제로 내수성, 내습성, 내약품성, 전기절연성이 우수하고 금속, 도자기, 유리 등 다양한 종류의 물질을 강하게 접착시킨다.
- 피막이 단단하고 유연성이 부족하며 별도의 경화제가 필요하다.

33 ②
롤 아웃(roll-out) 방식
- 회전하는 두 개의 롤러 사이를 통과시켜 판재를

제조하는 공법
- 무늬유리 : 틀에 조각된 무늬를 롤 아웃 방식으로 유리면에 열간 전사하는 방식으로 제조한 유리

34 ③

수성페인트는 수용성이므로 방부성을 기대하기 어렵고, 유성페인트가 목재 방부제로 활용된다.

35 ②

회반죽은 공기 중 탄산가스에 의해 경화하는 기경성 미장재료이다.

36 ③

알루민산 3석회(C_3A)
- 1일에서 1주 이내 수화에 영향을 주며 높은 수화열이 발생하며 응결이 빠르므로 석고로 조절한다.
- 시멘트 내에서 황산염과 반응하여 체적변화를 일으키므로 사용에 주의해야 한다.

37 ③

Plasticity(성형성)
- 재료의 분리가 발생하지 않고 거푸집에 쉽게 다져 넣을 수 있는 난이정도
- 변형의 속도와 저항성
- 물질이 변형된 후 외부 응력이 제거되었을 때 원래 형태로 복원되지 않고, 영구적인 변형이 남는 특성을 의미

38 ②

벽돌의 붉은색은 산화철 성분에 의해 나타난다.

39 ②

CCA(Chromated Copper Arsenate)
- 크롬, 구리, 비소를 여러 비율로 배합한 고착형의 수용성 목재 방부·방충제
- 방부효력이 크고 물에 용탈되지 않으며, 금속을 녹슬지 않게 하며 화학적으로 안정성이 있다.
- CCA로 방부처리된 목재는 발암물질을 유발할 수 있어 우리나라에서는 생산을 금지하여 현재는 잘 사용되지 않고 있다.

40 ①

수경률(HM, hydraulic modulus)
- 포틀랜드 시멘트의 화학 조성과 성질을 관련시키기 위해 산출하는 계수의 일종으로, 산성 성분 대비 염기 성분의 중량 백분율 비이다.
- 보통 시멘트에서 1.8~2.2 정도이며 조강시멘트에서 2.2~2.3 정도이다.
- 수경률(HM) = $\dfrac{CaO}{SiO_2 + Al_2O_3 + Fe_2O_3}$

41 ②

벽량 = $\dfrac{x축 \ 벽길이 \ 합계}{실면적} = \dfrac{240cm \times 2 + 100cm \times 3}{6m \times 4.5m}$

$= \dfrac{780cm}{27m^2} = 28.9cm/m^2$

42 ②

콘크리트의 중량 = $2.4t/m^3$

∴ $1m^2 \times 0.12m \times 2.4t/m^3 = 0.288t = 288kg$

43 ②

핀접합
- 철골부재 접합의 형식으로 부재 상호 간에는 작용선이 핀을 통과하고 힘은 전달하나 휨모멘트는 발생하지 않는다.
- 부재 상호 간의 각도는 별다른 구속이 없이 변화할 수 있다.
- 트러스의 절점은 모두 핀접합이라고 가정한다.

44 ④

토대는 기둥과 크기가 같거나 다소 큰 것을 사용한다.

45 ③

계획설계도
㉠ 구상도 : 설계에 대한 최초 생각을 자유롭게 표현하는 스케치 등의 작업
㉡ 동선도 : 사람, 차량, 화물 등의 흐름을 도식화한 도면
㉢ 조직도 : 공간의 용도 및 내용을 관련성 있게 정리하여 조직화한 것
㉣ 면적도표 : 소요 공간의 면적 비율을 산출하여 검토 작업을 하기 위한 자료도면

46 ②

단변 하부 주근이 가장 하단에 위치한다.

47 ①
자재여닫이문
양방향으로 열리는 양여닫이 자재문

48 ④
색채나 질감과 같은 세부 표현은 투시도 작도의 마지막에 실시한다.

49 ①
수직선은 아래에서 위로 올려 긋는다.

50 ④
가상선은 인접 부분을 참고로 표시하거나 가동부분을 이동 중의 특정한 위치 또는 이동한계의 위치를 표시하는 데 사용하며 이점쇄선으로 그린다.

51 ③
감잡이쇠
U자형으로 구부린 연결철물, 평보와 왕대공의 맞춤 등에 사용한다.

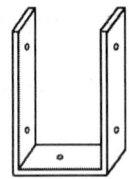

52 ①
스티프너
웨브재의 좌굴을 방지하기 위해 사용하는 부재로 수평 스티프너, 수직 스티프너, 하중점 스티프너 등이 있다.

53 ④
건축제도의 치수 기입
- 치수는 치수선 중앙 윗부분에 기입하는 것이 원칙이다.
- 치수는 특별히 명시하지 않는 한 마무리 치수로 표시한다.
- 치수기입은 치수선에 평행하게 도면의 왼쪽에서 오른쪽으로, 아래로부터 위로 읽을 수 있도록 기입한다.
- 치수를 기입하기 곤란한 경우 인출선을 따로 뽑아 기입한다.

54 ①
용접접합
- 리벳 및 볼트에 비해 부재단면의 결손이 없고 경량이 된다.
- 접합부의 연속성 및 강성이 확보된다.
- 시공불량의 우려가 있고 용접열에 의한 변위가 발생할 수 있다.
- 검사가 어렵고 시간과 비용이 많이 소모된다.

55 ③
도면 제도 순서
제도용지 부착 → 도면배치 결정 → 전체적인 배치 후 흐린 선으로 윤곽 잡기 → 도면 상세히 그리기

56 ①
① 양쪽 평벽　　　② 한쪽 심벽
③ 심벽식(부분 평벽)　④ 양쪽 심벽

57 ④
조립식 구조는 각 부재의 접합부를 일체화하기가 어렵다.

58 ④
철근은 가는 것을 많이 넣는 것이 좋다.

59 ②
단면도
건축물을 수직 절단하여 수평방향에서 본 도면으로 건축물과 지반과의 관계 및 건축물의 높이, 실내 입면 및 구조상태와 바닥 배관 등을 확인할 수 있는 도면이다.
※ ① 입면도, ③ 전개도, ④ 평면도에 대한 설명

60 ③
목재는 함수율에 따른 변형이 발생할 우려가 크다.

제5회

01 ④

행태학
인간의 지각, 심리, 행동의 특질을 패턴화하여 디자인에 적용시키기 위한 연구를 하는 학문
ex) 게슈탈트의 형태심리

02 ③

작업 삼각형(work trianlge)
- 주방의 주요 부분인 냉장고, 싱크대, 가열대를 말한다.
- 이 삼각형의 각 변 길이 합계가 짧아야 동선이 능률적이 된다.

03 ③

펜로즈의 삼각형
막대 세 개로 만들어진 삼각형 모양의 도형으로 3차원의 공간에서는 실현 불가능하지만 2차원의 평면에서는 가능한 것처럼 그려 놓은 역리도형의 대표적 사례이다.

04 ①

배광방식에 따른 조명의 분류

조명	직접	반직접	전반확산	반간접	간접
배광방식 위	0~10%	10~40%	40~50%	60~90%	90~100%
배광방식 아래	100~90%	90~60%	40~50%	40~10%	10~0%

※ 전반확산조명은 광원이 모든 방향으로 개방된 형태를 뜻하며, 반간접조명은 대부분의 빛이 상향으로 비춰지고 일부의 빛이 하향하는 형태이다.

05 ①

일반 가정에서는 면적의 효율을 높이기 위해 침대 한 쪽을 외벽에 붙여서 쓰는 걸 흔히 볼 수 있으나, 추운 계절의 냉기나 라돈과 같이 건축자재가 방출하는 물질에 노출될 수 있다. 또한 이동 간의 편의성에도 문제가 있으므로 침대 양쪽에 최소 75cm 이상의 여유 공간을 두는 것이 좋다.

06 ③

연속순회 형식
- 긴 직사각형 또는 다각형 평면의 전시실이 연속적으로 연결된 형식이다.
- 동선이 단순하고 공간을 절약할 수 있으나 많은 실을 순서대로 관람하다보면 피곤하고 지루해질 수 있다.
- 전시실을 폐쇄하면 전체 동선이 막히게 된다.

07 ②

① 독립형 식당(Dining room) : 부엌을 비롯한 다른 실과 완전히 독립된 식당 형태. 식사 분위기는 가장 좋지만 동선은 가장 불편한 구성이 된다. 대규모 주택이나 별장 등에 적합하다.
② 다이닝 키친(Dining Kitchen) : 가장 전형적인 형태로 주방의 한 부분에 식탁을 설치하는 형식. 가사동선상 가장 편리한 형태이며 주방의 조리 공간과 근접해 있으므로 식사분위기는 좋지 못하다.
③ 리빙 다이닝(Living Dining) : 거실의 일부를 식사실로 구성한 형식. 거실이 접하고 있는 외부 조망이나 일조, 환기 등을 공유하는 형태로서 식사 분위기는 좋은 편이다. 단, 주방과의 동선이 길어질 수 있으며 거실의 기능을 방해할 수 있으므로 설계 시 이에 대한 고려가 선결되어야 한다.
④ 다이닝 테라스(Dining Terrace) : 옥외 테라스나 마당 등에 마련되는 식당

08 ②

질감
- 손으로 만지면 어떤 느낌이 든다는 것을 경험을 통해 알고 있는데 이것이 물체의 질감이다.
- 질감은 재료로서 구체화되기 때문에 재질에 대한 감각적 체험이 중요하다.
- 재질의 질감이 갖는 지각적 유형에 의해서 촉각적 질감, 시각적 질감, 구조적 질감으로 분류될 수 있다.

09 ③

비대칭 균형의 특징
- 양측이 균형의 중심점으로부터 다르게 배치된 형태의 균형을 뜻한다.
- 시각적 결합에 의해 동적인 안정감과 변화가 풍부한 개성 있는 형태를 표출한다.
- 물리적으로는 불균형이지만 시각적으로 균형을 이루어, 흥미로움을 부여하고 율동감과 약진감도 나타낸다.
- 능동적이며 비형식적인 느낌을 주며, 진취적이고 긴장된 생명 감각을 느끼게 한다.

10 ②
황금비례는 고대 그리스인에 의해 창안되었다.

11 ②
① 균형, ② 점이, ③ 통일, ④ 반복에 대한 설명

12 ①
평균 연색평가 지수(Ra)
규정된 8종류의 시험 색을 표준 광원으로 조명했을 때와 시료 광원으로 조명했을 때의 CIE UCS 색도도에 의한 색도 변화의 평균값에서 구하는 지수

연색지수(Ra)	램프
25	나트륨등
60	수은등
65~75	일반 형광등
75~90	메탈할라이드램프
80~90	LED 램프
85~95	3파장, 5파장 형광램프
90 이상	백열등, 할로겐램프

13 ④
공간의 레이아웃(layout)
공간을 형성하는 부분과 설치되는 물체의 평면상 배치계획
※ 실내 디자인의 레이아웃 단계 시 고려사항
㉠ 출입형식 및 동선체계
㉡ 인체공학적 치수와 가구의 크기(가구의 크기와 점유면적)
㉢ 공간 상호 간의 연계성(zoning)

14 ②
고객 동선은 가능한 한 길게 하여 상품과의 접촉빈도를 높여야 한다.

15 ④
집중형 공동주택
- 중앙에 엘리베이터와 계단홀을 배치하고 주위에 많은 단위주거를 집중 배치하여 대지이용률이 높은 형식이다.
- 단위주거의 조건에 따라 일조 조건이 나빠지므로 평면계획에 특별한 고려가 필요하다.

16 ②
천장은 구조형식으로부터 가장 자유로운 기본 요소이므로, 시대의 흐름이나 유행에 따른 형태 및 디자인의 변화도 다양하게 적용할 수 있다.

17 ④
여닫이문
- 정첩으로 한 축을 고정시켜 부채꼴로 회전하며 개폐되는 문
- 작동이 용이하고 간단한 철물로 조작되며 외기를 차단시키고 방음에 매우 효과적이어서 가장 일반적인 형태이다.
- 개폐 시 회전을 위한 공간이 필요하다.
※ ④는 미서기문에 대한 설명이다.

18 ②
②번 그림은 점과 점 사이의 간격에 의해 세 그룹으로 나뉘어 집합 및 분리의 효과를 드러내고 있다.

19 ②
① 카우치(couch) : 천을 씌운 긴 의자로 한쪽만 팔걸이가 있고 기댈 수 있는 낮은 등받이가 있는 소파
② 풀업 체어(pull-up chairs) : 이동하기 쉽고 잡기 편하며 여러 개를 겹쳐 들고 운반하기 쉬운 간이 의자이다.
③ 체스터필드(chesterfield) : 소파의 골격에 쿠션성이 좋도록 솜, 스폰지 등의 속을 많이 채워 넣고 천으로 감싼 소파로, 구조, 형태뿐만 아니라 사용에 있어서도 안락성이 매우 큰 소파를 말한다.
④ 라운지 체어(lounge chairs) : 가장 편하게 휴식을 취할 수 있는 의자로 비교적 크다. 반쯤 기댄 자세에서 휴식을 취할 수 있으며 팔걸이, 발

걸이, 머리받침이 조합되는 것이 보통이며 안락감을 위해 각도 조절, 회전 등이 가능한 기계장치가 부수적으로 추가된다.

20 ③

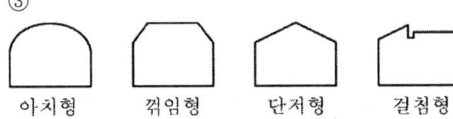

아치형   꺾임형   단저형   걸침형

21 ③
탄소강의 인장강도는 250℃ 정도에서 최대로 된다.

22 ②
실리콘(Silicon) 수지
열경화성 수지로 다른 플라스틱 재료에 비하여 내열성 및 내한성이 극히 우수하고(사용범위 −80~260℃), 전기절연성 및 내수성·발수성·방수성이 우수한 수지로 도막 방수재 및 실링재 등으로 사용된다.

23 ④
- 훈소와 : 가마에 넣고 장작이나 솔잎 등을 태워 그을린 기와. 주로 회흑색을 띠며 방수성이 있고 강도가 좋다.
- 소소와 : 저급점토를 원료로 하여 900~1000℃로 소소하여 만든 기와로 흡수율이 큰 편이다.
- 시유와 : 소소와에 유약을 발라 재소성한 기와. 경질 표면이며 광택이 나고 방수성이 높다. 다양한 색을 낼 수 있어 고급 지붕재로 사용한다.
- 오지기와 : 기와 소성이 끝날 무렵 연소실에 식염을 넣어 식염증기를 발생시키면 이 증기가 응축된다. 이런 과정에 의해 광택이 나고 표면이 매끈하며 견고한 기와를 오지기와라 한다.

24 ④
벤토나이트
- 운모와 같은 결정구조를 하는 단사정계에 속하는 광물인 몬모릴로나이트가 주로 들어있는 점토를 말한다.
- 물을 흡착하여 팽윤성(점토가 물을 흡수하여 부푸는 성질)이 크고 가소성이 높다.
- 명칭은 미국 와이오밍주에서 산출되는 백악기 지층에서 산출된 것이 유래되었다.
- 이물질과 접촉하면 팽창반응이 낮아지며 염분의 경우에 현저히 더 떨어진다.

※ 벤토나이트 방수의 특징
- 자체 보수성이 있고 화학변화가 적어 영구적 방수기능을 기대할 수 있다.
- 시공이 간편하고 공기가 단축된다.
- 인체에 무해하다.

25 ③
치장 벽돌(face brick, dressed brick)
- 색이나 형태 및 질감 등 원하는 효과를 내기 위한 목적으로 특수 제작한 벽돌
- 건축물의 내외장, 담, 화단 등의 마감재로 쓰인다.
- 보통 벽돌을 다소 곱게 구워 만들기도 하고 유약을 바르는 대신 착색제를 쓰는 등 다양한 방법으로 제조한다.

26 ②
크리프(creep)
- 재료에 하중이 작용하면 그것에 비례하는 순간적인 변형이 생긴다. 이후 하중의 증가는 없이 지속하여 재하될 경우, 변형이 시간과 더불어 증대하는 현상을 크리프라 한다.
- 건축용 접착제는 크리프가 작은 것이 좋다.

27 ③
합성수지 페인트
- 합성수지에 안료와 휘발성 용제를 혼합하여 만든다.
- 유성페인트나 바니시에 비해 건조가 빠르고 도막이 단단하다.
- 내수성 및 방화성이 높다.
- 내산성, 내알칼리성이 있어 콘크리트, 모르타르면에 바를 수 있다.
- 투명한 합성수지를 사용하면 더욱 선명한 색을 낼 수 있다.

28 ③
인장강도
$$= \frac{\text{최대하중}}{\text{단면적}} = \frac{41000N}{9^2 \times 3.14} = 161.2 N/mm^2 (MPa)$$

29 ②
수밀 콘크리트

- 방수성능을 얻기 위해 밀도를 높인 콘크리트로 공극을 작게 하고 실리카겔 미분 혼화재 등을 함께 넣어 만든다.
- 지하실・수중 구조물・지붕 슬래브 등 특히 수밀성을 필요로 하는 부분에 사용된다.
- 물시멘트비는 50% 이하로 하고 적정 슬럼프는 12~15cm 정도이다.
- 워커빌리티 개선을 위해 AE제 등을 사용하더라도 공기량은 4% 이하가 되게 하고 굵은 골재의 비율을 높인다.

30 ④

골재의 실적률
- 실적률은 전체 부피 중 골재 입자가 차지하는 실제 용적의 백분율로써, 골재 입형의 양부를 평가하는 지표이다.
- 단위용적질량이 동일한 상태에서 골재의 밀도가 크다면 실적률은 작아진다.

31 ③

폴리싱 타일
- 자기질 타일의 일종으로 흡수율과 휨강도를 증가시킨 제품이다.
- 표면을 연마하여 고광택을 얻어내어 다양한 색과 디자인의 바닥시공이 가능한 타일이다.

32 ③

- 독일 공업규격 : DIN(Deutsche Industrie Norm)
- 덴마크 표준규격 : DS(Dansk Standards)

33 ①

절대건조상태
$105 \pm 5℃$의 온도에서 중량변화가 없을 때까지 골재를 건조시킨 상태로, 골재의 표면 및 공극 내 수분이 완전히 증발된 상태를 뜻한다.

34 ②

석고 보드(gypsum board)
- 소석고에 경량성 및 탄성을 주기 위해 톱밥, 펄라이트 및 섬유 등의 혼합물을 물로 이겨 양면에 두꺼운 종이를 밀착시킨 후 판상으로 성형한 판재이다.
- 방부・방화성이 크고, 흡습성이 적은 편이어서 천장 및 벽 마감재로 널리 쓰인다.
- 부식이나 충해 피해가 거의 없으며, 신축변형 및 균열이 적고 단열성도 비교적 좋다.
- 흡수에 의한 강도 저하가 생길 수 있다.

35 ①

샤모테(chamotte)
- 규산(SiO_2), 알루미나(Al_2O_3) 등을 주성분으로 하는 내화 점토의 소성 분말을 말한다.
- 점토광물은 약 15%의 수분을 함유하므로 그대로 성형, 소성하면 수축하여 변형, 균열이 생긴다. 따라서 샤모테를 첨가하면 가소성을 좋게 하고 변형 및 균열을 방지하는 효과가 있다.

36 ③

셀프 레벨링제
- ㉠ 특징 : 자체 유동성이 있어서 평탄하게 되는 성질을 이용하여 바닥마름질 공사 등에 사용하는 재료이다.
- ㉡ 종류
  - 석고계 셀프 레벨링재 : 석고에 모래, 경화 지연제, 유동화제 등을 혼합한 것. 물이 닿지 않는 실내에서만 사용한다.
  - 시멘트계 셀프 레벨링재 : 포틀랜드 시멘트에 모래, 분산제, 유동화제 등을 혼합한 것. 필요에 따라 팽창성 혼화재료를 사용한다.
- ㉢ 시공 시 주의사항
  - 경화 시 표면에 물결무늬가 생기지 않도록 창문 등을 밀폐하여 통풍과 기류를 차단한다.
  - 시공 중이나 시공 완료 후 기온이 5℃ 이하가 되지 않도록 한다.
  - 시공 후 요철부는 연마기로 다듬고, 기포는 된비빔 석고로 보수한다.

37 ③

리놀륨(Linoluem)
- 아마인유・동유 등을 산화 중합시켜서 생기는 리녹신에 로진 등 천연수지류를 섞고, 코르크・톱밥・돌가루와 착색제 등을 첨가해서 마직포 롤러에 의해 시트 모양으로 가열 압착하고 장시간 건조시켜서 만든다.
- 탄력성이 좋고 걸을 때 미끄러지지 않으며, 소리가 잘 안 나고 보행감촉이 뛰어나다.

- 내마모성·내화성·내열성·전기절연성 등도 우수하다.
- 특히 살균작용에 의해 바닥의 박테리아는 2일 정도면 사멸되는데, 그 작용이 10년 가까이 지속되는 등의 장점이 있다.
- 단점으로는 책상과 같은 가구의 집중하중을 장기간 받으면 자국이 생기며, 알칼리성에 약하고 내수성·내습성이 떨어진다.
- 바닥은 충분히 건조시켜 평탄하게 하고 균열을 없애며 알칼리성 이외의 접착제를 사용하고, 무거운 롤러로 내부에 공기가 남아 있지 않도록 압착시켜야 한다.

38 ①
중용열 포틀랜드 시멘트
- C3S, C3A 등을 적게 한 시멘트로 수화 시 발열량이 적어 수축이 적고 균열이 없어 안정성이 높다.
- 내식성, 내구성이 좋고, 방사선 차단 효과가 있다.
- 댐 축조, 콘크리트 포장, 원자력 발전소 등 매스콘크리트에 사용된다.
- 수화속도는 느린 편이다.

39 ②
도어클로저(도어체크)
- 문짝 상부와 벽에 장치를 설치하여 자동으로 문을 닫히게 하는 철물
- 보통은 문 아래를 바닥에 고정시키는 도어스톱과 세트로 사용한다.

40 ②
KS F 2527 규정 부순 굵은 골재의 품질
- 골재는 깨끗하고 강하고 내구적이며, 먼지 및 흙 등의 불순물을 함유하지 않아야 한다.
- 각종 기준 : 절대건조비중 2.5 이상, 흡수율 3% 이하, 안정성 12% 이하, 마모 감량 40% 이하, 씻기 시험 손실량 1% 이하

41 ②
지붕의 경사는 분모를 10으로 한 분수를 나타낸다.

42 ③
조적조 벽체 작도 순서
① 제도용지에 테두리선을 긋고, 축척에 알맞게 구도를 잡는다.
② 지반선과 벽체의 중심선을 긋고, 기초의 깊이와 벽체의 너비를 정한다.
③ 단면선과 입면선을 구분하여 그리고, 각 부분에 재료 표시를 한다.
④ 치수선과 인출선을 긋고, 치수와 명칭을 기입한다.

43 ③
① 경제성, ② 심미성, ④ 기능성에 대한 설명

44 ①
접이문(접문)
여러 쪽의 좁은 문짝을 경첩 따위로 연결하여 접어서 여닫는 문으로 두 방을 한 방으로 크게 할 때나 칸막이 겸용으로 사용한다.

45 ③
견치돌
- 돌쌓기에 쓰는 네모뿔 모양의 돌로 간지석이라고도 한다.
- 한 변이 300mm 정도이며 간단한 석축이나 돌쌓기, 옹벽 등에 사용된다.
- 간지석 뒤쪽 간격에 잡석이나 자갈 등을 넣어 고정시켜 가며 쌓는다.

46 ④
표제란
보통 도면의 오른쪽 하단에 위치하며 도면번호, 공사명칭, 축척, 책임자 성명, 도면작성일, 분류번호 등을 작성한다.

47 ②
① 맞댄쪽매, ③ 빗쪽매, ④ 반턱쪽매에 대한 설명

48 ④
큰 하중을 받는 곳에선 내쌓기를 하지 않는 것이 좋다.

49 ①
H형강의 치수 표시법
H-(단면의 춤)×(플랜지의 폭)×(웨브의 두께)×(플랜지의 두께)

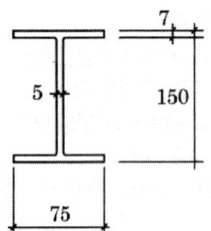

50 ④

백화 현상의 방지법
- 줄눈 모르타르 사춤하고 줄눈 모르타르에 방수제를 넣는다.
- 벽돌의 원료는 염분이 없는 것으로 잘 소성된 벽돌을 사용한다.
- 벽돌 벽면을 파라핀 도료 등을 발라 방수처리한다.
- 벽면에 적절히 차양 등의 비막이 시설을 한다.

51 ②

석재 가공단계 및 공구
- 혹두기 : 거친면을 쇠메로 다듬어 보기 좋게 하는 공구
- 정다듬 : 혹두기면을 정으로 곱게 쪼아서 평탄하게 하는 단계
- 도드락다듬 : 거친 정다듬 면을 도드락 망치로 평탄하는 단계
- 잔다듬 : 날망치로 곱게 쪼아서 표면을 매끈하게 다듬는 단계
- 물갈기 : 금강사, 모래, 숫돌 등으로 갈아서 다듬는 단계

52 ④

이형 철근이 철근의 표면과 단면 모양에 따라 원형 철근에 비해 부착강도가 크다.

53 ④

건축도면에서 단위가 표시되지 않을 경우 치수는 mm 단위로 간주한다.

54 ④

치수는 치수선 가운데 윗부분에 표시되어야 한다.

55 ②

플랫(Flat) 트러스	경사재의 방향이 중앙쪽 하향인 트러스. 일반적으로 경사재는 인장재, 수직재는 압축재가 된다.
와렌(Warren) 트러스	경사재가 상·하향 교대로 되어 있는 트러스. 다른 트러스에 비해 강성이 크고 사용 강재가 적으며, 구조상 유리하기 때문에 주로 강 트러스교에 사용된다.
하우(Howe) 트러스	경사재의 방향이 중앙쪽 상향인 트러스. 일반적으로 경사재는 압축재가 된다.
핑크(Fink) 트러스	압축재(굵은 선) 길이를 짧게 배치한 트러스

56 ④

① 공간쌓기 : 벽을 이중으로 하고 중간에 공간을 두고 쌓는 방법
② 엇모쌓기 : 벽면에 변화감을 내기 위해 45도 각도로 모서리가 벽면에 나오도록 쌓는 방식
③ 무늬쌓기 : 색이나 질감이 다른 벽돌로 무늬를 연출하는 쌓기 방식
④ 영롱쌓기 : 벽면에 구멍을 내어 쌓는 방식으로 장막벽에 쓰인다.

57 ②

띠철근 기둥의 축방향 주철근은 최소 4개, 나선철근 기둥은 최소 6개 이상으로 한다.
※ 원형 띠철근이라 명시하였으므로, 원형 기둥인 나선철근기둥 문제로 착각할 수 있음에 주의한다.

58 ④

① 리프트 슬래브(Lift Slab) 공법 : 슬래브를 지면에서 제작 후, 위로 견인하여 조립하는 공법
② 커튼 월(Curtain Wall) 공법 : 외벽이 건물의 하중을 지지하지 않고 장막 역할만 하는 공법
③ 포스트 텐션(Post Tension) 공법 : 콘크리트 타설 전에 관을 집어넣고 경화 후에 관 속으로 PC

강재를 집어넣어 한쪽 끝을 정착하고 다른 쪽을 유압, 잭 등을 써서 긴장시켜 압축력이 주어지면 나사 등으로 정착시키거나 모르타르를 주입하는 공법
④ 틸트 업(Tilt Up) 공법 : 고층 건물의 벽판을 지면에서 제작 후, 일으켜 세워 조립하는 공법

59 ①
- 수직선을 그을 때는 아래에서 위의 방향으로 하는 것이 원칙이다.
- 단, 삼각자의 오른쪽에 수직선을 그어야 할 때는 위에서 아래로 한다.

60 ①
에스키스
- 회화에서 작품구상을 정리하기 위해서 행하는 초고나 밑그림을 말하는 것이 원래 의미이다.
- 건축계획에서는 준비 단계로서 먼저 별지에 간단히 구도를 해보거나, 필요한 특정 부분을 세부적으로 그려보기도 하는 것을 말한다.
- 건축설계·무대장치·디자인 등의 초안의 의미이자 조각제작의 점토나 납의 소형 습작도 에스키스라 한다.

memo

제7편

CBT 복원문제 해설 및 정답

CBT 복원문제 해설 및 정답

실내건축기능사

2022년 제1회

01 ③
침대 규격
- 싱글베드(single bed)
  : 900~1000mm×1875~2000mm
- 더블베드(double bed)
  : 1350~1400mm×2000mm
- 퀸베드(queen bed) : 1500mm×2000mm
- 킹베드(king bed) : 2000×2000mm

02 ④
수납의 4가지 원칙
- 가시성 : 수납된 물품을 쉽게 찾을 수 있도록 보이게 하거나 표시를 해 둔다.
- 접근성 : 수납공간에 대한 접근의 유용성. 해당 물품의 성격이나 사용자의 유형에 따라 위치가 적합해야 한다.
- 편리성 : 수납된 물품을 꺼내고 보관하는 동작이 편리해야 한다. 손잡이의 공학적 고려, 서랍 무게의 적절성 등
- 보관성 : 물품을 수납하기에 충분한 공간이 확보되어야 하며 수납공간 내의 정돈상태도 잘 유지되어야 한다.

03 ③
강조
- 디자인 일부에 주어지는 초점이나 의도적인 변화이다.
- 공간에서 색채나 형태를 강조함으로써 전체의 성격을 명백하게 규정한다.
- 평범하고 단순한 실내에 흥미를 부여하기에 적합한 디자인 원리이다.

04 ①
기획 단계
공간의 사용목적, 예산, 완성 후 운영에 이르기까지의 전체 관련사항을 종합 검토하는 실내디자인의 가장 첫 단계로서 건축주의 요구사항 역시 기획단계에서 가장 많이 반영된다.

05 ②
침실의 소음은 40dB 이하로 하는 것이 바람직하다.

06 ④
① 직선형 공간 : 공간의 개념이 한 방향으로 흐르는 형태. 일관적이고 순차적인 공간이 된다.
② 방사형 공간 : 중심으로부터 확장되는 공간구성. 중심에서 멀어질수록 구조배치가 다소 까다로워진다.
③ 그물망형 공간 : 모듈에 의해 공간에 동질감을 주고 명료해진다. 반면, 단순하고 획일화된 공간이 될 수 있다.
④ 중앙집중식 공간 : 핵심이 되는 요소를 공간 중앙에 두고 종속적 요소들이 중심을 둘러싸는 형태로 배열되는 공간. 공간의 개념이 뚜렷해지고 공간 및 형태의 관계가 명확해진다.

07 ①
백화점은 균일한 조도를 얻고 실내 면적의 이용률을 높이기 위해 외벽에 창을 설치하지 않는다. 이는 외벽에 광고물을 설치하는 효과도 얻을 수 있다. 그러나 창이 없기 때문에 정전, 화재 발생 시 소화활동 및 피난이 어렵고 인명피해 가능성이 큰 단점이 있다.

08 ②
기하학적 형태란 수학적 원칙에 의해 만들어지는 정형화된 형태를 말하며 삼각형, 사각형, 원 등이

해당된다. 이런 형태는 자연상태에서 나타나는 불규칙한 형태에 비해 가볍게 느껴진다.

09 ③

패턴이 형태에 적용되어 형태를 보완하는 기능을 갖게 된다.

10 ③

공간을 넓어 보이게 하기 위해서는 가구나 장식물을 최소화 하고, 가급적 벽에 붙여 배치하는 것이 좋다.

11 ③

형태의 지각심리(게슈탈트의 지각심리)
- 접근성 : 가까이 있는 시각 요소들을 패턴이나 그룹으로 인지하게 되는 지각심리
- 유사성 : 형태와 색깔, 크기 등이 유사할 경우 그룹으로 보이는 지각심리
- 연속성 : 점들의 연속이 선으로 지각되어 형태를 만드는 지각심리
- 폐쇄성 : 불완전한 시각 요소들을 완전한 형태로 지각하려는 심리
- 단순화 : 어떤 형태를 접했을 때 복잡한 형태보다는 단순한 형태로 지각하려는 심리

12 ③

붙박이 가구(built-in furniture)
건물에 짜맞추어 일체화된 가구로 가구배치의 혼란을 없애고 공간을 최대한 활용할 수 있다.

13 ①

가족 구성원이 많은 주거공간은 가족 개개인의 사적인 공간을 분리하여 폐쇄적으로 구획하는 것이 프라이버시를 유지하기에 좋다.

14 ①

① 섀시 커튼 : 창문의 절반 정도만을 친 형태의 커튼으로 주로 투명성이 있는 재료로 만들어진다.
② 글라스 커튼 : 투명한 소재로 유리창의 한 부분에 항상 드리워져 있는 형태의 커튼
③ 드로우 커튼 : 창문의 레일을 이용해 펼쳤다 접을 수 있도록 설치한 커튼
④ 크로스 커튼 : 양여닫이 창호의 내측에서 X형으로 교차하여 매는 형태의 커튼

15 ④
- 천장은 하중을 받거나 하는 구조적인 역할이 없으므로 조형적으로 가장 자유로운 요소이다.
- 시각적 흐름이 최종적으로 멈추는 곳이므로 지각의 느낌에 영향을 미친다.

16 ④

유효온도(ET : Effective Temperature)
- 기온(또는 흑구온도), 기류, 습도를 조합한 감각 지표로서 효과온도, 감각온도, 실효온도 또는 체감온도라고도 한다.
- 1923년 미국에서 Hougton과 Yaglou에 의해 처음 창안되어 공기조화(덕트식 냉난방) 시의 평가에 널리 사용되었다.
- 복사열에 대한 영향은 고려되지 않았다.
※ 수정유효온도(CET) : 글로브 온도계를 이용하여 복사열에 대한 영향을 고려한 열쾌적 지표

17 ④

실내공기 오염의 주 대상은 호흡에 의한 이산화탄소 농도의 증가로 보고 이를 척도로 정하였으며 이는 각종 오염요소의 농도가 실내공기의 이산화탄소 농도와 비례하기 때문이기도 하다.

18 ②

음의 회절(Diffraction)
음이 진행 중에 장애물이 있으면 파동은 직진하지 않고 그 뒤쪽으로 되돌아오는 현상을 말한다. 장애물 뒤의 소리가 들리거나 책으로 입을 가리고 말하는 소리가 들리는 것은 회절현상에 의한 것이다.

19 ①

내단열의 경우 내부결로의 우려가 크고 열교현상에 의한 열손실이 발생하기 쉬우므로 외벽은 외단열로 하는 것이 좋다.

20 ①

일사량
하루 중 태양이 높이 떠 있는 남중고도는 겨울보다 여름이 더 높다. 따라서 거실과 같이 개구부가 넓은 공간을 남향으로 배치할 경우 여름에는 지붕·차양

에 의해 높은 고도의 태양광선을 차단할 수 있고, 겨울에는 낮은 고도의 태양광선을 실내 깊은 곳까지 유입시킬 수 있다.

21 ①
②는 중량 콘크리트, ③은 경량 콘크리트, ④는 폴리머 콘크리트(레진 콘크리트)에 대한 설명

22 ①
충분한 두께의 콘크리트 피복은 철근을 열로부터 보호하는 역할을 한다.

23 ④
아스팔트 싱글
품질 개량된 아스팔트 사이에 강인한 글라스 매트나 다공성 원지를 심재로 하고, 표면에 돌입자로 코팅한 것으로 기와나 슬레이트의 대용 지붕재료로 쓰인다.

24 ④
시멘트 분말이 미세할수록 보관 시의 풍화 발생 우려가 높아진다.

25 ②
유성바니시는 가구, 목재 등의 투명도장에 사용이 적합한 도료이다.

26 ④
트래버틴
- 대리석의 일종으로 다공질이고 암갈색, 황갈색을 띤다.
- 석질이 불균일하며 특수 장식재로 사용한다.

27 ④
에폭시 수지 접착제
- 내수성, 내습성, 내약품성, 전기절연성이 우수하고 금속, 도자기, 유리 등 다양한 종류의 물질을 강하게 접착시킨다.
- 피막이 단단하고 유연성은 다소 부족한 것이 특징으로 고가의 접착제이다.

28 ②
코너비드

벽, 기둥 등의 모서리 부분에 미장 바름을 보호하기 위하여 사용하는 금속제품

29 ①
와이어 라스(wire lath)
지름 0.9~1.2mm의 철선 또는 아연 도금 철선을 가공하여 그물 형태로 엮어 만든 제품으로 모르타르 바름 바탕에 주로 쓰인다.

30 ③
소다석회유리
- 용융점이 낮고 풍화되기 쉽다.
- 산에 강하나, 알칼리에는 약하다.
- 팽창률이 크고 강도가 높다.
- 용도 : 건축일반용 창호유리, 병유리 등

31 ③
합성수지
대체로 열에 취약한 편이며 열가소성 합성수지의 경우 고온에서 연화, 연질된다.

32 ①
부패균은 공기에 의해 침투되므로 수중에 완전 침수시킨 목재의 경우 부패되지 않는다.
※ 목재의 부패 구분
- 백부 : 리그닌을 용해하여 하얗게 부패된 부분
- 적부 : 섬유소를 용해하여 붉게 부패된 부분
- 청부 : 생나무 변재부가 파랗게 부패된 부분

33 ①
팽창 시멘트
- 경화 도중 팽창을 주어 수축을 보상(수축률 20~30% 감소)하고 철근에 화학적으로 프리스트레스를 주는 특수시멘트
- 석회, 보크사이트, 석고를 원료로 하여 소성 후 분쇄한 것을 포틀랜드 시멘트에 혼합하여 제조한다.
- 흄관 등 거푸집 구속 증기양생을 하는 콘크리트 제품에 혼입하여 균열을 제거하고 강도를 증가시킨다.
- 바닥슬래브 등에 균열을 제거하기 위한 현장 콘크리트용으로 쓰인다.
- 역타설 콘크리트에 혼입하여 이어치기의 개선에 쓰인다.

※ 혼합시멘트 : 포틀랜드 시멘트의 클링커에 적절한 혼화재를 섞어 만든 시멘트로, 고로 슬래그 시멘트, 플라이애시 시멘트, 실리카 시멘트 등이 있다.

34 ③

알루미늄(Aluminum)
- 전기, 열전도율이 높은 금속재로 비중(2.7로서 철의 약 1/3)에 비하여 강도가 크다.
- 내화성이 적고, 열팽창계수가 크지만(철의 2배), 반사율이 높아서 열차단재로 쓰인다.
- 산, 알칼리에 약하지만 공기 중에서 표면에 산화막이 생겨 내식성이 크다.
- 압연·인발 등의 가공이 용이한 금속재로 지붕잇기, 실내장식, 가구, 창호, 커튼레일 등에 쓰인다.

35 ②

P.C.P(Penta Chloro Phenol)
- 방부력이 우수하고 무색제품이 생산되어 페인트 칠도 가능한 방부제
- 침투성도 매우 양호한 수용성·유용성 겸용 방부제로 살충력이 강하여 농약으로도 쓰인다.

36 ①

중정석
비중이 큰 석재로 중량 콘크리트의 골재로 쓰인다.

37 ①

화강암
석재 중 압축강도가 가장 크고 외관이 아름다워서 많이 쓰이지만 조암광물의 열팽창계수 차이로 인해 570℃ 이상에서는 균열이 발생하는 단점이 있다.

38 ③

석고 플라스터는 미장재료 중에서 응결속도가 가장 빠른 편이다.

39 ②

① 에칭 글라스 : 부식 유리라고도 한다. 유리면에 부식액의 방호막을 붙이고 이 막을 모양에 맞게 오려낸 후 그 부분에 유리부식액을 발라 소요 모양으로 만들어 장식용으로 사용하며 빛은 들어오지만 시선은 차단된다.

② 스팬드럴 유리 : 판유리의 한쪽 면에 무기질 도료를 코팅한 후 열처리한 유리제품. 불투명하게 되어 프라이버시 보호가 가능하고 색상으로 인한 디자인 효과가 있으며 보통 유리에 비해 내열성과 강도가 우수하다.

③ 스테인드 글라스 : 금속산화물을 녹여 붙이거나, 표면에 안료를 구워서 붙인 색판 유리조각을 접합시키는 방법으로 채색한 유리판으로 주로 유리창에 쓰인다. 착색에는 구리·철·망가니즈와 같은 여러 가지 금속화합물이 이용되며, 세부적인 디자인은 갈색의 에나멜 유약을 써서 표현한다.

④ Low-E 유리 : 유리 내부에 은과 같이 적외선 반사율이 높은 특수 금속막을 코팅한 유리. 단열성능이 높고 채광성이 좋다.

40 ③

① 레일 : 미닫이, 미서기 창호의 미끄럼 장치
② 도어 스톱 : 도어 클로저와 함께 쓰이며 자동으로 닫히는 문의 개방상태를 유지하는 철물
③ 플로어 힌지 : 바닥에 힌지와 스프링 유압밸브가 삽입된 실린더를 설치하여 가장 무거운 여닫이문을 연결한다.
④ 래버토리 힌지 : 접히며 열리는 스프링 힌지의 일종. 공중전화, 공중변소, 출입문에 사용한다.

41 ①

② R : 반지름
③ T : 두께
④ S : 재료가 구면일 때 표시(지름)

42 ③

①은 경제성, ②는 조화성, 친화성, ④는 기능성에 대한 설명이다.

43 ①

영식 쌓기
- 입면상 한 켜는 길이쌓기, 한 켜는 마구리쌓기를 한 형식
- 벽의 모서리에 이오토막 혹은 반절을 사용하여 통줄눈이 생기는 것을 방지하는 형태의 벽돌쌓기로 가장 튼튼한 쌓기 방법이다.

44 ③

가새
- 벽체의 수평력(횡력) 보강재로 압축력 또는 인장력의 작용에 대해 저항한다.
- 기둥이나 보에 대칭되게 설치하며(좌우대칭 구조) 기둥이나 보의 중간에 설치해서는 안 된다.
- 인장응력과 압축응력을 받을 수 있도록 X, V자형으로 배치한다.
- 설치 각도는 45°가 유리하며, 상부보다 하부에 많이 배치한다.

45 ①
연필은 폭넓게 명암을 나타낼 수 있고 다양한 질감이 표현 가능하며 지울 수 있는 장점이 있는 반면에 쉽게 번지고 더러워지는 단점이 있다.

46 ③
①은 수평도, ②는 입면도, ④는 구조평면도에 대한 설명이다.

47 ③
건축제도통칙(KS F 1501) 규정 척도
5/1, 2/1, 1/1, 1/2, 1/3, 1/4, 1/5, 1/10, 1/20, 1/25, 1/30, 1/40, 1/50, 1/100, 1/200, 1/250 (1/300), 1/500, 1/600, 1/1000, 1/1200, 1/2000, 1/2500(1/3000), 1/5000, 1/6000

48 ④
① 방사선 투과법 : 방사선(X선)에 의한 비파괴 시험으로 주물의 결함 검사에는 가장 알맞은 방법이다. 고압의 변압기와 엑스선관에 의하여 방사되는 엑스선은 대개의 주물을 투과함으로써, 감광막 위에 두께나 밀도의 변화를 나타낸다. 현재 강에서는 12cm, 알루미늄에서는 20cm까지이며, 단면에 있어서는 적어도 2% 두께, 혹은 밀도의 차이를 알아볼 수 있으므로, 상당히 미소한 내부 결함도 검출할 수가 있다.
② 초음파 탐상법 : 초음파를 사용하여 재료의 내부 결함이나 용접부분, 관재 등의 내부결함을 비파괴적으로 측정하는 방법을 말한다. 검사 속도는 빠른 편이나 복잡한 부위의 검사는 곤란하다.
③ 자기 탐상법 : 탐상하려고 하는 재료를 자화해 철분을 뿌리면 흠이 있는 부분에 집중하여 철분이 부착되는 것을 이용한 검사방법이다. 간단한 검사법으로 비용이 저렴하고 넓은 부위를 검사할 수 있으나 내부의 상세결함은 알 수 없다.
④ 슈미트 해머법 : 재료의 표면 경도를 측정하는 방법으로 계기에 내장하는 스프링과 추에 의해 반발 계수를 계측하여 그 재료의 세기를 추정한다. 주로 콘크리트 비파괴 시험에 널리 쓰이고 있다.

49 ④
이형 철근은 마디와 리브가 있어 철근의 단면적이 동일 지름의 원형 철근보다 크기 때문에 부착강도가 더 좋다.

50 ①
배치도
- 대지 내의 건물 위치와 부대시설 및 도로와 주변 건물 등을 표현한다.
- 비교적 큰 비율로 축소하여 작도한다(1/100~1/600).
- 방위와 지반의 기준 위치, 부지의 고저, 인접도로의 폭을 표시한다.
- 건물과 인지경계선, 지붕 윤곽, 대문, 차고, 옥외 상수도, 조경상태, 정화조, 맨홀, 배수구 등을 표현한다.

51 ②
디바이더
치수를 눈금자, 삼각자 등으로 측정 후 제도지에 같은 길이로 분할할 때 사용한다.

52 ②
백화 현상(白化現象)
- 건물 외벽을 벽돌, 콘크리트, 시멘트 모르타르, 타일 등으로 마감했을 때 그 표면에 백색물질이 발생하는 경우를 말한다.
- 이 현상은 시멘트의 가용성 성분인 수산화칼슘이 표면으로 삐져나와 수분이 증발되면서 발생하거나, 공기 중 탄산가스와 반응하여 석회석 성분인 탄산칼슘이나 황산칼슘으로 변하여 표면에 침착하여 발생한다.

53 ④
표제란에 기입할 사항

도면 번호, 공사명칭, 축척, 책임자 성명, 도면작성일, 분류번호, 기관 및 프로젝트 정보 등이 있으며 도면의 크기는 기입하지 않는다.

54 ③

셸 구조
- 곡면판이 지니는 역학적 특성을 응용한 구조로서 외력은 주로 판의 면내력으로 전달되기 때문에 경량이고 내력이 큰 구조물을 구성할 수 있는 구조이다.
- 구조물의 상부는 직선이 아니라 곡면으로 많이 디자인 된다.

55 ①

① 베개보 : 층보 혹은 지붕보를 가로로 받치는 보
② 서까래 : 지붕판을 만들고 추녀를 구성하는 가늘고 긴 각재. 처마도리와 중도리 및 마룻대에 지붕물매의 방향으로 걸쳐 대고, 지붕널을 덮는다.
③ 추녀 : 추녀마루를 받치고 있는 일종의 마루대로 모임지붕의 귀에 대각선 방향으로 거는 경사 부재이다.
④ 우미량 : 중도리, 마룻대 등을 받치는 동자기둥, 대공을 세우기 위한 부재로 모임지붕이나 합각지붕에 쓰인다.

56 ④

침투탐상(liquid penetrant flow detection)
- 표면의 결함 유무 조사를 위해 특수용액을 사용하는 비파괴검사
- 육안으로 알 수 없는 재료 표면의 흠·균열 등의 결함을 침투액을 칠하는 방법이다.
- 자분탐상법과 침투탐상법이 주로 사용되는데 자분탐상법은 철강과 같은 강자성체의 재료에만 한정되는데 반하여 침투탐상법은 모든 재료에 응용이 가능하다.

57 ③

제도용 삼각자에는 눈금이 없는 것이 일반적이며 도면작도에 필요한 치수는 스케일을 사용한다.

58 ①

철골구조의 주요 재료인 강재는 열에 취약하므로 내화피복 등의 조치가 필요하다.

59 ④

주각은 베이스 플레이트, 윙 플레이트, 사이드 앵글, 앵커 볼트 등으로 구성된다.

60 ②

부재의 단면이 얇아지기 때문에 진동에 불리하다.

2022년 제2회

01 ③
- 인체지지용 가구(인체계 가구) : 인체와 밀접하게 관계되는 가구로서 직접 인체를 지지한다. 작업의자, 휴식의자, 침대 등
- 작업용 가구(준인체계 가구) : 간접적으로 인간에 관계하고, 인간 동작에 보조가 되는 가구. 테이블, 주방작업대, 책상 등
- 정리수납용 가구(건축계 가구) : 수납 위주로 사용하는 가구. 벽장, 서랍, 선반 등

02 ②
휴먼스케일은 인체를 기준으로 하여 측정되는 척도이다.

03 ①
고정창
개폐의 기능 없이 밀폐되어 있어서 크기와 형태에 제약 없이 가장 자유롭게 디자인할 수 있다.

04 ④
르 코르뷔지에의 모듈러(modulor)
인체의 수직 치수를 근간으로 해서 황금비를 적용, 전개하고 여기서 등차적 배수를 더한 것으로서 인체 각 부위의 비례에 바탕을 둔 치수 계열이다. 이러한 설계 단위를 설정하고 적용(형태 비례에 대한 학설)한 첫 건축물로 마르세이유의 주택 단지가 있다.

05 ②
바닥의 높이 차를 주어 공간의 영역을 조정할 수 있다.

06 ②
골든 스페이스(golden space)
고객의 시선이 가장 편하게 머물고 손으로 잡기에도 가장 편안한 높이는 850~1250mm 높이로 이 범위를 골든 스페이스라 한다.

07 ②
① 광창 조명 : 광천장과 유사한 방식으로, 넓은 면적의 벽면에 광원을 매입하여 비스타(vista)적 효과를 내는 조명이다. 시선에 안락한 배경으로 작용하며 지하철 광고판 등에서 사용한다.
② 코브 조명 : 천장, 벽의 구조체에 의해 광원의 빛이 천장 또는 벽면으로 가려지게 하여 반사광으로 간접 조명하는 방식
③ 코니스 조명 : 천장 또는 천장 가까이에 장착되고 옆면을 가려 빛은 아래를 향해서만 떨어진다. 재질감 있는 벽면의 드라마틱한 특성을 강조해 주거나 재미있는 조명효과를 준다.
④ 광천장 조명 : 천장에 조명기구를 설치하고 그 밑에 창호지나 반투명 아크릴과 같은 확산성 재료를 이용해서 마감 처리하여 마치 넓은 천장 표면 자체가 조명인 것처럼 연출한다.

08 ②
주거공간의 동선은 가능한 한 짧은 것이 바람직하다.

09 ④
주행동에 따른 주거공간의 구분
- 사회적 공간 : 식사실, 거실, 현관, 응접실 등
- 개인적 공간 : 침실, 서재
- 가사노동공간 : 주방, 세탁실, 가사실, 다용도실, 서비스 야드 등
- 보건위생공간 : 화장실, 욕실

10 ④
리빙다이닝 키친(LDK) 형태
- 거실, 식당, 주방이 한 공간에 있는 것을 말한다.
- 소규모 주택에 적합하며 작업 동선이 짧은 장점이 있다.

11 ①
리듬
- 부분과 부분 사이에 시각적으로 강한 힘과 약한 힘이 규칙적으로 연속될 때 나타나는 디자인 원리
- 규칙적인 요소들의 반복에 의해 나타나는 통제된 운동감이다.

12 ④
크기가 작고 고가인 상품의 경우 진열면적이 작은 대면판매 방식이 적합하다.

13 ②
붙박이 가구
- 벽체와 같은 건축물에 고정된 가구를 말한다.
- 주로 벽과 천장 등에 설치하여 공간을 효율적으로 활용할 수 있다.
- 일반 가구에 비해 제작비가 많이 들고 이동이 불가능하여 이사를 하거나 집안의 구조를 바꾸고 싶을 때 완전히 분리해야 하는 단점이 있다.

14 ②
개구부
열고 닫는 편리함이나 단열의 측면에선 창을 가능한 한 작게 만드는 것이 좋다.

15 ①
조명의 4요소
명도, 대비, 크기, 노출시간

16 ④
- 실내공기 오염의 주 대상은 호흡에 의한 이산화탄소 농도의 증가이므로 이를 척도로 정하였다.
- 각종 오염요소의 농도가 실내공기의 이산화탄소 농도와 비례하는 것 역시 오염 측정의 기준이 되는 이유다.

17 ④
고체인 벽 내부에서의 열 흐름은 열전도이며, 내부 고온측의 열이 외부 저온측으로 이동하는 전체 흐름은 열관류이다.

18 ④
자연환기보다는 기계환기의 효과가 훨씬 크다.

19 ③
① ppm(parts per million) : 대기오염, 수질오염 등의 농도 단위
② cycle : 주파수 등의 주기 단위
④ lm : 광속의 단위

20 ④
내부 결로 방지를 위해서는 벽 내부온도가 노점온도 이상이 되도록 해야 한다.

21 ④
벽돌의 규격
- 내화벽돌 : 230×114×65(mm)
- 표준형 : 190×90×57(mm)
- 기본형 : 210×100×60(mm)

22 ①
접착제는 고화(固化. 굳어짐) 시 체적수축 등의 변형이 적어야 한다.

23 ②
회반죽의 원료
- 소석회, 해초풀, 여물, 모래 등을 혼합하여 바른다.
- 균열 방지를 위해 사용되는 여물은 짚여물, 삼여물, 종이여물, 털여물이 있다.
- 풀은 점성을 높이기 위해 사용한다.

24 ③
- 열가소성 수지 : 염화비닐 수지, 폴리스티렌 수지, 폴리에틸렌 수지, 폴리프로필렌 수지, 아크릴 수지
- 열경화성 수지 : 에폭시 수지, 페놀 수지, 실리콘 수지, 폴리에스테르 수지, 폴리우레탄 수지

25 ①
타일의 흡수율
자기질 3%, 석기질 5%, 도기질 18%, 클링커 타일 8% 이하

26 ②
압축강도 저하율
공기량 1% 증가 시 압축강도는 4~6% 감소한다.

27 ②
전수축률
$$= \frac{수축 \; 길이}{생나무 \; 길이} \times 100(\%) = \frac{0.08m}{4m} \times 100(\%) = 2\%$$

28 ③
역청재료
- 천연산 또는 원유의 건류·증류에 의해서 얻어지는 유기 화합물
- 대표적으로 아스팔트, 타르, 피치 등이 있다.

- 방수, 방부, 포장 등에 사용된다.

29 ①
트래버틴은 대리석의 일종으로 암갈색을 띠는 다공질의 변성암이다.

30 ①
파티클 보드는 합판에 비해 휨강도는 떨어지지만 면내 강성은 우수하다.

31 ④
납은 비중이 매우 크고 주조, 단조 등의 가공성이 풍부하며 방사선 투과도가 낮다.

32 ③
강의 열처리 방법

구분	열처리방법	특성
풀림	800~1000℃에서 가열 성형 후 노 속에서 서냉	강의 연화, 내부 응력 제거
불림	800~1000℃에서 가열 성형 후 대기 중에서 냉각	결정립의 미세화, 조직 균일화
담금질	가열한 강을 물 또는 기름 등에 담가 급속 냉각	경도 증대, 내마모성 증가
뜨임질	담금질한 강을 다시 가열(200~600℃) 후 서냉(대기, 노 속)	강성, 인성, 연성 증가

33 ④
①은 경량 콘크리트, ②는 중량 콘크리트, ③은 폴리머 콘크리트에 대한 설명이다.

34 ①
석고 플라스터는 미장재료 중 가장 점성이 크고 응결이 빠르다.

35 ④
아크릴 수지
- 유기유리라고도 하며 광선 및 자외선의 투과성이 좋고 투명성, 유연성, 내후성, 내화학 약품성이 우수하다.
- 착색이 자유롭지만 마모가 쉽게 발생한다.
- 채광판, 칸막이판, 창유리, 문짝, 조명기구 등으로 사용한다.

36 ③
① 질석 모르타르 : 경량 구조용
② 아스팔트 모르타르 : 내산성 바닥용
③ 바라이트 모르타르 : 방사선 차단용
④ 활석면 모르타르 : 보온, 불연용

37 ③
수경성 미장재료
석고 플라스터, 시멘트 모르타르, 인조석 바름, 테라조 바름
※ 기경성 미장재료 : 진흙, 회반죽, 돌로마이트 플라스터

38 ①
강화유리
- 500~600℃에서 가열 후 특수장치를 이용, 균등하게 급랭시킨 유리
- 강도는 보통 유리보다 3~5배 크고 충격강도는 7배나 된다.
- 파손 시 가루처럼 산란하여 파편에 의한 위험이 적다.
- 열처리 후에는 가공 및 절단이 불가능하다.
※ ①은 접합유리에 대한 설명이다.

39 ②
화강암
㉠ 석영, 장석, 운모, 각섬석 등의 광물질이 포함되어 백색, 흑색, 홍색, 청색 등 다양한 무늬와 색을 띠는 수려한 외관의 석재
㉡ 압축강도가 높아서 구조재로도 쓰며 내장재나 콘크리트의 골재로도 쓰인다.
㉢ 함유광물의 열팽창계수가 달라 내화도가 낮고 세밀한 가공이 어려운 것이 단점이다.

40 ③
펀칭 메탈
금속판에 여러 가지 무늬의 구멍을 펀칭한 철물제품으로 환기구, 라디에이터 커버 등으로 사용한다.

41 ③
① 계단멍에 : 계단 디딤면 혹은 챌면을 좌우의 단

부에서 지지하는 계단 측벽의 가로부 받침대나 계단 너비의 뒷면 중앙에서 지지하는 받침대
② 두겁대 : 계단 난간 상부의 손스침이 되는 부분의 명칭
③ 엄지기둥 : 계단 시작과 끝의 가장 굵은 난간동자
④ 디딤판 : 계단의 발디딤이 되는 판

42 ③

스터럽(늑근)의 간격은 최대 600mm 이하로 한다.

43 ②

- 철골조 판보의 춤 : 간사이의 1/15~1/18
- 철근콘크리트 보의 춤 : 간사이의 1/10~1/15

44 ②

① 지도리 : 돌쩌귀, 문장부 등의 통칭으로 회전문 등에 사용되는 철물이다.
② 풍소란 : 창호가 닫혔을 때 틈새로 바람이 들어오지 않도록 서로 턱솔 또는 딴혀 등으로 맞물리게 하는 것
③ 접문 : 여러 쪽의 좁은 문짝을 경첩 등으로 연결하여 접어서 여닫는 문
④ 문선 : 문꼴을 보기 좋게 만들고 주위 벽의 마무리를 좋게 하도록 하는 누름대

45 ④

철근콘크리트 기둥 띠철근의 간격
기둥 단면의 최소 치수 이하, 종방향 철근지름의 16배 이하, 띠철근 지름의 48배 이하, 30cm 이하 중 최소값

46 ①

건물의 간사이가 크면 적설하중에 대한 부담도 지므로 물매가 커야 한다.

47 ④

평면도
- 바닥에서 1.2m 정도 높이에서 절단한 것으로 가정하여 내부를 위에서 내려다본 모습을 그린 도면이다.
- 평면도를 통해서 동선, 규모 등 생활공간의 구성을 가장 잘 볼 수 있다.

48 ④

배치도 및 평면도 등의 도면은 북쪽을 위로 하여 작도하는 것을 기본 원칙으로 한다.

49 ②

해칭선
단면도의 절단면을 나타내는 선으로 중심선에 대하여 45도 경사지게 일정한 간격으로 빗선을 긋는다.

50 ①

①은 민줄눈이다.

51 ④

창문의 너비가 1.8m 이상일 때에는 상부에 철근콘크리트 인방보를 설치해야 한다.

52 ③

개구부 간 수직거리는 최소 60cm 이상으로 한다.

53 ③

그립(grip)
- 리벳, 볼트로 접합하는 판의 총 두께
- 리벳 지름의 5배 두께 이하

54 ④

내력벽의 벽량은 최소 15cm/m² 이상으로 한다.
※ 벽량=내력벽의 길이÷내력벽으로 둘러싸인 면적

55 ②

  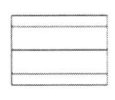

합각지붕   박공지붕   꺾임지붕

56 ④

철근콘크리트 구조는 철거가 매우 어렵다.

57 ③

부동침하의 원인
연약층, 경사지반, 지하수위 변경, 이질지층, 지하구멍, 무리한 증축, 이질지정 및 일부지정 등
※ 부동침하 : 부등침하(不等沈下)라고도 한다. 건축물의 침하가 전체적으로 균등하면 구조물에

파괴나 변형을 일으키는 일은 드물다. 그러나 침하가 상이하면 경사지거나 변형하게 되어 균열이 생기기 쉽다. 연약지반 위에 구조물을 만들 경우에는, 기초지반의 압밀침하(壓密沈下)에 따르는 부동침하를 충분히 고려해야 한다.

58 ③
영식 쌓기
- 입면상으로 한 켜는 길이쌓기, 한 켜는 마구리쌓기를 한 것으로 벽의 모서리에 이오토막 혹은 반절을 사용하여 통줄눈이 생기는 것을 방지한다.
- 가장 튼튼한 쌓기법이다.

59 ②
귀잡이보
보, 도리 등의 가로재가 수평으로 맞추어지는 귀부분을 보강하기 위하여 대는 빗재로 가새로 보강하기 어려운 곳에 사용된다.

60 ②
통재기둥
- 1층과 2층의 기둥이 하나의 부재로 이어진 것으로 중요한 모서리나 중간에 5~7m 길이로 배치한다.
- 단층 목조 건축물에서는 일반적으로 사용되지 않는다.

2022년 제3회

01 ②
여닫이 창호
문단속이 편리하고 열고 닫음이 가볍지만 창호가 열고 닫힐 수 있는 공간이 확보되어야 하므로 실내의 유효 면적을 감소시키는 단점이 있다.

02 ②
피보나치 수열의 원칙은 앞의 두 항의 합이 다음 숫자로 오는 것이다. 따라서 13과 21의 합인 34가 다음 숫자로 온다.

03 ④
상점의 공간 구성

판매부분	도입공간, 통로공간, 상품전시공간, 서비스공간
부대부분 (관리)	상품관리공간, 판매원의 후생공간, 시설관리부분, 영업관리부분, 주차장
파사드 (Facade)	쇼윈도, 출입구 및 홀 등 평면적 구성 요소와 아케이드, 광고판, 간판, 네온사인, 기타 외부장치 등 입체적 구성 요소의 총체이다.

04 ②
리빙 다이닝(LD형)
거실의 한 부분에 식사실을 설치하는 형태. 식사분위기가 좋지만 가사 동선이 길어질 우려가 있다.

05 ①
조명률
- 조명 기구 내의 광원에서 나오는 광속 중 작업면에 들어가는 광속의 비율
- 조명률은 간접 조명보다 직접 조명이 높다.

06 ①
르 코르뷔지에의 모듈러(modulor)
- 인체의 수직 치수를 기본으로 해서 황금비를 적용, 전개하고 여기서 등차적 배수를 더한 것으로서 인체 각 부위의 비례에 바탕을 둔 형태비례 이론이다.
- 모듈러를 적용한 첫 건축물로 마르세이유의 주택

단지가 있다.

07 ③

①, ②, ④는 대비조화에 대한 설명이다.

08 ①

① 스툴(Stool) : 등받이나 팔걸이가 없는 형태의 의자로 가벼운 작업이나 휴식을 취할 수 있는 안락의자이다.
② 카우치(couch) : 천을 씌운 긴 의자로 한쪽만 팔걸이가 있고 기댈 수 있는 낮은 등받이가 있는 의자를 말한다.
③ 이지 체어(easy chair) : 라운지 체어와 비슷하지만 보다 크기가 작으며 기계장치도 없다.
④ 라운지 체어(Lounge chair) : 안락의자, 응접 의자로서 한쪽 팔걸이를 다른 쪽보다 높게 디자인하여 머리 받침대로 쓰며, 종류에 따라 등받이가 없는 것도 있으며 기대기, 흔들거리기, 회전 등의 여러 가지 행위에 사용될 수 있다.

09 ②

주방의 가열대(range) 상부 약 60~90cm 위에 음식 조리 시 발생하는 냄새와 연기, 습기를 외부로 배출할 수 있도록 배기장치를 해야 한다.

10 ③

① 고창(Clerestory) : 천장 가까이 있는 벽에 위치한 좁고 긴 창문
② 윈도우 월(Window Wall) : 벽면 전체를 창문으로 처리해 매우 개방감이 높다.
④ 픽처 윈도우(Picture Window) : 바닥부터 천장까지 닿은 커다란 창문

11 ④

영업종료 후에 상점 앞을 지나거나 방문한 사람들도 잠재적 고객이므로 그 시간에 노출되는 샵 프론트의 환경도 충분히 고려해야 한다.

12 ③

전체 매스(mass)의 구조설비 계획은 구조기술자의 역할이다.

13 ④

매끈한 질감의 재료는 실내를 시각적으로 넓어 보이게 한다.
※ 질감이 거친 재료는 좁아 보이게 한다.

14 ④

리듬의 원리
반복, 점층, 대립, 변이, 방사

15 ②

천장
바닥과 함께 실내 공간을 형성하는 수평적 요소로서 다양한 형태나 패턴의 처리가 가능하다. 하중을 싣지 않으므로 형태에 있어 자유롭다.

16 ④

태양 고도가 가장 낮은 동지의 일영곡선을 기준으로 하여 건물의 인동간격을 결정한다.

17 ③

창문설치의 기준

구분	건축물의 용도	창문 등의 면적	예외
채광	• 단독주택 및 공동주택의 거실 • 교육연구 및 복지시설 중학교의 교실	거실바닥면적의 1/10 이상	거실의 용도에 따른 조도기준의 조도 이상 조명장치를 한 경우는 제외
환기	• 의료시설의 병실 • 숙박시설의 객실	거실바닥면적의 1/20 이상	기계장치 및 중앙관리방식의 공기조화설비를 설치한 경우 예외

18 ④

음의 성질
① 반사 : 음이 어느 물질에 닿으면 일부 혹은 전부가 진로를 변경하는 것. 소리가 반사될 때 입사각과 반사각은 동일하다.
② 회절 : 소리가 장애물을 우회하여 나가거나 공극을 통해 퍼져나가는 현상
③ 굴절 : 매질이 다른 곳을 통과하는 음의 속도가 달라져서 전파방향이 바뀌거나 소리가 흡수될 때 일어나는 현상. 진동수는 변하지 않는다.
④ 간섭 : 서로 다른 음원에서의 음이 중첩되면 합성되어 서로 강하게 하거나 약화시키거나 하는

현상

19 ③
불쾌지수
- 날씨에 따라서 사람이 불쾌감을 느끼는 정도를 기온과 습도를 이용하여 나타내는 수치
- 불쾌지수=0.72(기온+습구온도)+40.6으로 계산한다.
- 불쾌지수가 70~75인 경우에는 약 10%, 75~80인 경우에는 약 50%, 80 이상인 경우에는 대부분의 사람이 불쾌감을 느낀다고 하지만 이것은 개략적인 수치이다.

20 ③
- 벽체에서 공기층의 단열효과는 기밀성과도 연관이 크다.
- 공극이 있어서 밀도가 낮은 재료일수록 단열효과가 커진다.

21 ①
②는 섬유판, ③은 코르크판, ④는 합판에 대한 설명이다.

22 ④
목재 건조법
㉠ 대기건조법(자연건조법) : 직사광선, 비를 막고 통풍만으로 건조하는 방식. 20mm 이상 굄목을 받쳐 두고 정기적으로 위치를 바꿔가며 건조한다.
㉡ 침수건조법(수침법) : 생목을 약 3~4주 이상 물에 담가서 수액을 뺀 뒤 대기에 건조시키는 방법. 대기건조법보다 기간을 단축할 수 있다.
㉢ 인공건조법 : 기계장치를 이용하는 건조법. 비용은 높지만 기간이 짧으므로 많이 사용하며 변색 및 부패방지에 효과적이다. 건조법에는 열기건조법, 증기건조법, 훈연건조법, 진공건조법, 전기건조법, 표면탄화법 등이 있다.

23 ①
풍화
- 시멘트는 저장 중에 공기 중의 수분을 흡수하여 수화반응을 일으키게 된다. 수화반응에 의해서 형성된 $Ca(OH)_2$는 다음과 같은 반응을 한다.
$$Ca(OH)_2 + CO_2 \rightarrow CaCO_3 + H_2O$$

- 위의 반응에 의해서 탄산칼슘을 생성하는 작용을 풍화라 한다.
- 시멘트가 풍화되면 비중이 감소하고 응결이 지연되며 강도가 저하된다.

24 ③
① 소성 : 탄성의 반대개념. 형태에 가해진 외력을 제거하여도 변형된 상태를 유지하려는 성질
② 점성 : 유체의 흐름에 대한 저항을 말하며 운동하는 액체나 기체 내부에 나타나는 마찰력이므로 내부마찰이라고도 한다. 즉, 액체의 끈끈한 성질이다.
④ 인성 : 어떤 재료에 큰 외력을 가하였을 때, 큰 변형을 나타내면서도 파괴되지 않고 견딜 수 있는 성질

25 ④
신축이음(expansion joint)
- 건축물의 온도에 의한 신축팽창, 부동침하 등에 의하여 발생하는 건축의 전체적인 불규칙 균열을 한 곳에 집중시키도록 설계 및 시공 시 고려되는 줄눈으로 응력해제와 변형 흡수를 목적으로 한다.
- 밀착성, 수밀성, 탄성이 있는 재료를 사용한다.

26 ①
신도
- 아스팔트, 시멘트의 응집력과 접착 취약도를 알기 위한 지표로 신장 용이성을 표시하는 수치이다.
- 아스팔트를 규정 온도에서 규정 속도로 당겼을 때, 시료가 절단될 때까지 늘어난 거리를 cm 단위로 표시한다.

27 ②
미세기포가 재료분리를 방지하고 단위 수량을 감소시키는 역할을 한다.

28 ②
① 안료 : 물 및 대부분의 유기용제에 녹지 않는 분말상태의 착색제
③ 수지 : 유기화합물 및 그 유도체로 이루어진 비결정성 고체 또는 반고체 물질
④ 전색제 : 고체 성분의 안료를 도장면에 밀착시켜 도막을 형성하게 하는 액체 성분

29 ①
한국산업표준에 따른 타일의 흡수율
자기질 3%, 석기질 5%, 도기질 18%, 클링커 타일 8% 이하

30 ③
미장벽돌
점토 등을 주원료로 하여 소성한 벽돌로서 속이 빈 벽돌은 하중 지지면의 유효 단면적이 전체 단면적의 50% 이상이 되도록 제작한 벽돌

31 ②
보통 합판의 제조방법에 따른 구분
일반, 무취, 방충, 난연
※ 보통 합판의 접착성에 따른 구분 : 내수, 준내수, 비내수

32 ②
한국산업표준에 따른 포틀랜드 시멘트의 종류
• 1종 : 보통 포틀랜드 시멘트
• 2종 : 중용열 포틀랜드 시멘트
• 3종 : 조강 포틀랜드 시멘트
• 4종 : 저열 포틀랜드 시멘트
• 5종 : 내황산염 포틀랜드 시멘트

33 ④
돌로마이트 플라스터 바름
• 재료 : 돌로마이트(마그네시아 석회)+모래+여물
• 가소성(점성)이 높기 때문에 풀을 혼합할 필요가 없으며, 응결시간이 비교적 길기 때문에 시공이 용이하다.
• 건조수축이 커서 균열이 생기므로 여물을 혼합하여 잔금을 방지한다.
• 대기 중의 이산화탄소와 화합해서 경화하는 기경성 미장재료로 습기 및 물에 약해 지하실에는 사용하지 않는다.

34 ④
크리프
콘크리트에 하중이 작용하면 그것에 비례하는 순간적인 변형이 생긴다. 그 후에 하중의 증가는 없는데 하중이 지속하여 재하될 경우, 변형이 시간과 더불어 증대하는 현상을 말한다.

• 단위수량이 많을수록 크다.
• 온도가 높을수록 크다.
• 시멘트 페이스트가 많을수록 크다.
• 물시멘트비가 클수록 크다.
• 작용응력이 클수록 크다.
• 재하재령이 빠를수록 크다.
• 부재단면이 작을수록 크다.
• 외부 습도가 낮을수록 크다.

35 ③
금속의 부식을 방지하기 위해서는 건조한 상태를 유지해야 한다.

36 ①
① 컨시스턴시 : 콘크리트 반죽의 질기. 유동도가 작을 때 소성 유동에 의한 변형 또는 유동에 대한 저항
② 펌퍼빌리티 : 펌프 타설 시의 압송성
③ 피니셔빌리티 : 골재 최대 치수에 따른 표면 정리의 난이성. 마감작업의 용이성
④ 플라스티시티 : 성형성. 거푸집 등의 형틀에 채우기 쉽고 재료분리를 일으키지 않는 정도

37 ④
섬유판의 밀도 구분
• 연질 섬유판(IB) : $0.35 g/cm^3$ 미만
• 중밀도 섬유판(MDF) : $0.35 \sim 0.85 g/cm^3$ 미만
• 경질 섬유판(HB) : $0.85 g/cm^3$ 이상

38 ④
굵은 골재용 망체 호칭 치수(mm)
2.5, 5, 10, 13, 20, 25, 30, 40

39 ③
석재의 가공
• 혹두기 : 쇠메나 망치로 돌의 표면을 쳐내어 대강 다듬는 과정
• 정다듬 : 혹두기 처리면을 정으로 곱게 쪼아서 평탄하게 하는 과정
• 도드락다듬 : 도드락망치로 전체적으로 고르게 하는 과정
• 잔다듬 : 양날망치로 평행방향을 치밀하고 곱게 다듬는 과정

• 물갈기 : 숫돌, 모래, 금강사 등으로 물을 뿌리고 갈아서 광택을 내는 과정

40 ③
소다석회 유리
• 용융하기 쉽고 풍화되기 쉽다.
• 산에 강하나, 알칼리에 약하다.
• 팽창률이 크고 강도가 높다.
• 용도 : 건축일반용 창호유리, 병유리 등

41 ①

| 치장용 목재 | 잡석다짐 | 인조석 |

42 ④
글자체는 수직 또는 15°의 경사의 고딕체로 쓰는 것을 원칙으로 한다.

43 ②
1방향 슬래브의 최소 두께는 10cm 이상으로 하며, 2방향 슬래브의 최소 두께는 8cm 이상으로 한다.

44 ③
풍하중과 지진하중은 수평방향으로 작용하는 하중이다.

45 ①
① 통재기둥 : 주로 건물의 모서리에 배치하고 1층과 2층을 한 개의 부재로 연결되는 기둥으로 2층 이상의 목조건물은 모서리를 통재기둥으로 한다.
② 평기둥 : 층별로 구성된 기둥으로 2m 전후의 간격으로 배치한다.
③ 샛기둥 : 평기둥 사이에 세워서 벽체구성 및 가새의 옆휨을 막는 역할을 한다. 45cm 정도 간격으로 배치하며 크기는 평기둥의 절반 정도로 한다.
④ 동자기둥 : 들보, 툇마루, 난간 등에 세로로 세우는 짧은 기둥

46 ①
기초
• 기둥, 벽, 토대 및 동바리 등으로부터의 하중을 지반 또는 터다지기에 전하기 위해 두는 구조 부분
• 독립 기초, 복합 기초, 줄기초, 온통 기초 등이 주요한 것이다.
• 넓은 뜻으로는 터다지기도 포함해서 말한다.

47 ③
견치돌
• 돌쌓기에 쓰는 정사각뿔 모양의 돌로, 간지석이라고도 한다.
• 간단한 석축이나 돌쌓기, 옹벽 등에 사용된다.

48 ③
전개도
각 실내의 입면을 전개하여 그리며 벽면의 형상, 치수, 마감상태 등을 나타낸다.

49 ②
평면도
• 기준층의 바닥면에서 1.2m 높이에서 수평절단한 수직투상도를 표현한 도면
• 설계 진행의 기본이 되는 도면으로 1/50~1/300의 축척을 사용한다.
• 실의 배치와 면적, 개구부의 위치 및 규모, 창문과 출입구의 구분 등이 표현된다.

50 ①
용접 접합
리벳 및 볼트접합과 비교했을 때 부재단면의 결손이 없고 경량이 되는 접합이면서 접합부의 연속성 및 강성이 확보되므로 가장 이상적인 접합이다. 그러나 시공불량의 우려가 있고 용접열에 의한 변위가 발생할 수 있다.

51 ③
① 상암동 월드컵 경기장-막구조
② 시드니 오페라 하우스-셸구조
④ 노트르담 성당-조적구조

52 ①
평행투시도
• 투시도법에 있어서 물체의 일면을 화면에 평행하

게 두고 그린 투시도
- 화면에 대하여 수직인 직선은 모두 심점(心點 : C.V)에 집중한다.
- 실내의 투시도, 기념건축물 투시도에 널리 쓰인다.

53 ①

미닫이 창호
- 창의 옆벽에 밀어 넣어, 열고 닫을 때 실내의 유효면적을 감소시키지 않는다.
- 틈새가 발생하는 형태의 창호이므로 외부 출입문에는 사용이 부적합하여 주로 내부공간의 출입문으로 사용한다.

54 ①

① 스티프너 : 웨브의 좌굴 방지를 위한 보강재
② 커버 플레이트 : 플랜지에 덧대는 판으로 재료의 인장 및 휨을 보강한다.
③ 거셋 플레이트 : 트러스 보에서 사재와 수직재를 연결하는 덧판
④ 베이스 플레이트 : 주각에 사용되는 기초판

55 ③

지운 부스러기가 많이 남아도 잘 지워지는 것이 중요하며 경도가 작은 것이 좋다.

56 ④

조적식 구조
막힌 줄눈쌓기를 보편적으로 사용하므로 벽체 하부를 연속된 기초판으로 한다. 이것을 줄기초 또는 연속기초라 한다.

57 ①

디바이더
- 필요한 치수를 자의 눈금에서 따서 제도용지에 옮기거나 선, 원주 등을 일정한 길이로 등분하는데 사용하는 제도용구
- 컴퍼스와 비슷하나 연필 대신 양쪽 모두 침 형태로 되어 있다.

58 ②

프리스트레스트 콘크리트 구조는 부재 단면의 크기를 작게 할 수 있지만 진동이 발생할 수 있다.

59 ④

초음파 탐상법
초음파를 재료 내부에 방사하여 결함면과 저면에서의 반사파 차이에 의해 내부 결함을 발견하는 것으로 재료 원형을 그대로 유지하는 비파괴 검사법이어서 널리 쓰인다.

60 ②

좌굴
기둥과 같이 가늘고 긴 부재의 축 방향에 압축 하중이 가해진 때, 재료의 탄성 한도 이하의 하중으로도 기둥이 구부러짐을 일으키는 현상을 말한다.

2022년 제4회

01 ①
② 글라스 커튼 : 투명한 막과 같은 소재로 유리창의 한 부분에 항상 드리워져 있는 형태의 커튼
③ 드로우 커튼 : 창문의 창틀에 글라스 커튼을 좀 더 작게 줄여 설치한 형태
④ 드레이퍼리 커튼 : 창문에 느슨하게 걸려 있는 중량감 있는 커튼

02 ④
원룸과 같은 오픈 스페이스 내에서도 각 공간의 기능에 따라 구분하여 배치할 수 있도록 디자인하는 것이 중요하다.

03 ③
① 코브 조명 : 천장, 벽의 구조체에 의해 광원의 빛이 천장 또는 벽면으로 가려지게 하여 반사광으로 간접 조명하는 방식
② 브래킷 조명 : 벽에 부착하는 조명
④ 캐노피 조명 : 벽면, 천장면의 일부가 돌출하고 조명을 설치하여 강한 조명을 아래로 비추는 조명

04 ①
실내디자인
인간이 거주하는 공간을 쾌적하게 만드는 행위로서 기능적이며 실용적이야 한다. 또한 상업적, 대중적인 요소도 요구되는 점에서 순수예술로 분류할 수는 없다.

05 ②
황금비(golden section, 황금분할)
고대 그리스인들이 창안한 기하학적 분할 방식으로서 선이나 면적을 나누었을 때 작은 부분과 큰 부분의 비율이 큰 부분과 전체에 대한 비율과 동일하게 되는 기하학적 분할 방식으로 1 : 1.618의 비율을 갖는 가장 균형 잡힌 비례이다.

06 ②
풀업 체어
• 이동하기 쉽고 잡기 편하고 들기 쉬운 간이의자를 말한다.
• 등받이와 팔걸이가 있는 형태로 편의점, 노점상가의 플라스틱 소재 의자 등이 이에 해당된다.

07 ③
① 리듬 : 둘 이상의 요소 간에 시각적으로 강한 힘과 약한 힘이 규칙적으로 연속될 때 나타나는 디자인 원리로 규칙적인 요소들의 반복에 의해 나타나는 통제된 운동감이다.
② 조화 : 서로 다른 성질이 한 공간 내에 결합될 때 상호 간의 미적 현상이 나타나는 것
④ 통일 : 디자인 전체에 미적 질서를 주는 기본 원리. 각 구성 요소들이 전체로서 동일한 이미지를 갖게 하는 것

08 ④
바닥에 높이 차를 두는 것은 공간 분할의 효과가 있어서 공간을 더 좁아보이게 할 수 있다.

09 ①

인체지지용 가구 (인체계 가구)	인체와 밀접하게 관계되는 가구로서 직접 인체를 지지한다. 작업의자, 휴식의자, 침대 등
작업용 가구 (준인체계 가구)	간접적으로 인체를 지지하고, 인간 동작에 보조가 되는 가구. 테이블, 식탁, 책상 등
정리수납용 가구 (건축계 가구)	물건 수납을 목적으로 하는 가구. 옷장, 서랍, 선반, 칸막이 등

10 ①
기념비적인 커다란 공간에서는 엄숙함과 위엄을 표현하기 위해 주로 수직선을 사용한다.

11 ①
②, ③, ④는 각 용도별로 개별적인 실을 가지고 있는 공간 구성이다.

12 ②
주거공간의 기능적 분류
• 개인적 공간 : 침실, 서재, 어린이방, 노인침실,

작업실
- 사회적 공간 : 식사실, 거실, 현관, 응접실
- 가사노동공간 : 주방, 세탁실, 가사실, 다용도실
- 보건위생공간 : 화장실, 욕실

13 ①
② 파이미오 의자 : 알바 알토가 디자인한 의자. 자작나무 합판을 성형하여 만들었으며 접합부위가 없고 목재가 지닌 재료의 단순성을 최대로 살린 의자이다.
③ 레드 앤 블루 의자 : 게리 리트펠트가 디자인한 의자. 등을 기대는 합판과 그것을 지지하는 가장 본질적인 요소 두 가지만 남긴 형태로 만들었다. 데 스틸 운동의 상징적인 작품이다.
④ 바르셀로나 의자 : 미스 반 데어 로에가 디자인한 의자. X자 강철 파이프 다리와 가죽으로 된 몸체로 구성된다.

14 ④
아일랜드 키친
- 작업대를 중앙 공간에 놓거나 벽면에 직각이 되도록 배치한 형태
- 주로 개방된 공간의 오픈 시스템에서 사용된다.

15 ②
건축화 조명
- 건축 구조체의 일부분이나 구조적인 요소를 이용하여 조명하는 방식으로 건축물의 기본 요소 중 전체 혹은 부분을 광원화하는 조명방식을 말한다.
- 건축화 조명의 종류는 광천장 조명, 광창 조명, 코브 조명, 코니스 조명, 밸런스 조명 등이 있다.

16 ④
공기 각각의 건구온도에 무게를 곱한 값을 합한 후 혼합공기의 무게로 나눈다.
$$\frac{(28℃ \times 80kg) + (14℃ \times 20kg)}{80kg + 20kg} = 25.2℃$$

17 ①
벽체의 열관류저항이 낮아지면 실내측 벽면의 온도가 낮아져서 결로발생이 증가한다.

18 ③
실내 잔향시간은 실용적이 클수록 길어지고, 마감재의 흡음력이 클수록 짧아진다.

19 ③
물리적 온열 4요소
기온, 습도, 기류, 복사열
※ 엔탈피 : 0℃의 건조공기와 0℃의 물을 기준으로 하여 측정한 습공기가 갖는 열량을 엔탈피라 한다. 건구온도의 변화가 없이 상대습도가 높아진다는 것은 수증기량의 증가를 뜻하므로 습공기의 엔탈피가 커진다.

20 ①
잦은 환기는 결로를 방지하는 대책이다.

21 ③
천연 아스팔트
로크 아스팔트, 레이크 아스팔트, 아스팔타이트
※ 석유 아스팔트 : 스트레이트 아스팔트, 블론 아스팔트

22 ④
ALC(Autoclaved Lightweight Concrete)
- 고온·고압에서 양생하여 만든 기포 콘크리트로서 규사와 석회를 원료로 한다.
- 비중 0.5 내외의 가벼운 것이 많고 압축강도는 40 kg/cm² 내외로 작다.
- 열·음의 차단성이 뛰어나고 신축성이 작으므로 균열의 발생이 적게 된다.
- 지붕·벽 등에 쓰이지만 흡수성이 크고 표면이 마모되기 쉽다.

23 ③
아크릴 수지
- 투명도, 내후성, 내화학성이 높은 제품으로 유기유리라고도 불린다.
- 착색이 자유롭고 내충격 강도가 무기유리의 10배 정도로 커서 채광판, 도어판, 칸막이판 등에 다양하게 이용된다.

24 ③
금속의 방식법
- 다른 종류의 금속을 잇대어 쓰지 않는다.

- 균질한 재료를 쓰고 가공 중 생긴 변형은 풀림, 뜨임 등을 통해 제거한다.
- 표면을 깨끗하게 하고 습기가 없도록 한다.
- 도료나 내식성이 큰 금속으로 표면에 피막을 입혀 보호한다.

25 ③
플라스틱 재료는 압축강도가 인장강도보다 크다.

26 ④
AE제의 사용은 콘크리트 내 공기량을 증가시키므로 압축강도는 다소 감소한다.

27 ④
유성페인트
알칼리에 약하므로 콘크리트, 시멘트 모르타르, 회반죽, 돌로마이트 플라스터 등의 표면에는 사용이 부적합하다.

28 ①
점토재료의 압축강도는 인장강도의 5배 정도이다.

29 ①
제품에 따라 차이가 있으나 전반적으로 합판의 휨강도가 파티클 보드보다 큰 편이다.

30 ③
석고 플라스터 미장재의 특징
- 다른 미장재료에 비해 응고가 빠르다.
- 미장재료 중 점성이 가장 크고 내수성이 크다.
- 수축 및 균열이 없어서 여물을 사용할 필요가 없다.

31 ③
① 응결 : 시멘트가 물과 반응하여 점성이 증대되면서 유동성이 상실되는 과정. 가수 후 1~10시간 동안 응결이 진행된다.
② 풍화 : 시멘트 보관 중 수증기와 이산화탄소를 흡수하여 수립(水粒) 생성물과 반응해 비중이 감소하며 강열감량이 증가하고 강도의 발현성이 저하되는 현상
③ 안정성 : 시멘트의 경화 과정 혹은 경화 후에 팽창 균열, 뒤틀림의 변형 등이 적게 발생하는 성질

④ 크리프 : 외력이 일정하게 유지될 때, 시간이 흐르면서 재료의 변형이 증대되는 현상

32 ④
콘크리트 바닥에 산성 물질이 가해지면 중성화가 촉진되어 좋지 않으며 또한 철근 등이 삽입되어 있을 경우 균열이 생긴 틈으로 스며들어 철재의 부식을 촉진한다.

33 ③
납은 비중이 큰 금속으로 융점이 낮고 전·연성이 커서 주조, 단조 등의 가공성이 풍부하며 방사선 투과도가 낮다.

34 ②
조강 포틀랜드 시멘트
- 강도를 조기에 발현시키기 위해 C_3S 비율을 높이고 분말도를 크게 한 시멘트
- 보통 포틀랜드 시멘트 28일 강도를 7일에 발현할 수 있다.
- 동절기 공사에 유리하지만 수화열이 크게 발생해서 수축균열을 주의해야 하고 보관 중 풍화작용이 일어날 우려가 있다.

35 ④
폴리카보네이트
투명성이 우수하고, 내후성이 좋아서 톱 라이트, 온수 풀의 옥상, 아케이드 등에 유리의 대용품으로 사용된다.

36 ③
합판은 단판을 섬유방향이 서로 직교하도록 홀수로 적층하여 만든다.

37 ③
① 골재는 모양이 거칠고 둥근 것이 좋다.
② 모양이 구형에 가까우면서도 표면은 거친 것이 좋다.
④ 골재의 강도는 콘크리트 중의 경화 시멘트 페이스트의 강도보다 커야 한다.

38 ③
압연은 강의 성형 방법이다.

39 ④
트래버틴
대리석의 일종으로 다공질이고 암갈색, 황갈색을 띤다. 석질이 불균일하며 특수 장식재로 사용한다.

40 ③
소다석회 유리의 특징
- 용융하기 쉽고 풍화되기 쉽다.
- 산에 강하나, 알칼리에 약하다.
- 팽창률이 크고 강도가 높다.
- 건축 일반용 창호유리, 병유리 등에 사용된다.

41 ①
② 장부 : 목재나 석재에서 각각의 결합부에 만든 돌기를 말하며 한쪽 부재에는 장부를, 상대 부재에는 장부를 끼우기 위한 구멍이 있다. 긴 장부, 짧은 장부, 관통 장부 등이 있다.
③ 맞춤 : 부재의 방향이 다른 두 개의 부재를 직각 혹은 일정한 각으로 맞추는 접합
④ 연귀 : 모서리를 45도로 잘라서 접합 시 마구리가 보이지 않게 하는 것

42 ④
한 도면에 서로 다른 척도를 사용하였을 경우 사용한 척도를 모두 표시한다.

43 ②
운형자는 컴퍼스로 그리기 힘든 원이나 곡선을 그릴 때 사용한다.

44 ②
스티프너
웨브재의 좌굴을 방지하기 위해 사용하는 부재. 수평 스티프너, 수직 스티프너, 하중점 스티프너 등이 있다.

45 ②
스팬(span)
기둥과 기둥, 교량에서의 교각 간의 거리 등 구조적 지점 간의 거리 통칭으로 경간, 간사이라고도 한다. 보의 응력, 휨 등을 계산하는 구조역학, 재료역학에서 많이 취급된다.

46 ③
① 회전단 : 힌지로 고정된 형태로 회전만이 자유로운 상태. 반력은 수직과 수평반력 두 개가 존재한다.
② 고정단 : 강접합된 형태로 수직, 수평 및 회전반력 세 개가 존재한다.
③ 이동단 : 바퀴와 핀으로 고정된 형태로 평행이동이 가능하고 회전이 자유로운 상태로 반력은 수직반력 하나만 존재하는 지점의 형태이다.
④ 자유단 : 아무런 지지나 구속을 받지 않는 부재단(예: 캔틸레버의 끝)

47 ④

고정창	셔터창	쌍여닫이문

48 ④
㉠ 1방향 슬래브 : 슬래브의 단변쪽으로 하중전달이 되는 슬래브. 단변에 주근, 장변에는 온도철근 배치
㉡ 2방향 슬래브 : 슬래브의 양방향으로 골고루 하중전달이 되는 슬래브. 단변에 주근, 장변에는 배력근 배치
※ 나선철근은 원형인 나선(철근) 기둥의 주근을 감싸는 철근이다.

49 ①
① 슈미트 해머 : 재료의 표면 경도를 측정하는 시험기. 계기에 내장하는 스프링과 추에 의해 반발계수를 계측하여 그 재료의 세기를 추정한다. 콘크리트 비파괴 시험에 널리 쓰이고 있다.
② 언더컷 : 용접의 끝부분에서 모재가 파져 용착금속이 채워지지 않고 홈처럼 우묵하게 남아 있는 부분
③ 라멜라 테어링 : 용접 시 열영향부가 가열냉각에 의한 온도변화로 팽창, 수축이 발생하여 내부에 미세한 균열이 생기는 현상
④ 슬럼프 검사 : 콘크리트 시공연도를 측정하는 시험. 슬럼프 콘에 콘크리트를 3회로 나누어 다진 다음, 슬럼프 콘을 들어 올려서 가라앉은 콘크리트 더미의 최상단 높이와 슬럼프 콘의 높이차를 측정값으로 한다.

50 ①
운형자
컴퍼스로 그리기 힘든 원이나 곡선을 그릴 때 사용한다.

51 ③
① 가새는 45°가 가장 유리하다.
② 가새는 양방향으로 만드는 것이 좋다.
④ 가새에는 인장과 압축응력이 모두 발생한다.

52 ④
테두리보에는 세로철근의 끝을 정착시킨다.

53 ②
• H로 갈수록 단단하고 B로 갈수록 무르고 진해진다.
• F는 HB와 H 사이에 들어간다.

54 ④
• 칠오토막 : 벽돌 한 장 길이의 3/4 토막
• 이오토막 : 벽돌 한 장 길이의 1/4 토막
• 반토막 : 벽돌 한 장 길이의 1/2 토막

55 ③
거짓 플레이트
트러스 보에서 수직재와 사재의 접합에 덧판으로 사용되는 부재이다.
※ ①, ②, ④는 모두 주각에 사용되는 부재이다.

56 ①
• 1소점법(평행 투시도법) : 육면체의 한 면이 화면에 평행으로 놓여 있어 수평 및 수직의 모서리는 연장하더라도 수평이 되나, 깊이 방향은 수평선상의 어느 1점에 모이게 된다. 이와 같이 하나의 소점이 깊이를 좌우하도록 작도하는 도법이다. 측면에 아무런 특징이 없고, 내부의 상세도를 표현해야 할 경우에 적합하다. 정확한 깊이를 표현할 수는 없으나, 대각선의 비율로 깊이를 측정할 수 있다.
• 2소점법(유각 투시도법) : 육면체의 1개 모서리가 화면상에 있거나 화면과 평행한 위치에 있다면, 그 모서리 이외의 2방향의 모서리가 각각 화면에 경사져 2개의 소점을 가지게 된다. 이런 투시도법을 2소점법 또는 유각 투시도법이라 한다. 평면도와 입면도가 각각 투상면, 지표면에 위치해야만 작도가 가능하다.
• 3소점법 : 높은 빌딩이나 탁자를 임의의 거리를 가진 상부 측면에서 내려다볼 경우, 좌우의 소점 이외에 물체의 높이도 지표면으로 연장하여 갈수록 좁아진다. 물체의 윗면에서 투시된 각 선은 예각삼각형을 이루며 좁아져 가다가 어느 한 점에서 만나게 되며, 이 꼭지점이 또 하나의 소점이 된다. 그 높이는 각 수평선에 수직 측선이며, 그들의 교점이 육면체의 근접각이 된다. 이를 3소점법이라고 한다.

57 ①
② 강재의 재질에 대한 영향이 크다.
③ 용접부 내부의 결함을 육안으로 관찰하기 곤란하다.
④ 용접공의 기능에 따른 품질의존도가 큰 편이어서 숙련공의 작업이 요구된다.

58 ③
전개도의 축척은 일반적으로 1/100을 넘지 않는다.

59 ④
늑근
보에 작용하는 전단력에 저항하고 주근 상호 간의 위치 유지 및 피복두께 유지, 주근의 좌굴방지를 위해 설치하는 철근

60 ②
① A방향의 투상면은 정면도이다.
③ C방향의 투상면은 좌측면도이다.
④ D방향의 투상면은 우측면도이다.
※ A방향으로 바라보는 정면 기준으로 좌, 우를 결정한다.

CBT 복원문제 해설 및 정답

실내건축기능사

2023년 제1회

01 ④

매장판매형식
- 대면판매 : 쇼케이스를 가운데 두고 점원이 고객을 마주보며 판매하는 형식. 상품 설명이 용이하고 점원위치의 고정이 된다. 진열면적이 작은 고가, 소형 상품 매장에 적합하며 쇼케이스가 넓어지면 상점 분위기가 부드럽지 못하게 된다.
- 측면판매 : 점원과 고객이 진열상품을 같은 방향으로 보며 판매하는 형식. 상품을 쉽게 만질 수 있어서 충동적 구매 및 선택이 용이하다. 진열 면적이 넓은 상점에 적합하며 점원의 위치 고정이 어렵고 상품의 설명 및 포장은 다소 불편하다.

02 ②

작업효율이 가장 좋은 작업대의 배치는 ㄷ자형 배치이다.

03 ④

도시환경 디자인은 실내디자인에 속하지 않는다.

04 ④

전시공간은 가장 동선계획을 중요시하는 곳이다. 전시공간은 근본적인 기능적 용도의 해결이 대부분 동선으로 인해 결정되기 때문이다.

05 ②

시각적 균형의 원리
- 크기가 큰 것은 작은 것보다 시각적 중량감이 크다.
- 어두운 색상은 밝은 색상보다, 한색은 난색보다 시각적 중량감이 크다(색의 속성 중 색상의 영향이 가장 크다).
- 거칠고 복잡한 질감은 부드럽고 단순한 것보다 시각적 중량감이 크다.
- 불규칙적인 형태는 기하학적인 형태보다 시각적 중량감이 크다.
- 사선이나 톱니모양의 선은 수직선이나 수평선보다 시각적 중량감이 크다.
- 기하학적인 형태는 불규칙한 형태보다 가볍게 느껴진다.

06 ④

사선은 운동성(약동감)을 나타내며 불안정한 느낌을 준다.

07 ②

사용빈도가 높은 공간은 동선을 짧게 처리해야 효율이 높아지고 노동력을 절감시킬 수 있다.

08 ④

AIDMA 법칙
A : Attention(주의)
I : Interest(흥미)
D : Desire(욕망)
M : Memory(기억)
A : Action(행동)

09 ②

주거공간의 기능적 분류
- 개인적 공간 : 침실, 서재, 어린이방, 작업실
- 사회적 공간 : 식사실, 거실, 현관, 응접실
- 가사노동공간 : 주방, 세탁실, 가사실, 다용도실
- 보건위생공간 : 화장실, 욕실

10 ①

조명배치방식의 분류

① TAL(Task & Ambient Lighting) 조명방식 : 작업구역(Task)에는 전용의 국부조명방식으로 조명하고, 기타 주변 환경에 대하여는 간접조명과 같은 낮은 조도 레벨로 조명하는 방식을 말한다. 여기서 주변조명은 직접조명방식도 포함되며, 사무실에서 사무자동화가 추진되면서 VDT(Visual Display Terminal) 직업환경에 따라 고안된 것이다.

② 반직접 조명방식 : 광원의 60~90%는 작업면을 직접 비추고, 나머지 10~40%는 천장이나 위로 반산, 확산되는 방식

③ 반간접 조명방식 : 광원의 60~90%는 위로 향해 천장이나 벽으로 반산, 확산되고, 나머지 10~40%는 작업면을 비추는 방식

④ 전반확산 조명방식 : 광원이 특정 부분이 아닌 전체적으로 확산되며 공간 전체를 밝게 하는 조명 방식

11 ④
④는 천장이 아니라 바닥에 적합한 설명이다.

12 ①
① 롤 블라인드(Roll blind) : 돌돌 말아 올려 차양을 만드는 블라인드. 셰이드라고도 한다.
② 로만 블라인드(Roman blind) : 밑에서부터 접혀지는 블라인드. 수평형 블라인드의 일종으로 볼 수 있으나 수평형 블라인드의 경우 날개의 각도로 채광량을 조절할 수 있으나 로만 블라인드는 오로지 접혀진 폭의 정도로만 조절이 가능하다.
③ 수직형 블라인드(Vertical blind) : 수직으로 뻗은 날개로 햇빛을 차단하는 블라인드
④ 수평형 블라인드(Venetian Blind) : 날개의 각도로 채광량을 조절하거나 각도가 닫힌 상태로 블라인드의 수직폭에 변화를 주어 채광량을 조절할 수도 있다.

13 ③
㉠ 쇼핑센터 : 용역 제공 장소를 제외한 매장면적의 합계가 3000m² 이상인 점포의 집단을 말한다. 다수의 대규모 점포 또는 소매 점포와 각종 편의 시설이 일체적으로 설치된 점포를 직영 또는 임대의 형태로 운영하는 점포의 집단을 말한다. 영등포역이나 고속터미널과 같은 터미널(역사) 복합형, 삼성동 코엑스와 같은 독립형, 잠실 롯데월드 같은 테마파크 복합형이 있다.

㉡ 쇼핑센터의 공간 구성
  ⓐ 핵상점(중심 상점) : 쇼핑센터의 중심이 되는 시설(상점). 고객 유입의 중심이 되는 시설로 쇼핑센터 내의 백화점, 대형마트, 대형전문점 등이 해당된다.
  ⓑ 몰(mall) : 쇼핑센터 내의 주요 보행동선으로 고객을 각 상점으로 고르게 유도하는 쇼핑 거리인 동시에 고객의 휴식처로서의 기능도 갖고 있다. 쇼핑센터의 가장 특징적인 요소가 되는 곳이다.
  ⓒ 코트(court) : 몰 사이사이에 고객이 머무르며 다양한 편의를 이용할 수 있도록 마련된 공간을 말한다. 코트에는 분수대나 벤치, 식수대 등을 설치하여 고객의 휴식공간이 됨과 동시에 쇼핑센터 내의 쇼핑정보 등을 안내하고 간단한 식사나 음료를 이용할 수 있는 매장이 위치하기도 한다.
  ⓓ 전문점 : 전문점으로 특정한 종류, 주제의 상품을 파는 상가를 말한다. 전문점의 구성과 배치는 쇼핑센터의 특색에 따라 차이가 있으며, 쇼핑센터 내의 보행거리를 최대한 길게 하여 고객이 머무는 시간을 길게 유도한다.
  ⓔ 사회문화시설 : 지역사회 및 공동체에 대한 기여와 함께 고객 유도의 역할을 하는 레저시설(극장, 수영장, 어린이 테마파크), 사회시설(은행, 우체국), 문화시설(미술관, 공연장, 강연장)등을 말한다.

14 ③
공간의 구획

차단적 구획	칸막이에 의해 내부공간을 수평, 수직으로 구획해서 몇 개의 실로 구분하는 것(고정벽, 이동벽, 커튼, 블라인드, 유리창, 열주, 수납장 등)
심리, 도덕적 구획	공간을 부분적으로 분할하는 것(낮은 칸막이, 가구, 기둥, 식물, 조각, 바닥 또는 천장면의 단차 변화)
지각적 구획	조명을 사용하거나 마감재료의 변화, 통로나 복도, 공간형태의 변화, 앨코드(alcove) 공간을 만들어 하나의 실에서 양분되는 이미지를 가지고 구획하는 것

15 ②
고대 그리스 건축의 3대 오더

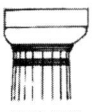  

[도릭 주두]   [이오닉 주두]   [코린티안 주두]

※ 고대 로마 건축에서는 위의 3가지 오더에 더해서 아래의 2가지 오더가 추가로 사용되었다.

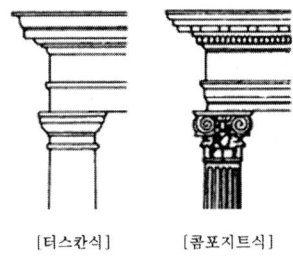

[터스칸식]   [콤포지트식]

16 ④

인체의 열 손실
복사(45%), 대류(30%), 증발 및 호흡(25%)
※ 인체 내 음식물의 산화작용은 열을 발생시키는 요인이다.

17 ②

소리의 성질
① 확산 : 음파가 구부러진 표면에 부딪쳐 여러 개의 작은 파형으로 나뉘는 것
② 잔향 : 어떤 음원이 사라져도 실내에 그 음에너지가 한참 동안 남아 있는 현상
③ 회절 : 음의 진행 중 장애물이 있으면 음파가 직진하지 않고 그 뒤쪽으로 돌아가는 현상. 칸막이 벽 뒤의 소리가 들리는 것은 회절현상 때문이다.
④ 공명 : 음을 발생하는 하나의 물체로부터 나오는 음에너지를 다른 물체가 흡수하여 같이 소리를 내기 시작하는 현상. 실내에서 공명이 발생하면 균등한 음의 분포를 얻기가 힘들다.

18 ②

방습층을 단열재의 실내측에 설치하는 것이 좋다.

19 ③

눈높이 이상의 벽부터 본격적으로 공간을 분할하게 된다.

20 ①

천창 채광
건물의 지붕이나 천장면에 수평 또는 약간 경사지게 창을 내어 채광하는 것을 말한다. 개구부 면적이 같을 경우 측창 채광에 비해 3배 정도 밝고 실내 조도가 균일해진다. 또한 주변의 근린 상황에 따라 채광을 방해받는 경우가 적다. 단, 비막이에 불리하며, 환기 조절 및 청소가 곤란하고 개방감도 낮다.

21 ④

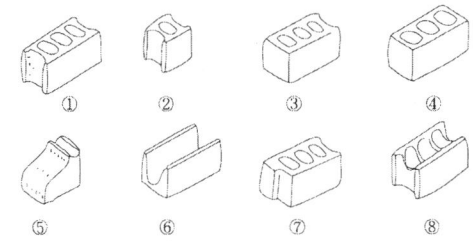

① 기본블록   ② 반블록
③ 한마구리 평블록 ④ 양마구리 블록
⑤ 창대블록   ⑥ 인방블록
⑦ 창쌤블록   ⑧ 가로배근용 블록

22 ③

조강 포틀랜드 시멘트
수화속도가 빨라 공사기간의 단축을 가져온다. 조기강도가 강하고 저온에서 강도 발현성이 우수하고 콘크리트 수밀성이 높아 화학저항성, 동결융해저항성이 우수하다. 고강도 제품 제조, 한중공사 및 긴급공사 등에 사용된다.
※ 매스 콘크리트(mass concrete) : 댐, 교각처럼 구조물의 단면치수가 큰 콘크리트를 말한다. 콘크리트가 경화할 때 수화열에 의해 내부와 표면에 온도차가 생겨 열 변형력을 유발하기 때문에 균열이 생길 염려가 있으므로, 수화열이 적은 시멘트를 사용하고 혼합재로서 플라이애시 등을 사용한다. 또 시멘트를 제외한 재료를 냉각하거나 타설한 콘크리트를 냉각하기도 한다.

23 ②

점판암
이질 또는 점토질의 퇴적암, 또는 세립의 응회암 등이 잘 발달한 편리를 나타내고 편리를 따라 박판상

417

으로 쪼개지는 성질을 가진 암석을 말하며 슬레이트라고도 한다. 납작한 박판으로 쪼개지는 성질을 이용하여 기와나 석반(石盤) 등으로 쓰인다. 점판암은 엄밀히 말하자면 변성암이라 볼 수 있지만 재결정 작용이 매우 약하며 암석은 세립인 채로 있어 퇴적암으로 분류하는 편이다.

24 ③
건비빔
미장재료에 물을 섞지 않고 혼합된 상태를 뜻한다. 물을 섞지 않은 상태라 해도 수증기나 작업 현장의 물이 유입되어 응결이 일어날 수 있으므로 혼합 후 빠른 시간 내에 가수 및 바름 작업을 실시하는 것이 좋다.

25 ④
AE 감수제
감수성능이 높은 혼화제로 워커빌리티 개선·동결융해 저항성 증대·건조수축 감소의 효과를 얻는다. 투수성은 감소하는 경향이 있다.

26 ④
- ㉠ 천연 골재 : 강, 바다, 산에서 채취한 자연 형태의 모래 및 자갈
- ㉡ 인공 골재 : 깬 자갈, 부순 모래, 슬래그 깬 자갈 등 별도의 공정을 거친 골재

27 ①
파티클 보드의 특징
- 음 및 열의 차단성이 우수하여 방음 및 단열재로 쓰인다.
- 온도와 습도에 의한 변형은 없는 편이지만 고습도에 비교적 약하므로 부패방지를 위한 방습처리가 요구된다.
- 방향성이 없으며 못이나 나사 등의 지보력도 일반 목재와 같다.
- 합판에 비해 휨강도는 떨어지나 면내 강성은 우수하다.

28 ①
추재율과 연륜밀도가 큰 목재일수록 강도가 크다.

29 ②

30 ③
LOW-E 유리
는 소재 도막을 코팅한 유리제품으로, 적외선을 반사하여 열관류율은 낮추고 가시광선 투과율과 단열성능을 높인 것이다.

31 ①
온돌과 같은 복사난방의 경우, 구조체 내부의 동관을 흐르는 온수에 의한 열이 충분히 전달되어야 하므로 바닥재료의 열전도율은 어느 정도 클 필요가 있다고 해석할 수도 있다. 그러나 해당 문제의 출제 취지 상 가장 거리가 먼 항목을 골라야 하므로 ②, ③, ④번 항목의 내용이 더 필수적인 바닥재의 요구 성질이라 할 수 있다. 또한 바닥재료라 함은 단순히 실내 접촉부분의 재료만을 뜻하는 것이 아니라 구조체, 마감재 및 단열재까지의 부분을 포함한다고 볼 수 있으므로 무조건 열전도율이 크다고 이해해서는 안 된다.

32 ①
① 플라스티시티(plasticity) : 성형성이라고도 한다. 유동 콘크리트와 같은 반죽재료를 거푸집 등의 형틀에 채우기 쉽고 재료분리를 일으키지 않는 정도를 나타낸다.
② 펌퍼빌리티(pumpability) : 펌프를 이용한 콘크리트 타설 시의 압송성을 뜻한다.
③ 컨시스턴시(consistency) : 콘크리트 반죽의 질기로 시공연도(workablility)와 밀접한 연관이 있다.
④ 피니셔빌리티(finishability) : 골재 최대 치수에 따른 표면정리의 난이성. 마감작업의 용이성을 뜻한다.

33 ③
① 메탈 폼 : 철재 거푸집으로 반복사용에 견딜 수 있어 경제적이지만, 형틀을 떼어낸 후 콘크리트 면이 매끈하기 때문에 모르타르와 같은 미장재

료가 잘 붙지 않을 수 있으므로 표면을 거칠게 할 필요가 있다. 춥거나 더운 계절에는 높은 열전도율로 인해 경화속도에 영향을 받을 수 있다.
② 와이어 로프 : 탄소강 등의 선재를 여러 줄 꼬아서 만든 로프로 엘리베이터·기중기 등 무거운 것을 매달거나 끌어올리는 데 사용되며, 현수교의 케이블로도 사용된다.
③ 와이어 메시 : 비교적 굵은 철선을 격자형으로 용접한 것으로 콘크리트 보강용으로 쓰인다. 용접철망이라고도 한다.
④ 펀칭 메탈 : 금속판에 여러 가지 무늬의 구멍을 펀칭한 것으로 환기구, 배수구, 라디에이터 커버 등으로 쓰인다.

34 ②

섬유포화점 이상의 함수상태에서는 강도 변화가 거의 없다.

35 ③

소다 석회 유리
가장 많이 생산되는 보통 유리로 소다(산화나트륨), 석회(산화칼슘), 규산(이산화규소)을 주성분으로 한다. 용융점이 비교적 낮고 풍화의 우려가 있다. 내산성은 좋은 편이지만 알칼리에는 다소 취약하다. 일반 건축 창유리 및 음료수병 제품 등 널리 사용된다.

36 ①

중성화(neutralization)
㉠ 공기 중의 탄산가스에 의해 콘크리트의 수산화칼슘은 탄산칼슘으로 변화하여 알칼리성을 잃어가며 다음과 같은 화학반응을 일으킨다. 이러한 현상을 중성화라 한다.
$Ca(OH)_2 + CO_2 \rightarrow CaCO_3 + H_2O \uparrow$
㉡ 중성화가 진행되어도 콘크리트의 강도나 기타 성질은 큰 변화가 없으나 물 또는 공기가 침투하여 철근은 녹이 슬고 팽창하여 콘크리트가 파괴된다.
㉢ 중성화 속도는 물시멘트가 적을수록 느리고 혼합시멘트를 사용할수록 빨라진다.
㉣ 온도변화와 건습차가 심한 곳에서는 흡수된 수분의 동결융해가 반복되어 콘크리트를 풍화시켜 중성화를 진행시키기도 한다.
㉤ 해수에 노출된 콘크리트는 해수에 포함된 황산염의 화학작용에 의해 콘크리트가 침식되고 철근을 부식시킨다. 이에 대비하려면 가능한 한 피복두께를 증가시키고 내식성이 큰 재료로 콘크리트 표면에 보호피막을 만들어야 한다.

37 ②

에나멜 래커
클리어 래커에 안료를 넣은 것으로, 유성 에나멜 페인트에 비해 도막은 얇으나 내후성이 좋고 견고하다. 기계적 성질도 우수하고 닦으면 윤이 나는 불투명 도료이다.

38 ①

탄소량이 증가할수록 탄소강의 열전도도는 작아진다.

39 ④

자연건조법
• 대기건조법 : 직사광선과 비를 피하고 통풍이 잘되는 곳에서 건조시키는 방법으로, 2~3개월에 한 번씩 뒤집어 쌓아줌으로써 균일하게 건조가 되도록 한다. 나무 마구리에는 페인트를 칠해서 부분적인 급속 건조를 막고, 목재 간의 간격을 유지하고 땅에서 30cm 이상 떨어지도록 굄목을 받친다.
• 수침법 : 건조 전에 목재를 물속에 담그고 목재 내 수액을 빼낸 후 건조한다(삼투압 원리를 이용). 부패 및 뒤틀림이 방지되며 건조시간을 단축시킬 수 있다.
※ 인공건조법의 종류 : 열기건조법, 증기건조법, 훈연건조법, 진공건조법, 전기건조법, 표면탄화법, 건조제법 등

40 ③

비자성강(non-magnetic steel)
오스테나이트 조직을 가지며 자기적 성질이 전혀 없는 구조용강의 총칭이다. 14% 이상의 망간을 함유한 비자성강은 주조는 할 수 있으나 절삭가공은 할 수 없고, 25% 이상 니켈을 함유한 비자성강은 압연가공이 가능하다. 핵융합로나 자기부상열차와 같이 초전도 기술에 관계하여 극저온 하에서도 쓰인다. 건축용 금속재료로는 초고층 인텔리전트 빌딩·핵융합로 등과 같이 강력한 자기장이 발생할 가능성이 있는 철골 구조물의 강재나, 철근 콘크리트용 봉강으로 사용된다.

41 ②

운형자

한국산업규격(KS A 3007)에서는 여러 가지 곡선으로 되어 있는 판 모양의 곡선용 자로 정의되어 있다. 대체로 컴퍼스로 그릴 수 없는 불규칙한 곡선을 그릴 때 사용된다. 투명한 플라스틱판으로 만드는데 그 모양이 구름을 닮아 붙여진 명칭이다.

※ 보통 원호는 컴퍼스를 이용해서 그린다.

42 ②

트러스 보

플레이트 보의 웨브재로 수직재와 경사재를 거싯 플레이트(gusset plate)를 사용하여 플랜지 부분과 조립한 것이다. 간사이가 15m를 넘거나 보 춤이 1m를 넘을 때 사용한다.

43 ①

늑근
- 보의 전단력 보강근으로 주근의 직각방향으로 배근한다.
- 전단력은 단부로 갈수록 커지므로 단부에서는 늑근 간격을 촘촘히 배근한다.

44 ④

실시설계도
㉠ 일반도 : 배치도, 평면도, 입면도, 단면도, 상세도, 전개도, 창호도 등
㉡ 구조 설계도 : 기초 평면도, 구조 평면도, 구조 일람표, 골조도 및 각 부 상세도
㉢ 설비도 : 전기, 가스, 상하수도, 환기, 냉난방 및 승강기 등의 표시

45 ④

삼각자의 왼쪽 옆면을 이용하여 수직선을 그을 때는 아래에서 위로 선을 긋는다.

46 ③

① 목구조와 철골구조 – 가구식 구조
② 벽돌구조와 블록구조 – 조적식 구조
③ 철근콘크리트조와 돌구조 – 일체식 구조/조적식 구조
④ 프리패브와 조립식 철근콘크리트조 – 조립식 구조

47 ①

미닫이 창호

창호의 옆벽에 레일을 붙여 열고 닫거나, 벽체 안에 포켓을 만들어 밀어 넣는 방식의 창호. 열고 닫을 때 실내의 유효면적을 감소시키지 않는다. 틈새가 발생하는 형태의 창호이므로 외부 출입문에는 사용이 부적합하며 주로 내부공간의 출입문으로 사용한다.

48 ③

스티프너

웨브 플레이트의 좌굴을 방지하는 부재이며, 플랜지를 보강하는 것은 커버 플레이트이다.

49 ③

데오돌라이트(theodolite)

삼발 위에 설치된 망원경을 통해 야외에서 정밀한 측량을 할 수 있는 기기로 수평면상의 각과 수직 방향의 각을 측정할 수 있다.

50 ④

창호도

건물에 사용되는 창호의 개폐방법, 재질 및 형태, 치수, 마감, 창호철물, 유리 등을 표시한다.

51 ④

블록조의 인방보는 개구부의 폭이 1.8m 이상일 때 설치하며, 좌우에 최소 20cm 이상 걸쳐야 한다.

52 ②

제도선의 종류별 용도
- 굵은 실선 : 외형선, 단면선 등 대상물의 보이는 부분, 가장 강조되는 부분을 표시
- 가는 실선 : 치수선, 치수보조선, 지시선 등을 표시
- 파선 : 대상물의 보이지 않는 부분을 표시
- 1점 쇄선 : 중심선, 절단선, 기준선 등을 표시
- 2점 쇄선 : 가상선, 무게중심선 또는 1점 쇄선과의 구분 용도로 표시

53 ④

트레이싱지
원도를 투사하기 위해서 또는 도면작도를 위해 사용되는 투명도가 높은 종이

54 ①

① 인장응력 : 부재를 양 끝단에서 잡아당길 때 재축방향으로 발생하는 주요 응력
② 압축응력 : 부재를 양측에서 밀어붙이는 힘이 작용할 때 재축방향으로 발생하는 주요 응력
③ 전단응력 : 부재 단면에 따라 크기가 같고 방향이 반대인 1쌍의 힘이 작용하여 물체를 그 단면에서 절단하려는 하중에 생기는 응력
④ 휨모멘트 : 부재가 휘어지게 하는 힘

55 ③

감잡이쇠
U자 형태의 목조 보강철물로 ㅅ자보와 왕대공의 맞춤, 기둥과 층도리의 맞춤에 사용한다.

56 ③

1.5B 벽체 두께
190mm(1.0B)×10mm(줄눈)×90mm(0.5B)
=290mm

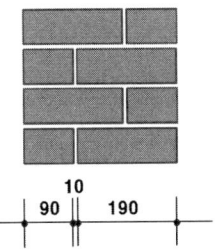

57 ④

고력볼트 접합
- 접합되는 부재를 고력볼트로 강력히 압착시켜 압착면에 생기는 마찰력에 의해 응력을 전달시키는 방법이다.
- 접합부의 강성이 높아 변형이 거의 없고 피로 강도가 크다.
- 용접이나 리벳에 시공이 용이하고 설비도 간단한 편이어서 비교적 공기가 짧다.
- 리벳접합과 같은 소음이 없고 반복 하중에 대한 이음부의 강도가 크다.
- 접촉면의 상태나 볼트 재질, 긴결작업 등에 대해 주의하여야 한다.
- 인장력이 매우 큰 고장력 볼트를 사용하여 토크 렌치나 임팩트 렌치 등으로 접합할 강재를 강력하게 연결해야 한다.

58 ④

내부 입면도에서 기둥과 창호는 중간선으로 표시한다.

59 ①

W : 목재   W : 창문
S : 강   D : 출입문
Ss : 스테인리스강   S : 셔터
P : 플라스틱   Al : 알루미늄

60 ④

벽돌조, 블록조, 돌구조와 같은 조적식 구조는 균열 발생의 우려가 크기 때문에, 이에 대한 대책이 충분히 고려되어야 한다.

2023년 제2회

01 ④
거실의 위치
주택의 중심에 두되, 거실 공간 자체가 통로화되면 휴식·TV 시청·담소와 같은 거실 본연의 기능에 지장을 주므로 금지해야 한다.

02 ④
조선시대 주택 구조 공간 구분
행랑채, 사랑채, 안채, 바깥채, 별당채, 곳간채

03 ①
순수예술은 순수한 예술적 동기에 의하여 창조된 예술로 상업적·대중적 목적을 배제하고 예술의 절대적 독립성을 주장하며, 오로지 예술을 위하여서만 있어야 한다는 예술 지상주의적인 예술이다. 실내디자인은 순수예술이 아닌 실용디자인이다.

04 ③
그리드 시스템
일정한 규격의 그리드를 계획의 보조 도구로 사용하여 디자인을 전개하는 방법. 공간의 변화에 따른 대응이 용이하므로 논리적이고 합리적인 디자인 전개를 가능하게 하는 공간구성 기법이다. 사무소, 병원 등 특정 평면이 반복되는 건축물에 적용할 수 있다. 미술관은 다양한 전시물과 그에 맞는 관람형태에 맞는 평면을 구성해야 하므로, 그리드 시스템의 적용은 권장되지 않는다.

05 ①

인체지지용 가구 (인체계 가구)	인체와 밀접하게 관계되는 가구로서 직접 인체를 지지한다. 작업 의자, 휴식의자, 침대 등
작업용 가구 (준인체계 가구)	간접적으로 인체를 지지하고, 인간 동작에 보조가 되는 가구. 테이블, 식탁, 책상 등
정리수납 가구 (건축계 가구)	물건 수납을 목적으로 하는 가구. 옷장, 서랍, 선반, 칸막이 등

06 ①
체스카 의자
마르셀 브로이어의 딸, 체스카(Chesca)의 이름에서 유래한 의자로 지지대가 없이 파이프를 구부려 캔틸레버 프레임 형태로 만든 의자이다.

07 ①
음향계획 기준
- 실내 전체에 충분한 음압이 고르게 분포되도록 한다.
- 음악이 아름답게 들리고, 말은 명확하게 들리도록 계획한다.
- 어디서나 장시간 자연반사음, 반향, 음의 집중현상, 실의 공명 등 음향적 결함이 없어야 한다.
- 방해가 되는 소음과 진동이 없도록 한다.

08 ④
실내디자인의 개념
인간이 생활하는 실내 공간을 사용 목적에 따라 그 기능을 우선으로 하여 보다 편리하게 구성하고 쾌적한 환경과 아름다운 실내를 창조하는 디자인 행위를 말한다.

09 ①
POE(거주 후 평가)
완공된 주택이나 건물을 사용해 본 거주자, 사용자의 평가를 조사, 분석하여 다음에 진행할 설계나 시공 등에 해당 내용을 반영하는 것을 말한다.

10 ④
가구와 설치물은 우선적으로 기능적인 면을 고려하여 배치한다.

11 ②
대비

성질이나 질량이 전혀 다른 둘 이상의 것이 동일한 공간에 배열될 때 서로의 특징을 한층 돋보이게 하는 현상. 모든 시각적 요소에 대하여 상반된 성격의 결합에서 이루어지므로 극적인 분위기를 연출하는 데 효과적이다.

12 ①
사선
약동감, 생동감, 에너지, 속도감, 운동감, 활동적(불안정)

13 ③
간접 조명
광량의 90~100%를 상향으로 하여 천장, 벽의 상부를 비추어 반사면의 밝기로 조명하는 방식으로 조도가 균일하고 음영이 가장 적어서 부드러운 분위기 연출에 좋지만 조명 효율이 낮고 국부적 조명은 곤란하며 유지보수가 어려워서 경제성은 떨어진다.

14 ④
실내공간의 구성 요소
바닥, 천장, 벽(출입문, 창문 포함)
※ 처마는 외부 공간의 요소이다.

15 ③
천창은 같은 크기의 측창보다 3배 정도의 많은 빛을 실내로 유입시킨다.

16 ③
잔향시간
실의 형태에는 영향을 받지 않으며 실의 용적에 비례하고 벽면의 흡음력에 반비례한다.

17 ①
직접 조명
- 하향광속이 90~100%인 조명으로 광원이 노출되어 있다.
- 조명률이 높고 먼지에 의한 감광이 적다.
- 벽, 천장 등의 반사율의 영향이 적다.
- 눈부심이 크고 조도의 불균일함이 커서 글로브를 사용하지 않으면 조명이 초라한 느낌을 줄 수 있다.
- 다운라이트나 실링라이트의 형태로 많이 쓰여지며 국부적으로 높은 조도를 얻기 위해 사용할 수 있다.

18 ③
일조율
해가 뜨고 질 때까지 직사광이 구름에 가려지지 않고 직접 비춘 시간의 비율

일조율 = $\dfrac{일조시간}{가조시간} \times 100\%$

19 ③
기계환기
㉠ 1종 환기(병용식) : 급기와 배기를 모두 기계식으로 제어함. 설비 및 운전비가 고가이나 가장 안전하고 쾌적한 환기가 가능하다. 병원, 수술실 등에서 사용하며 실내압은 정압 또는 부압으로 조절 및 유지할 수 있다.
㉡ 2종 환기(압입식) : 급기를 기계식으로 하며 배기는 자연적으로 배출. 오염공기가 침투되지 않으며 실내압은 정(+)압이 된다. 공장 무균실, 반도체 시설 등에서 사용
㉢ 3종 환기(흡출식) : 배기를 기계식으로 하며 실내의 악취나 오염공기를 다른 곳으로 흘려 보내지 않는다. 실내압은 부(−)압이 된다. 화장실이나 주방 등에서 사용

20 ③
① 변동 소음 : 소음 레벨이 시간적으로 일정하지 않은 소음
② 간헐 소음 : 일정 시간 동안 발생과 멈춤을 규칙 혹은 불규칙하게 반복하는 시간적 패턴의 소음
③ 정상 소음 : 회전 기계류의 발생 소음이나 공기 조화 소음 등 음압이 시간적으로 일정하거나 변동이 작은 소음
④ 충격 소음 : 물리적 충격에 의해 발생하는 소음

21 ②
멜라민 치장판
두꺼운 종이에 페놀 수지를 침투, 부착시킨 바탕에 색종이나 나무 무늬판 등을 붙이고 멜라민 수지를 침투시킨 종이를 씌우고 가압 성형한 판재이다. 주로 내장재・가구재로 쓰이며 내열성 및 내수성이 다소 부족하여 외장에는 쓰지 않는다.

22 ③
아스팔트의 침입도(PI : Penetration Index)
- 아스팔트의 경도를 표시한 값으로 클수록 부드러운 아스팔트이다.
- 0.1mm 관입 시 침입도 PI=1로 본다.
  (25℃, 100g, 5sec 조건으로 측정)
- 아스팔트 양부 판정 시 가장 중요한 지표가 된다. 입도와 연화점은 반비례 관계이다.

23 ③
불림
- 800~1000℃에서 성형 후 공기 중에서 냉각하는 방식
- 결정입자가 미세해진다.
- 변형이 제거되고 조직이 개선, 균일화된다.
- 가공성을 높인다.

24 ①
섬유방향이 직교하도록 단판을 3, 5, 7장의 홀수장으로 접합하여 제조한다.

25 ②
슬럼프 시험
컨시스턴시(반죽질기) 및 워커빌리티(시공연도)를 측정하는 시험이다.

26 ②
경석고 플라스터는 산성을 띠므로 철을 부식시킬 우려가 있다.

27 ③
알루미나가 많은 점토는 가소성이 좋고 비중이 3.0 내외로 일반 점토에 비해 다소 높아진다.

28 ③
레진 콘크리트(resin concrete)
시멘트 대신에 폴리머를 결합재로 사용한 콘크리트로 플라스틱 콘크리트 또는 폴리머 콘크리트라고도 한다. 압축강도가 우수하고, 방수성과 수밀성이 좋으며, 각종 산이나 알칼리, 염류에 강하고 내마모성이 우수하여 바닥재·포장재로 적합하다.

29 ①
천연 건조법
자연 건조법, 수침법
※ 인공 건조법 : 열기법, 증기법, 진공법, 훈연법 등

30 ④
알루미늄
가볍고 비중에 비해 강도가 큰 금속으로 가구, 창호, 커튼레일 등에 널리 쓰인다.

31 ④
대리석
- 광택과 빛깔, 무늬가 아름다워 장식용, 조각용으로 사용된다.
- 산과 열에 약하고, 내구성이 적어 외장재로는 부적당하다(주로 내장재로 사용).
- 대리석 붙이기 공사에는 주로 석고 모르타르가 사용된다.
- 강도가 높지만 내화성이 낮아 풍화되기 쉽다.
- 테라조(terrazzo)의 종석으로 가장 많이 사용된다.

32 ①
공기의 유통이 원활하지 않은 장소의 미장공사에는 수경성 미장재료를 쓰는 것이 좋다. 수경성 미장재료는 순석고 플라스터, 시멘트 모르타르 등이 있다.

33 ②
소지(素地)
도자기, 내화물 제품 본체의 구성 부분 혹은 그것을 제조하기 위한 원료 혼합물을 말하며, 타일의 경우 타일 주체를 이루는 부분으로 시유 타일의 경우에는 표면의 유약을 제거한 부분을 소지라고 한다. 유리의 경우는 성형 전의 융해상태에 있는 소재를 말한다.

34 ④
합성수지
내구성이 부족하고 강성이 적으며 탄성계수가 강재의 1/20~1/30으로 구조재로는 부적합하다.

35 ③
에멀션 페인트
- 수성페인트에 합성수지와 유화제를 섞은 페인트
- 물이 증발하며 수지입자가 굳는 융착건조 경화가

된다.
- 건조시간이 빠르고 실내외에 광범위한 사용이 가능하다.
- 오염된 피막을 쉽게 청소할 수 있다.

36 ③

매스 콘크리트의 균열 방지 및 감소 대책
- 허용한도 내에서 가장 낮은 슬럼프값을 적용한다.
- 허용한도 내에서 가장 큰 치수의 굵은 골재를 사용하며 사용량도 가급적 많게 한다.
- 저발열 시멘트를 사용하며 단위수량, 시멘트량은 줄인다.
- 건조수축을 감소시키는 혼화재료를 사용한다.
- 온도철근을 사용하고 신축줄눈을 설치한다.
- 양생온도는 5~30℃를 유지한다.
- 가능한 cold joint는 두지 않는다.
- 파이프쿨링, 프리쿨링으로 온도균열을 제어한다.
※ 파이프쿨링 : 시공 전 콘크리트 중에 묻어 넣은 파이프에 냉수를 통해서 냉각하는 방법
※ 프리쿨링 : 시공 시 콘크리트 재료의 일부 또는 전부를 미리 냉각하는 방법

37 ③

제물치장 콘크리트
노출 콘크리트라고도 한다. 거푸집 제거 후 페인트, 타일 등을 사용하지 않고 콘크리트 타설면을 그대로 외장으로 하는 공법

38 ①

분말도가 클수록(입자가 고울수록) 응결은 빨라진다.

39 ④

트래버틴은 다공질 석재로 대리석의 일종이다.

40 ④

포도벽돌
- 도로나 옥상 포장에 사용되는 벽돌. 잘 구워진 붉은 벽돌을 사용하기도 하지만 보통은 석기질로 제조된다.
- 마멸이나 충격에 강하고 흡수율이 작으며 내화성도 큰 편이다.

41 ④

표준형 벽돌 2.0B 쌓기의 두께
190mm+10mm+190mm=390mm

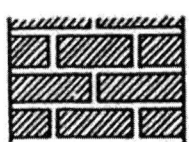

42 ③

① 은 처마도리에 대한 설명
② 는 펠대에 대한 설명
④ 는 귀잡이에 대한 설명

43 ②

① 오버랩 : 용착금속이 모재에 융합되지 않고 들떠 있는 현상
③ 언더컷 : 용접선 끝에 용착금속이 채워지지 않아 생긴 작은 홈
④ 피시아이 : hole 및 혼입된 slag가 모여서 둥근 은색 반점이 생기는 결함 현상

44 ①

CFT(Concrete Filled Tube)
- 철제 외관(원통형, 각형)의 내부를 고강도 콘크리트로 채워 넣어 일체화시켜 부재단면의 감소, 내진성 향상, 내화성능 향상을 꾀한 공법이다.
- 기둥 시공 시 별도의 특수 거푸집이 필요 없고, 에너지 흡수능력이 뛰어나 초고층 구조물에 적용 가능하다.

45 ④

조적구조는 횡력 및 충격에 취약하다.

46 ③

볼트 조임은 중앙에서 단부의 순서로 한다.

47 ③

도어체크(도어 클로저)
문 위틀과 벽에 장치를 설치하여 자동으로 문을 닫히게 한다.

48 ①

속 빈 콘크리트 블록 치수
㉠ 기본형 블록 : 길이 390mm, 높이 190mm, 두께 (100, 150, 190)mm
㉡ 표준형 블록 : 길이 290mm, 높이 190mm, 두께 (100, 150, 190)mm

49 ①

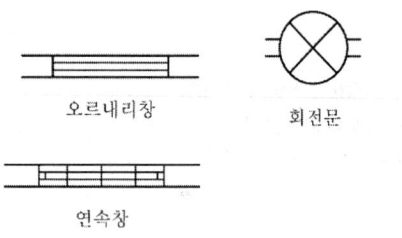
오르내리창   회전문
연속창

50 ④
목재가 타 구조재에 비해 연소되기 쉽지만 열전도율은 낮아서 구조체 자체의 단열성은 가장 좋다.

51 ③
네덜란드식 쌓기
• 벽의 끝, 모서리에 칠오토막을 써서 쌓는 방식으로 통줄눈이 생기지 않고 영식 쌓기에 비해 시공이 쉬우며 모서리가 튼튼하다.
• 우리나라에서 비교적 많이 사용하는 쌓기 방법이다.

52 ③
동선도
사람, 화물 등의 움직임을 도식화하여 소요공간을 확인하고 필요 동선을 연구하여 평면을 구성하는 데 있어서 효과적인 배치가 되도록 하는 데 사용된다.

53 ③
제혀쪽매
• 널 한쪽에 홈을 파고 딴 쪽에 혀를 내어 물리고, 혀 위에서 빗 못질하므로, 진동이 있는 마루널에도 못이 빠져나올 우려가 없다.
• 보행진동에 대하여 가장 저항성이 크고 마루널의 접합에 가장 좋은 쪽매 방법이다.

54 ②
① 축척과 도면의 크기에 따라서 선의 굵기를 다르게 할 수 있다.
③ 선은 중복해서 여러 번 긋지 않고 가급적 한 번에 긋는다.
④ 선의 용도에 따라 농도를 조정한다.

55 ④
제도선의 종류
• 굵은 실선 : 외형선, 단면선 등 대상물의 보이는 부분, 가장 강조되는 부분을 표시
• 가는 실선 : 치수선, 치수보조선, 지시선 등을 표시
• 파선 : 대상물의 보이지 않는 부분을 표시
• 1점 쇄선 : 중심선 및 기준선 등을 표시
• 2점 쇄선 : 가상선, 무게중심선 등을 표시
• 해칭선 : 가는 실선으로 빗줄을 반복적으로 그은 선으로 절단면을 표시

56 ④
튜브 구조
• 외벽에 강한 피막을 두르는 건축구조로 횡력에 저항하는 건축구조. 중앙에 코어를 두고 내력벽으로 둘러싸면 구조의 평면이 튜브 형태가 되어서 튜브 구조라 한다.
• 강한 피막이 수평하중을 줄여주므로 초고층 건물에 사용되며, 내부 기둥을 줄여 내부공간을 넓게 조성할 수 있는 이점이 있다.

57 ②
• 일반도 : 배치도, 평면도, 입면도, 단면도, 상세도, 전개도, 창호도
• 구조설계도 : 구조평면도, 구조 일람표, 골조도 및 각 부 상세도
• 설비도 : 전기, 가스, 상하수도, 환기, 냉난방 및 승강기 등의 설비표시 도면

58 ③
플랫 슬래브 구조
• 건축물의 뼈대를 구성하는 방식의 하나
• 수직재의 기둥에 연결되어 하중을 지탱하고 있는 수평구조 부재인 보(beam)가 없이 기둥과 슬래브(slab)로 구성된다.

59 ④
거푸집 블록조

살 두께가 얇은 콘크리트 구조의 거푸집으로 쓰고 철근배근이 가능하다.

60 ①

철근을 일정 두께 이상의 콘크리트로 피복하는 이유
- 철근의 내화성 및 내구성 유지
- 철근과 콘크리트의 부착력 증대
- 부재 내부 응력에 의한 균열 방지

2023년 제3회

01 ①

고정창
개폐기능이 없고 빛을 유입시키는 것을 목적으로 한다. 상점의 쇼윈도나 밀폐된 냉방공간 등에 사용된다.

02 ③

눈의 결정체-대칭적 균형, 방사형 균형

03 ④

④는 측면판매에 관한 설명이다.

04 ④

침실은 개인 공간이고, 다용도실은 가사노동이 이루어지는 공간이므로 분리되어야 한다.

05 ③

③은 천장의 기능이다.
※ 천장의 기능 : 내화성, 흡음 및 반사음 조절, 내습성, 내수성

06 ①

세티
동일한 두 개의 의자를 합쳐 2인이 앉는 의자

07 ③

- 펜던트 : 와이어, 파이프 등으로 천장에 매달아서 조명하는 기구
- 다운라이트 : 천장매입형 조명. 광원의 빛은 수직 하향이 된다.
- 브래킷 : 벽부형 조명
- 직부형 : 천장에 부착되는 조명

08 ④

상점계획에 있어서 고객이나 종업원의 동선은 주요 고려사항이지만, 상점주인의 동선에 대한 고려는 중요성이 낮다.

09 ④

① 작업대의 배치유형 중 일렬형은 소규모 부엌에 주로 이용된다.
② 일반적으로 부엌의 크기는 주택 연면적의 8% 정도가 가장 적당하다.
③ 부엌 작업대의 높이는 850mm 내외, 깊이는 550mm 내외가 적당하다.

10 ④

형태의 지각심리
① 접근성 : 가까이 있는 시각 요소들이 그룹이나 패턴으로 보이는 현상
② 유사성 : 형태, 규모, 색, 질감 등에 의해 유사한 시각적 요소들이 연관되어 그룹핑되어 보이는 현상
③ 연속성 : 유사한 배열이 하나의 묶음으로 인식되는 현상(공동 운명의 법칙)
④ 폐쇄성 : 어떠한 형태에 따라 도형을 연상시키는 현상
⑤ 단순성 : 눈에 익숙한 간단한 형태로만 도형을 보게 되는 현상

11 ①

주거공간의 기능적 분류
• 개인적 공간 : 침실, 서재, 어린이방, 작업실
• 사회적 공간 : 식사실, 거실, 현관, 응접실
• 가사노동공간 : 주방, 세탁실, 가사실, 다용도실
• 보건위생공간 : 화장실, 욕실

12 ②

백화점 진열대의 배치 유형
• 사행배치형 : 고객이 판매장의 구석까지 갈 수 있는 배치 유형. 이형의 진열대가 필요하다.
• 직교배치형 : 가장 간단한 유형으로 판매장의 면적을 최대로 활용할 수 있으나 통행의 국부적 혼란이 우려된다.
• 자유배치형 : 획일성을 탈피하고 개성을 부여할 수 있다. 진열장의 유리케이스가 이형이 되므로 시설 비용이 커지고 계획에 있어서 심도 높은 고려가 필요하다.

13 ②

침실은 개인적인 공간으로 정적이며 프라이버시 보호가 요구되므로 폐쇄적으로 설계하는 것이 좋다.

14 ②

실내공간 구성 요소 중 가장 자유로운 것은 천장이다.

15 ②

갈포벽지
• 삶은 칡덩굴의 껍질로 만든 벽지
• 수공품으로, 자연미가 있는 것이 특징이다.
• 다른 벽지에 비하여 질감이 거친 편이고, 비교적 값이 싸며 사용하기가 용이할 뿐 아니라, 그 위에 칠도 할 수 있다.
• 실내의 온도조절, 방음, 부드러운 색상으로 보안(保眼)이 되는 등의 장점이 있어, 1970년대 후반부터 한국에 많이 보급되기 시작하였다. 그러나 때가 묻었을 때 물로 닦아낼 수 없고, 디자인과 색상이 다양하지 못한 것이 단점이다.
• 주택의 응접실·거실, 일반 사무실, 영업장 등의 벽에 많이 쓰인다.

16 ④

외부와 면한 창이 1개만 있어도 고온측과 저온측의 중력환기가 발생할 수 있으며, 외풍에 의해 풍력환기도 발생할 수 있다.

17 ①

음의 세기(음의 에너지량)
음파의 방향에 직각이 되는 단위 면적을 통하여 1초간에 전달되는 소리 에너지량. 단위는 W/m^2을 사용한다.

18 ②

불쾌지수
• 날씨에 따라서 사람이 불쾌감을 느끼는 정도를 기온과 습도를 이용하여 나타내는 수치이다.
• 불쾌지수 산출식
 =0.72(건구온도+습구온도)+40.6
• 불쾌지수가 70~75인 경우에는 약 10%, 75~80인 경우에는 약 50%, 80 이상인 경우에는 대부분의 사람이 불쾌감을 느낀다고 하지만 이것은 개략적인 수치이다.

19 ①

열관류량은 벽체의 무게에 영향을 주지 않는다.

20 ①
측창채광(lateral lighting)
- 창의 면이 수직의 벽에 붙어있는 형태의 창문을 말한다.
- 비막이·통풍·실내온도의 조절에 유리하고 개폐와 조작이 쉽다.
- 청소 및 관리가 용이하다.
- 조도분포가 불균일하고 근린 상황에 의한 방해 우려가 있다.
- 실 깊이에 제한을 받아서 넓은 실에서는 불리하며, 소규모 건물에 적합하다.

21 ①
대리석
- 석회암이 변성 작용에 의해서 결정질이 현저하게 된 대표적인 변성암
- 작은 공극이 다수 있는 트래버틴은 대리석의 일종이다.
- 석질이 치밀하고 견고하며 남색바탕의 각종 무늬가 있어 연마하면 미려한 광택과 무늬가 아름다워 장식용 석재 중에는 제일 고급이지만 열과 산에는 취약해서 외장용으로는 부적당하고 실내장식용이나 조각용, 기타 배전반 제작에 쓰인다.
- 화학성분에 의하여 분류하면 방해석(순수한 탄산칼슘으로 된 것), 백운 대리석(탄산마그네슘을 다량 포함), 사문석(다량의 규산염이 탄산염과 결정을 이룬 것) 등이 있다.

22 ②
플라이애시(fly ash)
발전소 등의 미분탄 보일러의 연도 가스로부터 집진기로 채취한 것으로, 콘크리트에 섞으면 볼베어링처럼 작용하여 워커빌리티(workability)를 좋게 하고 수화열 및 건조수축이 감소된다.

23 ③
석고계 셀프 레벨링재는 물이 닿지 않는 실내에서만 사용한다.

24 ①
합판
- 3장 이상의 얇은 판을 섬유방향이 직교하도록 겹쳐서 접착제로 붙여 만든 목재 제품
- 접합하는 판의 숫자는 앞뒷면이 같게 되도록 홀수 (3, 5, 7)로 겹친다.
- 건조에 의한 수축, 변형이 적고 방향성이 없으며 일반 판재에 비해 균질하며 강도가 높은 제품을 만들 수 있다.
- 곡면 가공이 가능하고 균열이 생기지 않고 표면의 가공을 통해 흡음 효과도 낼 수 있다.

25 ③
① 판돌 : 폭이 넓고 두께는 비교적 얇게 만든 돌로, 바닥재로 쓰기 위해 다듬은 것이다.
② 견칫돌 : 돌쌓기에 쓰는 정사각뿔 모양의 돌로 간지석이라고도 한다. 간단한 석축이나 돌쌓기, 옹벽 등에 사용된다. 잡석이나 자갈 등을 틈새에 넣어 고정시켜 가면서 쌓는다.
③ 호박돌 : 개울 등에서 채취되는 지름 20~30cm 정도의 둥글고 넓적한 돌을 뜻한다. 주로 목구조 독립 기초에서 기둥 또는 처마를 받는 부재로 쓰이며 그 밖에 기초 잡석 지정, 바닥 콘크리트 지정 등으로 쓰인다.
④ 사괴석 : 사방 6치(18cm) 정도의 방형 육면체의 화강석을 사괴석이라고 부르고, 이 사괴석으로 쌓은 담장을 사괴석 담장이라고 한다. 궁궐의 담장이나 격식이 있는 사대부의 집에서도 널리 사용되었다.

26 ③
㉠ AE제 사용 시 장점
- 미세기포가 볼베어링 역할을 하여 시공연도(워커빌리티)가 좋고 블리딩이 적어진다.
- 단위수량을 감소시킬 수 있으며 시공한 면이 평활하게 된다.
- 동결, 융해, 건습 등에 의한 용적변화가 적다.
- 방수성이 뚜렷하고 화학작용에 대한 저항성도 크다.

㉡ AE제 사용 시 단점
- 압축강도와 부착강도가 모두 저하된다.
- 마감 모르타르나 타일 붙임 모르타르의 부착력도 저하된다.

27 ④
알루미늄의 성질 및 특징
- 비중이 2.7 정도로 철과 구리에 비해 매우 가벼우면서도 강도가 높은 편이다.

- 압연, 인발 등의 가공성이 높고 전기와 열의 전도가 잘 된다.
- 공기 중에서 안정된 산화피막을 형성하여 내식성이 좋다.
- 위생적이고 빛과 열을 잘 반사하며 광택이 아름답다.
- 산과 알칼리 및 해수에 침식이 되므로 콘크리트 및 해수에 접하거나 흙에 매립되는 부분은 사용을 금하거나 특별히 주의를 기울여야 한다.

28 ②

$$벽량 = \frac{내력벽 \ 길이 \ 합계}{면적} = \frac{4500\text{cm}}{300\text{m}^2} = 15\text{cm/m}^2$$

29 ③

아스팔트 컴파운드

블론 아스팔트에 동·식물성 유지와 광물질 미분 등 특수첨가제를 혼합하여 아스팔트의 경도 및 점도 등이 온도변화에 따라 변화하는 성질을 개량한 제품으로 일반지붕 방수공사 등에 쓰인다.

30 ③

중밀도 섬유판(MDF ; Medium Density Fiberboard)
- 톱밥을 압축가공해서 목재가 가진 리그닌 단백질을 이용하여 목재섬유를 고착시켜 만든 것이다.
- 천연목재보다 강도가 크고 변형이 적다.
- 습기에 약하고 무게가 많이 나가는 것이 단점이나 마감이 깔끔하여 많이 쓰인다.
- 밀도가 균일하기 때문에 측면의 가공성이 매우 좋고 표면에 무늬인쇄가 가능하여 가구 및 인테리어용으로 많이 사용된다.

31 ④

폴리우레탄 폼
- 폴리올(Polyol)와 이소시아네이트(Isocyanate)를 주재료로 하여 발포제, 촉매제, 안정제, 난연제 등을 혼합시켜 얻어지는 발포 생성물
- 단열성이 크고 공사현장에서 발포시공이 가능하며 화학약품에 대하여 안전한 재료이다. 그러나 사용시간이 경과함에 따라 부피가 줄어들고 점차 열전도율이 높아지는 단점이 있다.
- 따라서 내열성은 높지 않으나 우수한 단열성 때문에 냉동기기에 많이 사용되는 단열재이다.

32 ③

차단 재료

빛, 열, 소리, 물 등을 차단하기 위한 목적으로 사용하는 재료로 유리(유리섬유, 복층유리), 아스팔트, 실링재, 암면 등이 해당된다.

※ 콘크리트는 사용 목적 상 구조 재료로 분류된다.

33 ④

프탈산 수지 에나멜

프탈산 수지 바니시로 안료를 반죽한 것. 가격이 저렴하고 내구성, 내후성, 내열성이 좋은 편이지만 내알칼리성은 다소 나쁜 편이어서 시멘트, 콘크리트 표면 도장에는 적합하지 않다.

34 ③

① 강성 : 재료에 외력이 작용해도 형태가 변형되지 않고 저항하는 성질
② 취성 : 작은 변형에도 쉽게 파괴되는 성질
③ 인성 : 재료가 외력에 의해 변형되어도 파괴되지 않는 성질
④ 탄성 : 외력에 의해 변형된 후 외력을 제거하면 원형으로 돌아오는 성질

35 ③

안정성

경화 중 시멘트의 용적이 팽창하는 정도를 말한다. 안정성이 좋지 않으면 팽창성 균열 또는 휨을 일으키고 건축물의 내구성을 떨어뜨리는 원인이 된다. 안정성 시험방법에는 오토클레이브 팽창도 시험이 주로 쓰인다.

36 ②

강화유리

열처리를 하고 나면 가공 및 절단을 할 수 없으므로 필요한 크기대로 절단하거나 구멍을 뚫는 작업을 열처리 작업 전에 마무리해야 한다.

37 ①

회반죽은 건조 수축이 크기 때문에 여물로 털여물, 삼여물, 종이여물, 짚여물 등을 사용하여 균열을 방지해야 한다.

38 ①

골재는 크고 작은 것이 적당한 비율로 혼입되는 것이 좋다.

39 ④

인력에 의한 석재 표면가공 순서
① 혹두기 : 쇠메나 망치로 돌의 표면을 쳐내어 대강 다듬는 과정
② 정다듬 : 혹두기 처리면을 정으로 곱게 쪼아서 평탄하게 하는 과정
③ 도드락다듬 : 도드락망치로 전체적으로 고르게 하는 과정
④ 잔다듬 : 양날망치로 평행방향을 치밀하고 곱게 다듬는 과정
⑤ 물갈기 : 숫돌, 모래, 금강사 등으로 물을 뿌리고 갈아서 광택을 내는 과정

40 ①

석재의 인장강도는 압축강도에 비해 현저히 낮다.

41 ②

① 민줄눈, ③ 내민줄눈, ④ 빗줄눈에 대한 설명

42 ①

보의 휨 강도 증가 요소
• 보의 춤이 클수록 휨 강도가 증가한다.
• 이형철근이 원형철근보다 강도 증가에 유리하다.
• 중앙 상부는 최대압축응력이 발생하므로 콘크리트량이 많은 것이 좋다.
• 피복 두께가 과다하면 보의 유효깊이를 감소시켜 휨강도에 영향을 미친다(보의 춤에 비해서는 영향이 적음).

43 ②

삼각자는 45° 삼각자와 60° 삼각자가 한 세트이며, 각각의 삼각자에 있는 30°, 45°, 60°, 90°를 더하고 빼는 것으로 다양한 각을 만들 수 있다. 따라서 25°는 만들 수 없다.

44 ④

V는 용적(부피), W는 너비의 표시이다.

45 ②

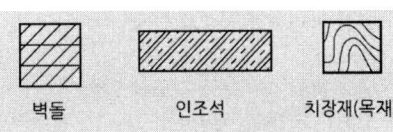

46 ③

① 띠쇠는 —자형으로 된 철판에 못, 볼트 구멍이 뚫린 것이다.
② 감잡이쇠는 왕대공과 ㅅ자보의 맞춤에 사용하는 연결철물이다.
④ 안장쇠는 큰보에 걸쳐 작은보를 받게 하는 쓰인다.

47 ①

콘크리트는 압축강도가 크지만 인장력에 취약하므로 철근을 배근하여 인장력에 저항하도록 한다.

48 ③

플랫 슬래브
㉠ 바닥에 보를 없애고 슬래브만으로 구성하며 하중을 직접 기둥에 전달한다.
㉡ 구조가 간단하고 공사비가 절감되며 실내를 크게 이용할 수 있고 전체 층고를 낮게 할 수 있다.
㉢ 주두의 철근배근이 복잡해지며 고정하중이 커져서 뼈대의 강성이 약화되고 슬래브의 무게가 가중된다.

49 ③

바닥경사는 1을 분자로 하여 표시한다.

50 ③

① 접은 도면의 크기는 A4의 크기를 원칙으로 한다.
② 제도지를 묶기 위한 여백은 25mm로 하는 것이 기본이다.
④ 제도용지의 크기는 KS M ISO 216의 A열의 A0~A6에 따른다.

51 ④

색의 3속성
㉠ 색상(H)
• 빨강, 노랑, 파랑 등과 같은 색을 말한다.
• 성질이 비슷한 색상들을 둥글게 나열한 것을 색

상환 또는 색환이라고 한다.
ⓛ 명도(V)
• 색의 밝고 어두움의 정도를 말한다.
• 고명도, 중명도, 저명도로 나누고, 11단계로 나누는 것이 보통이다.
ⓒ 채도(C)
• 색이 강하고 약한 도(度), 즉 선명도를 말한다.
• 탁색(dull color) : 어떤 색상의 순색에 무채색의 포함량이 많아 채도가 낮아 저채도가 된 상태이다.
• 순색(pure color) : 가장 채도가 높은 색, 즉 무채색의 포함량이 가장 적은 색

52 ①
블록의 구분

구분	기건 비중	압축 강도	흡수율	비고
A종 블록	1.7 미만	4MPa 이상	–	경량골재를 사용한 경량 블록
B종 블록	1.9 미만	6MPa 이상	–	
C종 블록	–	8MPa 이상	10% 이하 (방수 블록)	보통골재 사용

53 ②
축척자(스케일. scale)
• 실물의 크기를 축소, 확대하기 위한 제도용구
• 삼각스케일의 각 면에 표시되어 있는 축척은 1/100, 1/200, 1/300, 1/400, 1/500, 1/600이다.

54 ④
제도용지의 규격

단위(mm)	A0	A1	A2	A3	A4
가로×세로	841 ×1189	594 ×841	420 ×594	297 ×420	210 ×297
테두리 (철하지 않을 때)	10	10	10	5	5
테두리 (철할 때)	25				

55 ③
동바리 마루 설치 순서(아래 → 위)
동바리돌 → 동바리기둥 → 멍에 → 장선 → 마루널

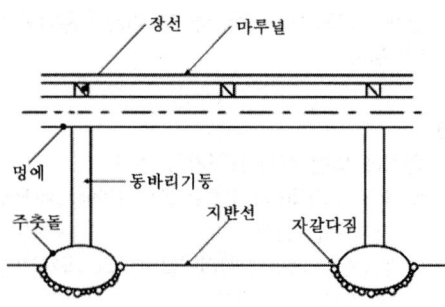

56 ②
맞댐용접
접합하려는 2개의 부재를 한쪽 또는 양쪽 면을 절단, 개선하여 접합재를 나란히 놓고 맞댐면을 용접한다.

57 ①
실내투시도 또는 정적인 건축물의 표현에는 1소점 투시도가 가장 효과적이다.

58 ②
㉠ 촉 : 접합된 부재의 이동 등을 방지하기 위해 박아 넣는 나무토막의 일종
㉡ 쐐기 : 물건의 틈에 박아서 사개가 물러나지 못하게 하거나 물건들의 사이를 벌리는 데 쓰는 물건. 나무나 쇠의 아래쪽을 위쪽보다 얇거나 뾰족하게 만들어 사용한다.

59 ②
리벳 접합
• 2장 이상의 강재에 구멍을 뚫어 800~1000℃ 정도로 가열된 리벳을 박고 보통은 압축 공기로 타격하는 형식의 리베터로 머리를 만든다.
• 시공 시 최소 3인 이상의 숙련공이 필요하며 리벳 구멍으로 인한 부재의 단면이 결손된다.
• 시공이 불가능한 곳도 있고 높은 소음 때문에 현재는 잘 사용하지 않는다.

60 ②
질석(vermiculite)
• 운모계 광석을 800~1000℃ 정도로 가열 팽창시켜 체적이 5~6배로 된 다공질 경석이다.
• 산에 쉽게 분해되고, 양이온 교환능력이 크다.
• 내열재료 및 방음재로서 널리 이용되고 있다.

2023년 제4회

01 ③

병렬형 주방
양쪽 벽면에 작업대를 마주보도록 배치하는 형태. 동선이 짧아지긴 하지만 돌아보는 동작이 많아서 쉽게 피로를 느낄 수 있다. 양쪽 작업대 사이 폭의 범위는 700~1100mm 정도로 한다.

02 ①

추상적 형태
구체적 형태에 대응하는 개념으로, 어떤 대상에서 하나의 상을 추려내어 표현된 형태로 의도나 형에 따라 매우 다양하게 분리된다. 칸딘스키처럼 곡선을 위주로 기하학적이지 않은 이미지들을 표현한 서정적 추상과 몬드리안의 경우처럼 엄밀한 구획과 기하학적 이미지를 사용하는 기하학적 추상도 있다. 대상을 단순히 간략화해 표현하는 경우에서부터, 철학적 의미를 내포하여 이를 예술로 표현하려는 경우까지 다양하다. 대부분 재구성된 원래의 형태를 알아보기 어렵다.

03 ③

VMD의 구성 요소
- IP(Item Presentation) : 기본 상품의 정리. 선반, 행거
- PP(Point of Sale Presentation) : 한 유닛에서 대표되는 상품 진열. 상반신, 소도구류 등을 활용
- VP(Visual Presentation) : 상점의 이미지 패션 테마의 종합적인 표현. 파사드, 메인 스테이지, 쇼윈도

04 ③

질감(texture)
- 모든 물체가 갖고 있는 표면상의 특징으로 시각적이나 촉각적으로 지각되는 물체의 재질감을 말한다.
- 매끄러운 질감은 거친 질감에 비해 빛을 반사하는 특성이 있어 가볍고 밝은 느낌을 주며, 거친 질감은 반대로 흡수하는 특성으로 무겁고 안정적인 느낌을 준다.
- 목재와 같은 자연재료의 질감은 따뜻함과 친근감을 부여한다.
- 질감 선택 시 스케일, 빛의 반사와 흡수, 촉감 등의 요소를 충분히 고려한다.

05 ③

조닝(zoning) 계획
공간 내에서 이루어지는 다양한 행동의 목적, 공간, 사용 시간, 입체 동작 상태 등에 따라 공간의 성격이 달라진다. 공간의 내용이나 성격에 따라서 구분되는 공간을 구역(zone)이라 하며, 이 구역을 구분하는 것을 조닝(zoning)이라 한다. 주택설계의 조닝계획은 생활공간, 사용 시간, 주 행동, 행동 반사, 사용 빈도에 의한 분류 등으로 구분할 수 있다.

06 ①

상점의 고객 동선은 가능한 한 길게 하여 상품과의 접촉이 많아지도록 계획한다.

07 ④

④는 비대칭 균형에 대한 설명이다.

08 ③

크기와 형태에 제약 없이 자유로이 디자인할 수 있는 것은 고정창이다.

09 ①

① 보이드(Void) : 공간의 내부가 비어 있는 것
② 솔리드 (Solid) : 공간의 내부가 메워져 있는 것

10 ②

단독주택에서의 현관은 거실이나 침실 내부와 직접 연결은 피하고, 복도나 계단실 같은 연결 통로에 근접하여 배치한다.

11 ②

간접 조명
조도가 균일하고 눈부심이 적어서 부드러운 분위기를 만들 수 있으나 조명의 효율은 낮아지며 반사면의 재료, 색채, 질감 등에 영향을 받는다.

12 ③

대비
성질이나 질량이 전혀 다른 둘 이상의 것이 동일한

공간에 배열될 때 서로의 특징을 한층 돋보이게 하는 현상이다.

13 ③

1인용 침대를 2개 배치한 것을 트윈 베드라 하며 이러한 호텔 객실을 트윈 룸이라 한다. 이때 배치되는 침대 중 하나는 더블 베드와 같이 큰 것이 쓰이기도 한다.

14 ①

디자인을 판단하는 척도
- 기능성, 심미성, 경제성, 유행성 순으로 계획
- 디자인은 실용 목적에 맞으며 미적 조형을 계획하는 것이라고 정의된다.

15 ④

동일한 크기의 점인 경우 밝은 점은 크고 넓게, 어두운 점은 작고 좁게 지각된다.

16 ③

글레어(glare)
빛의 눈부심. 시간적·공간적으로 부적절한 휘도분포, 휘도 범위 또는 극단적인 대비에 의해 시각적 불쾌감이나 중요한 대상물을 지각하는 능력이 저하하는 시각 조건을 말한다.

17 ②

자연환기에는 온도차로 인한 밀도의 차이가 원동력이 되는 중력환기와 건물 외벽면에 가해지는 풍압력에 의한 풍력환기로 나뉜다.

18 ④

조도는 점광원과 수조면 사이 거리의 제곱에 반비례한다.

19 ②

건물의 창호는 단열 조치가 어려운 부분이므로 가능한 한 작게 설계하는 것이 단열이 유리하다.

20 ④

표면결로 방지책
- 실온을 높이고 외벽의 단열강화로 실내측 표면온도를 상승시킨다.
- 실내측 벽의 표면풍속을 크게 한다.
- 실내에서 수증기 발생을 억제하고 난방이 안 된 방으로부터의 수증기 침입을 억제한다.
- 잦은 환기로 실내 절대습도를 낮추고 벽 근처 공기층의 기류가 정체되지 않도록 한다.
- 낮은 온도로 난방시간을 짧게 하는 것이 높은 온도로 난방시간을 짧게 하는 것보다 결로 발생 방지에 효과적이다.

21 ④

폴리에스테르 섬유
테레프탈산과 에틸렌글리콜의 축합중합체와 같은 폴리에스테르를 방사하여 얻는 합성섬유. 상품명 테트론은 바로 이 섬유를 말한다. 유연성은 부족하지만 초기 탄성률이 높고 탄성회복력도 좋다. 내열성이 다른 섬유보다 뛰어나서 산·알칼리·유기 용제에 녹지 않으며, 주름이 생기지 않고 건조가 빠르다. 강도와 신도를 제조공정에서 조절 가능하고 다른 섬유와의 혼방성도 풍부하다.

22 ④

아스팔트 프라이머
블로운 아스팔트에 휘발성 용제를 넣어 묽게 한 것으로 모르타르 바탕에 아스팔트 방수층 또는 아스팔트 타일 시공을 할 때의 초벌 도료로 쓰여 방수층 바탕에 침투시켜 부착이 잘 되게 한다.

23 ①

방화(염)제
목재의 인화점을 높여 연소를 지연시키거나 화재의 전파를 막는 목적으로 사용하는 처리제를 말한다. 목재의 방화제로는 인산나트륨, 붕산암모늄, 인산암모늄, 황산암모늄, 규산나트륨, 탄산나트륨, 붕사 등이 있다.

24 ③

제재치수
톱켜기를 한 목재의 실제 치수로 대패질을 하는 마무리치수의 전 단계

25 ④

코펜하겐 리브
집회장, 강당, 영화관, 극장의 음향 조절재 및 일반

실내벽의 장식재로 사용되는 것으로 두께 3~5cm, 폭 10cm 정도의 긴 판에 표면을 리브로 가공한 것이다. 리브는 두꺼운 판의 표면을 자유곡면으로 파내서 수직 평행선이 되도록 만든다. 표면이 자유곡면 형태이므로 바닥재로는 부적합하다.

26 ④
조이너(Joiner)
천장, 벽 등에 보드를 붙이고 그 이음새를 감추고 누르는데 사용된다.
※ ①은 메탈폼, ②는 논슬립, ③은 듀벨에 대한 설명

27 ④
초벌미장 작업 후 통풍이 과도하게 발생하면 건조에 의한 균열이 발생할 수 있다.

28 ④
KS 규정 점토벽돌 품질
- 1종 벽돌 : 압축강도 24.50N/mm² 이상, 흡수율 10% 이하
- 2종 벽돌 : 압축강도 14.79N/mm² 이상, 흡수율 15% 이하
※ MPa와 N/mm²는 단위가 같은 의미이다. 이 단위는 압력이나 응력에서 자주 사용한다.

29 ④
레디믹스트 콘크리트
콘크리트 제조설비를 갖춘 공장에서 제조한 프레쉬 콘크리트(fresh concrete)를 섞으면서 지정된 장소까지 운반하여 공급하는 콘크리트이다.

30 ④
콘크리트에 하중이 작용하면 그것에 비례하는 순간적인 변형이 생긴다. 그 후에 하중의 증가는 없는데 하중이 지속하여 재하될 경우, 변형이 시간과 더불어 증대하는 현상을 크리프라 한다. 크리프는 단위수량이 많을수록, 온도가 높을수록, 시멘트 페이스트가 많을수록, 물시멘트비가 클수록, 작용 응력이 클수록, 재하재령이 빠를수록, 부재단면이 작을수록, 외부 습도가 낮을수록 크다.

31 ①
① 컨시스턴시(consistency) : 콘크리트 반죽의 질기
② 피니셔빌리티(finishability) : 표면 마감성
③ 워커빌리티(workability) : 시공연도. 콘크리트의 복합적 시공성
④ 펌퍼빌리티(Pumpability) : 펌프를 이용하여 압송하는 경우의 난이도

32 ②
목재의 부패균 번식
함수율 80~85%에서 가장 왕성하고, 15~20%에서는 사멸 또는 번식이 중단된다.

33 ④
골재 흡수율
$= \dfrac{\text{흡수량}}{\text{전건재 중량}} \times 100\% = \dfrac{500g - 440g}{440g} \times 100\%$
$= 13.63\%$

34 ②
강은 탄소량이 적을수록 연질이 된다.

35 ②
생석회
산화칼슘(CaO)의 관용 명칭. 석회석($CaCO_3$)을 900~1200℃에서 열분해(소성)하여 만든다. 흡습성이 강하고 수화 시 발열하며 부피가 늘어나므로 저장 및 사용 시 주의가 요구된다. 생석회에 물을 첨가하면 소석회($Ca(OH)_2$)가 된다.

36 ④
시멘트 보관 시 바닥과 지면 사이에 최소 30cm 이상의 거리를 유지한다.

37 ②
안료
- 물이나 유기 용제에 녹지 않는 착색제
- 착색과 방청, 방화 등을 목적으로 하는 재료

38 ②
점판암
이질 또는 점토질의 퇴적암, 또는 세립의 응회암 등이 잘 발달한 편리를 나타내고 편리를 따라 박판상으로 쪼개지는 성질을 가진 암석을 말한다. 천연 슬

레이트라고도 하며 납작한 박판으로 쪼개지는 성질을 이용하여 기와나 석반(石盤) 등으로 쓰이고 방수성이 좋아서 지붕, 벽 재료로 쓰인다.

39 ③

Low-E 유리
- 유리 내부에 은과 같이 적외선 반사율이 높은 특수 금속막을 코팅한 유리
- 단열성능이 높고 채광성이 좋다.

40 ③

① 질석 모르타르 : 경량구조용
② 아스팔트 모르타르 : 내산성 바닥용
③ 바라이트 모르타르 : 방사선 차단용
④ 활석면 모르타르 : 단열, 균열 방지용

41 ④

조적식 구조인 내력벽의 길이는 10m를 넘을 수 없다. 이를 초과할 시 부축벽·붙임벽·붙임기둥을 설치하며 부축벽·붙임벽 등의 길이는 벽높이의 1/3로 한다.

42 ②

투시도 용어
- 기선(G.L, Ground Line) : 기준선
- 화면(P.P, Picture Plane) : 물체와 시점 사이에 기면과 수직한 평면
- 수평선(H.P, Horizontal Plane) : 기선에 수평한 눈높이 선으로 수평면과 화면이 교차되는 선
- 정점(S.P, Standing Point) : 사람이 서 있는 곳
- 시점(E.P, Eye point) : 보는 눈의 위치
- 소점(V.P, Vanishing point) : 수평선 상에 존재하며 원근법을 표현하는 초점

43 ④

경량형강은 두께에 비해 단면치수가 커서 단면 2차 모멘트가 크다. 국부좌굴이 우려가 있고 방청이 어렵다.

44 ①

시어 커넥터(shear connector)
강재와 콘크리트와의 합성 구조에서 양쪽 부재 간의 전단 응력 전달에 사용하는 접합재

45 ④

토대는 기둥과 크기가 같거나 다소 큰 것을 사용한다.

46 ②

제도선의 종류 및 용도
- 굵은 실선 : 외형선, 단면선 등 대상물의 보이는 부분, 가장 강조되는 부분을 표시
- 가는 실선 : 치수선, 치수보조선, 지시선 등을 표시
- 파선 : 대상물의 보이지 않는 부분을 표시
- 1점 쇄선 : 중심선 및 기준선 등을 표시
- 2점 쇄선 : 가상선, 무게중심선 등을 표시
- 해칭선 : 가는 실선으로 빗줄을 반복적으로 그은 선으로 절단면을 표시

47 ②

단변 하부 주근이 가장 하단에 위치한다.

48 ③

보강 블록조에서는 벽두께를 두껍게 하는 것보다 벽의 길이를 길게 하여 내력벽의 양을 증가시키는 것이 바람직하며 내력벽의 전체길이(cm)를 합한 것을 그 층의 바닥면적(m^2)으로 나누어 얻은 값을 벽량이라 한다.

49 ①

평면도
- 바닥의 약 1.2m 높이에서 수평으로 잘라 그린 수평 단면
- 건물의 바닥 배치, 방의 배치, 넓이, 크기 등을 나타낸다.
- 표시 대상 : 벽, 바닥, 방, 화장실, 복도, 창문, 문 등

50 ④

도면을 축척 1/250로 그릴 때는 삼각 스케일의 축척 중 1/500을 사용하여 2배의 치수를 표시한다.

51 ②

현수 구조
적당히 늘어지게 친 케이블이 본체를 구성하는 구조, 구성 요소로는 주요 인장재인 주 케이블, 주 케이블의 장력을 대지로 이끄는 앵커 부분, 주 케이블의 최고점을 지지하는 강제 또는 철근콘크리트 구조

등의 탑, 보강형(플레이트 거더 또는 트러스), 보강형을 주 케이블에 매다는 현수재의 5가지가 있다.

52 ④
① 망사창, ② 셔터창, ③ 연속창

53 ①
영식 쌓기는 입면상으로 한 켜는 길이쌓기, 한 켜는 마구리쌓기를 한 것으로 벽의 모서리에 이오토막 혹은 반절을 사용하여 통줄눈이 생기는 걸 방지한다. 가장 튼튼한 쌓기 방법으로 내력벽에도 시공되는 벽돌쌓기이다.

54 ①
계획설계도
- 구상도 : 설계에 대한 최초 생각을 자유롭게 표현하는 스케치 등의 작업
- 동선도 : 사람, 차량, 화물 등의 흐름을 도식화한 도면
- 조직도 : 공간의 용도 및 내용을 관련성 있게 정리하여 조직화한 것
- 면적도표 : 소요 공간의 면적 비율을 산출하여 검토 작업을 하기 위한 자료도면
※ 전개도는 실시설계도에 포함된다.

55 ①
수직선은 아래에서 위로 올려 긋는다.

56 ①
조적식 구조의 내력벽은 막힌 줄눈 쌓기를 하므로 벽체 하부를 연속된 기초판으로 한다. 이것을 줄기초 혹은 연속기초라 한다.
※ 기초의 종류
① 줄기초 : 벽 또는 일렬의 기둥을 기초판으로 받치게 한 기초
② 독립기초 : 한 개의 기초판으로 한 개의 기둥을 받치는 기초
③ 온통기초 : 건물 하부의 전체를 기초판으로 받치는 기초
④ 복합기초 : 한 개의 기초판으로 두 개 이상의 기둥을 받치는 기초

57 ④
패널 구조
패널을 통해 하중을 전달하는 구조로 우리나라에서는 아파트 건설 시 많이 이용되었다. 기초는 줄기초로 하며 수평이음부는 판에 매설해 둔 철판을 서로 용접하고 수직 이음부는 벽판모서리의 철근을 용접한 후 그라우팅을 하는 방법으로 시공한다.

58 ①
시방서
설계·제조·시공 등 도면으로 나타낼 수 없는 사항을 문서로 적어서 규정한 것. 사용재료의 재질·품질·치수 등, 제조·시공상의 방법과 정도, 제품·공사 등의 성능, 특정한 재료·제조·공법 등의 지정, 완성 후의 기술적 및 외관상의 요구, 일반 총칙 사항이 표시된다. 도면과 함께 설계의 중요한 부분을 이룬다.

59 ④
피치
리벳접합에서 게이지 라인 상의 리벳 중심 간격을 말한다.
※ 불완전 용접 : 언더컷, 오버랩, 블로우 홀, 크랙, 피트, 피시 아이즈 등

60 ②
- 빔 컴퍼스 : 보통의 대형 컴퍼스로는 그릴 수 없는 큰 반경의 원을 그리기 위하여 강철제 또는 목제의 길고 편평한 봉의 양단에 붙여진 제도 용구를 뜻한다.
- 드롭 컴퍼스 : 아주 작은 원을 그리기 위한 컴퍼스

2024년 제1회

01 ②
① 스파클 기법 : 어두운 배경에서 광원의 반짝임(스파클)을 연출하는 기법
② 글레이징 기법 : 빛의 각도를 이용하는 방법으로 수직면과 평행한 광선을 벽에 비춘다. 벽면 마감재료의 재질감을 강조시키며 조개무늬가 생겨 벽면이 분할되므로 천장이 낮아 보인다.
③ 실루엣 기법 : 광원 앞에 있는 물체의 형태가 실루엣으로 나타나도록 하는 기법. 물체의 형상만을 강조하며 눈부심이 없지만 물체의 세밀한 묘사는 할 수 없다.
④ 빔 플레이 기법 : 강조하고자 하는 물체에 의도적인 광선을 조사함으로써 광선 그 자체에 시각적인 특성을 지니게 하는 기법

02 ②
① 굴절배치형 : 진열대와 고객동선이 굴절 또는 곡선으로 구성되는 형태. 대면판매와 측면판매방식이 조합된 형식으로 안경점, 문방구점 등에 적용된다.
③ 환상배치형 : 평면의 중앙에 쇼케이스, 진열스테이지 등이 직선이나 곡선에 의한 고리모양 부분으로 설치하는 형식으로 포장이나 계산을 배열된 진열대 안에서 행하는 형태. 수예품, 민예품과 같은 업종에 많이 적용된다.
④ 복합배치형 : 평면의 크기, 형태, 상품에 따라 여러 배열 형식을 적절히 혼합하는 형태

03 ④
고객의 구매심리 5단계
㉠ 주의(Attention)
㉡ 흥미(Interest)
㉢ 욕망(Desire)
㉣ 기억(Memory)
㉤ 행동(Action)

04 ③
질감(Texture)
• 손으로 만지면 어떤 느낌이 든다는 것을 경험을 통해 알고 있는데 이것이 물체의 질감이다.
• 질감은 재료로써 구체화되기 때문에 재질에 대한 감각적 체험이 중요하다. 질감 선택 시 촉감, 스케일, 빛의 반사와 흡수 등을 고려한다.

05 ①
한식주택은 융통성이 높아서 각 실의 기능이 한정되지 않고 다양한 용도로 이용된다.

06 ②
바닥은 사람과의 접촉빈도가 가장 높기 때문에 촉감에 대한 고려가 중요하다.

07 ②
주방의 작업삼각형(Work Triangle)
조리작업 동선 중 개수대, 가열대, 냉장고의 중심을 연결하여 삼각형 형태를 만든 것을 말한다. 각 변 길이의 합계는 5m 내외가 적합하다.

08 ③
리듬
부분과 부분 사이에 시각적으로 강한 힘과 약한 힘이 규칙적으로 연속될 때 나타나는 디자인 원리로 규칙적인 요소들의 반복에 의해 나타나는 통제된 운동감이다.

09 ②
오토만

438

천을 씌운 낮은 의자로 발을 올려놓는 데 사용되는 스툴의 일종으로, 주로 라운지체어, 카우치 소파의 보조의자로 활용된다. 명칭은 18C 터키 오토만 왕조에서 유래하였다.

10 ③
①은 균형, ②는 리듬, ④는 방사에 대한 설명이다.

11 ④
형태의 지각심리
㉠ 접접성 : 가까이 있는 시각요소들이 그룹이나 패턴으로 보이는 현상이다.
㉡ 유사성 : 형태, 규모, 색, 질감 등에 있어서 유사한 시각적 요소들이 연관되어 보이는 경향으로 유사성은 형태, 크기, 위치의 유사성과 의미의 유사성으로 나눌 수 있다.
㉢ 폐쇄성 : 시각요소들이 폐쇄된 형태로 묶여 어떠한 형을 형성하는 것이다.
㉣ 연속성 : 유사한 배열이 하나의 묶음으로 인식되는 현상(공동 운명의 법칙)
㉤ 단순성 : 눈에 익숙한 간단한 형태로만 도형을 보게 되는 현상이다.

12 ②
벽지 무늬가 클수록 실내가 좁아 보인다.

13 ①
점에 의한 착시 효과
• 나란히 있는 점의 간격에 따라 집합, 분리의 효과를 얻는다.
• 두 개 이상의 점은 거리에 따라 상호의 장력으로 선이나 도형으로 인지된다.

14 ④
주택설계 시 가사노동의 역할이 가장 많은 주부를 우선적으로 배려한 설계가 바람직하다.

15 ②
주택 각 공간의 알파벳 기호
• L : 거실(Living rom)
• D : 식당(Dining room)
• K : 주방(Kitchen)
• B : 욕실(Bathroom)
• BR : 침실(Bed Room)
• U : 다용도실(Utility room)
• ENT : 현관(Entrance)

16 ④
유효온도
• 실내의 쾌적한 환경에 영향을 미치는 요소는 크게 온도, 기류, 습도가 있다.
• 유효온도는 온도, 기류, 습도를 조합한 감각지표로 효과온도 또는 체감온도라고 한다.
• 유효온도의 단점은 복사열이 고려되지 않았고, 낮은 온도에서 습도의 영향이 과장되었다는 것이다.

17 ④
측창채광은 창에 가까운 곳과 먼 곳의 조도차가 크다.

18 ③
복사
고온의 물체 표면에서 저온의 물체 표면으로 공간을 통해 전자파에 의해 열이 전달되는 현상

19 ③
Masking 효과(=은폐현상)
어떤 특정음을 들을 때 함께 들려오는 다른 음은 듣고자 하는 음에 대한 청취 능력을 떨어뜨린다. 이것은 다른 음이 목적음의 에너지를 상쇄, 차단하는 효과가 발생하기 때문이다.

20 ④
낮은 온도로 오래 난방하는 것이 높은 온도로 짧게 난방하는 것보다 결로 발생 방지에 효과적이다.

21 ④
회반죽은 건조수축에 의한 균열이 심하므로 여물을 사용하여 균열을 방지한다.

22 ①
구조재료의 요구 조건
• 재질이 균일하고 강도가 큰 것이어야 한다.
• 내화, 내구성이 큰 것이어야 한다.
• 가볍고 큰 재료를 용이하게 얻을 수 있어야 한다.
• 가공이 용이해야 한다.

23 ④

줄눈대(metallic joiner)
- 인조석 갈기 및 테라조 현장갈기 등에 사용되는 줄눈철물
- 균열 방지 및 의장 효과, 보수 용이를 위해 구획하는 역할을 한다.

24 ③

③은 합판에 대한 설명이다.

25 ④

폴리우레탄 수지
우레탄 결합으로 만든 고분자 화합물의 총칭으로 대표적인 것이 합성섬유로 만들어진 스판덱스이다. 우레탄계 합성고무도 널리 사용되는데, 폴리우레탄에 기포가 들어 있는 우레탄폼이 침구 매트리스에 쓰인다. 내오존성·내마모성이 좋아서 도막 방수재, 실링재 등으로 쓰인다.

26 ③

메타크릴 수지
- 열가소성 합성수지의 한 종류로 메타크릴산메틸을 중합시키면 생기는데 단위체는 아세톤과 사이안화수소로 만든다. 비중 1.17, 연화점 80~100℃이며 투명도가 가장 높은 플라스틱이다.
- 자외선 투과율은 92% 정도로 보통유리보다 다소 높고, 광택성이 우수하고 굴절률도 높아서 유기유리로서 용도가 넓다.

27 ③

비카트 시험은 시멘트 응결 측정시험이다.

28 ④

점토재료의 분류

	토기	도기	석기	자기
소성 온도	790 ~1000℃	1100 ~1230℃	1160 ~1350℃	1230 ~1460℃
흡수율	20%	10%	3~10%	0~1%
제품	기와, 벽돌, 토관	타일, 위생도기	경질기와, 도관 바닥용타일	자기질 타일 모자이크 타일

29 ③

구리
- 열, 전기전도율이 크고 연성과 전성이 매우 좋은 금속재료이다.
- 알칼리성에 침식되고 산성에 용해된다.
- 건조공기에서 산화하지 않으나 습기가 있으면 녹청색으로 부식된다.

30 ③

중용열포틀랜드시멘트
- 실리카와 산화철의 양은 늘리고 석회와 알루미나 등을 적게 넣은 시멘트
- 수화 시 발열량이 적어 수축이 적고 균열이 없어 안정성이 높다.
- 내식성, 내구성이 좋으며 방사선 차단 효과가 있다.
- 댐 축조, 콘크리트 포장, 원자력 발전소 등 매스 콘크리트 구조물에 사용된다.

31 ③

도어체크는 여닫이문에서 사용한다.

32 ④

천연 아스팔트의 종류
아스팔타이트, 로크 아스팔트, 레이크 아스팔트
※ 석유 아스팔트 : 블론 아스팔트, 용제추출 아스팔트, 스트레이트 아스팔트 등

33 ①

PCP(pentachlorophenol) 방부제
방부력이 강한 무색의 유용성 방부제로서 착색이 가능하나 독성이 강해 사용에 주의를 요한다.

34 ③

시멘트는 수산화칼슘이 주성분이며 강한 알칼리 성분으로 되어 있어 철근의 부식을 억제하지만, 콘크

리트의 중성화로 인해 미세공극으로 수증기와 이산화탄소 등이 침투하여 철근의 부식을 촉진시킨다. 녹이 슬면 체적이 2~4배로 팽창하여 콘크리트의 표면에 균열을 발생시키고 수분이 계속 침입하여 철근의 부식이 진행되면 철근콘크리트 구조물은 내구성을 잃게 된다.

35 ④
파티클 보드(particle board)
- 목재 또는 기타 식물질을 절삭 또는 파쇄하여 소편으로 하여 충분히 건조시킨 후, 합성수지 접착제와 같은 유기질 접착제를 첨가하여 열압 제판한 목재 제품
- 온도와 습도에 의한 변형이 거의 없고 음 및 열의 차단성이 우수하여 방음 및 단열재로 쓰인다.

36 ③
아스팔트 프라이머
아스팔트와 휘발성이 빠른 용제(Solvent)를 혼합하여 제조하며, 콘크리트, 시멘트, 모르타르, 철재 등의 표면에 도포하여 하층에 피막을 형성, 시공성과 접착력을 강화시키기 위해 사용한다.

37 ①
AE제(air entraining agent)
- 미세기포를 발생시켜 볼베어링 역할을 하여 콘크리트의 시공연도가 좋고 블리딩이 적어진다.
- 단위 수량을 감소시킬 수 있으며 콘크리트 마감면이 평활하게 된다.
- 동결, 융해, 건습 등에 의한 용적변화가 적다.
- 방수성이 뚜렷하고 화학작용에 대한 저항성도 크다.
- 압축강도와 부착강도가 모두 저하된다.
- 마감 모르타르나 타일 붙임 모르타르의 부착력은 다소 저하된다.

38 ④
㉠ 무기재료 : 철강, 비철금속, 석재, 요업제품, 시멘트, 모르타르, 콘크리트
㉡ 유기재료 : 나무, 도료, 아스팔트, 접착제, 실(seal)재 등

39 ④
소다석회 유리(보통 유리)
- 산에 강하고 알칼리에는 다소 약하며 팽창률이 크고 강도가 높다.
- 용융점이 낮고 풍화되기 쉬운 유리제품으로 가시광선 투과율이 좋아서 건축 일반용 창호유리, 음료수병 유리 등에 사용된다.

40 ②
① 쿨링 : 콘크리트의 수화열을 낮추는 공법. 프리쿨링과 파이프 쿨링이 있다.
② 블리딩 : 콘크리트 타설 후 무거운 골재가 침하하며 가벼운 물과 미세물질들이 상승되어 콘크리트 표면에 떠오르는 현상
③ 레이턴스 : 블리딩 현상으로 콘크리트 표면에 침적된 미립물에 의한 얇은 피막을 뜻하며, 철근과의 부착력 저하와 콘크리트 이음 타설 부분의 밀착성과 수밀성을 저하시키는 원인이 된다.
④ 콜드 조인트 : 콘크리트 타설 중의 시간적 공백으로 인해 일체화가 저해되어 발생하는 줄눈

41 ③
여닫이 창호
문단속이 편리하고 열고 닫음이 가볍지만, 실내의 유효면적을 감소키는 단점이 있다.

42 ③
철근콘크리트 구조에서 띠철근 기둥의 주근은 최소 4개, 나선철근 기둥의 주근은 최소 6개 이상이어야 한다.

43 ③
플라이애시를 사용하면 재료분리가 감소된다.

44 ④
삼각 스케일에는 1/100부터 1/600까지 1/100 간격으로 표시되어 있다.

45 ①
① 창쌤블록 : 창틀의 옆
② 창대블록 : 창틀의 하부
③ 인방블록 : 창틀의 상부

46 ①

도면의 표기기호
- A : 면적
- W : 폭
- V : 부피
- H : 높이
- L : 길이
- THK : 두께

47 ①

평면도
- 기준층의 바닥면에서 1.2m 높이를 수평절단한 수직투상도를 표현한 도면이다.
- 설계 진행의 기본이 되는 도면으로, 1/50~1/300의 축척을 사용한다.
- 실의 배치와 면적, 개구부의 위치 및 규모, 창문과 출입구의 구분, 가구의 위치 등이 표현된다.

48 ①

이오토막은 벽돌의 온장 길이의 1/4(25%)이 되도록 마름질한 것이다.

49 ④

고력볼트접합
너트를 강하게 죄어 볼트에 인장력이 생기게 하고 접합된 판 사이에 강한 압력이 작용하여 이에 의한 접합재 간의 마찰저항에 의하여 힘을 전달하는 접합방식이다.

50 ①

통재기둥
2층 이상의 목조건축물에서 모서리, 외벽과 칸막이벽의 교차부 등의 중요부분의 기둥 전체를 2층까지 하나의 단일재로 사용하는 기둥. 상하를 일체화시켜 수평력에 저항하는 역할을 한다.

51 ④

늑근은 전단력에 저항하고 주근 상호 간의 위치 유지 및 피복두께 유지, 주근의 좌굴방지를 위해 설치한다.

52 ③

외형선, 단면선 등 대상물의 보이는 부분, 즉 가장 강조되는 부분을 굵은 선으로 표시한다.

53 ②

조립식 구조
- 공장에서 생산한 건축자재와 부품을 현장으로 운반하여 짜맞추는 구조
- 현장작업이 최소화됨으로써 공사기일이 단축된다.
- 공장에서 대량생산이 가능하다.
- 획일적이어서 다양성과 창의성이 문제가 제기된다.
- 대부분의 작업을 공업력에 의존하므로 노동력을 절감할 수 있다.

54 ①

벽돌구조는 횡력에 취약하여 고층 구조물을 축조하기에 부적합하다.

55 ③

커버플레이트의 크기는 휨내력에 따라 결정된다.

56 ③

① 워렌 트러스

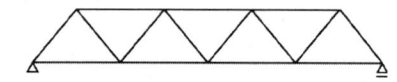

② 비렌딜 트러스

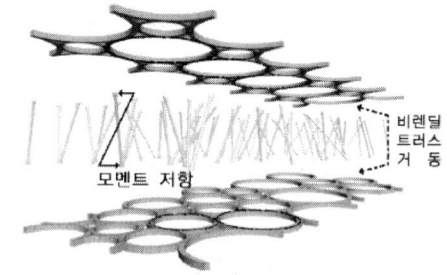

④ 핑크 트러스

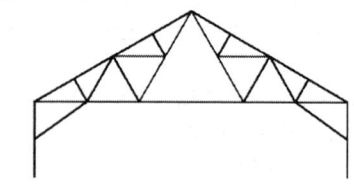

57 ②

네덜란드식 쌓기는 모서리에 칠오토막을 사용하여 통줄눈이 생기는 것을 방지한다.

58 ④

이형 철근은 마디와 리브가 있어서 원형 철근보다 부착강도가 더 높다.

59 ④

프리스트레스트 콘크리트 구조
고강도의 강재나 피아노선과 같은 특수 선재를 사용하여 콘크리트에 미리 압축력을 주어 형성하는 콘크리트로, 부재 단면의 크기를 줄일 수 있고 스팬이 큰 공간을 형성할 수 있는 장점이 있는 반면 단면이 얇기 때문에 진동과 화재에 약하다.

60 ②

수평면(H.P)은 눈높이에 수평한 면이다.

2024년 제2회

01 ②

① 선에 대한 설명이다.
③ 두 점의 크기가 같을 때 주의력은 동등하게 작용하며, 상호의 장력으로 선이나 면의 효과가 생긴다.
④ 배경의 중심에 있는 점은 정적인 집중효과를 느끼게 한다.
※ 점은 기하학에서는 크기가 없고 위치만을 가리키지만, 디자인상에서는 다양한 모양과 크기를 나타내며 점의 크기는 주변의 환경에 따라 상대적으로 지각된다.

02 ④

귀금속, 안경과 같은 소형의 고가 상품은 대면판매 형식이 적합하다.

03 ④

실내디자인의 개념
• 실내공간을 아름답고 능률적이며 쾌적한 환경으로 창조하는 것이다.
• 내부공간을 사용하고자 하는 목적과 요구기능을 충족시키는 것이다.
• 개성있고 아름다운 공간을 연출하는 디자인 행위이다.

04 ①

주거공간의 주행동별 분류
• 개인적 공간 : 침실, 서재, 어린이방, 노인침실, 작업실
• 사회적 공간 : 식사실, 거실, 현관, 응접실
• 가사노동공간 : 주방, 세탁실, 가사실, 다용도실
• 보건위생공간 : 화장실, 욕실

05 ①

실용적 장식품
물품 본연의 기능과 함께 실내장식으로의 역할도 하는 것들로 시계, 조명 등이 해당된다.

06 ②

거실 또는 식탁 바닥에 러그나 카펫을 깔면 소음 방지와 영역 구분의 효과가 있으며, 가구 등에 의한 바닥의 긁힘도 방지할 수 있다. 하지만 먼지 발생이 쉬운 소재이므로 청결 유지에 유의해야 한다.
※ 공간 확대와는 관련이 없다.

07 ③
벽
- 공간의 구성 요소 중 가장 먼저 인지되는 요소로, 시각적 대상물이 되거나 공간에 초점적 요소가 된다.
- 공간을 에워싸고 수평 방향을 차단하여 공간의 영역을 형성하고 공간과 공간을 구분한다.
- 외부로부터의 방어와 프라이버시를 확보한다.
- 인간의 시선이나 동선을 차단하고 공기의 움직임, 소리의 전파, 열의 이동을 제어한다.

08 ①
수직선
지각적으로는 구조적 높이감을 주며, 심리적으로는 상승감, 존엄성, 엄숙함, 위엄 등의 느낌을 준다.

09 ①
파사드(facade)
쇼 윈도우, 출입구 및 홀의 입구뿐만 아니라 간판, 광고판, 광고탑, 네온사인 등을 포함한 점포 전체의 얼굴로서 기업 및 상품에 대한 첫 인상을 주는 곳으로 강한 이미지를 줄 수 있도록 계획한다.

10 ①
ㄷ자형(U자형) 주방
- 인접된 3면의 벽에 ㄷ자형으로 배치한 형태
- 가장 편리하고 능률적인 배치이다.
- 식탁의 위치가 애매하며 식탁과의 연결 또한 다소 불편할 수 있다.

11 ②
코퍼 조명
천장에 사각형 또는 원형의 구멍을 뚫어 단차를 두어 천장 내부에 조명을 설치하는 방식
※ 벽면 조명 : 벽면의 일부를 광원화하는 것으로 생동감있고 극적인 효과를 갖는다. 커튼 조명, 밸런스 조명, 코니스 조명 등이 있다.

12 ③
가족 수가 많은 경우 주거공간을 가족 개개인별로 독립적 공간계획으로 하는 것이 프라이버시를 유지하기에 좋다.

13 ③
붙박이 가구는 건물과 일체화시킨 가구로서 공간을 최대한 활용할 수 있는 장점이 있으나 자유로운 이동은 불가능하다.

14 ①
대칭적 균형
- 가장 전형적인 대칭 방법으로 질서를 주기 쉽고 통일감을 얻을 수 있으나, 엄격하고 딱딱한 느낌을 주기도 한다.
- 대칭의 유형은 좌우 대칭과 방사 대칭이 있다.

15 ①
고정창
- 열고 닫을 수 없이 밀폐되어 있는 창문으로 주로 통유리 형태가 많다.
- 개폐가 가능한 창보다 디자인에서 자유로우나 환기의 기능은 없다.

16 ③
① 잔향시간은 실의 용적에 비례한다.
② 실의 형태는 잔향시간에 큰 영향을 주지 않는다.
④ 잔향시간이 없으면 음량이 적어져서 음을 듣기가 쉽게 된다.

17 ④
① 풍속이 높을수록 환기량은 증가한다.
② 실내외의 압력차가 클수록 환기량은 증가한다.
③ 실내외의 온도차가 작을수록 환기량은 감소한다.

18 ④
연색성
광원에 의해 조명되어 나타나는 물체의 색을 연색이라 하고, 태양광(주광)을 기준으로 하여 어느 정도 주광과 비슷한 색상을 연출할 수 있는지를 나타내는 지표를 연색성이라 한다. 즉, 같은 물체색이라도 조명에 따라 다르게 보이는 현상을 말한다.

19 ④

노점온도
- 습공기가 포화상태일 때의 온도, 즉 상대습도가 100%가 되어 공기 속의 수분이 수증기의 형태로만 존재할 수 없어 이슬로 맺히는 온도
- 노점온도 이하로 냉각되면 공기는 수증기로는 가질 수 없고, 일부 수증기는 응축하여 안개나 물방울이 된다.

20 ③

음의 3요소

㉠ 강도(크기)
 ⓐ 음의 크기는 감각량이며 음파의 진행방향에 수직인 단위면적을 통하여 단위시간에 운반되는 진동에너지의 양이다.
 ⓑ 사람이 듣는 음의 주파수가 같다면 면적이 크고 진폭이 클수록 큰 음이 된다.

㉡ 높이(고저)
 ⓐ 주파수가 큰 음은 높고, 작은 음은 낮게 느낀다. 그러나 음의 크기나 파형의 영향도 받는다.
 ⓑ 음의 지속시간이 짧으면 높이의 감각이 없어진다.
 ⓒ 1옥타브 위의 음은 기본 주파수에 대해 2배, 2옥타브 위의 음은 4배만큼 높은 주파수의 음을 의미한다.

㉢ 음색
 ⓐ 음파를 구성하는 배음구조에 따라 다르게 느껴지는 것을 말한다.
 ⓑ 외형상으로 비슷한 악기라 해도 음의 배열과 크기가 다르면 음색이 달라진다.

21 ④

함석판은 아연을 도금한 강판으로, 지붕 홈통이나 양동이 제조에 쓰인다.

22 ④

코펜하겐 리브판
건축물의 음향조절재 및 실내 장식재

23 ④

석재의 내구연한
- 화강암 : 75~200년
- 대리석 : 60~100년
- 백운석 : 30~500년
- 석회암 : 20~40년
- 사암(조립) : 5~15년
- 사암(세립) : 20~50년

24 ③

레진 콘크리트(resin concrete)
- 시멘트 대신에 폴리머를 결합재로 사용한 콘크리트로 플라스틱 콘크리트 또는 폴리머 콘크리트라고도 한다.
- 압축강도가 우수하고 방수성과 수밀성(水密性)이 좋다.
- 각종 산이나 알칼리 및 염류에 강하고 내마모성이 우수하여 바닥재·포장재로 적합하다.

25 ③

석고 플라스터
- 수경성 미장재료로 다른 미장재료에 비해 응고가 빠르다.
- 미장재료 중 점성이 가장 크고 내수성이 크다.
- 수축 및 균열이 없어서 여물을 쓸 필요가 없다.

26 ③

복층유리는 현장 절단이 불가능하다.

27 ①

에폭시 도료
내알칼리성이 좋아서 콘크리트 표면에도 사용 가능하며 내약품성, 부착성, 방수성 등도 우수하다. 반면 산성에는 취약하다.

28 ①

천연잔골재 염화물(NaCl 환산량) 허용한도
0.04% 이하

29 ①

인서트(insert)
각종 철물을 부착하기 위해 미리 콘크리트 슬래브나 벽체에 매립하는 철물
※ 주철은 단단하고 부식성이 낮아 인서트 재료로 적합하다. 나머지 재료는 콘크리트와의 접촉 성질이나 내구성 등에서 인서트 재료로는 부적합하다.

30 ①
화강암은 석질이 견고하고 풍화작용이나 마멸에 강하며 압축강도가 매우 크지만, 조성광물의 열팽창계수 차이로 인해 내화도는 낮다.

31 ③
① 소성 : 탄성의 반대개념. 형태에 가해진 외력을 제거하여도 변형된 상태를 유지하려는 성질
② 점성 : 유체 내에서 서로 접촉하는 두 층이 서로 떨어지지 않으려는 성질을 말하며 보통 끈끈함 혹은 유체의 흐름에 대한 내부저항으로 간주된다.
③ 탄성 : 어떤 물체에 외력이 가해지면 변형이 생기고 다시 외력을 제거하면 원형으로 돌아가는 성질
④ 인성 : 변형이 일어나도 파괴되지 않고 견디는 성질

32 ④
㉠ 열가소성 수지 : 염화비닐 수지, 폴리스티렌 수지, 폴리에틸렌 수지, 폴리프로필렌 수지, 아크릴 수지, 폴리아미드 수지
㉡ 열경화성 수지 : 에폭시 수지, 페놀 수지, 실리콘 수지, 폴리에스테르 수지, 폴리우레탄 수지, 푸란 수지

33 ③
① 목재의 기건함수율은 계절, 장소, 기후에 따라 달라질 수 있다.
② 섬유포화점 이상의 함수상태에서는 신축변형이 거의 없다.
④ 섬유포화점 이상의 함수상태에서는 강도의 변화가 거의 없다.

34 ②
시공연도(Workability)의 결정 요인
• 골재의 성질, 모양, 입도
• 혼화재료
• 단위수량 및 단위시멘트량
• 비비기 시간 등

35 ②
① 수화열량은 낮은 편이다.
③ 초기 강도가 작고 장기 강도가 크다.
④ 경화건조수축이 없으며 해수 등에 대한 내식성이 크다.

36 ④
시멘트의 안정도
• 시멘트의 경화 중 용적의 팽창 정도를 나타낸다.
• 불량할 경우 콘크리트에 팽창성 균열 또는 휨을 발생시켜 건축물의 내구성을 저해하는 요인이 된다.
• 산화마그네슘이나 유리석회의 비율이 높으면 안정성이 나빠진다.

37 ③
집성목재
• 얇은 판재(두께 1.5~3cm) 또는 소형 각재를 모아서 접착제로 붙여 가공한 목재 제품
• 합판과 달리 각 재료의 섬유방향은 직교가 아닌 평행으로 접착한다.
• 목재의 강도를 인공적으로 조절할 수 있으며 응력에 따라 필요한 단면을 만들 수 있다.
• 크고 긴 재료를 만들 수 있으며 아치와 같은 굽은 형태로도 제작이 가능하다.
• 외관이 좋고 비틀림, 변형이 없어서 구조재와 장식재 등 다양한 용도로 쓸 수 있다.

38 ②
조강포틀랜드시멘트
강도를 조기에 발현시키기 위해 C_3S 비율을 높이고 분말도를 크게 한 시멘트. 보통포틀랜드시멘트의 28일 강도를 7일에 발현할 수 있다. 빠른 경화에 따른 수화열이 크게 발생해서 동절기 공사에 유리하지만 수축균열을 주의해야 하고 보관 중 풍화작용이 일어날 우려가 있다.

39 ①
탄소량이 증가할수록 탄소강의 열전도도는 작아진다.

40 ③
금속의 부식방지법
• 균질의 금속재료를 선택하고 사용할 때 큰 변형을 주지 않는다.
• 표면을 평활, 청결하게 하고 가능한 한 건조상태를 유지하며, 녹이 있으면 작은 부분이라도 빨리

제거한다.
- 가능한 한 상이한 금속은 이를 인접 또는 접촉시켜 사용하지 않는다.
- 가공 중에 생긴 변형은 가능한 한 풀림, 뜨임 등에 의하여 제거하여 사용한다.
- 도료나 내식성이 큰 금속으로 표면에 피막하여 보호한다.

41 ①

2층 마루
- 홑마루(장선마루) : 간사이가 작을 때(2.4m 미만), 보를 쓰지 않고 층도리 등에 장선을 걸치고 마루널을 깐다.
- 보마루 : 간사이 2.4~6.4m 미만에 사용. 보를 걸어 장선을 받고 마루널을 깐 것(보 간격 약 1.8m)
- 짠마루 : 간사이 6.4m 이상. 큰보 위에 작은보를 걸고 장선과 마루널을 깐 것

※ 1층 마루 : 동바리마루, 납작마루

42 ②

선의 종류와 용도
- 굵은 실선 : 외형선
- 가는 실선 : 치수선, 치수보조선, 지시선, 회전단면선, 중심선
- 파선 : 숨은선
- 일점쇄선 : 중심선, 절단선, 경계선
- 굵은 일점쇄선 : 특수지정선
- 가는 이점쇄선 : 가상선, 무게중심선, 광축선

43 ③

트레이싱지
- 원도를 투사하기 위해서나 도면작도를 위해 사용되는 투명성이 약하게 있는 종이
- 비교적 질긴 편이나 습기에 취약하므로 장기보관에는 적합하지 않다.

44 ③

치수선의 양 끝 표시는 같은 도면에서 한 가지로 통일하여 사용한다.

45 ③

① 왕대공 지붕틀의 ㅅ자보와 평보 : 빗턱장부맞춤, 빗턱통맞춤

② 왕대공 지붕틀의 평보와 왕대공 : 짧은장부맞춤
④ 목조벽체의 기둥과 가새 : 본기둥의 경우 모서리 접합부에 짧은 장부맞춤을 하고, 샛기둥과의 접합 시 샛기둥을 빗잘라대거나 따내어 못박기 한다.

46 ②

천장 평면도는 바닥에서 천장을 올려다 본 도면으로 조명기구, 환기시스템, 전기배선 등을 도시한다.

47 ④

띠철근의 간격
띠철근은 직경 6mm 이상의 철근을 사용하고, 최대 간격은 다음 값 중 가장 작은 값을 택한다.
- 주근 지름의 16배 이하
- 띠철근 지름의 48배 이하
- 30cm 이하
- 기둥 단면의 최소 치수 이하

48 ①

철골공사의 가공 순서
공작도 및 원척도 작성 → 본뜨기 → 금긋기 → 절단 → 구멍뚫기 → 가조립 → 리벳치기

49 ①

가새
사각형을 이루는 구조체의 대각선을 잇는 경사재로 수평력 저항에 가장 효과적이다.

50 ②

축척과 도면의 크기에 따라 선의 굵기를 다르게 한다.

51 ②

① 컴퍼스 : 원이나 호를 그리는 제도 용구
② 디바이더 : 치수를 자 또는 삼각자의 눈금으로 잰 후 제도지에 같은 길이로 분할할 때 사용한다.
③ 삼각스케일 : 실물의 크기를 축소, 확대하기 위한 도구로 삼각스케일의 각 면에 표시되어 있는 축척은 1/100부터 1/600까지 1/100 간격으로 표시되어 있다.
④ 운형자 : 여러 가지 곡선으로 이루어진 판형의 자. 원호 이외의 각종 곡선을 그릴 때 사용한다.

52 ①
맞댄 이음
두 부재를 맞대고 덧판을 대고 큰 못이나 볼트로 조이고 덧판은 산지나 듀벨을 써서 보강한다. 평보의 이음에 쓰인다.

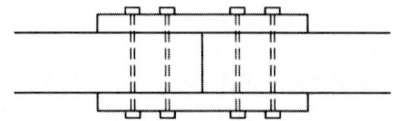

53 ④
플랫 슬래브(flat slab, 무량판 슬래브)
㉠ 내부에는 보가 없이 바닥판만으로 구성하며, 하중을 직접 기둥에 전달하는 평판 슬래브 구조이다.
㉡ 장점
　ⓐ 구조가 간단하고 공사비가 저렴하다.
　ⓑ 실내공간을 크게 이용하면서 층고는 낮게 할 수 있다.
㉢ 단점
　ⓐ 주두의 철근배근이 복잡하고 바닥판이 무거워진다.
　ⓑ 고정하중이 커지고 뼈대의 강성이 약해지므로 고층건물에는 적합하지 않다.

54 ①
기본 구조 형식 중에서는 철근콘크리트 구조의 내화도가 가장 높다.

55 ④
계획설계도
- 구상도 : 설계에 대한 최초 생각을 자유롭게 표현하는 스케치 등의 작업
- 동선도 : 사람, 차량, 화물 등의 흐름을 도식화한 도면
- 조직도 : 공간의 용도 및 내용을 관련성 있게 정리하여 조직화한 것
- 면적도표 : 소요공간의 면적 비율을 산출하여 검토 작업을 하기 위한 자료도면

56 ①
트러스 구조
여러 개의 부재를 삼각형 형태로 배열하여 각 부재를 절점에서 연결해서 구성한 뼈대 구조

57 ①
㉠ 목재 표시

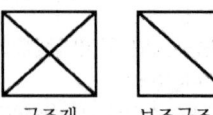

㉡ 기타 표시

58 ②
철근 피복두께의 확보 목적
㉠ 철근의 내화성 및 내구성 유지
㉡ 소요 구조내력 확보
㉢ 콘크리트의 유동성 확보
㉣ 콘크리트의 부착력 확보
㉤ 콘크리트의 강도 확보
㉥ 철근의 부식 방지 등

59 ②
영롱쌓기
벽면에 빈자리를 만들며 쌓는 방식으로 장식을 위한 벽에 쓰인다.

60 ①
② 배척은 실물보다 크게 그리는 것이다.
③ 축척은 일정한 비율로 축소하는 것이다.
④ 축척은 1/50, 1/100, 1/200, 1/300이 주로 사용된다.

2024년 제3회

01 ①
② 창이나 문 등의 개구부를 작게 하여 시야를 차단한다.
③ 질감이 거친 소재를 이용하여 실내공간을 아늑하게 보이도록 한다.
④ 한색보다 진출 효과가 큰 난색을 사용하고, 부분적으로 조명을 낮춰주면 좀 더 공간을 좁고 아늑하게 한다.

02 ①
키치(Kitsch)
통속적 취미에 영합하는 예술작품을 가리키는 말. '잡동사니', '천박한'이라는 의미로 처음 용어가 쓰인 것이 1870년대 독일 남부에서였는데, 당시에는 예술가들 사이에서 '물건을 속여 팔거나 강매한다'는 뜻으로 쓰이다가 갈수록 의미가 확대되면서 저속한 미술품, 일상적인 예술, 대중 패션 등을 의미하는 폭넓은 용어로 쓰이게 되었다.

03 ②
① 글라스 커튼 : 투명한 막과 같은 소재로 유리창의 한 부분에 항상 드리워져 있는 형태의 커튼
② 새시 커튼 : 창문 전체를 커튼으로 처리하지 않고 반 정도만 친 형태를 갖는 투명한 커튼
③ 드레이퍼리 커튼 : 창문에 느슨하게 걸려 있는 중량감 있는 커튼
④ 드로우 커튼 : 창문의 레일을 이용해 펼쳤다 접을 수 있도록 설치한 커튼

04 ③
벽의 구분
• 상징적 경계 : 높이 600mm 이하의 벽이나 담장을 말한다. 통행과 시선이 자유로우며, 상징적으로만 두 공간을 구분해준다.
• 시각적 개방 : 높이 1100~1200mm의 경계. 시각적으로 개방감을 주며 시각적 연속성을 부여한다.
• 시각적 차단 : 높이 1800mm 이상 경계. 시각적으로 완전히 차단되며, 실의 성격을 갖는 공간이 형성되고 프라이버시를 강하게 한다.

05 ③
질감(Texture)
어떤 물체가 가지고 있는 표면상의 특징을 시각적, 촉각적으로 지각하는 느낌

06 ④
고객의 구매심리 5단계
• 주의(Attention)   • 흥미(Interest)
• 욕망(Desire)   • 기억(Memory)
• 행동(Action)

07 ③
리빙 다이닝 키친(LDK)
• 거실과 식당, 주방을 한 곳에 둔 형태
• 동선이 짧은 소규모 주택에 채용된다.

08 ②
① POP : 구매(판매)시점광고를 의미. 시각화된 문자 광고를 통해 구매에 이르게 한다.
② 슈퍼그래픽 : 건물, 아파트, 공장, 학교 등의 외벽을 미관상 장식해 도시경관을 아름답게 한다.
③ 일러스트레이션 : 문자를 제외한 그림이나 사진, 도표 등으로 이해를 돕는 시각적인 조형활동이다.
④ 레터링(문자 디자인) : 전달 내용을 시각적으로 쉽게 알리기 위해 문자를 용도와 목적에 알맞게 디자인한다.

09 ③
① 코너형(ㄱ자형) : 단란한 분위기에 적합한 형태로서 벽쪽에 배치하면 넓게 사용된다. 가구를 두 벽면에 연결시켜 배치하는 형식으로 시선을 마주치지 않게 하여 안정감을 주고 부드러운 분위기를 조성할 수 있다. 비교적 적은 면적을 차지하므로 공간 활용도가 높고 동선이 자연스러운 유형이다.
② 직선형 : 일렬로 의자를 배치하는 방법으로 대화에는 부자연스러운 배치이다. 넓은 공간에서 다른 배치의 보조로 사용하거나 또는 좁은 공간에 좋다.
③ 대면형 : 맞은편의 사람과 165cm 정도의 거리를 유지하는 것이 좋으며, 테이블을 두고 마주앉는 형이 일반적이다. 가족중심의 거실보다 응접실용으로 적당하다.

449

④ 자유형 : 어느 쪽에도 해당하지 않는 것으로 노 퍼니처(no furniture)로 개성 있는 가구배치를 할 수 있다.

10 ④

좁은 공간에서 바닥에 높이차를 두면 실내를 더 좁아 보이게 된다.

11 ②

① 오픈 키친 : 칸막이 등의 구획 없이 완전히 개방된 부엌형식. 인접한 공간과는 오픈 플래닝으로 처리하되 낮은 수납장, 식탁과 별도로 마련된 카운터로 영역을 구분한다. 여러 기능이 한 곳에 모아지므로 각종 설비에 유의해야 한다. 주로 원룸시스템에서 많이 적용한다.
② 독립형 부엌 : 부엌이 일실로 독립된 형태. 주방의 기능성과 청결감이 크지만 공간점유율도 커진다.
③ 다이닝 키친 : 주방 한 쪽에 식탁을 두는 형태. 가장 전형적인 유형이며 가사동선이 짧아진다.
④ 반독립형 부엌 : 부엌이 인접한 거실이나 식사공간과 겸하는 LDK, DK, LD 형식이 해당된다. 작업동선이 짧으며 좁은 공간을 넓게 활용할 수 있다. 칸막이나 해치 도어, 커튼 등으로 공간을 구분하며 환기에 유의한다.

12 ④

창은 가구, 조명 등의 실내 설치물에 대한 배경이 아니라 그 자체로서 외부환경을 실내에 유입하는 조형요소이자 환기와 자연채광을 받아들이는 조명으로서의 기능을 갖춘 중요한 실내디자인 요소라 할 수 있다.

13 ④

크기가 다른 점들의 모임은 동적인 느낌을 준다.

14 ②

• 대면판매 : 쇼케이스를 가운데 두고 점원이 고객을 마주보며 판매하는 형식. 상품 설명이 용이하고 점원위치가 고정이 된다. 진열면적이 작은 고가, 소형 상품 매장에 적합하며, 쇼케이스가 넓어지면 상점 분위기가 부드럽지 못하게 된다.
• 측면판매형식 : 점원과 고객이 진열상품을 같은 방향으로 보며 판매하는 형식. 상품을 쉽게 만질 수 있어서 충동적 구매 및 선택이 용이하다. 진열면적이 큰 상점에 적합하며 점원의 위치 고정이 어렵고 상품의 설명 및 포장은 별도의 공간을 확보해야 하므로 다소 불편하다.

15 ①

① 롤 블라인드(Roll blind) : 돌돌 말아 올려 차양을 만드는 블라인드. 셰이드 블라인드라고도 한다.
② 로만 블라인드(Roman blind) : 밑에서부터 접혀지는 블라인드. 수평형 블라인드의 일종으로 볼 수 있으나 수평형 블라인드의 경우 날개의 각도로 채광량을 조절할 수 있으나 로만 블라인드는 오로지 접혀진 폭의 정도로만 조절이 가능하다.
③ 수직형 블라인드(Vertical blind) : 수직으로 뻗은 날개로 햇빛을 차단하는 블라인드
④ 수평형 블라인드(Venetian blind) : 날개의 각도로 채광량을 조절하거나 각도가 닫힌 상태로 블라인드의 수직폭에 변화를 주어 채광량을 조절할 수도 있다.

16 ①

외단열
단열재를 건물 외벽측에 시공하는 단열공법으로 열교현상이 적고 실온변동이 작으며 내부결로의 발생도 내단열공법에 비해 현저히 낮다.

17 ④

① 반사 : 음파가 경계면에 부딪혀 일부 파동이 진행방향을 바꿔 되돌아오는 현상. 반듯한 면에서는 정반사가 일어나고, 울퉁불퉁한 면에서는 난반사가 일어나며, 굴절되는 빛이 전혀 없이 모두 반사되는 것은 전반사라고 한다.
② 간섭 : 양쪽에서 나온 음이 어떤 점에 도달하면 서로 강하게 하거나 약화시키거나 하는 현상이다.
③ 회절 : 음의 진행 중 장애물이 있으면 파동은 직진하지 않고 그 뒤쪽으로 돌아가는 현상
④ 굴절 : 매질이 다른 곳을 통과하는 음의 속도가 달라져서 전파방향이 바뀌거나 소리가 흡수될 때 일어나며 진동수는 변하지 않는다.

18 ①

열관류

- 고체 양쪽의 유체온도가 다를 때 고온 쪽에서 저온 쪽으로 열이 통과하는 현상
- 실내공기와 벽체의 열전달과 벽체 내부의 열전도, 그리고 벽체와 실외공기의 열전달까지의 과정을 말한다.

19 ④
실내공기오염의 주 대상은 호흡에 의한 이산화탄소(CO_2) 농도의 증가로 보고 이를 척도로 정하였으며, 이는 각종 오염요소의 농도가 실내공기의 이산화탄소 농도와 비례하기 때문이기도 하다.

20 ④
간접조명은 은은한 분위기를 연출할 수 있는 전반조명에 적합하다.

21 ②
조이너(joiner)
바닥, 벽, 천장 등에 인조석, 보드류를 붙여댈 때 이음 줄눈으로 쓰인다.

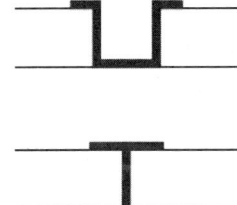

22 ①
열선흡수유리
보통 판유리에 산화철, 니켈 등을 첨가시켜 열선흡수를 크게 한 유리로 단열유리라고도 한다. 적외선은 흡수하고 가시광선 투과율은 좋은 편이다.

23 ③
증점제
용액이나 반죽 등의 점도를 증가시키는 물질로 식품 첨가물 따위에도 많이 있으며, 점증제 또는 증점 안정제라고도 한다. 콘크리트에 쓰이는 증점제로는 셀룰로오스 계열과 아크릴 계열 등이 있다.

24 ②
침입도
- 아스팔트의 경도를 나타내는 수치
- 규정된 온도, 하중, 시간에 규정된 재료 속에 수직으로 관입되는 깊이로 표시한다.

25 ②
조립률
- 골재의 입도를 표시하는 방법으로 80, 40, 20, 10, 5, 2.5, 1.2, 0.6, 0.3, 0.15mm 체를 사용하여 골재의 체 분류 시험을 한 경우 각 체에 걸리는 양의 누계 중량 백분율을 합하여 100으로 나눈 값
- 적당한 범위는 잔골재는 2.3~3.1, 굵은골재는 6~8이다.

26 ②
재료분리를 줄이기 위해서는 물시멘트비를 작게 해야 한다.

27 ④
저방사(Low-E) 유리
- 유리 내부에 은과 같이 적외선 반사율이 높은 특수 금속막을 코팅한 유리
- 단열 성능이 높고 채광성이 좋다.

28 ①
중용열 포틀랜드 시멘트(KS 2종)
- C_3S와 C_3A를 적게 하여 수화열을 낮추고 안정성을 높인 시멘트
- 건조수축이 적고 화학저항성 및 내구성이 좋다.
- 댐 축조, 콘크리트 포장, 매스콘크리트, 원자로 차폐용으로 쓰인다.

29 ②
강자갈
하천(강)에서 채취한 자갈
※ 팽창 혈암 : 콘크리트의 중량을 가볍게 하기 위해 사용하는 인공골재

30 ①
폴리스티렌 수지
벤젠과 에틸렌으로 만든 합성수지로 내수성과 내화학약품성, 전기절연성, 가공성이 우수하며 발포하여 스티로폼(단열재)을 제조한다.

31 ③

멜라민 수지

멜라민과 포름알데하이드를 반응시켜 만드는 열경화성 수지로서 열·산·용제에 대하여 강하고, 전기적 성질도 뛰어나다. 식기·기계부품·잡화·전기기기 등의 성형재료로 쓰인다.

32 ③

인조석판

모르타르나 콘크리트의 표면에 각종 돌가루, 돌조각을 놓은 건축재료. 색깔이 아름다운 화강암이나 대리석의 부서진 조각을 사용하므로 경제적이고 곡면의 다듬질도 할 수 있어서 벽·바닥재료 등에 주로 사용된다.

33 ③

와이어 메시(wire mesh)

연강 철선을 격자형으로 짜서 접점을 전기용접한 것. 방형 또는 장방형으로 만들어 블록을 쌓을 때나 보호 콘크리트를 타설할 때 사용하여 균열을 방지하고 교차부분을 보강하기 위해 사용한다.

34 ①

한국산업표준(KS)에 따른 포틀랜드 시멘트의 종류
- 1종 : 보통 포틀랜드 시멘트
- 2종 : 중용열 포틀랜드 시멘트
- 3종 : 조강 포틀랜드 시멘트
- 4종 : 저열 포틀랜드 시멘트
- 5종 : 내황산염 포틀랜드 시멘트

35 ④

대리석
- 석회암이 변화되어 결정화된 암석으로 강도가 크지만 열과 산에 취약하다.
- 색채와 반점이 수려하며 갈면 고운 광택이 난다.
- 주로 실내장식재, 조각재로 사용된다.

36 ④

분말도가 큰 시멘트는 수화작용이 빨라서 긴급공사에 사용하지만 균열에 주의해야 한다.

37 ②

점토의 인장강도는 압축강도의 약 1/5 정도이다.

38 ④

목재의 건조 목적

충해 방지, 강도 증가, 수축에 의한 변형 및 손상 방지

39 ③

방수공법에 의한 분류
㉠ 멤브레인(membrane) 방수 : 얇은 피막상의 방수층으로 방수 바탕 전면을 덮는 방수 공법으로, 종류로는 아스팔트 방수, 도막 방수, 합성고분자계 시트 방수가 있다.
㉡ 시멘트 액체 방수 : 방수성이 높은 모르타르로 방수층을 만드는 공법
㉢ 침투성 방수 : 경화된 표면에 발수성이 있는 유·무기질계의 침투성 방수제를 침투시켜서 방수층을 형성하는 공법
㉣ 금속판 방수 : 동판, 납판 또는 스테인리스 등으로 방수층을 형성하는 공법
㉤ 실링(sealing) 방수 : 국부적인 방수재로서 건축물 각 부분의 접합부, 특히 스틸 새시 주위, 균열부 보수 등에 사용

40 ①

㉠ 기경성 미장재료
ⓐ 공기 중에서 경화하는 것으로 공기가 없는 수중에서는 경화되지 않는 성질의 재료
ⓑ 진흙질, 회반죽, 돌로마이트 플라스터, 마그네시아 시멘트, 석회질
㉡ 수경성 미장재료
ⓐ 물과 작용하여 경화하고 차차 강도가 커지는 성질의 재료
ⓑ 석고 플라스터, 무수석고(경석고) 플라스터, 시멘트 모르타르, 인조석 바름

41 ③

조립식 철근콘크리트 구조는 각 부품과의 접합이 일체화되어 있지 않으므로 일반 라멘구조에 비하여

접합부의 강성이 작고 응력상 불리하다.

42 ③
㉠ 계획설계도 : 구상도, 조직도, 동선도, 면적도표
㉡ 기본설계도 : 배치도, 평면도, 입면도, 단면도
㉢ 실시설계도 : 구조평면도, 골조도, 각 부분 상세도, (전기설비, 위생설비, 냉난방설비, 환기설비 등의)계통도

43 ②
석재 표면의 마무리 순서
메다듬-정다듬-도드락다듬-잔다듬-물갈기

44 ②
① 감잡이쇠 : 평보+왕대공
② ㄱ자쇠 : 층도리(가로재)+통재기둥(세로재)
③ 띠쇠 : 왕대공+ㅅ자보
④ 안장쇠 : 큰보+작은보

45 ①
허니콤보
H, I형강의 웨브를 잘라서 웨브에 6각형 구멍이 생기도록 용접하여 만든 보. 보 춤이 높아져서 단면 2차 모멘트를 증가시켜 힘을 더 받을 수 있고 사무소 건축에서 사용할 경우 에어컨 덕트 등을 6각 구멍으로 통과시킬 수 있기 때문에 천장높이를 줄일 수 있는 장점이 있다.

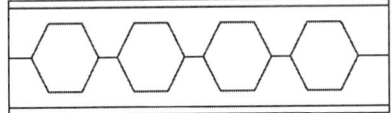

46 ③
• 블로우 홀 : 용접부에 발생하는 작은 기포
• 슬래그 감싸들기 : 용접 시 슬래그가 용착금속 안에 출입되는 현상
• 오버랩 현상 : 용착금속이 모재에 결합되지 않고 들떠 있는 현상
• 언더컷 현상 : 용접선 끝에 용착금속이 채워지지 않아서 생긴 작은 홈
• 크랙 : 용접 후 냉각 시 발생하는 갈라짐

47 ②
삼각자 1조로 만들 수 있는 각도
30°, 45°, 60°, 90°, 180°를 더하거나 빼서 얻을 수 있는 값이므로 25°는 만들 수 없다.

48 ①
CFT(Concrete Filled Tube)
철제 외관(원통형, 각형)의 내부를 고강도 콘크리트로 채워 넣어 일체화시켜 부재단면의 감소, 내진성 향상, 내화성능 향상을 꾀한 공법이다. 기둥 시공 시 별도의 특수 거푸집이 필요 없고, 에너지 흡수능력이 뛰어나 초고층 구조물에 적용 가능하다.

49 ①
축척 1/200인 도면에서 실제 16m의 거리는
$16m \times \dfrac{1}{200} = 0.08m = 80mm$

50 ①
블록조의 분류
① 보강 블록조 : 블록의 빈 공간에 철근과 콘크리트로 보강한 구조. 수직 및 수평 하중에 강하여 4~5층까지 가능하다.
② 조적식 블록조 : 단순히 모르타르로 접착하여 쌓는 구조. 2층 이하 건물에 적합하다.
③ 블록 장막벽 : 건축물의 칸막이벽으로 사용한다 (비내력벽).
④ 거푸집 블록조 : 속이 빈 ㄴ, ㅁ, ㄷ, T자형 등의 블록을 거푸집으로 사용한다.

51 ③
헌치
보의 단부에 발생하는 휨모멘트와 전단력에 대한

보강으로 보 단부의 춤을 크게 한 것

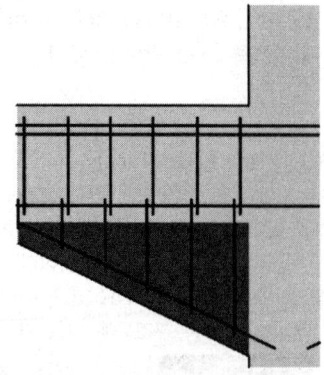

52 ①
온통기초
- 지내력도가 작은 지반에 기초를 건물의 바닥 전체로 확대하여 한 개의 바닥판으로 하는 기초
- 기초판이 넓어서 응력이 고르게 전달되지 못하므로 판의 두께를 두껍게 한다.

53 ④
징두리 판벽
벽체 하부의 더러움이 타기 쉬운 부분에 높이 1~1.5m 정도로 징두리널을 댄 형식의 벽 마감이다.

54 ④
- 평면도와 배치도는 북측을 위로 하여 작도함을 원칙으로 한다.
- 입면도와 단면도는 위, 아래 방향을 도면지의 위, 아래와 일치시키는 것을 원칙으로 한다.

55 ①
- 맞춤 : 두 부재가 직각 또는 경사지어 맞추어지는 자리 또는 그 맞추는 방법
- 이음 : 두 부재가 길이 방향으로 연결되는 자리 또는 그 방법

56 ①
1소점법(평행 투시도법)
육면체의 한 면이 화면에 평행으로 놓여 있어 수평 및 수직의 모서리는 연장하더라도 수평이 되나, 깊이 방향은 수평선상의 어느 1점에 모이게 된다. 이와 같이 하나의 소점이 깊이를 좌우하도록 작도하는 도법을 1소점법 또는 평행 투시도법이라 한다. 측면에 아무런 특징이 없고, 내부의 상세도를 표현해야 할 경우에 적합하다.

57 ④
삼각자의 왼쪽 옆면을 이용하여 수직선을 그을 때는 아래에서 위로 긋는다.

58 ④
칠오토막의 크기는 벽돌 한 장 길이의 3/4 토막이다.

59 ②

붙박이문	쌍여닫이문	두짝 미서기문
▬▬┼▬▬	⎍⋀⎍	▬▬┼▬▬

60 ①
컴퍼스로 그리기 힘든 원이나 곡선을 그릴 때 운형자를 사용한다.

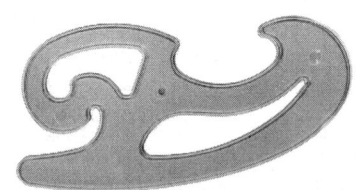

2024년 제4회

01 ④
① 광창 조명 : 광천장과 같은 방식으로 광원을 넓은 면적의 벽면에 매입, 시선에 안락한 배경으로 작용한다. 지하철 광고판 등에서 사용한다.
② 코브 조명 : 천장 및 벽의 구조체에 의해 광원의 빛이 천장 또는 벽면으로 가려지게 하여 반사광으로 간접 조명한다. 부드럽고 균등하며 눈부심이 없는 빛을 제공하여 보조조명으로 중요하게 쓰인다.
③ 광천장 조명 : 천장에 조명기구를 설치하고 그 밑에 창호지나 반투명 아크릴과 같은 확산성 재료를 이용해서 마감처리하여 마치 넓은 천장 표면 자체가 조명인 것처럼 연출한다.

02 ③
붙박이 가구
• 특정 사용목적이나 물건 수납을 위해 벽체 등의 건축물에 인입된 형태로 일체화하여 설치하는 가구를 말한다.
• 가구배치의 혼란감을 없애고 공간을 최대한 활용, 효율성을 높일 수 있다.

03 ③
컨벡터는 공기조절장치의 일종이다.

04 ④
문의 위치 결정 시 고려사항
출입동선, 가구 배치, 공간과 공간의 이동동선 등

05 ④
상징적 경계
물리적으로 약화된 형태로 존재하는 경계를 말한다. 보통 무릎 높이 이하로 설치되어 시각적으로도 물리적으로도 완벽한 차단은 되지 않지만 상징적으로 확실한 영역의 구분을 표시한다.

06 ②
리빙 다이닝 키친(LDK)의 형태는 소규모 주택에 적합하다.

07 ④
대칭적 균형
• 가장 완전한 균형의 상태이다.
• 공간에 질서를 주기에 용이하다.
• 엄격하고 딱딱한 느낌을 준다.
• 좌우대칭 및 방사대칭이 대칭적 균형의 종류에 속한다. ex) 사람의 얼굴
※ 비대칭 균형을 능동의 균형, 비정형 균형이라고 한다.

08 ④
문제분석 및 경영능력, 심리학적인 안목 역시 실내디자이너에게 요구되는 중요한 조건이다.

09 ②
반사에 의한 쇼 윈도우 전면의 눈부심 방지기법
• 차양을 쇼 윈도우에 설치하여 햇빛을 차단한다.
• 쇼 윈도우 내부를 외부보다 밝게 한다.
• 가로수를 쇼 윈도우 앞에 심어 도로 건너편의 건물이 비치지 않도록 한다.
• 곡면유리를 사용하거나 경사지게 처리한다.

10 ③
㉠ 개인 공간 : 침실, 서재, 어린이방, 노인침실, 작업실
㉡ 사회 공간 : 식사실, 거실, 현관, 응접실
㉢ 가사 노동 공간 : 주방, 세탁실, 가사실, 다용도실
㉣ 보건・위생 공간 : 화장실, 욕실

11 ①
② 소반 : 음식을 먹을 때 그릇을 올려놓는 작은 상
③ 함 : 혼례를 앞두고 신랑 집에서 신부 집으로 채단과 혼서지(婚書紙)를 담아 보내는 상자
④ 궤 : 앞면이나 윗면을 반으로 나누어 경첩을 달아 한쪽 면만을 여닫도록 만든 직사각형의 가구

12 ②
조선시대 주택의 공간구분
행랑채, 사랑채, 안채, 바깥채, 별당채, 곳간채

13 ②
르 코르뷔지에의 모듈러(Le modulor)
인체 수직 치수를 기본으로 해서 황금비를 적용, 전

개하고 여기서 등차적 배수를 더한 것이다. 인체 각 부위의 비례에 바탕을 둔 치수 계열로 모듈러라는 설계 단위를 설정하고 적용한 첫 건축물은 마르세이유의 주택 단지가 있다.

14 ③

③은 오토만에 대한 설명이다.

※ 이지 체어 : 라운지 체어와 유사하지만 상대적으로 크기가 작고 기계적 장치나 부수적인 기능이 제외된 의자를 말한다. 편안한 착석감을 제공하는 의자로, 거실이나 개인 공간에서 휴식, 독서 등의 용도로 사용된다.

15 ②

대비

- 성질이나 질량이 전혀 다른 둘 이상의 것이 동일한 공간에 배열될 때 서로의 특징을 한층 돋보이게 하는 현상
- 모든 시각적 요소에 대하여 상반된 성격의 결합에서 이루어지므로 극적인 분위기를 연출하는데 효과적이다.

16 ②

1인당 차지하는 공간체적이 크다는 것은 같은 크기의 공간에 들어가는 사람의 수가 적다는 뜻이므로 필요환기량은 감소한다.

17 ②

① 열은 온도차가 있을 때 온도가 높은 곳에서 낮은 곳으로 이동한다.
③ 복사는 어떤 물체에 발생하는 열에너지가 전달매개체가 없이 직접 다른 물체에 도달하는 것이다.
④ 건축물에서 열의 이동은 전도와 대류, 복사에 의해서 이루어진다.

18 ②

잔향시간은 실의 부피와 벽면의 흡음도에 따라 결정되고, 실의 형태와는 무관하다.

19 ①

측창 채광은 천창 채광에 비해 시공 및 관리가 용이하고 빗물이 샐 우려가 적다.

20 ①

방사율(emissivity)

같은 온도의 물체와 흑체면과의 방사도의 비율을 말한다. 물체 표면 간의 복사열전달량 계산에 쓰이며 물체의 표면온도, 거칠기, 더러워짐의 정도에 따라서 달라진다.

21 ②

불포화 폴리에스테르 수지

- 열경화성 수지로 불포화 다이카복실산에 2가 알코올을 반응시켜 제조한다.
- 전기절연성, 내후성, 내열성, 내약품성이 좋고 가압성형이 가능하다.
- 유리섬유를 보강재로 한 FRP는 강도가 매우 크다.
- 커튼월, 창틀, 덕트, 파이프, 도료, 욕조, 큰 성형품, 접착제로 사용된다.

22 ②

열처리방법의 분류

구분	열처리방법	특성
풀림 (소준)	800~1000℃에서 가열 성형 후 노 속에서 서냉	강의 연화, 내부 응력 제거
불림 (소둔)	800~1000℃에서 가열 성형 후 대기 중에서 냉각	결정립의 미세화, 조직 균일화
담금질 (소입)	가열한 강을 물 또는 기름 등에 담가 급속 냉각	경도 증대, 내마모성 증가
뜨임질 (소려)	담금질한 강을 다시 가열(200~600℃) 후 서냉(대기, 노 속)	강성, 인성, 연성 증가

23 ②

골재의 입형은 둥글면서 표면은 거친 것이 좋다.

24 ①

복층유리

2~3장의 판유리를 일정한 간격을 두고 겹친 후 그 사이를 진공으로 하거나 특수한 공기를 넣어서 제조한 것으로 페어글라스라고도 한다. 차음 및 단열성이 크며 결로방지용으로 사용된다.

25 ①
ALC(autoclaved lightweight concrete)
- 고온·고압에서 양생하여 만든 기포 콘크리트로 규사와 석회를 원료로 하므로 시멘트 제품은 아니다.
- 너비 60cm 이하, 길이 3m 내외, 두께 5~15cm의 패널 형상의 제품이 많으며, 보강용의 교점을 용접한 철선이 삽입되어 있다.
- 비중·강도 등을 계획하여 만들 수 있는데 비중 0.5 내외의 가벼운 것이 많이 사용된다.
- 열·음의 차단성이 뛰어나고 신축성이 작으므로 균열의 발생이 적게 된다.
- 지붕·벽 등에 쓰이지만 흡수성이 크고 표면이 쉽게 마모되어 사용 시 보완대책이 필요하다.

26 ④
아스팔트 펠트
- 목면, 마사, 양모, 폐지 등을 원료로 만든 원지에 스트레이트 아스팔트를 침투시켜 롤러 압착한 종이제품
- 아스팔트 방수층, 지붕과 벽 바탕의 방수, 바닥재료의 깔개 또는 포장용으로 사용된다.

27 ②
MDF(Medium Density Fiberboard)
- 중밀도 섬유판으로 목재 섬유를 압축해 만든 합판의 일종
- 일반 고정 못으로 시공하면 갈라질 수 있고 한번 고정철물을 사용한 곳은 재시공이 어렵다.

28 ③
실리콘 수지
내열성, 내한성이 우수한 수지로 −60~260℃의 범위에서는 안정하고 탄성을 가지며 내후성 및 내화학성 등이 아주 우수하여 접착제 및 도료로서 널리 사용된다. 발수성이 있기에 건축물, 전기절연물 등의 방수에 쓰인다.

29 ③
블리딩이 발생하지 않도록 조치해야 한다.
※ 블리딩 현상 : 콘크리트 타설 후 석고, 불순물 등의 미세한 물질은 상승하고, 골재, 시멘트 등은 침하하는 현상을 말한다. 재료분리로 콘크리트의 품질을 저하시키는 원인이 된다.

30 ②
열선반사유리는 태양광선 중 장파부분을 반사시킨다.

31 ①
다른 금속과 인접하거나 접촉하여 사용하지 않아야 한다.

32 ①
화강암
- 석영, 장석, 운모, 각섬석 등의 광물질이 포함되어 백색, 흑색, 청색 등 다양한 무늬와 색을 띠는 수려한 외관의 석재
- 압축강도가 높아서 구조재로도 쓰이며 내장재나 콘크리트의 골재로도 쓰인다.
- 내화도가 낮고 세밀한 가공이 어려운 것이 단점이다.

33 ④
석고 플라스터 중에서 가장 많이 사용하는 것은 혼합 석고 플라스터이다.

34 ②
㉠ AE제 사용 시 장점
 ⓐ 미세기포가 볼베어링 역할을 하여 시공연도가 좋고 블리딩이 적어진다.
 ⓑ 단위수량을 감소시킬 수 있으며 시공한 면이 평활하게 된다.
 ⓒ 동결, 융해, 건습 등에 의한 용적변화가 적다.
 ⓓ 방수성이 뚜렷하고 화학작용에 대한 저항성도 크다.
㉡ AE제 사용 시 단점
 ⓐ 압축강도와 부착강도가 모두 저하된다.
 ⓑ 마감 모르타르나 타일 붙임 모르타르의 부착력도 저하된다.

35 ①
아연
- 내식성이 뛰어나 방식용 도금재료로 많이 사용된다.
- 건조한 공기 중에서는 거의 산화되지 않는다.
- 묽은 산류에 쉽게 용해된다.
- 주용도는 철판의 아연도금이다.

36 ②
집성목재는 부재를 섬유방향이 평행하도록 접착제로 겹쳐 붙여 만든다.

37 ①
유성페인트
- 보일드유(건성유+건조제)에 안료를 혼합시킨 도료로서 건성유를 가열처리하여 점도, 건조성, 색채 등을 개량한 것이다.
- 저렴하고 두꺼운 도막을 형성할 수 있으나 건조가 늦고 도막의 성질이 나빠 새로운 합성수지 도료로 대체되고 있다.
- 목재, 석고판류, 철재 등에 사용되며 시멘트 및 콘크리트와 같은 알칼리성 표면에는 부적합하다.

38 ③
래커는 도막이 얇고 부착력이 약한 것이 흠이다.

39 ④
프리스트레스트 콘크리트
피아노선, 특수강선 등을 사용해 미리 부재 내에 압축응력을 줌으로써 사용 시 받는 외력을 없앤다. 조립 철근콘크리트 구조용 부재 외에 교량의 PC빔, 철도의 침목 등에도 널리 사용된다.

40 ③
강화유리는 온도에 대한 저항성이 보통유리보다 매우 높다.

41 ①
철골구조의 특징
- 내구, 내진적이며 횡력에 강해서 고층 및 장스팬이 가능하다.
- 철근콘크리트 구조보다 경량이며 시공이 용이하며 공기가 단축된다.
- 부재에 좌굴이 생기기 쉽고 내화성이 낮다.
- 다른 구조보다 비용이 높다.

42 ②
스페이스 프레임
하나의 건축공간 형성 시 트러스나 라멘 등의 평면 골조를 병립시켜 서로 연결하는 방법을 채택하지 않고, 처음부터 구조 부재의 3차원적 배열을 계획한 구조이다. 실내 체육시설이나 실내 집회장과 같이 내부공간이 넓은 건축물에서는 건물의 목적과 기능상 기둥의 수나 위치에 많은 제약을 받기 때문에, 시설의 주변부에 기둥이나 벽을 조립하고 이것을 바탕으로 하여 경간이 넓은 지붕을 받치기 위한 입체구조가 많이 활용되고 있다.

43 ②
스팬(span)
기둥과 기둥, 교량에서 교각 간의 거리 등 구조적 지점 간의 거리 통칭으로 경간, 간사이라고도 한다. 보의 응력, 휨 등을 계산하는 구조역학, 재료역학에서 많이 취급된다.

44 ②
고력볼트접합
너트를 강하게 죄어 볼트에 인장력이 생기게 하고 접합된 판 사이에 강한 압력이 작용하여 이에 의한 접합재 간의 마찰저항에 의하여 힘을 전달하는 접합방식이다.

45 ③
190mm+10mm+190mm+10mm+90mm
=490mm

46 ④
기초 도면 작성 순서
축척 선정 → 테두리선 작성 후 도면위치 선정 → 지반선과 기초 중심선 작도 → 지정과 기초판 작도 → 단면과 입면선 구분하여 작도 → 재료 단면표시 → 치수기입 및 재료명 표기 → 표제란 작성

47 ①
배치도
대지 안에 건물의 위치와 부대시설, 설비의 위치 등을 나타낸 도면

48 ③
① 대상 물체가 관찰자의 시선으로부터 30~60° 정도면 자연스럽게 그려진다.
② 관찰자와 공간과의 거리가 가까우면 다소 비뚤어져 보인다.
④ 1소점 투시도에는 실내공간의 3면과 바닥, 천장

이 그려진다.

49 ②
선 홈통
처마의 홈통에 모인 빗물을 지상으로 유도하는 홈통

50 ①
철근콘크리트 보의 피복두께는 주근을 감싸는 늑근의 표면과 이를 피복하는 콘크리트 표면까지의 최단거리이다.

51 ①
- A : 면적
- W : 폭
- V : 부피
- H : 높이
- L : 길이
- THK : 두께

52 ④
건축제도에서는 스케일을 사용하므로 삼각자는 눈금이 있을 필요가 없다.

53 ③
견치돌
- 돌쌓기에 쓰는 정사각뿔 모양의 돌로, 간지석이라고도 한다.
- 간단한 석축이나 돌쌓기, 옹벽 등에 사용된다.
- 간지석 뒤쪽 간격에 잡석·자갈 등을 넣어 고정시켜 가면서 쌓는다.

54 ④
치수기입은 항상 치수선 중앙 윗부분에 기입하는 것이 원칙이다.

55 ②
플레이트보
- 강판을 웨브재로 하고 L형강을 접합하여 I형 모양으로 조립한 보
- 하중과 응력에 따라 단면을 자유로이 조절할 수 있는 이점이 있다.
- 설계제작이 용이하고 간사이가 큰 구조물에 많이 쓰인다.
- 보의 춤은 간사이의 1/18~1/15 정도로 한다.

56 ④
구성 형식에 의한 구조의 분류
- 가구식 구조 : 목구조, 철골구조
- 조적식 구조 : 벽돌구조, 시멘트 블록구조, 돌구조
- 일체식 구조 : 철근콘크리트 구조(RC), 철골철근콘크리트 구조(SRC)

57 ①
도면의 치수 단위는 mm이며, 단위 표시는 생략한다.

58 ④
질감의 표현은 마무리 단계에서 실시한다.

59 ②
스티프너는 웨브 플레이트의 좌굴 방지를 위해 설치한다.

60 ④
① 인장응력은 부재를 잡아당길 때에 생기는 응력이다.
② 전단응력은 부재를 직각으로 자를 때 생기는 응력이다.
③ 압축응력은 부재를 당길 때에 생기는 응력이다.

memo

실내건축기능사 필기 문제풀이

1판	1쇄	2011년 3월 12일	7판	1쇄	2019년 1월 05일
1판	2쇄	2012년 1월 05일	8판	1쇄	2020년 1월 05일
2판	1쇄	2013년 1월 05일	9판	1쇄	2021년 1월 05일
2판	2쇄	2013년 6월 30일	10판	1쇄	2022년 1월 05일
2판	3쇄	2014년 1월 05일	11판	1쇄	2023년 1월 05일
3판	1쇄	2015년 1월 05일	12판	1쇄	2024년 1월 05일
4판	1쇄	2016년 1월 05일	13판	1쇄	2025년 1월 05일
5판	1쇄	2017년 1월 05일			
6판	1쇄	2018년 1월 05일			

지은이 이 상 화
펴낸이 김 주 성
펴낸곳 도서출판 엔플북스
주 소 경기도 구리시 체육관로 113번길 45, 114-204(교문동, 두산)
전 화 (031)554-9334
F A X (031)554-9335

등 록 2009. 6. 16 제398-2009-000006호

정가 23,000원

ISBN 978 – 89 – 6813 – 420 – 3   13540

※ 파손된 책은 교환하여 드립니다.
　본 도서의 내용 문의 및 궁금한 점은 저희 카페에 오셔서 글을 남겨주시면 성의껏 답변해 드리겠습니다.
　http://cafe.daum.net/enplebooks